短波长特征 X 射线衍射

郑林 张津 著

科学出版社

北京

内 容 简 介

本书系统地介绍作者独创的短波长特征 X 射线衍射基本原理和无损检测晶体内部衍射信息等主要应用,除绪论外,主要包括三部分,共 11 章。在第一部分(共 2 章)X 射线衍射基础中,概述 X 射线物理学基础、晶体的 X 射线衍射基础等;在第二部分(共 3 章)短波长特征 X 射线衍射基础、仪器及实验技术中,详述短波长特征 X 射线衍射原理、织构/取向材料的极密度极大值法等实验分析方法,并简介 SWXRD-1000 型短波长 X 射线衍射仪;在第三部分(共 6 章)晶体材料/工件内部的短波长特征 X 射线衍射分析应用中,详述无损检测分析单晶/多晶材料工件内部残余应力、织构/取向、物相等的工程应用实例。本书的结束语总结了几种现有晶体衍射技术的特点,并分析目前短波长特征 X 射线衍射存在的不足,指出今后的发展方向。

本书可供物理、化学、材料、机械制造等领域研究人员、工程技术人员借鉴,也可供高等院校相关专业的高年级学生、研究生参考。

图书在版编目(CIP)数据

短波长特征 X 射线衍射 / 郑林,张津著. -- 北京 : 科学出版社, 2025. 3. -- ISBN 978-7-03-080946-9

Ⅰ. O721

中国国家版本馆 CIP 数据核字第 2024YZ0017 号

责任编辑:牛宇锋 罗 娟 / 责任校对:任苗苗
责任印制:肖 兴 / 封面设计:蓝正设计

科 学 出 版 社 出版
北京东黄城根北街 16 号
邮政编码:100717
http://www.sciencep.com
北京厚诚则铭印刷科技有限公司印刷
科学出版社发行 各地新华书店经销

*

2025 年 3 月第 一 版 开本:720×1000 1/16
2025 年 3 月第一次印刷 印张:23
字数:461 000
定价:198.00 元
(如有印装质量问题,我社负责调换)

序

　　1912 年劳厄(Max von Laue)将晶体视为三维光栅,利用 X 射线管发出波长与晶体原子间距相当的 X 射线照射硫酸铜晶体,发现了 X 射线的衍射现象,随后与布拉格父子(William Henry Bragg 和 William Lawrence Bragg)等开创了 X 射线衍射理论及应用,至 20 世纪四五十年代, X 射线衍射的原理、方法就已基本建立,用于晶体物质结构分析,应用范围覆盖了固体物理学、矿物学、化学、分子生物学,推动了材料工程、医药及生物工程、表面工程、机械工程等领域的技术进步。

　　随着人们对晶体物质内部晶体结构及其变化的无损分析需求,在 20 世纪中期发明了中子衍射的方法和技术,在 20 世纪后期又发明了高能同步辐射的短波长 X 射线衍射方法和技术,实现了厘米级至分米级厚度材料内部的物相、织构、应力、晶体取向等的无损检测分析,广泛地用于基础研究和工程应用。但是,中子衍射、高能同步辐射的短波长 X 射线衍射属于国家级的大型科学实验装置,造价高(数十亿人民币)、维护使用费用贵、占地面积大、配套设施多、使用不方便(需要预约排队)等。为此,《短波长特征 X 射线衍射》一书作者基于光的波粒二象性原理,利用重金属靶 X 射线管辐射波长为 0.2Å 左右的短波长特征 X 射线,研究发明了短波长特征 X 射线衍射方法和仪器,实现了厘米级厚度材料内部的物相、织构、应力、单晶取向等的无损检测分析。该技术和仪器除了可以放在实验室进行科学实验外,还可以用于生产现场的实时监测或检测。

　　该书是作者研究发明短波长特征 X 射线衍射二十年来在理论与工程应用方面的总结,着重阐述短波长特征 X 射线衍射的原理、方法,介绍短波长特征 X 射线衍射仪器以及在铝、钛、钢、镍基高温合金等材料/工件的若干工程应用,对 X 射线衍射分析、材料、机械制造等领域的工程技术人员具有很高的参考价值。

周上祺
2023 年 8 月于重庆

前　言

1996 年，X 射线衍射研究的前辈——周上祺教授针对利用表面残余应力难以评价铍合金焊接工艺参数和服役可靠性的难题，提出了利用常规衍射所用波长为 2Å 左右的特征 X 射线无损测定焊接残余应力及其沿层深分布的方案。随后，本书作者提出了采用准直光路方式解决定点探测铍合金电子束焊接件内部衍射信息的问题，并利用 $CrK\alpha$ 衍射的 X 射线应力分析仪，最终无损测定了铍合金电子束焊接件沿层深的残余应力及其分布，其装置和方法于 2000 年获得了中国发明专利授权。由于 $CrK\alpha$ 对常用铝、硅、钛、钢等材料及其制品的穿透性太弱(仅数微米至数百微米)，该技术难以无损检测分析这些常用材料内部的晶体结构(如物相、单晶取向等)或晶体结构变化(如应力、织构等)。

20 世纪中后期，发达国家发明了中子衍射、高能同步辐射的硬 X 射线衍射等大型科学实验装置及其技术，从晶体内部原子的排列和内部势能的层级，支撑了发达国家科学技术的长足发展和高、精、尖装备的研发生产。而我国的中子衍射装置于 2014 年才建成，高能同步辐射及其短波长 X 射线衍射装置计划于 2025 年建成。

为此，本书作者经过数年的深思，在 2000 年摒弃了晶体衍射单色化等已有的传统单色化技术，基于光的波粒二象性原理，利用重金属靶 X 射线管辐射波长为 0.2Å 左右的短波长特征 X 射线对铝、硅、钛、钢等常用材料的强穿透性，提出了研发短波长特征 X 射线衍射的设想，试图解决当时我国还不能无损检测分析晶体材料/工件内部应力、织构、物相等的难题。从 2000 年开始，先后在周上祺、刘连仲、冉启芳等老师的帮助和支持下，历经原理样机研制和设想的验证、工程样机研制和应用验证，独创了短波长特征 X 射线衍射技术，在 2008 年 11 月研制完成了世界上首台短波长 X 射线衍射仪，并率先在我国实现了厘米级厚度常用材料及其制品内部应力、织构、物相等的无损检测分析，并得到了初步的工程应用。

作者独创的短波长特征 X 射线衍射技术及其仪器，不仅具有与中子衍射、高能同步辐射短波长 X 射线衍射等大型科学实验装置及其技术相类似的部分功能，还可以为企业、研究机构拥有和方便使用，既是一种可以应用于实验室的"大众化"无损检测分析仪器，也是一种可以应用于车间、生产线的无损检测分析设备。

为了让关注短波长特征 X 射线衍射的同仁有更系统的了解，本书系统地介绍了短波长特征 X 射线衍射原理、方法、仪器、应用和发展方向。本书主要分为三部分：第一部分介绍 X 射线衍射基础，包含 X 射线物理学基础和晶体的 X 射线衍射基础；第二部分介绍短波长特征 X 射线衍射基础、仪器及实验技术，包含短波长特征 X 射线衍射基础、SWXRD-1000 型短波长 X 射线衍射仪、准确测定衍射谱的极密度极大值法等实验分析技术基础等内容；第三部分介绍晶体材料/工件内部的短波长特征 X 射线衍射分析应用，包含多晶材料内部织构、内部残余应力以及单晶内部晶面取向等的原位无损测定案例，帮助进一步理解、运用短波长特征 X 射线衍射技术。本书第 1 章～第 6 章、第 8 章、第 11 章由郑林执笔，第 7 章由郑林、张津共同执笔，其余部分由张津执笔。

本书介绍的研究成果先后得到国家重大科学仪器设备开发专项、863 计划、国家自然科学基金等项目的支持，衷心感谢国家国防科技工业局、中国兵器装备集团有限公司科信部的帮助以及才鸿年院士的大力支持，衷心感谢西南工程技术研究所在人、财、物及协调方面尽力提供的帮助。本书涉及的研究工作有西南工程技术研究所的何长光、窦世涛、彭正坤、陈新等的贡献，也有北京科技大学计鹏飞博士，高振桓、牟建雷、李峰、郭学博、杨中玉、周俊、袁孝民、赵永乐等硕士的贡献，作者在此向所有给予支持的领导、学者和朋友致以诚挚的谢意。

由于短波长特征 X 射线衍射尚处于发展的初期，加之作者水平有限，书中难免存在不妥之处，恳请批评指正，并诚邀读者将其应用于科学实践，解决基础研究和实际工程中的相关难题，推动短波长特征 X 射线衍射更好、更快地发展。作者希望与读者更深入地交流，电子邮箱：zhenglin19911120@163.com。

郑　林　张　津

2023 年 7 月于重庆

目　　录

序

前言

第 0 章　绪论——发展中的 X 射线衍射 ……………………………………………… 1

  0.1　X 射线学的重大成就 ………………………………………………………… 1

  0.2　X 射线衍射学的进展 ………………………………………………………… 2

    0.2.1　物体表面 X 射线衍射的方法及仪器 ……………………………………… 3

    0.2.2　物体内部衍射的方法及仪器 ……………………………………………… 4

第一部分　X 射线衍射基础

第 1 章　X 射线物理学基础 ……………………………………………………………… 11

  1.1　X 射线的发现、产生及现象 ………………………………………………… 11

  1.2　X 射线的波动性和粒子性 …………………………………………………… 13

    1.2.1　X 射线的波动性 …………………………………………………………… 13

    1.2.2　X 射线的粒子性及波粒二象性 …………………………………………… 14

    1.2.3　X 射线波粒二象性的呈现 ………………………………………………… 16

  1.3　X 射线源及其 X 射线光谱 …………………………………………………… 17

    1.3.1　X 射线管 …………………………………………………………………… 17

    1.3.2　反射靶 X 射线管的 X 射线光谱 ………………………………………… 20

    1.3.3　重金属靶 X 射线管的短波长特征 X 射线谱与高能同步辐射的

        X 射线谱 ……………………………………………………………………… 24

  1.4　X 射线的折射 ………………………………………………………………… 25

  1.5　X 射线的散射与 X 射线强度衰减 …………………………………………… 26

    1.5.1　散射 ………………………………………………………………………… 26

    1.5.2　X 射线光电吸收与荧光辐射 ……………………………………………… 28

    1.5.3　X 射线强度的衰减 ………………………………………………………… 30

第 2 章　晶体的 X 射线衍射基础 ……………………………………………………… 32

  2.1　晶体及七种晶系 ……………………………………………………………… 32

    2.1.1　晶体和非晶体 ……………………………………………………………… 32

    2.1.2　布拉维点阵和晶系 ………………………………………………………… 32

    2.1.3　常见的晶体结构 …………………………………………………………… 35

2.2　晶体特性及其表征方法 ·· 36
　2.2.1　晶体定向 ·· 36
　2.2.2　晶面指数 ·· 37
　2.2.3　晶向指数 ·· 39
　2.2.4　晶面间距 ·· 41
　2.2.5　晶面夹角 ·· 42
　2.2.6　晶带 ·· 42
　2.2.7　晶体的对称性 ·· 43
　2.2.8　晶体的各向异性及滑移系 ···································· 48
　2.2.9　晶体的极射赤面投影 ·· 50
　2.2.10　晶向、晶面法向在极射赤面投影坐标 ························· 56
　2.2.11　标准极图 ··· 58
2.3　晶体的 X 射线衍射方向及其方程 ······························· 59
　2.3.1　劳厄衍射 ·· 59
　2.3.2　布拉格方程 ·· 61
2.4　倒易空间与衍射矢量 ·· 63
　2.4.1　倒易点阵的定义 ·· 63
　2.4.2　倒易矢量的性质 ·· 64
　2.4.3　衍射矢量方程与埃瓦尔德倒易球 ······························ 67
2.5　X 射线衍射强度 ·· 68
　2.5.1　结构因子 ·· 69
　2.5.2　晶胞结构因子 ·· 71
　2.5.3　一个小晶体的衍射强度 ·· 72
　2.5.4　多晶粉末衍射的积分强度 ······································ 75
　2.5.5　倒易点阵的衍射斑与衍射线的形状大小 ······················· 76
2.6　常规 X 射线衍射的两种主要衍射方式 ···························· 78
　2.6.1　角度色散衍射 ·· 79
　2.6.2　能量色散衍射 ·· 79
2.7　中子衍射简介 ·· 81
2.8　高能同步辐射的短波长 X 射线衍射简介 ························· 85
2.9　X 射线管的短波长 X 射线能量色散衍射简介 ····················· 87

第二部分　短波长特征 X 射线衍射基础、仪器及实验技术

第 3 章　短波长特征 X 射线衍射基础 ····························· 91
3.1　短波长特征 X 射线衍射原理 ···································· 91

3.2　基于光子能量分析的短波长特征 X 射线单色化及衍射强度的
　　　准确测量 ··· 95
　　3.2.1　探测器系统能量分辨率 ·· 95
　　3.2.2　短波长特征 X 射线单色化的能量分辨率要求 ··············· 97
　　3.2.3　短波长特征 X 射线衍射强度的准确测量 ····················· 97
3.3　短波长 X 射线的屏蔽 ··· 99
3.4　衍射几何光路与衍射体积 ·· 100
3.5　短波长特征 X 射线衍射谱的测试 ··································· 102
3.6　短波长特征 X 射线衍射峰峰形的特征 ······························ 103
3.7　短波长特征 X 射线衍射谱的晶面间距测试误差分析 ··············· 105

第 4 章　SWXRD-1000 型短波长 X 射线衍射仪 ························· 107
4.1　SWXRD-1000 型短波长 X 射线衍射仪简介 ······················· 107
4.2　SWXRD-1000 型短波长 X 射线衍射仪及主要技术指标 ··········· 108
4.3　仪器主要分系统 ·· 110
　　4.3.1　X 射线源 ···111
　　4.3.2　准聚焦的平行准直光路系统 ···································· 112
　　4.3.3　衍射的短波长特征 X 射线探测系统 ························· 112
　　4.3.4　精密机械运动系统 ··· 112
　　4.3.5　测控系统 ··· 112
　　4.3.6　屏蔽系统 ··· 113
4.4　测控分析软件简介 ··· 113
　　4.4.1　SWXRD 测控软件 V2.0 ·· 113
　　4.4.2　SWXRD 分析软件 V2.0 ·· 118

第 5 章　短波长特征 X 射线衍射的实验分析技术基础 ··············· 123
5.1　可测厚度与短波长特征 X 射线的波长选取 ························ 123
5.2　衍射角零点 ··· 124
5.3　测试部位的定位 ·· 125
　　5.3.1　衍射仪圆圆心定位 ··· 125
　　5.3.2　衍射过程的短波长特征 X 射线传播路径 ···················· 127
　　5.3.3　SWXRD 测试部位的常规定位方法 ··························· 128
5.4　粗晶材料的衍射谱测试技术 ··· 128
5.5　织构与极图 ··· 133
5.6　织构材料的"反常衍射峰" ·· 135
　　5.6.1　"反常衍射峰" ·· 135
　　5.6.2　"反常衍射峰"的 SWXRD 实验研究及其呈现规律 ·········· 136

5.6.3　关于"反常衍射峰"的探讨 ··· 138
5.7　准确测定各向异性材料衍射峰的极密度极大值法 ······················· 139
5.8　衍射谱的基本数据处理 ·· 140
　　5.8.1　SWXRD 谱的基本分析方法 ··· 141
　　5.8.2　关于不对称拟合函数的研究 ··· 142
5.9　晶体材料/工件内部的物相定性分析 ······································ 145
　　5.9.1　物相 ·· 145
　　5.9.2　物相定性分析 ·· 145
　　5.9.3　物相定性分析实例 ··· 149

第三部分　　晶体材料/工件内部的短波长特征 X 射线衍射分析应用

第 6 章　多晶材料/工件内部织构与单晶体内部晶面取向的原位无损检测 ····· 155
6.1　多晶材料内部织构与测试 ·· 155
　　6.1.1　常见的织构类型与极图 ·· 155
　　6.1.2　极图的 SWXRD 测量方法 ·· 156
　　6.1.3　极图分析 ·· 158
6.2　内部织构分布均匀性的特征参量表征及其快速无损检测分析 ··········· 160
　　6.2.1　预拉伸铝板内部晶面取向均匀性的特征参量选取 ····················· 160
　　6.2.2　快速无损检测预拉伸铝板内部织构均匀性的装置和方法 ··············· 161
　　6.2.3　快速原位无损检测预拉伸铝板内部晶面取向分布的均匀性 ············· 162
6.3　单晶体内部晶面取向的原位无损测定与衍射峰测量准确性的评估 ······· 164
6.4　各向异性材料衍射峰位准确测量的判定准则 ····························· 168
第 7 章　晶体材料/工件内部残余应力的原位无损测定 ······················· 169
7.1　残余应力及其产生 ·· 169
　　7.1.1　残余应力的内涵 ··· 169
　　7.1.2　残余应力的产生 ··· 170
7.2　内应力模型及晶体衍射表征 ·· 171
　　7.2.1　Macherauch 内应力模型及其分类 ···································· 171
　　7.2.2　郑林-张津内应力模型及其分类 ······································ 172
7.3　晶体衍射测定应力的应变与应力关系 ····································· 175
　　7.3.1　材料应变与晶格应变 ·· 175
　　7.3.2　应力-应变关系 ·· 176
7.4　主应变的求解方法 ·· 178
7.5　无损测定(残余)应力的常用方法 ·· 179
　　7.5.1　$\sin^2\Psi$ 法 ··· 180

　　　7.5.2　cosα 法 ··· 181
　　　7.5.3　d₀ 法 ··· 184
　　7.6　无损测定各向异性材料内部应力的新方法——极密度极大值法 ····· 185
　　　7.6.1　平面应力的极密度极大值法 ·· 186
　　　7.6.2　三维应力的极密度极大值法 ·· 186
　　7.7　无应力标样制备 ·· 187
　　　7.7.1　概述 ·· 187
　　　7.7.2　无应力标样晶面间距 d₀ 的影响因素 ································· 188
　　　7.7.3　退火标样的制备 ··· 190
　　　7.7.4　方块状、梳状标样的制备 ·· 191
　　　7.7.5　不同标样对残余应力测试结果的比较 ································· 194
　　7.8　应变、应力测试的 SWXRD 实验验证 ································· 196
　　　7.8.1　应变测试的对比实验 ·· 196
　　　7.8.2　淬火铝板内部残余应力测试的对比实验 ······························ 197
　　7.9　铝合金搅拌摩擦焊接件内部残余应力的两种无损测定方法
　　　　综合运用 ·· 198
　　　7.9.1　样品和测试条件 ··· 199
　　　7.9.2　sin²Ψ 法无损测定焊缝中间层的纵向残余应力 ····················· 200
　　　7.9.3　采用极密度极大值法无损测定中间层垂直焊缝的残余应力及其分布 ··· 205
　　　7.9.4　测试结果分析与讨论 ·· 209
　　7.10　淬火铝板内部三维残余应力无损测定 ······························· 210
　　　7.10.1　样品、测试要求及测试时间 ·· 210
　　　7.10.2　二维/三维残余应力的无损测定及比较 ································ 212
　　7.11　部分典型零部件内部残余应力无损测定 ···························· 214
　　　7.11.1　30mm 厚 7075 淬火铝板内部残余应力及其分布的无损测定 ········· 214
　　　7.11.2　A100 高强钢孔挤压强化件内部残余应力及其分布的无损测定 ······· 215
　　　7.11.3　钛合金 TC4 焊接空心叶片内部残余应力及其分布的无损测定 ······· 216
　　　7.11.4　3D 打印钛合金 TC4 平板内部残余应力及其分布的无损测定 ········· 217
　　7.12　无损测定(残余)应力中的常见问题 ································· 218
　　　7.12.1　工件或样品的准备 ·· 218
　　　7.12.2　测试晶面的选择 ··· 219
　　　7.12.3　材料系数及应力模型 ·· 221
第 8 章　预拉伸铝板内部织构对内部残余应力状态影响及消减对策研究 ··· 223
　　8.1　预拉伸铝板及其相关研究 ··· 223
　　8.2　两种预拉伸铝板内部残余应力和织构及其分布的无损测定 ·········· 224

8.2.1 预拉伸铝板内部织构及其沿厚度方向分布的无损测定 ……………… 224

8.2.2 预拉伸铝板内部残余应力及其沿厚度方向分布的无损测定 ……… 226

8.3 残余应力与均匀塑性变形 ……………………………………………… 228

8.4 不均匀织构的产生 ……………………………………………………… 229

8.4.1 预拉伸铝板的滑移系与内部织构 …………………………………… 229

8.4.2 织构分布的均匀性、塑性变形的均匀性与残余应力 ……………… 229

8.5 预拉伸铝板内部残余应力的消减对策 ……………………………… 230

8.6 织构和残余应力对加工变形的影响 ………………………………… 230

第 9 章 铝合金板搅拌摩擦焊残余应力与性能研究 …………………………… 232

9.1 研究方法 ………………………………………………………………… 233

9.1.1 搅拌摩擦焊 …………………………………………………………… 233

9.1.2 组织结构分析 ………………………………………………………… 234

9.1.3 残余应力的测试 ……………………………………………………… 234

9.1.4 无应力标样制备 ……………………………………………………… 234

9.2 7075 铝合金 FSW 焊接接头组织及内部残余应力 ………………… 235

9.2.1 FSW 焊接接头的微观组织及显微硬度 …………………………… 235

9.2.2 FSW 样品内部残余应力分析 ……………………………………… 237

9.3 时效对 FSW 焊接接头组织及内部残余应力分布的影响 ………… 242

9.3.1 时效前后焊接接头的微观组织 ……………………………………… 242

9.3.2 时效后焊接接头的显微硬度 ………………………………………… 246

9.3.3 时效前后焊接接头的残余应力分布 ………………………………… 246

9.4 FSW 内部残余应力及性能指标的关联性研究 …………………… 250

9.4.1 不同工艺加工的 FSW 焊接样品 …………………………………… 250

9.4.2 焊接参数对焊接接头微观组织的影响 ……………………………… 251

9.4.3 焊接参数对焊接接头显微硬度的影响 ……………………………… 254

9.4.4 焊接参数对接头拉伸性能的影响 …………………………………… 255

9.4.5 焊接参数对焊接残余应力分布的影响 ……………………………… 257

9.4.6 内部残余应力及性能指标的关联性 ………………………………… 262

9.4.7 关联性研究结论 ……………………………………………………… 266

第 10 章 镁合金板成形残余应力及其消减研究 ……………………………… 268

10.1 镁合金残余应力的研究现状 ………………………………………… 268

10.2 不同挤压工艺的镁合金板残余应力及其消减 …………………… 270

10.2.1 挤压板残余应力测试 ……………………………………………… 270

10.2.2 挤压工艺对其残余应力分布的影响 ……………………………… 277

10.2.3 挤压板残余应力的消减 …………………………………………… 279

10.3　不同轧制工艺的镁合金板残余应力及其消减 285
　　10.3.1　AZ31B 镁合金轧制 286
　　10.3.2　轧制工艺对镁合金板材显微组织的影响 288
　　10.3.3　轧制工艺对镁合金板材织构的影响 290
　　10.3.4　轧制工艺对镁合金板材残余应力的影响 301
　　10.3.5　上坡淬火消减镁合金残余应力 303
第 11 章　铝合金装配件内部应力及其分布研究 309
11.1　装配应力的产生及危害 309
11.2　铝合金装配模拟件应力的实验研究 310
　　11.2.1　实验设计 310
　　11.2.2　装配模拟件及其测试部位 311
　　11.2.3　装配应力的无损测定 312
　　11.2.4　装配应力的无损测定结果 313
　　11.2.5　分析与讨论 314
　　11.2.6　结论 318
11.3　抑制装配应力的对策研究 319
结束语 320
主要参考文献 325
附录 326
附录 1　元素的物理性质 326
附录 2　K 系、L 系及 M 系特征 X 射线的能量 330
附录 3　K 系特征 X 射线的波长、吸收限和激发电压 335
附录 4　X 射线质量吸收系数 337
附录 5　原子散射因子 f 341
附录 6　洛伦兹偏振因子 $\left(\dfrac{1+\cos^2 2\theta}{\sin^2 \theta \cos \theta}\right)$ 345
附录 7　各种点阵的结构因子 $|F_{hkl}|^2$ 347
附录 8　多重性因子 P_{hkl} 348
附录 9　立方系晶面(或晶向)间夹角 348
附录 10　短波长特征 X 射线衍射的常用材料最大可测厚度 351
附录 11　无损测定常用材料内部应变/应力的推荐衍射晶面 352

第 0 章 绪论——发展中的 X 射线衍射

自伦琴 1895 年发现 X 射线以来，人们发现了 X 射线与物质相互作用产生的各种现象。在 19 世纪和 20 世纪初发展起来的经典物理和量子物理的理论基础上，人们对这些现象和 X 射线性质进行了深入研究，形成了 X 射线学的三大分支，即 X 射线透视学、X 射线光谱学和 X 射线衍射学，奠定了 X 射线学理论基础，并在科学技术上产生了深远影响。

0.1 X 射线学的重大成就

(1) X 射线透视学的成就：伦琴在 1895 年通过其夫人之手的曝光胶片而意外发现了 X 射线；其后，X 射线很快用于人体伤病的检查(照 X 射线/射线透视)、工件及其内部缺陷的检查(X 射线探伤/安检)；在 20 世纪 60～70 年代，X 射线与计算机技术的结合，发明了 X 射线计算机断层扫描(computed tomography, CT)，CT 能确切地判定人体伤病和工件内部缺陷的空间位置、形状大小，并获得清晰的人体和工件内部构成等。

一束强度为 I_0 的 X 射线穿过厚度为 t 的物质后的 X 射线强度 I 可以表达为

$$I = I_0 e^{-\mu_1 t} \tag{0-1}$$

式中，μ_1 是被测物质的线吸收系数，该公式揭示了透射的 X 射线强度衰减规律。

(2) X 射线光谱学的成就：劳厄等的实验以晶体作为分光元件，从而开启了 X 射线光谱学的研究。莫塞莱于 1913 年发现了从铝到金 38 种元素特征 X 射线谱频率的平方根与原子序数的线性关系，构成了理解元素周期律的一个里程碑，丰富了人们对原子结构的认识，可以通过特征 X 射线的测量分析得知物体包含的元素种类及其含量，各种 X 射线光谱仪器已应用到科学技术研究和工程技术的各个领域。表示特征 X 射线谱频率 ν 与产生特征 X 射线谱的原子序数 Z 之间关系的莫塞莱定律为

$$\sqrt{\nu} = K(Z - \sigma) \tag{0-2}$$

式中，ν 是 K 系特征谱线的频率；K 是所有化学元素 K 系特征谱线的普适常数；σ 是另一普适常数。通过适当变换 K 和 σ 的值，式(0-2)也可适用于 L、M 和 N 系特征谱线。

　　X 射线波粒二象性的提出与验证：有关光的本质一直困扰人们的认知，它究竟是波还是粒子，以惠更斯为代表的波动学说与以牛顿为代表的粒子学说之争存在了几个世纪。1912 年，劳厄等利用 X 射线辐射晶体得到了其衍射花样，验证了 X 射线具有波动性，X 射线是具有一定波长的电磁波，同时也开创了 X 射线衍射学；1923 年，康普顿和吴有训进行了 X 射线束通过石墨所引起的非弹性散射实验，又揭示了它具有粒子性，从而体现了 X 射线的波粒二象性。随后，电子衍射实验又揭示了电子的波动性，从而表明了光子、电子等均具有波粒二象性。根据普朗克的量子理论，给出了 X 射线光子的能量 E 与波长 λ 之间的关系，进而爱因斯坦(Albert Einstein)提出了光的波粒二象性学说，该学说获得了广泛认同：

$$E = \frac{hc}{\lambda} = \frac{1239.6}{\lambda} \tag{0-3}$$

式中，光子能量 E 以电子伏特(eV)为单位；h 为普朗克常数；c 为真空中的光速；λ 为波长且以纳米(nm)为单位。

　　(3) X 射线衍射学的成就：布拉格父子抓住了劳厄晶体衍射实验的另一面，给出了至今仍广为使用的晶体衍射方程(布拉格方程)：

$$2d \sin\theta = n\lambda \tag{0-4}$$

式中，d 为(hkl)晶面间距；θ 为(hkl)晶面衍射角的一半；λ 为衍射的 X 射线波长；n 为衍射级数(正整数，常常令 $n=1$)。其物理意义在于：当 d、2θ、λ 等 3 个变量满足布拉格方程时，也就是多个散射波的光程差等于波长 λ 的整数倍时，将发生相干散射，即衍射。

0.2　X 射线衍射学的进展

　　X 射线衍射学，是根据 X 射线辐射晶体后所产生衍射线的方向和强度来确定晶体的结构(如物相分析、生物大分子晶体结构测定等)或结构变化(如内应力、晶体取向、晶格畸变等与性能相关的物理量)的，指导人们从微观的原子周期性排列来辨认物质、辨认晶体物质的各向异性，以及指导人们以微观的晶体应变能及其能量涨落来表征物体的一部分内能——原子间势能，造福人类。基于 20 世纪初建立的 X 射线衍射理论，发展了晶体结构分析，从简单的 NaCl、单晶硅、氧化物、有机物蒽和萘等开始，一直到硅酸盐、金属合金和复杂的生物大分子(如蛋白质与脱氧核糖核酸等)的晶体结构测定，从多晶体到单晶体的空间各方向性能表征；发展了原子间势能分析，从物体表面到物体内部的原子间势能分析。晶体物质的 X 射线衍射分析成果，既奠定了固体物理学、矿物学、化学、分子生物学、现代材料学等学科基础，又推动了材料工程、医药及生物工程、表面工程、机械工程等领域的技术进步。例如，石墨和金刚石都是由碳原子组成的，然而碳原子呈六方排列的石墨比较松软(工业上常常作为一种润滑剂)，碳原子呈正四面体排列的金刚石却是世界上最为坚硬的天然物质；又如，根据药物的活性基团及装配位置的评定，研制新的药品等；再如，通过内应力的 X 射线衍射分析测定，即物体原子间势能变化的表征，进行从小的单晶叶片到大型发电站的结构安全性评定等。

0.2.1 物体表面 X 射线衍射的方法及仪器

X 射线衍射技术的进步与 X 射线晶体衍射学理论相互推动发展。

从 20 世纪初开始，X 射线衍射仪器就采用 X 射线管作为辐射源，检测分析晶体结构及其变化的 X 射线衍射技术得到了广泛使用。这些 X 射线衍射仪器通常采用与原子间距相当波长范围(约为 2Å)的特征 X 射线，如 Cu 靶 X 射线管辐射的 CuKα、Co 靶 X 射线管辐射的 CoKα 等，进行 X 射线衍射检测分析。绝大多数物质对波长 2Å 左右的 X 射线有强吸收性，因此只能无损检测分析晶体材料表面(约 10μm 厚)的晶体结构或结构变化。BRUKER 公司 D8 型 X 射线衍射仪(图 0-1)就是这些 X 射线衍射仪器的代表。

图 0-1　BRUKER 公司 D8 型 X 射线衍射仪

20 世纪 40 年代以来，大型科学实验装置——同步辐射装置逐渐发展起来，其辐射的 X 射线束以光谱连续、强度高、发散度小等为特征，其辐射强度是包括 X 射线管在内的其他 X 射线源无法达到的，同步辐射装置显著推进了包括 X 射线衍射学在内的相关学科的研究和应用。

另外，根据电子具有的波粒二象性，在检测分析晶体结构及其变化的 X

射线衍射理论基础上，于 20 世纪 20～50 年代建立了电子衍射理论。类似于可见光的透镜聚焦性，电子枪发射的电子束经磁场透镜聚焦成微束电子，用于极薄晶体材料小至微米级尺度的微区衍射分析。目前，各种电子显微镜已广泛用于基础研究和应用研究。近年来，基于电子衍射，又发展了电子背散射衍射(electron backscattering diffraction，EBSD)，用于晶体材料表面微区取向/织构等的分析。

0.2.2　物体内部衍射的方法及仪器

1. 中子衍射

同样，根据中子具有的波粒二象性，在检测分析晶体结构及其变化的晶体衍射理论基础上建立了中子衍射(neutron diffraction)理论。20 世纪 50 年代以后，发达国家利用中子的强穿透性，以核反应堆为中子源，研发了中子衍射方法和装置，实现了无损地对厘米级乃至分米级厚度晶体材料工件进行由表及里的衍射分析，形成了相应的国际标准，并在发达国家得到推广，广泛用于基础研究和工程应用。我国也于 2014 年建成了两座中子衍射装置，2018 年建成了散裂中子源的衍射装置。

2. 高能同步辐射的硬 X 射线衍射

20 世纪 80 年代以后发展起来的高能同步辐射装置，其电子回旋运动轨迹的周长达数千米，能够产生高通量的高能 X 射线(high energy X-ray)，或称为硬 X 射线(hard X-ray)，其辐射的 X 射线束具有强度高、发散度小、连续光谱范围广等特征，成为当今最强的 X 射线源——超级光源，如欧洲同步辐射光源(Europe synchrotron radiation facility，ESRF)(图 0-2)、美国先进光子源(advanced photon source，APS)、日本 8GeV 超级光子环(super photon ring-8，SPRING-8)等，以及我国计划于 2025 年在北京建成的首座高能同步辐射光源(high energy photon source，HEPS)。通常，将光子能量大于 40keV 的 X 射线称为高能 X 射线或短波长 X 射线，而在工程领域将其称为硬 X 射线，因而在本书中，高能 X 射线、硬 X 射线与短波长 X 射线均是依照习惯而称谓不同的同一波段 X 射线。

高能同步辐射装置产生穿透力强的短波长 X 射线，为短波长 X 射线用于晶体衍射分析提供了强有力的辐射源，最短可用波长约比通常 X 射线衍射仪器采用的 X 射线波长小 1 个数量级以上，其波长可短至 0.01nm(ESRF 辐射光子能量最高可达 133keV)到 0.003nm(APS 辐射光子能量最大可达 300keV)，亦实现了无损地对厘米级乃至分米级厚度材料工件进行由表及里的 X 射线衍射检测分析，是 X 射线衍射技术发展上的里程碑，显著拓展了 X 射线衍射的应用领域。

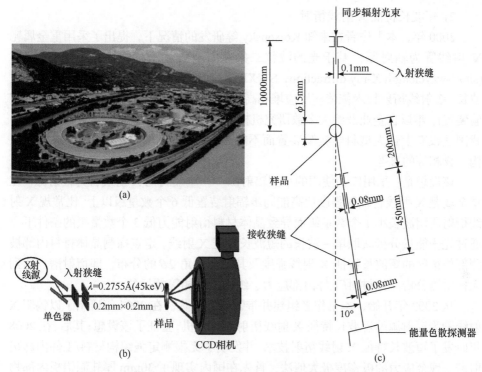

图 0-2 光子能量范围 5～133keV 的 ESRF 及其两个衍射站示意图
(a) ESRF；(b) ID11-单色光衍射站；(c) ID 15A-能量色散衍射站

产生穿透力强的短波长 X 射线的高能同步辐射装置，是一种大型科学实验装置，其造价更为高昂、体积庞大、使用维护不便等，使得该装置无损地对材料工件内部进行短波长 X 射线衍射分析仅为少数专家学者所用。同样，依附于核反应堆和散裂中子源的中子衍射技术，亦因为辐射源的造价高昂、体积庞大、使用维护不便等原因，难以为广大的研究人员、工程技术人员所使用，限制了这两种衍射技术的普及应用。

3. 重金属靶 X 射线管的短波长 X 射线衍射

1) 连续谱的短波长 X 射线能量色散衍射

20 世纪 90 年代英国牛津大学的 Korsonsky 等，为了克服上述两种衍射技术难以在广大科技工作者中普及应用的局限，利用 200kV 的钨靶 X 射线管产生的短波长 X 射线连续谱，采用固定衍射角 2θ 的能量色散衍射方式，试图实现对材料/工件内部衍射信息的无损检测分析。然而，由于靶材的短波长特征 X 射线对能量色散衍射谱的干扰，以及短波长 X 射线连续谱强度太弱等原因，利用重金属靶辐射短波长 X 射线谱进行能量色散衍射的技术未能得到推广应用。

2) 短波长特征 X 射线衍射

2000 年，本书作者在未知 Korsonsky 等研发的情况下，提出了采用重金属靶 X 射线管为辐射源，基于光的波粒二象性原理研发短波长特征 X 射线衍射 (short-wavelength X-ray diffraction，SWXRD)的设想，试图突破中子衍射技术和短波长 X 射线衍射技术依赖核反应堆和高能同步辐射装置作为辐射源(大型科学实验装置)，难以在企业及绝大多数研究机构应用场景推广使用的局限，并解决当时我国还没有上述大型科学实验装置而不能无损检测分析材料/工件内部应力、织构、物相等的难题。

该设想是：采用广为使用的小型辐射源——重金属靶 X 射线管为辐射源。在重金属靶 X 射线管辐射强度比高能同步辐射装置低 6 个数量级以上、比常规 X 射线衍射所用波长小 1 个数量级而导致晶体材料衍射能力低 3 个数量级的条件下，通过光子能量分析获取单一波长的短波长特征 X 射线，定点探测晶体材料内部被测部位衍射的短波长特征 X 射线强度及其沿衍射角 2θ 的分布，即衍射谱，达到无损检测分析晶体材料/工件内部应力、织构、物相等的目的。

从 2002 年开始，本书作者组建并带领研发团队，在 2004 年研制了以钨靶 X 射线管为辐射源的短波长特征 X 射线衍射原理样机，验证了该设想；其后，在 2008 年研发了短波长特征 X 射线衍射技术，并发明了无损测定强织构材料/工件内部衍射谱、残余应力的极密度极大值法，首先在国内实现了 30mm 厚轧制铝板内部物相、内部织构、内部残余应力及其分布的无损检测分析。2008 年研制完成了 SWXRD-1000 型短波长 X 射线衍射仪(图 0-3)，该仪器利用 WKα_1(光子能量为 59.318keV，波长为 0.208992Å)的强穿透性，可以对厘米级厚度常用材料/工件内部物相、织构、(残余)应力等及其分布进行无损检测分析，并得到了初步推广应用。

钨靶 X 射线管

内部物相无损检测分析

内部织构无损检测分析

内部取向无损检测分析

内部应力无损检测分析

图 0-3　SWXRD-1000 型短波长 X 射线衍射仪

重金属靶 X 射线管辐射的 X 射线谱包含特征谱和连续谱，而特征谱的波长、光子能量均为物理常数，加上光子能量分析单色化的特性等，使得短波长特征 X 射线衍射既有与高能同步辐射的短波长 X 射线衍射的共性，亦有特殊性。了解高能同步辐射的短波长 X 射线衍射或硬 X 射线衍射(hard X-ray diffraction)的读者，将在阅读本书汇集的作者及其研发团队 20 余年来发明的方法、仪器及其应用后，体会与理解这些异同。

需要说明的是：

(1) 短波长特征 X 射线主要是指重金属靶 X 射线管辐射光子能量 E 大于 40keV 的，也就是波长 λ 小于 0.031nm 的 K 系特征 X 射线，即原子序数 Z 大于 55 的靶材元素才能使重金属靶 X 射线管辐射出波长 λ 小于 0.031nm 的 K 系特征 X 射线。换句话说，短波长特征 X 射线是指靶材元素原子序数 Z 大于 55 的重金属靶 X 射线管发出的 K 系特征 X 射线，其光子能量 E 大于 40keV，其波长 λ 小于 0.031nm。

(2) 本书作者将该发明命名为短波长特征 X 射线衍射，一是因为所采用重金属靶 X 射线管辐射的 K 系特征 X 射线波长 λ 为 0.02nm 左右，比常规 X 射线衍射所采用 X 射线管辐射的 K 系特征 X 射线波长 λ 约小一个数量级；二是因为 X 射线的波长是度量晶面间距离的长度基准，而这些特征 X 射线的波长均为物理常数。

可喜的是，为了满足我国科学技术发展的需求，建在北京、四川、广东等地的中子衍射装置已于 2015~2018 年投入使用，而且我国首座高能同步辐射光源及其硬 X 射线衍射站也即将建成。我们相信，随着相关方法、技术的发展及其交互作用，包括能够应用于实验室、生产车间和生产线的短波长特征 X 射线衍射在内的新方法、新理论及其仪器将会得到飞速发展，并推动科学技术进步，造福社会。

第一部分　X射线衍射基础

第1章 X射线物理学基础

1.1 X射线的发现、产生及现象

1895 年，研究真空管高压放电的德国物理学家伦琴，发现了一种穿透力很强的射线，由于当时人们对这种新发现的射线未知，故称为 X 射线，为了纪念发现者，亦称为伦琴射线，伦琴为此而获得了第一届诺贝尔物理学奖。

1913 年，柯立芝在前人基础上发明了热阴极 X 射线管(图 1-1)，这种低成本 X 射线源具有的便利性、易用性和可靠性，使得大量的各种 X 射线仪器设备应运而生，极大地促进了 X 射线研究和应用的蓬勃发展。1932 年，劳伦斯发明了回旋加速器(亦称为同步辐射，如图 1-2 所示)，为后来的 X 射线研究和应用等提供了一种强大的超级 X 射线源。上述 X 射线管和同步辐射为研究和应用 X 射线的两种主要辐射源，其中，X 射线管因具有低成本和使用的便利性、易用性、可靠性而成为使用最多的 X 射线辐射源。

在图 1-1 所示的热阴极 X 射线管中，高速运动的电子被阳极靶阻止时，撞击阳极靶的电子动能被转化，除了 98%以上的电子动能被转化成热能由冷却介质(如冷却水)带走外，其余能量转化为 X 射线，其中一部分从 X 射线管的铍窗射出。

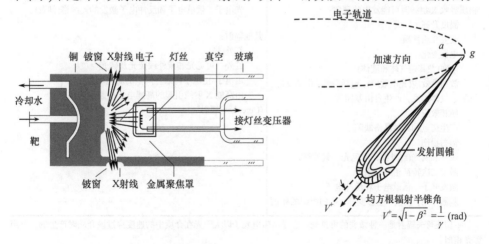

图 1-1 热阴极 X 射线管   图 1-2 同步辐射

在如图 1-2 所示的回旋加速器中，接近光速运动的电子存在加速度及动量的变化而产生 X 射线,沿电子运动轨迹的切线方向辐射出 X 射线。

发现 X 射线以来,人们逐渐认识了 X 射线的一般性质及其与物质相互作用时所产生的各种现象,进行总结简介见表 1-1。

表 1-1　X 射线性质及其与物质相互作用时所产生的各种现象

一般性质	X 射线与物质相互作用产生的现象
出现连续谱 出现特征谱 出现特征谱带 产生特征吸收光谱 以光速传播 无介质传播 直线传播 不受电磁场影响,不发生偏转 不可见,人体无感觉 与物质相遇时的伴随现象: 　直线穿透,不受影响 　反射 　折射 　偏振 　衍射(针孔、狭缝或晶体) 　相干散射 　非相干散射 　光电吸收 　产生偶极子(当能量大于 1.02MeV 时) 物质吸收 X 射线时可能发生的现象: 　温度升高 　改变介质性质 　电性变化 　电离(尤其是气体和液体) 　放射性效应(光电效应),包括分解、化学反应、 沉淀、气体挥发,产生自由基团等 　照相效应 　产生斑点和其他晶格缺陷 　辐射损伤 　荧光和磷光(红外线,可见光,紫外线) 　激发二次特征谱线和谱带 　激发光子、俄歇电子和反冲电子 　刺激作用,损伤、生态变异、生物组织的死亡	粒子辐射: 　离子 　X 射线(初级,二次)激发产生光电子 　可见光和紫外荧光激发产生光电子 　俄歇电子 　反冲电子 　电子-正电子对(当 X 射线光子能量大于 1.02MeV 时) 电磁辐射: 　入射 X 射线(连续谱或线谱) 　穿透(不受影响或夹杂样品的吸收谱) 　反射 　折射 　偏振 　衍射 　相干散射 　非相干散射 激发的 X 射线: 　图解线或图解带 　非图解线(卫星线) 　光电子、俄歇电子和反冲电子激发的连续谱(韧致) 其他辐射: 　红外(热) 　红外、可见光和紫外线荧光及磷光 　由电子-正电子再结合产生的质湮辐射 　由高能 X 射线引起的高速电子引起切连科夫 (Cerenkov)辐射*

* 切连科夫辐射是一种微弱的可见光,它是由带电粒子以大于光在介质中的速度穿过该介质时产生的,与声震光相似。

表 1-1 所述 X 射线的部分性质和现象将在本书后续章节中详细描述和利用,

其余的性质和现象可参看相应文献。

1.2 X 射线的波动性和粒子性

20 世纪初之前，在经典物理学界，对于光的性质，包括发现不久的 X 射线，长期存在以惠更斯为首的波动学派与以牛顿为首的粒子学派之争，波动学派以可见光在狭缝实验产生的干涉条纹的存在为主要依据，而粒子学派则以可见光在空间中是以直线形式传播为主要依据。直到 20 世纪初，才确定了光具有波粒二象性，合理地解释了光的衍射、直线传播以及吸收、辐射等现象，因此波动性与粒子性是包括 X 射线在内的光所具有的客观属性。

1.2.1 X 射线的波动性

1912 年劳厄利用晶体作为三维光栅，观察到一束 X 射线经过晶体产生的干涉花样，即衍射花样，其原理如同一束可见光经过狭缝产生的干涉条纹，从而证实了 X 射线与可见光一样具有波动性，是一种电磁波。

X 射线像可见光一样以光速直线传播，在真空中的传播速度为 2.998×10^8m/s，其电场强度矢量 $\boldsymbol{E}$ 和磁场强度矢量 $\boldsymbol{H}$ 相互垂直，且均垂直于传播方向，是一种平面偏振波。

如图 1-3 所示，当电磁波以光速 c 沿 X 轴正向传播时，在 t 时刻传播到坐标 x 处的电场强度矢量 $\boldsymbol{E}$ 和磁场强度矢量 $\boldsymbol{H}$ 的振幅为

$$E_{x,t} = E_0 \sin 2\pi \left(\frac{x}{\lambda} - vt \right) \tag{1-1}$$

$$H_{x,t} = H_0 \sin 2\pi \left(\frac{x}{\lambda} - vt \right)$$

式中，E_0 为电磁波的电场强度振幅；H_0 为电磁波的磁场强度振幅；λ 为电磁波的波长；$v = c/\lambda$ 为电磁波的频率。

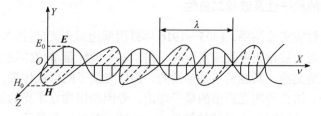

图 1-3 电磁波的传播

不同波段的电磁波分别称为无线电波、微波、红外线、可见光、紫外线、X
射线、宇宙射线等,如图 1-4 所示。习惯上,X 射线是指波长范围为 0.001～10nm
的电磁波。在 X 射线晶体衍射中,常规 X 射线衍射的常用波长范围为 0.07～
0.25nm;在 X 射线探伤材料内部宏观缺陷时,常用的波长范围为 0.005～0.1nm。
一般将穿透力强的短波长 X 射线称为硬 X 射线;反之,将穿透力弱的长波长 X
射线称为软 X 射线。

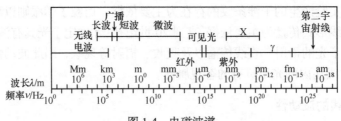

图 1-4　电磁波谱

最早的 X 射线晶体衍射实验——劳厄实验采用 X 射线管作为辐射源,所用的
特征 X 射线波长与晶体内周期排列的原子间距离相当,约为 0.15nm,波动性的
表现最为显著,因此通常的 X 射线晶体衍射常用波长为 0.07～0.25nm(穿透力弱),
通常采用原子序数 Z<30 的材料作为 X 射线管的阳极靶,如 CuKα 波长为 0.154nm,
常用于材料表面(约 5μm 厚的表面层)晶体物质的 X 射线衍射分析(X-ray
diffraction, XRD)。

在 X 射线衍射领域,X 射线的波长常用埃(Å)作为长度单位,1Å = 10^{-10}m =
0.1nm。

短波长特征 X 射线的波长为 0.01～0.03nm,其穿透力远远强于常规 X 射线晶
体衍射所用波长范围的 X 射线,它产生于原子序数 Z>55 的重金属作为阳极靶的
X 射线管,如 WKα$_1$ 波长为 0.0208992nm,用于厘米级厚度的常用材料内部物质
的晶体衍射。鉴于波长 λ 是度量原子间距离的长度基准,故命名为短波长特征 X
射线衍射,简称 SWXRD,以便与常规 X 射线晶体衍射相互区别,同时,也纪念
SWXRD 发明于西南技术工程研究所。

1.2.2　X 射线的粒子性及波粒二象性

根据光电效应实验结果,1905～1916 年爱因斯坦对于光(包括 X 射线)提出了
光量子概念。当光被物质吸收或发射时,是以基本的能量单位体现出来的,一份
一份地进行能量交换,其能量不是连续的,即以光量子的形式体现,具有一定的
能量、动量等。结合普朗克提出的量子理论,爱因斯坦建立了光的波粒二象性理
论,光的频率 ν、波长 λ 与光量子的能量 E、动量 p 存在如下关系:

$$\begin{cases} \nu = \dfrac{c}{\lambda} \\ E = h\nu \\ p = \dfrac{h}{\lambda} \end{cases} \qquad (1\text{-}2)$$

式中，h 为普朗克常量，$h=6.63\times10^{-34}$J·s；c 为真空中光速，$c=2.998\times10^{8}$m/s。

1923 年, 康普顿和吴有训通过 X 射线与电子的非弹性碰撞实验佐证了爱因斯坦关于光子提议的正确性，即光的粒子性理论。
康普顿-吴有训实验如图 1-5 所示，采用单一波长
($\lambda=0.711$Å)的 X 射线辐射到碳靶上研究其效应。从
实验结果可以看出，散射的 X 射线除原有波长的
X 射线外，还有波长长于原有波长偏移 $\Delta\lambda$ 的 X 射
线，且散射角越大方向上的 $\Delta\lambda$ 越大，实验结果见
图 1-6。散射而致使光的波长、频率改变这一实验
结果，仅靠经典物理中关于光的波动性理论是无
法解释的，而采用爱因斯坦关于光量子的提议，
根据动量守恒定律推得了散射角 Φ 与波长偏移 $\Delta\lambda$ 的公式:

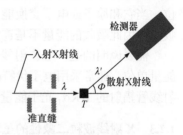

图 1-5　康普顿-吴有训实验

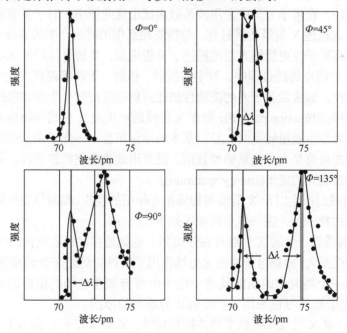

图 1-6　散射而致使光的波长、频率改变

$$\Delta\lambda = \frac{h(1-\cos\varPhi)}{mc} \tag{1-3}$$

式中，m 为电子的质量。利用该公式的计算结果与实验结果完全符合，从实验上证明了爱因斯坦上述关于光的粒子性(光量子)，以及频率 ν、波长 λ 与能量 E、动量 p 理论关系的合理性。

从光的粒子性出发，X 射线是由大量以光速运动的粒子组成的不连续粒子流。这些粒子称为光量子(简称光子)。每个光子具有能量 E、动量 p、频率 ν、波长 λ，其静质量为零，它们均遵从式(1-2)；每个光子的能量是 X 射线的最小基本能量单位，当它和原子或电子交换能量时只能是一份一份地以该能量单位被原子或电子吸收，因此吸收的能量不是连续的。

需要说明的是：在 X 射线领域，由于 X 射线光子能量太小，很少采用焦耳为能量单位，通常采用电子伏特(eV)或千电子伏特(keV)为能量单位，例如，钨靶 X 射线管辐射的 WKα$_1$ 光子能量常常表示为 59.318keV。

1.2.3　X 射线波粒二象性的呈现

X 射线在一定条件下呈现其波动性，而在另一条件下呈现其粒子性，即波粒二象性是其客观属性，X 射线是一种概率波，体现在具体的位置、具体的时刻出现的不确定性，在量子力学中采用波函数表征出现的概率。对于具有波粒二象性的 X 射线，在描述 X 射线传播过程、与物质相互作用时所产生的各种现象中，采用波动性还是粒子性更能够方便地描述、分析现象，要视具体情况而定。包含大量光子的 X 射线在传播过程中，发生的折射、衍射、干涉等现象，就突出地表现了它的波动性，如常常基于光的波动性描述折射以及衍射、干涉现象结果的衍射谱或衍射花样(diffraction pattern)；而在 X 射线的产生及 X 射线与物质相互作用的吸收、辐射等发生能量转换时，是以基本的能量单位——光子能量进行能量转换的，转换的能量值是光子能量的整数倍，就突出地表现它的粒子性，如常常基于光的粒子性描述光的能谱(energy spectrum)。

就 X 射线的产生以及 X 射线与物质相互作用的吸收、辐射等发生能量转换时而表现出光的粒子性，进一步举例阐述如下。

(1) X 射线管产生的 X 射线存在短波限，也就是存在最短波长的 X 射线，其对应的光子能量大，即热电子在加速电场作用下获得的动能完全转变为一个光子的能量，而一个热电子的动能就等于电子电荷与加速电场电位差的乘积，这也是 X 射线光子能量习惯采用 eV 或 keV 为单位的原因。

(2) 当一束 X 射线入射到半导体探测器时，X 射线光子被探测器的光电材料接收区域所吸收，在该接收区域将产生一定脉冲高度的若干个电脉冲，一个光子对应产生一个电脉冲，电脉冲个数为探测到的光子个数，电脉冲高度正比于光子能量,测量分析所探测到的每一个光子能量,就可以得到入射 X 射线的光子数沿能量的分布(光子计数强度沿能量的分布),即 X 射线能谱。

(3) 在 X 射线衍射中,当阳极靶材的原子序数 Z 比被测样品材料的原子序数 Z 大一些时,入射的阳极靶材特征 X 射线将激发被测样品材料产生荧光,将严重影响衍射谱的测量。即能量大一些的入射阳极靶材特征 X 射线光子,在传播中因与材料中电子发生非弹性碰撞(康普顿-吴有训效应)而降低了光子能量,直至降低到可以激发被测样品材料,使得被测样品材料发出相应元素的特征 X 射线光子,从而剧烈地吸收原本参与衍射的阳极靶材特征 X 射线光子及其能量,导致难以测得比阳极靶材的原子序数 Z 小一些的元素构成的被测样品材料的衍射谱。利用光的粒子性很好地解释了因 X 射线管的阳极靶材选用不合适而导致荧光产生,使得难以测量 X 射线衍射谱。

(4) 在 X 射线能量色散衍射谱中,也就是采用探测器测量晶体物质在固定角度方向上衍射的 X 射线能谱中,测量不同能量的 X 射线光子及其光子计数强度就利用了光的粒子性,而在计算晶体物质晶面之间的距离时,又利用了光的波动性。

在此指出,短波长特征 X 射线衍射在基于光的波粒二象性原理,系统探测分析接收到的每一个光子能量,并从中筛选单一波长的短波长特征 X 射线光子和统计该能量的光子个数时,利用了光的粒子性;而根据测得的衍射谱定峰计算晶体物质晶面之间的距离时,又利用了光的波动性。

1.3　X 射线源及其 X 射线光谱

X 射线管和同步辐射是两种主要的 X 射线源。X 射线管因具有的低成本和使用的便利性、易用性、可靠性而成为使用最多的 X 射线源;而同步辐射是一种超级光源,其发出的 X 射线具有高亮度、高相干性等特点(详见 2.8 节)。本节主要介绍大量使用的 X 射线管及其辐射的特征 X 射线光谱。

1.3.1　X 射线管

在研究机构、高校和企业中,X 射线管是晶体衍射最为常用的 X 射线源,因为需要得到高强度的单一波长 X 射线,一般不采用透射靶的 X 射线管,而常常采用反射靶的 X 射线管,入射到阳极靶的电子束和从铍窗口出射的 X 射线束均在阳极靶的同侧。X 射线管的额定管电压和功率是其重要技术指标,绝缘性能限制了 X 射线管额定管电压的提升,冷却能力和焦点尺寸限制了 X 射线管额定功率的提升。

如图 1-1 所示,X 射线管产生 X 射线的过程是:高真空 X 射线管内的钨灯丝阴极通电加热而产生和发射热电子，在施加高电压的阴极和阳极形成的电场中，这些加速向阳极运动的自由电子高速轰击阳极靶，高速运动的电子受阻于阳极靶而产生 X 射线，辐射的各种波长 X 射线强度与电子运动方向的关系如图 1-7 所示。

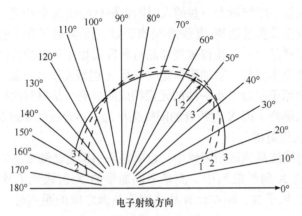

图 1-7　在 31kV 管压下各种波长的 X 射线强度分布与电子运动方向的关系
1. 波长为 0.043nm；2. 波长为 0.053nm；3. 波长为 0.073nm

X 射线管产生 X 射线须具备如下装置和条件：①产生自由电子(热电子)的电子源，如加热钨丝阴极发射热电子；②自由电子撞击的阳极靶；③施加在阴极和阳极靶之间的高电压，用以加速自由电子向阳极靶方向加速运动；④将阴极和阳极靶封闭在真空度大于 10^{-3}Pa 的高真空容器中，避免阴极和阳极靶被氧化，又使得被加速的热电子无阻碍地撞击到阳极靶上。

根据用途的不同，有多种 X 射线管。

按照阳极靶和灯丝是否可以更换分类：不可更换阳极靶和灯丝的 X 射线管为密封式 X 射线管，结构简单且功率较小，是一种包括应用于 X 射线衍射在内的最常用的 X 射线管；可以更换阳极靶和灯丝的微焦点 X 射线管、较大功率的旋转阳极靶 X 射线管，因结构较为复杂而较少使用。

按照辐射出的 X 射线与轰击阳极靶是否在同一侧分类：辐射出的 X 射线与轰击阳极靶的电子束在阳极靶同一侧的 X 射线管为反射靶的 X 射线管，是一种包括应用于 X 射线衍射在内的最常用的 X 射线管；辐射出的 X 射线与轰击阳极靶的电子束在阳极靶两侧的 X 射线管为透射靶的 X 射线管，是一种较少使用的 X 射线管，也是不为 X 射线衍射采用的 X 射线管。

根据反射靶的 X 射线管轰击阳极靶的电子束是否垂直于阳极靶靶面，X 射线管又可分为平靶 X 射线管和斜靶 X 射线管。电子束垂直轰击阳极靶的平靶 X 射线管，多用于 X 射线衍射仪器。电子束倾斜轰击重金属阳极靶的斜靶 X 射线管，其轰击阳极靶的电子束与阳极靶面法线的夹角(称为靶角)多为 10°或 20°，其原理就是基于图1-7的X射线强度分布与电子运动方向的关系来提高辐射的X射线强度，斜靶X射线管多用于X射线探伤机和部分X射线CT，也可以用于X射线衍射仪器。

金属陶瓷具有稳定性好、焦点位置定位性好等优点，因此越来越多地用于密封的热阴极 X 射线管。目前，金属陶瓷 X 射线管已大量采用，玻璃密封的 X 射线管已较少使用。

在 X 射线衍射中，为了使源自平靶 X 射线管的特征 X 射线束尽量强，即特征 X 射线束截面的单位面积功率尽量大，并考虑到阳极靶面的加工粗糙度，以及特征 X 射线光子能量不超过 100keV，一般从靶面掠射出的 5°~8°方向上获取特征 X 射线束，掠射的角度 α 称为取出角(take off angel)。衍射用的 X 射线管一般采用点焦/线焦的平靶 X 射线管，其焦点形状、大小主要取决于灯丝和轰击阳极靶的电子束聚焦电场；获得点焦/线焦的 X 射线束主要取决于获取 X 射线束的方向，点焦/线焦的 X 射线束的尺寸大小主要取决于取出角的大小。获得点焦/线焦的 X 射线束投影关系见图1-8。

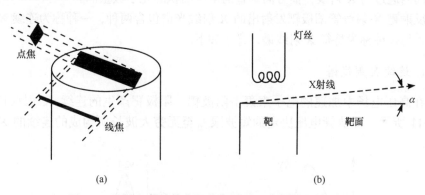

图 1-8　平靶 X 射线管获得点焦/线焦 X 射线束的投影关系

(a) 点焦/线焦；(b) 获取 X 射线束的取出角 α

目前，短波长特征 X 射线衍射采用管电压 225~320kV、密封式反射靶的重金属 X 射线管作为辐射源，图 1-9 和图 1-10 分别是某公司产钨阳极靶的 320kV 斜靶金属陶瓷 X 射线管和铂阳极靶的 225kV 点焦/线焦平靶金属陶瓷 X 射线管。

随着对高比功率 X 射线管的需求日益迫切，为突破阳极靶面冷却能力对 X 射线管额定功率的限制，以高速射流的液体金属作为阳极靶的 X 射线管的研发方兴未艾，有望大大提升 X 射线管的比功率，获得远比现有 X 射线强的 X 射线束，以提高 X 射线仪器的性能。

图 1-9　钨阳极靶的 320kV 斜靶金属陶瓷 X 射　　　图 1-10　铂阳极靶的 225kV 点焦/线焦
线管　　　　　　　　　　　　　　　　　　平靶金属陶瓷 X 射线管

1.3.2　反射靶 X 射线管的 X 射线光谱

X 射线光谱就是 X 射线强度 I 随波长 λ 变化的关系曲线。X 射线强度是指单位时间内通过与 X 射线传播方向垂直的单位面积的光子数量。

反射靶 X 射线管阳极靶发射出的 X 射线光谱包含两种，一种称为连续 X 射线谱，另一种称为特征 X 射线谱，详述如下。

1. 连续 X 射线谱

在高压电场中加速的电子束轰击阳极靶，阳极靶产生的连续 X 射线谱如图 1-11 所示，即从管电压决定的短波限 λ_0 至无穷大波长所构成的连续的 X 射线谱。

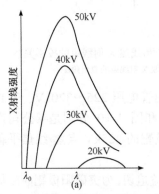
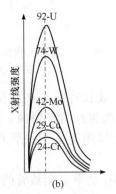

图 1-11　不同管电压、不同 Z 靶材 X 射线管辐射的连续 X 射线谱示意图
(a) 不同管电压；(b) 不同 Z 靶材

实验结果显示：①在管电压从小逐渐增大的过程中，轰击阳极靶电子的动能逐渐增大，则能量转化产生 X 射线光子的最大能量也随之增大，各种波长射线的

相对强度一致增高，最大强度 X 射线的波长 λ_m 和短波限 λ_0 变小；②在管电压不变的条件下，当管电流逐渐增大时，轰击阳极靶的电子动能不变，轰击阳极靶的电子数量逐渐增多，则能量转化产生 X 射线光子的最大能量不变，各种波长 X 射线的相对强度一致增高，但 λ_m 和 λ_0 数值大小不变；③当改变阳极靶元素时，各种波长的相对强度随靶材元素的原子序数 Z 增大而增加。

连续 X 射线谱的产生机制：连续 X 射线谱的产生，源自 X 射线管内高速运动的电子和阳极靶碰撞时产生极大的负加速度，电子周围的电磁场将发生急剧的变化，激发辐射出电磁波。由于大量电子轰击阳极靶情况的随机性，以及每个电子碰撞阳极靶材微观粒子的不确定性，绝大多数电子经多次碰撞而动能耗尽，辐射出的电磁波具有各种不同的波长，因而形成了连续 X 射线谱。而当一个电子的动能在一次碰撞中全部转化成一个光子能量时，就产生了最大能量的光子和波长最短的 X 射线，而连续 X 射线谱的短波限 $\lambda_0 = 1239.6/V$，其中，λ_0 单位为纳米(nm)，X 射线管管电压 V 的单位为伏特(V)。

另外，高速运动的电子束在到达阳极靶时，其能量除了以上很小部分因为激发作用而转化为 X 射线以外，其余绝大部分经多次碰撞转化为阳极靶材的分子/原子动能，即热能。因此，在 X 射线管连续工作时，必须通以冷却介质冷却阳极靶，将电子束轰击阳极靶产生的热量带走，防止过热而损坏 X 射线管，因此 X 射线管的冷却能力会限制其额定功率。

实验得到的经验公式表明，在 X 射线管的管电压为 V，管电流为 i，阳极靶的原子序数为 Z 时，发出的连续 X 射线强度为

$$I_{连续} = KiZV^2 \tag{1-4}$$

X 射线管的效率 η 定义为 X 射线强度与 X 射线管功率 iV 的比值，即

$$\eta = KZV \tag{1-5}$$

式中，K 为比例常数。

式(1-5)表明，X 射线管的效率 η 与 V、Z 成正比，即 X 射线管的管电压越高、阳极靶的原子序数 Z 越大，其辐射 X 射线的效率越高。例如，钨阳极靶的 X 射线管，在管电压为 100kV 时，仅有不到 1%的能量被激发产生 X 射线，其余的绝大部分能量被转化成热能而由冷却介质带走。

2. 特征 X 射线谱

只有在施加于 X 射线管两端的管电压超过某一临界值 $V_{激发}$(称为激发电压)后，才会在若干个特定波长处产生若干条强度很高、波长范围很窄的 X 射线，如图 1-12 所示。

这些强度很高、波长范围很窄的 X 射线波长只与阳极靶材料的原子序数 Z 相

关，即只与阳极靶材料化学元素相关，因此称为特征 X 射线谱，也称为标识 X 射线谱。这些特征 X 射线谱的光子个数(计数强度)约为连续谱的 1000 倍。

实验结果显示：特征 X 射线谱的波长(或光子能量)只取决于阳极靶材料的原子序数 Z，并且随着 Z 的增大，这些 X 射线的波长变短(或能量变大)，数量呈现阶梯式增加，其规律见绪论中的莫塞莱定律，它也反映了化学元素的周期性排列。

按照经典的原子模型，原子内的电子分布在一系列量子化的壳层上，具有相应能级，在稳定状态下，每个壳层有一定数量的电子，它们具有一定的能量，最内层的 K 层能量最低，然后其余各壳层电子的能量按 L, M, N, … 的顺序递增，并且各壳层电子的能量与其主量子数 n、角量子 j 和 l 直接相关(详见原子核物理相关书籍)。

如图 1-13 所示，当轰击阳极靶的电子具有足够动能将原子内层电子击出成为自由电子(二次电子)后，原子就处于高能的不稳定状态，K 层出现空位而处于激发态，即 K 激发态，必然自发地回到稳态，多出的能量以 X 射线形式辐射出来。

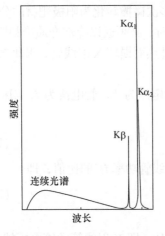
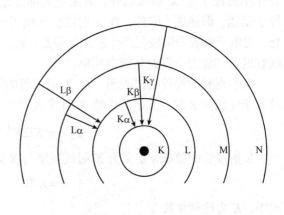

图 1-12　特征 X 射线谱示意图　　　图 1-13　壳层电子跃迁产生特征 X 射线的示意图

当最靠近原子核最内层的 K 层电子被击出时，原子处于 K 激发态，L 层电子跃迁到 K 层填补 K 层空位，其能量差以 X 射线光子的形式辐射出来，称为特征 X 射线 Kα，同时原子处于 L 激发态；M 层电子跃迁到 K 层填补 K 层空位，其能量差以 X 射线光子的形式辐射出来，称为特征 X 射线 Kβ，同时原子处于 M 激发态；N 层电子跃迁到 K 层填补 K 层空位，其能量差以 X 射线光子的形式辐射出来，称为特征 X 射线 Kγ，同时原子处于 N 激发态。将 L 层电子、M 层电子、N 层电子跃迁到 K 层而分别发出的 Kα、Kβ、Kγ 谱线称为 K 系谱线。以此类推，当相应的 L 层电子被击出，M 层电子、N 层电子跃迁到 L 层而分别发出特征 X 射线

Lα、特征 X 射线 Lβ时，该组谱线称为 L 系谱线；当相应的 M 层电子被击出，N 层电子跃迁到 M 层而发出特征 X 射线 Mα等时，该组谱线称为 M 系谱线。

由于 L 层 8 个电子分别位于三个能量差别很小的亚层，处于较高亚能级的 L_{III} 层电子跃迁到 K 层所辐射的特征 X 射线波长较短，称为 $K\alpha_1$；从处于较低亚能级的 L_{II} 层电子跃迁到 K 层所辐射的特征 X 射线波长较长，称为 $K\alpha_2$，而由 L_1 层到 K 层因不符合跃迁规则而没有辐射。对于处于 K 激发态的原子，若 M 层电子向 K 层空位补充跃迁，原子转变到 M 激发态，则辐射波长更短的特征 X 射线 Kβ，如 $K\beta_1$、$K\beta_2$、$K\beta_3$ 等。

在原子因激发而导致上述壳层电子跃迁产生的特征 X 射线中，以产生特征 X 射线 $K\alpha_1$ 光子的跃迁概率最大，光子个数最多，也就是特征 X 射线 $K\alpha_1$ 的强度 I 最大，因此往往将靶材辐射最强的特征 X 射线 $K\alpha_1$ 用于 X 射线衍射测试分析。

各元素原子的特征谱及其命名、标记详见附录 2。

各条特征谱 X 射线的光子能量、波长只取决于阳极靶材料的原子序数 Z，如原子序数为 29 的 Cu 靶 CuKα波长为 0.154nm。Z 越大的原子对应的电子能级越多，其特征 X 射线的数量也越多，相应线系的特征 X 射线光子能量也越大，相应线系的特征 X 射线波长也越短。K 系、L 系及 M 系特征 X 射线谱的光子能量和波长分别见附录 2 和附录 3。

另外，不同元素的阳极靶材产生辐射的特征谱各条谱线概率之比变化很小，即各元素产生辐射的各条特征谱线的计数强度之比变化很小，即各条特征谱线的计数强度 $I_{K\alpha1}:I_{K\alpha2}:I_{K\beta1}:I_{L\alpha1}:\cdots\approx 100:50:20:90:\cdots$。

在管电压 V 大于阳极靶材的激发电压 $V_{激发}$ 时，X 射线管产生的特征 X 射线谱强度 $I_{特征}$ 随管电压 V 和管电流 i 的提高而增大，实验总结的经验公式为

$$I_{特征} = Ci\left(V - V_{激发}\right)^n \tag{1-6}$$

式中，C 为比例常数；对于被激发阳极靶材的 K 系特征谱，n=1.5；对于被激发阳极靶材的 L 系特征谱，n=2。

一般而言，产生的特征 X 射线 $K\alpha_1$ 的强度可以比其附近的连续谱强度高 4～6 个数量级，实测不同管电压的钨靶 X 射线管的 K 系、L 系特征 X 射线谱见图 1-14。

需要强调的是：源自原子的电子云能级跃迁而辐射的特征谱，其光子能量、波长取决于阳极靶材的原子序数 Z，不会因为测量方式方法的不同而改变，Z 越大，其辐射的光子能量也越大；在各条特征谱线中，$K\alpha_1$ 强度最强，$K\alpha_2$ 强度次之，常规晶体衍射大多采用反射靶 X 射线管辐射的 Kα特征谱线，而短波长特征 X 射线衍射往往采用 W、Pt、U 等高原子序数阳极靶材辐射的单一波长的 $K\alpha_1$ 特征谱线。

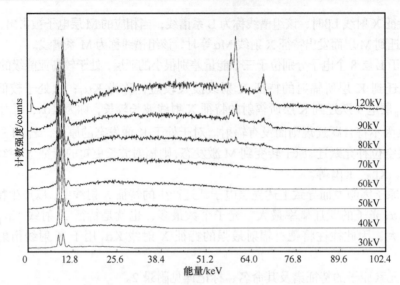

图 1-14　不同管电压的钨靶 X 射线管辐射 K 系、L 系特征 X 射线谱

短波长特征 X 射线衍射往往采用反射式高原子序数阳极靶 X 射线管辐射的 $K\alpha_1$ 特征谱线，如 $WK\alpha_1$、$PtK\alpha_1$、$UK\alpha_1$ 等，其亮度可高达 $10^7\sim10^8 ph\cdot s^{-1}\cdot mrad^{-2}\cdot mm^{-2}\cdot(0.1\%BW)^{-1}$(ph 表示光子(photon)，BW 表示带宽(band width))。

短波长特征 X 射线衍射常用的 $WK\alpha_1$、$PtK\alpha_1$、$UK\alpha_1$、$UK\beta_1$ 参数见表 1-2。

表 1-2　常用的 W、Pt、U 靶 X 射线管主要短波长特征 X 射线参数

阳极靶材	短波长特征 X 射线	光子能量 /keV	波长 /nm	最大可测铁当量 厚度*/mm
钨	$WK\alpha_1$	59.318	0.0208975	3
铂	$PtK\alpha_1$	66.832	0.0185480	4
铀	$UK\alpha_1$	98.440	0.0125924	10
	$UK\beta_1$	111.303	0.0111372	12

*以透射强度衰减到入射强度的 5%计。

1.3.3　重金属靶 X 射线管的短波长特征 X 射线谱与高能同步辐射的 X 射线谱

重金属靶 X 射线管的短波长特征 X 射线谱与高能同步辐射的 X 射线谱如图 1-15 所示。

受限于稳定态元素的原子电子云能级之差，重金属靶 X 射线管产生的特征 X 射线波长范围有限，如铀是目前可用最高原子序数的阳极靶材，其 $UK\alpha_1$ 波长也

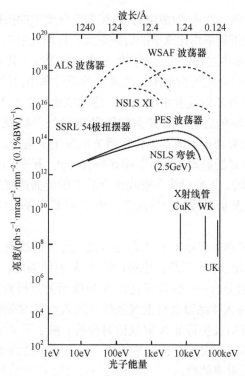

图 1-15　重金属靶 X 射线管的短波长特征 X 射线谱与同步辐射的 X 射线谱
SSRL54 极扭摆器、ALS 波荡器等为不同的同步辐射装置

只能短至 0.0125924nm，即短波长特征 X 射线衍射能够使用的波长难以再短；而高能同步辐射产生的 X 射线波长范围要宽得多，辐射的 X 射线光子能量可高达 100keV 以上，辐射的 X 射线强度比 X 射线管辐射的短波长特征 X 射线强度高 6个数量级以上，并且辐射的 X 射线强度随光子能量的变化远比 X 射线管辐射的连续谱 X 射线强度变化平缓，如 APS 以及我国将于 2025 年建成的 HEPS，它们辐射的光子能量可达 300keV，产生的 X 射线波长短至 0.004nm，穿透性强，是一种具有高亮度、极小发散度等特性的超级光源，但高能同步辐射装置价格昂贵，仅少数国家拥有。

1.4　X 射线的折射

一束光从折射率为 η_1 的介质 1 以入射角 δ_1 进入折射率为 η_2 的介质 2 后，将沿折射角 δ_2 的方向传播，并遵从折射定律(即斯涅尔定律，Snell law)：

$$\eta_1 \sin\delta_1 = \eta_2 \sin\delta_2 \tag{1-7}$$

在折射定律中，所有频率光(或电磁波)在真空介质中的折射率定义为 1，对于可见光，材料介质的折射率均比真空的折射率大，且均大于 1，空气的折射率略大于 1，使得用肉眼看水中之物，感觉该物体在水中的深度比其实际深度要浅一些。

对于 X 射线，材料介质的折射率均比真空的折射率小，且均小于 1，为 0.999～0.999999，使得人们用 X 射线看水中之物，感觉该物体在水中的深度比其实际深度要深一些。材料介质的折射率随 X 射线频率(波动性参数)的变化而变化。另外，X 射线在两种介质的界面折射时，不仅传播方向发生了偏转，电磁波的相位亦改变，因此其折射率为复折射率，复折射率 $n'=n(1-i\eta)$。其中，n 为通常所说的折射率，涉及折射线的偏转，由 X 射线在吸收性介质中的传播速度所决定，遵从式(1-7)的折射定律；η 还涉及折射线相位的改变，由 X 射线在吸收性介质中传播时的光能吸收决定。

由于 X 射线折射率非常接近 1，不存在可见光那样的透镜汇聚或发散 X 射线，即使采用全反射原理汇聚 X 射线，也难以增大 X 射线强度。对进行晶体材料/工件的内部 X 射线衍射分析——短波长特征 X 射线衍射分析而言，有时候必须考虑入射 X 射线从空气进入样品以及衍射线从样品进入空气的折射，才能准确定位，才能准确定点地进行短波长特征 X 射线衍射分析。由于不关注相位改变，也就是不关注复折射率虚部，只关注复折射率的模，以下若不特别指明，所提到的材料介质折射率均指复折射率的模。

1.5　X 射线的散射与 X 射线强度衰减

一束 X 射线与物质发生作用而产生的现象和过程十分复杂，主要有光电吸收、散射、折射等现象和过程，使得各方向的 X 射线能谱发生变化，入射 X 射线束的强度衰减。发生光子转化为正负电子对的成偶吸收时，一个光子能量转化为一个正电子和一个负电子，光子能量与正电子和负电子质量所对应的能量($E=mc^2$)之差等于正电子和负电子的动能之和。

一束 X 射线入射到物体，除在界面折射以外，进入物体后还将产生偏离原传播方向的 X 射线，该现象称为 X 射线的散射。散射线以及沿原传播方向继续传播的 X 射线，其能量还将消耗于激发被照射物体原子的光电效应，称为光电吸收与荧光辐射(详见 1.5.2 节)。实验结果显示，X 射线的波长越短或 X 射线光子能量越大，其穿透能力越强，散射本领越弱。

1.5.1　散射

物质对 X 射线的散射包括相干散射和非相干散射。自由电子在入射 X 射线电磁波的作用下，将产生受迫振动而向空间辐射出与入射线同频率或不同频率的电磁波。向空间辐射出与入射线同频率的电磁波时的散射称为相干散射；向空间辐射出与入射线不同频率的电磁波时的散射称为非相干散射。

发生相干散射时，偏离原传播方向的 X 射线波长不变，此时的散射亦称为衍射，是晶体衍射研究和应用的 X 射线；发生非相干散射时，偏离原传播方向的 X 射线波长发生了变化。

1. 相干散射(亦称为经典散射)

X 射线是一种电磁波，当它通过物质时，与物质原子中的电子相互作用，向四周辐射出与入射 X 射线波长相同的散射 X 射线；由于散射波与入射波的相位差恒定，产生干涉条纹，电动力学理论可以给出合理的解释，故相干散射亦称为经典散射。

相干散射最显著的特征是散射线的波长与入射 X 射线的波长相同，是 X 射线衍射用于分析晶体结构及其变化的根本所在。

根据经典电动力学理论，当一束强度为 I_0 的非偏振 X 射线照射到一个质量为 m、电荷为 e 的电子上时，在与入射线夹角为 2θ 的角度方向上距离为 R 处的某点，该电子对 X 射线的散射强度为

$$I_e = I_0 \frac{e^4}{R^2 m^2 c^4} \frac{1+\cos^2 2\theta}{2} = I_0 \left(\frac{r_e}{R}\right)^2 \frac{1+\cos^2 2\theta}{2} \tag{1-8}$$

式(1-8)为汤姆孙(Thomson)公式，其中，c 为光速；$e^2/(mc^2)$ 称为电子的经典半径，即 r_e，约为 2.8×10^{-15}m；$(1+\cos^2 2\theta)/2$ 称为偏振因子，表征一束强度为 I_0 的非偏振 X 射线被电子散射后 X 射线在 2θ 角度方向的偏振化程度。

将电子的电荷 e、电子的质量 m 和光速 c 数值代入式(1-8)，可得

$$I_e = I_0 \frac{7.9 \times 10^{-30}}{R^2} \frac{1+\cos^2 2\theta}{2} \tag{1-9}$$

由汤姆孙公式可知：

(1) 波长不变的 X 射线散射强度 I_e 与距离 R^2 成反比。

(2) 在各方向上散射波的强度不同，在 $2\theta = 0°$ 处，即入射方向强度最强，而在 $2\theta = 90°$ 处，即入射线垂直方向强度最弱。

(3) 散射强度 I_e 与电子质量平方的倒数成正比，可见，质量大得多、带正电荷的原子核散射的强度与电子散射强度相比小得可以忽略不计，因此晶体中散射的基本单元是电子，X 射线在空间散射强度的分布可直接反映电子在空间的分布。

关于晶体物质对 X 射线的相干散射，即 X 射线衍射，详见本书 2.3～2.5 节。

2. 非相干散射

如 1.2 节康普顿-吴有训实验所述,当 X 射线的光子冲击束缚较松的原子核外电子或自由电子时,将产生反冲电子,散射的 X 射线除原有波长的 X 射线外,还有波长长于原有波长 $\Delta\lambda$ 的 X 射线,即波长变长了的非相干散射的 X 射线,且散射角 Φ 越大方向上的 $\Delta\lambda$ 越大,见式(1-3)。

波长变长的非相干散射 X 射线的相位与入射 X 射线相位之差不固定,因而不会产生干涉,故这种散射称为非相干散射,即不参与衍射。虽然非相干散射不参与衍射,但是会产生无法避免的背景噪声,即衍射谱中的背底,给衍射分析带来不利影响。

1.5.2　X 射线光电吸收与荧光辐射

如同 X 射线管中获得高动能的热电子轰击阳极靶而辐射特征 X 射线(参见 1.3.2 节的特征 X 射线谱产生机制)一样,高能量的 X 射线光子辐照物质,该物质亦将吸收光子能量而辐射特征 X 射线。当入射的 X 射线光子具有足够高的能量时,可以将被照射物质原子中内层电子激发出来,使原子处于激发状态,在该原子壳层电子跃迁恢复到基态时,辐射出反映被照射物质原子能级的 X 射线光子,该光子能量等于电子跃迁能级能量差,故称为被照射物质元素的特征谱线。这种利用 X 射线激发被照射物质元素的原子而产生的特征谱线称为荧光辐射,也称为二次特征辐射。显然,只有入射 X 射线光子的能量等于或大于将原子某一壳层的电子激发出所需要的逃逸功与激发的荧光光子能量之和,才能产生荧光辐射。

利用较高能量的 X 射线光子照射物体激发的荧光辐射效应,可根据莫塞莱定律,探测分析荧光光谱,即 X 射线光电子能谱(X-ray photoelectron spectroscopy,XPS),就能够进行物体表面物质的元素分析。

此外,原子中一个 K 层电子被激发出以后,L 层的一个电子跃入 K 层填补空白,剩下的能量不是通过转换辐射一个光子的荧光辐射,而是激发 L 层的另一个电子到原子之外,即 K 层的一个空白被 L 层的两个空位所代替,并激发出一个 L 层电子,此过程称为俄歇(Auger)效应,它也造成原 X 射线的减弱,而且俄歇电子能谱(Auger electron spectroscopy,AES)的探测分析已用于材料表面物理的研究。

上述物质对 X 射线光子的量子吸收(原入射 X 射线光子的能量大量被物质所吸收)而导致二次特征辐射,不仅使得原 X 射线衍射强度明显减弱,而且造成衍射背底增强。

下面简述该效应对晶体衍射分析的影响和利用。

1) 选择适宜衍射的特征 X 射线(即 X 射线管的阳极靶材),避免荧光辐射的干扰

在 X 射线衍射实验中,若入射 X 射线在样品上产生荧光 X 射线,将对衍射

分析不利。针对样品的原子序数,可以选取适宜的阳极靶材 X 射线管辐射样品,避免样品上产生荧光辐射。样品上产生荧光辐射,一方面因消耗于激发荧光而导致样品的衍射强度显著减小,另一方面使得无能量分辨的探测器测得的衍射谱中的高背底情况发生,给衍射分析带来严重的不利影响。

一般而言,在常规 X 射线衍射中,阳极靶材的原子序数至少比被测样品的原子序数小 1 为宜,使得辐射样品的特征谱线光子能量低于被测样品元素原子的吸收限。

需要强调的是,本书中的短波长特征 X 射线衍射,由于采用 W、Pt、U 等重金属阳极靶辐射的短波长特征 X 射线 Kα,对于由中低原子序数的原子构成的常用材料,其 K 系 X 射线光子能量远远大于它们的吸收限,因此完全不用考虑 X 射线光电吸收与荧光辐射对衍射分析的影响。

2) 吸收限及滤波片

质量吸收系数 μ_m 与物质的化学成分和被吸收入射 X 射线的波长 λ 直接相关,而入射 X 射线因激发被照射物质原子而导致强度衰减。当波长 λ 减小到一定的 $\lambda_{临}$ 时,入射的 X 射线光子能量 $h\nu$ 达到了激发被照射物质原子壳层电子的能量而被大量吸收、激发,引发该元素原子的二次特征辐射,导致质量吸收系数 μ_m 显著增大(增大 7~10 倍),$\lambda_{临}$ 称为该物质原子的吸收限,激发 K 层电子的吸收限称为 λ_K。

在 X 射线衍射分析中,大多数情况下都希望利用接近单色,即波长较单一的 X 射线,即得到准单色的所需特征 X 射线。例如,在常规的 X 射线衍射中,Cu 靶 X 射线管辐射时,在 Cu 靶 X 射线管窗口前常常采用相应厚度的镍滤波片,使得 CuKα 的强度被吸收到原来的一半,并将 CuKα 与 CuKβ 的强度比由滤波前的 5:1 提高到 500:1 左右,可以满足一般的衍射工作要求。

常规 X 射线衍射所用的 K 系 X 射线波长及常用的滤波片见表 1-3。

表 1-3　常规 X 射线衍射所用的 K 系 X 射线波长及常用的滤波片

阳极靶元素	原子序数	Kα 波长/Å	Kβ 波长/Å	滤波片			
				材料	原子序数	λ_b/Å	厚度/mm
Cr	24	2.2909	2.0848	V	23	2.2690	0.0160
Fe	26	1.9373	1.7565	Mn	25	1.8964	0.0160
Co	27	1.7903	1.6207	Fe	26	1.7429	0.0180
Ni	28	1.6591	1.5000	Co	27	1.6072	0.0130
Cu	29	1.5418	1.3922	Ni	28	1.4869	0.0210
Mo	42	0.7107	0.6323	Zr	40	0.6888	0.0108
Ag	47	0.5609	0.4970	Rh	45	0.5338	0.0790

需要说明的是,短波长特征 X 射线衍射没有使用仅能得到准单色特征 X 射线的滤波片。

1.5.3　X 射线强度的衰减

X 射线通过物质传播时,主要由于相干散射、非相干散射以及量子吸收等,其强度衰减。在讨论 X 射线的强度衰减时,采用散射系数 δ 和量子吸收系数 τ 描述 X 射线束穿过物质后的 X 射线总体强度衰减,而且通常将散射系数 δ 与吸收系数 τ 之和作为衰减系数。在晶体衍射领域,常常习惯于将上述的 X 射线总体强度衰减称为吸收衰减,衰减系数也就习惯于称为吸收系数,用符号 μ 表示。需要说明的是,在晶体衍射中,"衍射强度的吸收校正"实质上包含了对晶体物质的散射与吸收的总体校正,而且往往只是一种相对的校正,一般来说,这样简单化的替代是可取的。另外,传播中的 X 射线,随着传播距离的增加,其单位面积上的强度亦会衰减。

在晶体物质对波长较长的 CuKα 等衍射时,表面晶体物质对 X 射线强度的衰减以吸收效应为主,散射效应可以忽略不计,而在晶体物质对波长较短的 WKα 等衍射时,晶体物质对 X 射线强度的衰减就要考虑散射效应了。

1. 物质对 X 射线强度的衰减

如图 1-16 所示,一束强度为 I_0 的 X 射线通过厚度为 $\mathrm{d}x$ 的无穷小薄层物质时,X 射线强度衰减量 $\mathrm{d}I$ 正比于入射强度 I 和层厚 $\mathrm{d}x$,则

$$\mathrm{d}I = -\mu_1 I \mathrm{d}x \tag{1-10}$$

式中,μ_1 为衰减比例系数,称为该物质对入射 X 射线的线衰减系数,与入射线的波长和物质有关,等式右边的负号表示强度的变化由强变弱。

积分式(1-10)可得

$$\ln I = -\mu_1 x + C \tag{1-11}$$

当 $x = 0$ 时,$I = I_0$,故 $C = \ln I_0$,代入式(1-11)可得

$$I = I_0 \mathrm{e}^{-\mu_1 x} \tag{1-12}$$

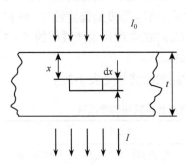

图 1-16　X 射线通过物质的强度衰减

式中,x 为 X 射线穿过物质的厚度;I 为穿过 x 厚度物质后的 X 射线强度。

从式(1-12)可以看出,X 射线通过物质时,将按照指数规律迅速衰减。I/I_0 也称为穿透系数或透射因数。

　　物质对 X 射线衰减的研究表明，X 射线的衰减包括由于散射而引起的散射衰减，以及由于激发电子及热振动等而引起的吸收衰减，这两种衰减遵循不同的规律，即吸收衰减随 X 射线波长和物质的原子序数 Z 而显著变化，则散射衰减几乎与 X 射线波长和物质的原子序数 Z 无关，且在通常情况下，散射衰减系数远远小于吸收衰减系数。

　　因此，除短波长 X 射线照射原子序数 Z 小的物质以外，散射衰减可以忽略不计，为此，常将衰减比例系数 μ_l 视为线吸收系数。线吸收系数 μ_l 的物理意义就是 X 射线穿过横截面积为 $1cm^2$、厚度为 1cm 的某一元素物质的相对吸收衰减。

　　实验证明，对于一定波长的 X 射线，同一物质的线吸收系数 μ_l 与其密度直接相关，且正比于其密度 ρ，即

$$\mu_l = \mu_m \rho \tag{1-13}$$

式中，μ_m 为质量吸收系数(其单位为 cm^2/g)，其物理意义就是 X 射线穿过质量为 1g 的某一元素物质的相对衰减。各元素的质量吸收系数见附录 3。

　　对于由 n 种元素组成的物质，如果其中各元素的质量分数为 $k_i(i=1,2,\cdots,n)$，各元素的质量吸收系数为 μ_{mi}，则该物质的质量吸收系数为

$$\mu_m = k_1\mu_{m1} + k_2\mu_{m2} + k_3\mu_{m3} + \cdots + k_n\mu_{mn} = \sum_{i=1}^{n} k_i\mu_{mi} \tag{1-14}$$

　　质量吸收系数 μ_m 与物质的化学成分(元素的原子序数 Z)和被吸收的入射 X 射线波长 λ 直接相关，并遵从以下关系：

$$\mu_m \propto \lambda^3 Z^3 \tag{1-15}$$

即质量吸收系数 μ_m 与波长 λ 和原子序数 Z 乘积的三次方成正比。

2. 传播距离对 X 射线强度的衰减

　　在测量传播中的 X 射线强度时，仪器测量的是一定面积上的 X 射线强度，因此 X 射线强度将随着 X 射线传播的距离增大而减小。

　　若 X 射线源辐射的 X 射线强度为 I_0，仪器的测量面积为 ds，测量仪器到 X 射线源的距离为 R，则该面积对 X 射线源的空间张角 $\Omega = ds/R^2$。当 X 射线在真空中传播时，由于不存在前述物质对传播的 X 射线强度的衰减，基于能量守恒原理，在与 X 射线源的距离 R 处，测量面积为 ds 所测得的 X 射线强度为

$$I = I_0 \frac{\Omega}{4\pi} = \frac{I_0}{4\pi R^2} ds \propto \frac{1}{R^2} \tag{1-16}$$

式(1-16)表明，传播中的 X 射线强度与传播距离的平方成反比。

第 2 章　晶体的 X 射线衍射基础

2.1　晶体及七种晶系

2.1.1　晶体和非晶体

固态物质按其原子(或原子团)的聚集状态而分为晶体和非晶体。

由原子、离子、原子团在三维空间周期性排列而构成的固体称为晶体，按一定几何规律排列的内部结构称为晶体结构。晶体物质具有固定的熔点，具有各向异性。当一个晶体内部的原子、离子、原子团，在三维空间中完全呈现周期性排列时，该晶体称为单晶体，如单晶硅、金刚石等。由许多位向不同的单晶体聚合而成的晶体称为多晶体，如大多数金属、陶瓷等。

反之，在三维空间中，原子、离子、原子团没有周期性排列的固体则称为非晶体。非晶体物质仅能表现一种统计学上的均匀，没有固定的熔点。鉴于原子、离子、原子团在三维空间中的排列没有周期性，固态的非晶体实质上是一种过冷状态的液体，玻璃就是一个典型的固态非晶体，故常将非晶态的固体也称为玻璃体，具有各向同性，如大多数玻璃、塑料等。

本节中，为叙述方便，若无特别说明，均将晶体中的原子、离子、原子团等周期性排列的重复单元称为原子。

2.1.2　布拉维点阵和晶系

为了研究原子在三维空间中的几何排列规律，可以采用空间点阵方式予以表征，即不分原子、离子、原子团等周期性排列重复的种类，均将它们抽象为空间中的阵点，由这些阵点构成空间点阵，如图 2-1 的空间点阵模型所示。

不难看出，任一平行六面体平移便可得到整个空间点阵。这样的平行六面体是构成空间点阵的基本单元，对应晶体结构中的单位晶胞。三个重复周期的矢量 a、b、c 称为基本矢量(基矢)，习惯上称基矢 b、c 之间的夹角为 α，基矢 a、c 之间的夹角为 β，基矢 a、b 之间的夹角为 γ，称三个基矢的长度 a、b、c 和 α、β、γ 为点阵常数或晶格常数。

在晶体学中，采用与宏观晶体有同样对称的平行六面体作为晶胞，它们应具有棱与棱之间的最多直角数，还应具有最小的体积，由这样定义的晶胞称为布拉维(Bravais)点阵。

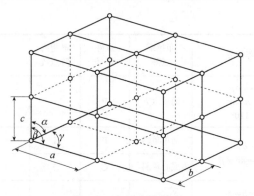

图 2-1　空间点阵模型

　　每一个布拉维点阵只有一个晶胞(布拉维晶胞)。如果晶胞中没有面心或体心的点阵存在，则称为简单的布拉维晶胞，反之称为复杂的布拉维晶胞。

　　Bravais 研究指出，按以上原则来选取晶胞，并按照对称的特点将存在于自然界的晶体物质分为 7 种晶系，且仅有 14 种可能的点阵，就可以包括所有的晶体类型。

　　布拉维点阵和晶系的划分详见表 2-1。

表 2-1　晶系及其所属的布拉维点阵

晶系	点阵常数	布拉维点阵	点阵符号	晶胞内阵点数	阵点坐标
立方	$a=b=c$ $\alpha=\beta=\gamma=90°$	简单立方	P	1	0 0 0
		体心立方	I	2	0 0 0, 1/2 1/2 1/2
		面心立方	F	4	0 0 0, 1/2 1/2 0, 1/2 0 1/2, 0 1/2 1/2
正方 (或四方)	$a=b\neq c$ $\alpha=\beta=\gamma=90°$	简单正方	P	1	0 0 0
		体心正方	I	2	0 0 0, 1/2 1/2 1/2
斜方 (或正交)	$a\neq b\neq c$ $\alpha=\beta=\gamma=90°$	简单斜方	P	1	0 0 0
		体心斜方	I	2	0 0 0, 1/2 1/2 1/2
		底心斜方	C	2	0 0 0, 1/2 1/2 0
		面心斜方	F	4	0 0 0, 1/2 1/2 0, 1/2 0 1/2, 0 1/2 1/2
菱方 (或三方)	$a=b=c$ $\alpha=\beta=\gamma\neq90°$	简单菱方	R	1	0 0 0

晶系	点阵常数	布拉维点阵	点阵符号	晶胞内阵点数	阵点坐标
六方	$a=b\neq c$ $\alpha=\beta=90°$ $\gamma=120°$	简单六方	P	1	0 0 0
单斜	$a\neq b\neq c$ $\alpha=\gamma=90°\neq\beta$	简单单斜	P	1	0 0 0
		底心单斜	C	2	0 0 0, 1/2 1/2 0
三斜	$a\neq b\neq c$ $\alpha\neq\beta\neq\gamma\neq90°$	简单三斜	P	1	0 0 0

7 种晶系的 14 种晶胞点阵排列如图 2-2 所示。

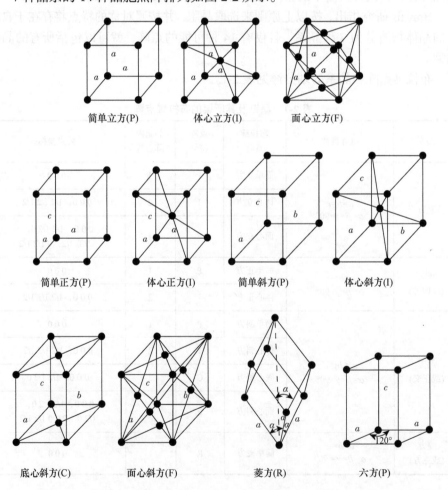

简单立方(P)　　　体心立方(I)　　　面心立方(F)

简单正方(P)　　　体心正方(I)　　　简单斜方(P)　　　体心斜方(I)

底心斜方(C)　　　面心斜方(F)　　　菱方(R)　　　六方(P)

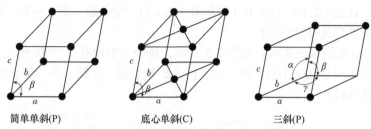

简单单斜(P)　　　　　底心单斜(C)　　　　　三斜(P)

图 2-2　7 种晶系的 14 种晶胞点阵排列

2.1.3　常见的晶体结构

晶体虽然只有 7 种晶系，14 种布拉维点阵类型，但是晶体结构却有成千上万种，这是因为点阵常数可以千变万化，而每个点阵阵点对应的原子、离子或原子团可以有无限种排列方式。例如，图 2-3(b)、(c)和(d)均属于图 2-3(a)所示的点阵类型，但它们却是三种不同的结构，并且和图 2-3 (a)所示的点阵类型对应的晶体结构还可以有若干种。由此可见，空间点阵与晶体结构既有联系又有区别，空间点阵是从晶体结构中抽象出来的几何图形，它反映了晶体结构最基本的几何特征。它的节点与晶体结构中任一类等同点相当，但它并非具体的质点。

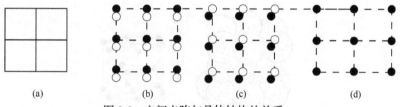

(a)　　　　　　(b)　　　　　　(c)　　　　　　(d)

图 2-3　空间点阵与晶体结构的关系

(a) 空间点阵；(b)(c)(d) 与图(a)对应的晶体结构

常见金属的晶体结构基本上是最简单的结构形态，其空间点阵中的一个阵点往往与一个原子相对应，即在每个布拉维点阵的阵点上安放一个原子，就得到常见的金属晶体结构。常见的金属晶体结构包括以下三种。

(1) 面心立方(fcc)结构：如图 2-4 所示，每个晶胞中有 4 个原子，其坐标分别

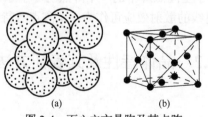

(a)　　　　　　(b)

图 2-4　面心立方晶胞及其点阵

(a) 晶胞；(b) 点阵

为(0, 0, 0)、(1/2, 1/2, 0)、(1/2, 0, 1/2)和(0, 1/2, 1/2)。金、银、铜，γ-铁、镍、铝、铂和铅等金属都具有这种结构。

(2) 体心立方(bcc)结构：如图 2-5 所示，每个晶胞中有 2 个原子，其坐标分别为(0, 0, 0)和(1/2, 1/2, 1/2)。钾、钠、钒、β-钛、铬、α-铁、钨、铌、钽等金属都具有这种结构。

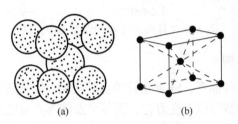

图 2-5　体心立方晶胞及其点阵

(a) 晶胞；(b) 点阵

(3) 密排六方(hcp)结构：如图 2-6 所示，每个晶胞中有 2 个原子，其坐标分别为(0, 0, 0)和(2/3, 1/3, 1/2)。密排六方结构是由两个完全相同的简单六方点阵互相穿插而成的。α-铍、镁、锌、α-钛、钴、镉、锆、铼都具有这种结构。

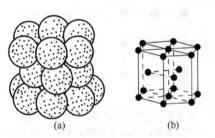

图 2-6　密排六方晶胞及其点阵

(a) 晶胞；(b) 点阵

金属晶体还有以菱方(如铋、汞、锑)、四方(如铟、β-锡)、正交(如镓、α-铀)等结构存在的，但这些金属不常见。

需要指出的是：对于空间点阵中的一个阵点与一个原子团相对应的复杂结构形态，其原子团对 X 射线的散射效应可作为一个阵点看待。

2.2　晶体特性及其表征方法

2.2.1　晶体定向

如前所述，把具有晶体结构对称性和周期性的布拉维格子(平行六面体)的

三边选作基矢 a、b、c，将基矢 a、b、c 作为坐标轴，这样的定向称为布拉维定向。7 个晶系的布拉维格子的平行六面体各不相同，因此每一晶系有一套标准定向。标准定向中三基矢之长 a、b、c 称为轴的长度单位；a 与 b、b 与 c、c 与 a 之间的夹角分别记为 γ、α、β，并称为晶轴角。7 个晶系的布拉维定向(亦称为标准定向)及其 a、b、c、γ、α、β 间的关系如表 2-1 和图 2-2 所示。

　　晶体坐标系确定后，晶体结构空间任一阵点的坐标或任一矢量的分量就可写出来，如图 2-7 所示。对于坐标为 x、y、z 的阵点空间 R，其矢量 $r = OR = xa + yb + zc$。根据晶体结构的周期性和对称性，就可以将晶体结构空间中的晶向(直线)和晶面(平面)定量表达。

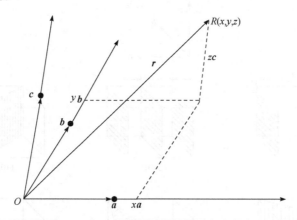

图 2-7　任一阵点空间 R 的矢量表达方式

2.2.2　晶面指数

　　空间点阵中，阵点平面(亦称为晶面)的差别主要取决于它们的取向。下面将引入晶面指数，即描述相互平行的晶面取向情况的一组数。

　　晶面指数(米勒指数)的定义如下：

　　(1) 在一组互相平行的晶面中任选一个晶面，求它在三个坐标轴上的截距 m、n、p(以点阵周期 a、b、c 为单位度量)。

　　(2) 写出三个截距的倒数比：$\dfrac{1}{m} : \dfrac{1}{n} : \dfrac{1}{p}$，并化简为互质的整数 h、k、l，即 $\dfrac{1}{m} : \dfrac{1}{n} : \dfrac{1}{p} = h : k : l$，则 hkl 为晶面指数，记为 (hkl)。

　　如图 2-8 中的晶面 ABC，在晶轴的截距分别为 $\dfrac{a}{3}$、$\dfrac{b}{2}$、$\dfrac{c}{2}$，其截距坐标为 $\dfrac{1}{3}$、$\dfrac{1}{2}$、$\dfrac{1}{2}$，其倒数的互质整数比为 $3 : 2 : 2$，故晶面指数为 (322)。

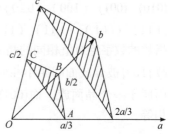

图 2-8　晶面 ABC 的晶面指数

如果晶面与一个晶轴平行，那么可认为它与晶轴在无穷远处相交，即截距为无穷大，而无穷大的倒数为零，所以晶面相应于这个轴的指数为 0。用截距的倒数比，而不用截距本身表示晶面指数，就是为了避免用无穷大描述晶面取向。

如果晶面与某一轴的负方向相交，则于相应的晶面指数上加一负号表示，如 $(12\bar{3})$ 等。显然，晶面 (hkl) 与晶面 $(nh\ nk\ nl)$ 平行 $(n$ 为正整数)，前者的晶面间距为后者的 n 倍。因此，当一组晶面的晶面指数为另一组的倍数时，在这两个晶面组中便会出现相同的晶面。图 2-9 为立方晶系的部分晶面及其晶面指数。

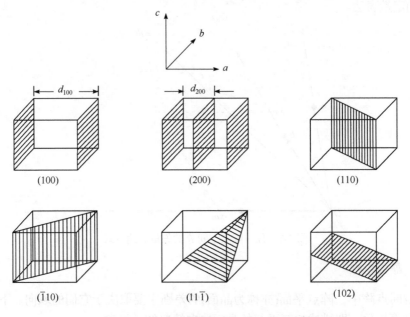

图 2-9　立方晶系的部分晶面及其晶面指数

在任何晶系中，均有若干组借对称性相联系的等效点阵面，它们组成一个面族，称为晶面族，并用符号 $\{hkl\}$ 表示。例如，立方晶系中 $\{100\}$ 晶面族包括(100)、(010)、(001)、$(\bar{1}00)$、$(0\bar{1}0)$ 及 $(00\bar{1})$ 六个晶面，而 $\{111\}$ 晶面族包括(111)、$(\bar{1}11)$、$(1\bar{1}1)$、$(11\bar{1})$、$(\bar{1}\bar{1}1)$、$(\bar{1}1\bar{1})$、$(1\bar{1}\bar{1})$ 及 $(\bar{1}\bar{1}\bar{1})$ 八个晶面。对于其他晶系，晶面指数的数字绝对值相同的晶面不一定都属同一晶面族，如正方晶系，因为 $a=b\neq c$，故 $\{100\}$ 被分成面间距不相同的两个面族：(100)、(010)、$(\bar{1}00)$ 和 $(0\bar{1}0)$ 四个晶面属于一个晶面族，而(001)和 $(00\bar{1})$ 属于另一个晶面族；晶面族的晶面间距 d 相等。

2.2.3　晶向指数

如图 2-10 所示，对于空间点阵，如果通过其中任意两个阵点连成一直线，则
该直线上包含无限个相同的阵点。这样的阵点
列和晶体结构中的原子列相当，或者和晶体外
表上看到的晶棱相一致。通过任何其他阵点都
可作一直线和上述直线平行，而且具有相同的
等同周期。这些平行的直线组可把空间所有阵
点包括无遗。由图 2-10 可见，方向不同的直线
组 A、B 和 C，其阵点之间的距离和直线之间的
距离都不相同，而同方向的直线完全等同。因
此，直线的方向是直线的唯一特征。

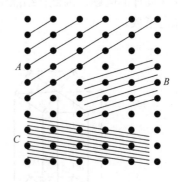

图 2-10　不同方向的阵点列

和晶面指数一样，在结晶学中阵点直线(或
原子列)的空间取向用晶向指数来表示。晶向指
数的确定方法如下：

(1) 在一组互相平行的阵点直线中引过坐标原点的直线。

(2) 在该直线上任选一个阵点，量出它的坐标值 x、y、z(以点阵常数 a、b、c
为单位)。

(3) 将 x、y、z 化为简单整数，并括以方括号，即为该阵点直线组的晶向指数。
常用符号 $[uvw]$ 泛指某晶向指数。

如果阵点的某个坐标值为负值，则在相应的指数上加负号来表示，如 $[uv\bar{w}]$ 即
表示所选阵点在 Z 轴上的坐标值是负的。晶体中结构相同，仅方向不同的阵点直
线组属于一个晶向族，用 $\langle uvw \rangle$ 表示，如立方晶系的四条体对角线 $[111]$、$[1\bar{1}1]$、
$[\bar{1}\bar{1}1]$ 和 $[\bar{1}11]$ 就属于 $\langle 111 \rangle$ 晶向族。

对于立方晶系，如图 2-11 所示，$[hkl]$ 晶向与指数相同的晶面 (hkl) 垂直，而这
种关系在其他晶系不存在。

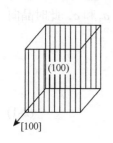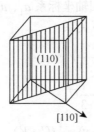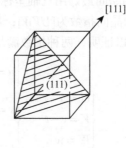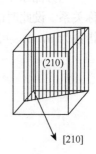

图 2-11　立方晶系中的几个晶向及其指数

在六方晶系的晶体中,如果取图 2-12 实线所示的菱形底面的直立柱体作为晶胞,具有三个晶轴,其晶面和晶向指数的求法和其他晶系相同。如果这样,则由六方晶体的同一 {hkl} 晶面族中的各个晶面指数将看不出其对称关系。晶向指数也存在同样的问题,因此在结晶学中,六方晶系常采用四轴坐标系表征晶面指数和晶向指数。

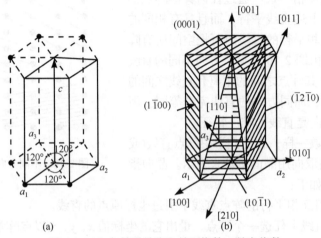

图 2-12　六方晶系晶胞和晶面指数、晶向指数

(a) 六方晶系的晶胞; (b) 晶面指数和晶向指数

如图 2-12 所示,四个晶轴中的 a_1、a_2、a_3 轴同在一水平面上,其间夹角为 $120°$,c 轴与该平面垂直。此时,如果用上述方法确定晶面指数和晶向指数,则所得到的晶面族或晶向族指数能显示对称关系。例如,用这种方法求出的六方晶体的六个柱面指数为 $(10\bar{1}0)$、$(01\bar{1}0)$、$(\bar{1}100)$、$(\bar{1}010)$、$(01\bar{1}0)$和$(1\bar{1}00)$,它们是由 1、$\bar{1}$、0 三个数字依不同排列构成四位数的晶面指数。用四轴坐标系求出的指数称为米勒-布拉维指数,一般常用 $hkil$ 四个字母代表。米勒-布拉维指数($hkil$)满足 $h+k=-i$ 的关系,因此书写时常将 i 略去,而用($hk·l$)表示。

六方晶系中的晶向最好用三轴坐标系 a_1、a_2、c 描述,可以直观显示六次对称关系。设此时的晶向指数为$[UVW]$;若用四轴坐标系 a_1、a_2、a_3 和 c,此时晶向指数为$[uvtw]$。可以证明,两种指数满足以下关系:

$$\begin{cases} U=u-t \\ V=v-t \\ W=w \end{cases} \qquad \begin{cases} u=\dfrac{2}{3}U-\dfrac{1}{3}V \\ v=\dfrac{2}{3}V-\dfrac{1}{3}U \\ t=-(u+v)=\dfrac{1}{3}(U+V) \\ w=W \end{cases} \tag{2-1}$$

　　显然，采用六方晶系的三轴坐标系 a_1、a_2、c 描述六方晶体的六个柱面指数，即晶面指数(100)、(010)、($\bar{1}$10)、($\bar{1}$00)、(0$\bar{1}$0)和(1$\bar{1}$0)，就可以直观显示六次对称关系。

　　因此，在直观显示六方晶系的晶面和晶面的六次对称关系时，适宜采用以 a_1、a_2、c 为坐标轴的三轴坐标系，并用晶面指数(hkl)、晶向指数$[uvw]$表征。

2.2.4　晶面间距

　　平行晶面组(hkl)中两相邻晶面之间的距离称为晶面间距，常用符号 d_{hkl} 或 d 表示。对于每一种晶体都有一组大小不同的晶面间距，它是点阵常数和晶面指数的函数，随着晶面指数的增加，晶面间距减小。

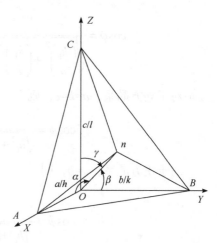

　　现以 $a \neq b \neq c$、$\alpha = \beta = \gamma = 90°$的正交晶系为例，说明晶面间距公式的推导方法。

　　如图 2-13 所示，ABC 晶面为(hkl)晶面中离坐标原点最近的晶面，坐标原点 O 位于晶面 ABC 的相邻晶面，n 是原点 O 到 ABC 晶面垂直线的垂足，则 ABC 晶面在 X、Y、Z 轴的截距分别为 a/h、b/k、c/l，该平面方程为$[x/(a/h)] + [y/(b/k)] + [z/(c/l)]=1$。由坐标原点 $O(0, 0, 0)$到 ABC 晶面的距离 On 是(hkl)晶面间距 d，由点到平面距离的计算公式可以求得(hkl)晶面间距：

图 2-13　斜方晶系晶面间距公式的推导图示

$$d = \frac{1}{\sqrt{(h/a)^2 + (k/b)^2 + (l/c)^2}} \qquad (2\text{-}2)$$

　　对立方晶系而言，即 $a=b=c$、$\alpha = \beta = \gamma = 90°$，式(2-2)变为

$$d = \frac{a}{\sqrt{h^2 + k^2 + l^2}} \qquad (2\text{-}3)$$

　　对正方晶系而言，即 $a=b$、$\alpha = \beta = \gamma = 90°$，则式(2-2)变为

$$d = \frac{1}{\sqrt{(h/a)^2 + (k/a)^2 + (l/c)^2}} \qquad (2\text{-}4)$$

　　可以证明，六方晶系的面间距公式为

$$d = \frac{a}{\sqrt{\frac{4}{3}\left(h^2 + hk + k^2\right) + \left(\frac{a}{c}\right)^2 l^2}} \qquad (2\text{-}5)$$

其余晶系的面间距公式，可查阅有关文献。

2.2.5　晶面夹角

晶面之间的夹角，等于晶面法线之间的夹角。

现以 $a \neq b \neq c$，$\alpha = \beta = \gamma = 90°$的正交晶系为例，说明晶面夹角公式的推导方法。设晶面$(h_1k_1l_1)$和$(h_2k_2l_2)$的法向矢量分别为 n_1、n_2，则晶面$(h_1k_1l_1)$的法向矢量 n_1 可表达为 $\{a/h_1, b/k_1, c/l_1\}$，晶面$(h_2k_2l_2)$的法向矢量 n_2 可表达为 $\{a/h_2, b/k_2, c/l_2\}$，由矢量的数量积公式即可求得正交晶系晶面之间的夹角 ϕ，满足

$$\cos\phi = \frac{\dfrac{h_1h_2}{a^2}+\dfrac{k_1k_2}{b^2}+\dfrac{l_1l_2}{c^2}}{\sqrt{\left(\dfrac{h_1}{a}\right)^2+\left(\dfrac{k_1}{b}\right)^2+\left(\dfrac{l_1}{c}\right)^2}\sqrt{\left(\dfrac{h_2}{a}\right)^2+\left(\dfrac{k_2}{b}\right)^2+\left(\dfrac{l_2}{c}\right)^2}} \tag{2-6}$$

对于立方晶系，$a=b=c$，则

$$\cos\phi = \frac{h_1h_2+k_1k_2+l_1l_2}{\sqrt{h_1^2+k_1^2+l_1^2}\sqrt{h_2^2+k_2^2+l_2^2}} \tag{2-7}$$

对于正方晶系，$a=b$，则

$$\cos\phi = \frac{\dfrac{h_1h_2+k_1k_2}{a^2}+\dfrac{l_1l_2}{c^2}}{\sqrt{\dfrac{h_1^2+k_1^2}{a^2}+\dfrac{l_1^2}{c^2}}\sqrt{\dfrac{h_2^2+k_2^2}{a^2}+\dfrac{l_2^2}{c^2}}} \tag{2-8}$$

其他晶系的面间夹角公式从略，可查有关手册。

立方晶系的面间夹角可查附录 9。

2.2.6　晶带

晶体结构中平行于一固定晶向的所有晶面的组合称为晶带，该固定晶向称为晶带的晶带轴，晶带轴采用[uvw]表示，称为这一晶带的晶带轴指数。

对于立方晶系，图 2-14 示意了一些平行于晶带轴[001]方向的晶面组。一个晶带只有一个晶带轴，晶带轴方向可以表示晶带中各晶面在晶体中分布的特征。因此，一般用晶带轴作为晶带的标志，用晶带轴指数表示晶带的方位。

将晶带轴 R 和晶面法线 N 写成矢量形式：

$$R = ua + vb + wc$$

$$N = ha + kb + lc$$

由晶带定义可知，同一晶带中所有晶面的法线都与晶带轴垂直，晶带轴方向

矢量 $\boldsymbol{R}$ 与所属晶带各晶面法线方向矢量 $\boldsymbol{N}$ 的数量积为零，则

$$uh + vk + wl = 0 \tag{2-9}$$

式(2-9)通常称为晶带定律，它描述晶带 $[uvw]$ 和所属晶面 (hkl) 之间的关系。

以下介绍晶带定律的应用。

(1) 由已知某晶带中的任意两晶面 $(h_1k_1l_1)$ 和 $(h_2k_2l_2)$，求所属晶带的晶带轴指数 $[uvw]$。

由式(2-8)可得以下两个方程：

$$uh_1 + vk_1 + wl_1 = 0$$

$$uh_2 + vk_2 + wl_2 = 0$$

联立求解可得

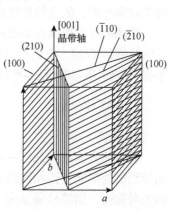

图 2-14　立方晶系[001]晶带轴
所属的一些晶面

$$u : v : w = \begin{vmatrix} k_1 & l_1 \\ k_2 & l_2 \end{vmatrix} : \begin{vmatrix} l_1 & h_1 \\ l_2 & h_2 \end{vmatrix} : \begin{vmatrix} h_1 & k_1 \\ h_2 & k_2 \end{vmatrix}$$

$$= (k_1l_2 - k_2l_1) : (l_1h_2 - l_2h_1) : (h_1k_2 - h_2k_1)$$

整理可得

$$\begin{cases} u = k_1l_2 - k_2l_1 \\ v = l_1h_2 - l_2h_1 \\ w = h_1k_2 - h_2k_1 \end{cases} \tag{2-10}$$

(2) 由已知某一晶面 (hkl) 同属于两个指数晶带轴 $[u_1v_1w_1]$ 和 $[u_2v_2w_2]$，求该晶面的晶面指数 (hkl)。

由式(2-9)同样可得两个方程，并联立解得晶面指数：

$$\begin{cases} h = v_1w_2 - v_2w_1 \\ k = w_1u_2 - w_2u_1 \\ l = u_1v_2 - u_2v_1 \end{cases} \tag{2-11}$$

另外，利用式(2-11)，还可以计算指数已知的两条相交直线所确定晶面的晶面指数。

2.2.7　晶体的对称性

晶体的周期性和对称性是其两个最基本的特性。如果一个物体经过一定的动作后能够有规律地恢复原状，即物体上每一点的新位置与开始时另外一点在这个位置上的情况完全重合，则该物体是对称的。使物体恢复原状的动作称为对称运动或对称变换。任一对称变换都要凭借一定的几何要素(点、线、面)，此对称要

素称为"对称素"。自然界很多物体都具有对称性，因生长条件的影响，有的晶体虽无对称外形，但晶体的组成质点却表现出各种不同的对称分布规律。

晶体的对称变换分宏观的和微观两种。宏观对称变换有四种，即反映、旋转、反演及旋转-反演。宏观对称能在晶体的外形上表现出来。晶体的微观对称变换有平移、旋转-平移和反映-平移三种。

1. 宏观对称变换

1) 反映

若物体表面或内部每一点通过该物体中的一个平面反映，则在平面的另一方相等距离处都能找到相同的点，则这种对称变换称为反映，其对称素为上述平面，称为对称面，用符号 m 表示。图 2-15(a) 中的 A_1 点经反映后变成 A_2 点。

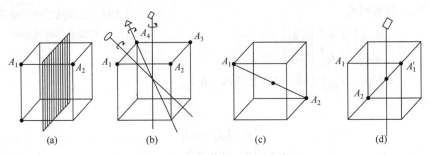

图 2-15　立方体的一些对称素

(a) 反映对称面；(b) 旋转轴；(c) 反演中心；(d) 旋转-反演轴

2) 旋转

物体绕一定的轴转动 360° 的过程中，它的每一点几次恢复到原状的对称变换称为旋转，其对称素为旋转对称轴。如物体绕某轴旋转 $\frac{360°}{n}$ 重合一次，则该轴称为物体的 n 次旋转对称轴(n 次轴)。旋转对称轴有 1 次轴、2 次轴、3 次轴，4 次轴及 6 次轴等五种，分别以符号 1、2、3、4、6 表示，也可用图形〇、△、□和〇代表 2 次、3 次、4 次和 6 次轴。1 次轴实际上没有对称，并且没有 5 次和 7 次以上的对称轴，因为它们将使晶胞不能占有全部空间，这显然与晶体结构和空间点阵相矛盾。图 2-15(b) 中标出了立方体的 2 次、3 次和 4 次旋转对称轴。

3) 反演

物体表面上每一点若与物体中间一点连一直线，并延长与物体的另一面相交，在交点处得到与直线另一端同样的一点时，则该对称变换称为反演，其对称素为对称中心，用符号 z 表示。图 2-15(c) 的立方体具有对称中心，即立方体体心，A_1 点经反演后得到 A_2 点。

4) 旋转-反演

物体绕一定的轴旋转 $\dfrac{360°}{n}$ 后，再经反演而恢复原状的对称变换称为旋转-反演。旋转-反演是一种复合的对称变换，其对称素为旋转-反演对称轴(反演轴)。旋转-反演对称轴也有 1 次、2 次、3 次、4 次和 6 次五种，分别以符号 $\bar{1}$、$\bar{2}$、$\bar{3}$、$\bar{4}$ 和 $\bar{6}$ 表示。其中，$\bar{1}$ 相当于对称中心，$\bar{2}$ 相当于对称面，$\bar{3}$ 及 $\bar{6}$ 分别相当于 $(3+\bar{1})$ 和 $(3+m)$。当考虑了旋转-反演的对称变换后，对称中心和对称面不必再列为基本的对称素。图 2-15(d)为立方体的一个四次旋转-反演轴，A_1 点经 4 次旋转-反演后变成 A_2 点。

综上所述，所有的宏观对称素都可用旋转和旋转-反演对称轴来表示。宏观对称素有以下最基本的七种：①一次旋转-反演对称轴($\bar{1}=z$)；②二次旋转-反演对称轴($\bar{2}=m$)；③四次旋转-反演对称轴($\bar{4}$)；④二次旋转对称轴(2)；⑤三次旋转对称轴(3)；⑥四次旋转对称轴(4)；⑦六次旋转对称轴(6)。

2. 微观对称变换

1) 平移

平移就是将物体移动到与原来环境完全相同地点的一种直线位移，对称素为平移轴。因每次平移单位为几埃，故属微观对称变换。沿点阵中任何一条通过许多阵点的直线，以等同周期所做的位移均属于平移变换。平移变换与上述某些对称变换结合起来，可以形成以下两种微观对称变换。

2) 旋转-平移

若整个图形在凭借一定的旋转轴转动一定角度的同时，还须沿平行于该轴的直线平移才能重复，则称这种对称变换为旋转-平移，对称素为螺旋轴。图 2-16 为四次旋转-平移，a 是点阵中沿某一阵点直线上的等同周期距离，质点原在坐标位置 1 处，经 $\dfrac{360°}{n}=90°$ 的旋转同时平移至位置 2 处，然后重复这种动作经位置 3 和 4；当平移等于 a 时，回到坐标位置 1 处，这种对称素是四次螺旋轴。图 2-16(a) 中质点的转动是右旋的，称为右旋四次螺旋轴，常用 4_1 表示。在符号中，如果前一个数字是 N，右下角指数则表示右旋滑动为基本平移的 N 分之几。

如图 2-16(b)所示，若质点由位置 1 开始，经转动和平移后，左旋向上经由位置 2、3、4，平移了 $3a/4$，则称为左旋四次螺旋轴，用 4_3 表示。每次平移距离为 $\dfrac{a}{2}$ 时，则用 4_2 表示，这时无左旋、右旋区别。同样，平移和二

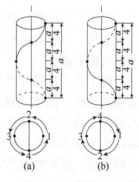

图 2-16　四次旋转-平移

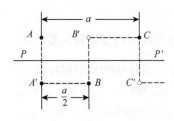

图 2-17　滑移面 PP'

次、三次和六次对称轴结合，其相应的对称素为 2_1、3_1、3_2、6_1、6_2、6_3、6_4 和 6_5 螺旋轴。

3) 反映-平移

若整个图形在凭借一固定平面施行反映动作之后，再沿平行于该平面的某方向平移 T/n 的距离(T 为该方向的等同周期，n 为 2 或 4)才能重复，则称这种对称变换为反映-平移。在反映-平移中所凭借的反映面称为滑移面，图 2-17 中的 PP' 面就是滑移面，a 为点阵的等同周期，质点 A 经反映对称变换到 A'，然后平移 $\frac{a}{2}$ 到 B 点，再经同样的反映-平移变换到 C 点，C 点和 A 点就是点阵中的等同点。

图 2-18 为一个 AB 型立方离子晶体的一个截面，图中实线代表反映对称面，虚线代表滑移对称面。

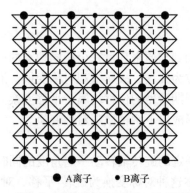

●A离子　●B离子

图 2-18　AB 型立方离子晶体中的反映对称面及滑移对称面

3. 点群

晶体宏观外形可能同时存在多种对称元素，如图 2-19 所示的立方体，具有对称中心、对称面、二次轴、三次轴、四次轴和四次螺旋轴。

由上述几种对称素的不同组合就可形成各式各样的晶体的宏观对称性，晶体除具有对称性外，还具有周期性，因此对称元素的组合不是任意的，必须遵守对称元素的组合定理。可以求证七种基本宏观对称元素可能有 32 种组合，构成 32 种宏观对称类型，通常称为晶体的 32 种点群。称为点群，是因为每种宏观对称类型中的各个对称元素必须至少相交于一点，此点称为点群中心。表 2-2 中列出了晶体的 32 种宏观对称类型。表 2-3 中

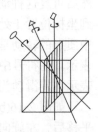

图 2-19　立方体的一些对称元素

表示点群的国际符号有三位(全写)，它由主要晶向上的对称元素符号组成。

表 2-2　晶体 32 种点群符号

晶系	国际符号		熊夫利记号
	全写	简写	
三斜	1	1	C_1
	$\bar{1}$	$\bar{1}$	$C_1(S_2)$
单斜	m	m	$C_s(C_{1h})$
	2	2	C_2
	2/m	2/m	C_{2h}
斜方 (正交)	mm 2	mm 2	C_{2v}
	222	222	D_3
	2/m 2/m 2/m	mmm	$D_{2h}(V_h)$
正方 (四方)	$\bar{4}$	$\bar{4}$	S_4
	4	4	C_4
	4/m	4/m	C_{4h}
	$\bar{4}mm$	$\bar{4}mm$	D_{2h}
	4mm	4mm	C_{4v}
	422	422	D_4
	4/m 2/m 2/m	4/m m m	C_{4h}
菱方 (三角)	3	3	C_3
	$\bar{3}$	$\bar{3}$	C_{3i}
	3m	3m	C_{3v}
	32	32	D_3
	$\bar{3}\,2/m$	$\bar{3}m$	D_{4h}
六方	$\bar{6}$	$\bar{6}$	C_{3h}
	6	6	C_6
	6/m	6/m	C_{6h}
	$\bar{6}2m$	$\bar{6}2m$	D_{3h}
	6mm	6mm	C_{6v}
	622	62	D_6
	6/m 2/m 2/m	6/m m m	D_{6h}
立方	23	23	T
	$2/m\,\bar{3}$	m3	T_h
	$\bar{4}3m$	$\bar{4}3m$	T_d
	432	43	O
	$4/m\,\bar{3}\,2/m$	m3m	O_h

而表示点群的国际符号一般由各表示一个轴向的三位符号构成，国际符号的优点是可以一目了然地看出其中的对称情况，点群的国际符号及各晶系的三个主要晶向见表 2-3。例如，m3m 表示在[001]与[110]方向上存在垂直的对称平面，在第二位符号表示的第二方向[111]上存在三次对称轴。

表 2-3　表示点群的国际符号

晶系	第一符号	第二符号	第三符号
立方晶系	a	$a+b+c$	$a+b$
正方晶系	c	a	$a+b$
斜方晶系	a	b	c
菱方，六方晶系	c	a	$2a+b$
单斜晶系	b		
三斜晶系	只有 1 和 $\bar{1}$ 两个点群，不选取特殊方向		

过去常用德国晶体学家熊夫利(Schöenflies)所规定的符号，其含义如下。

C_n：表示具有一个 n 次旋转对称轴的群(C 为德文 Cyclisch 的首字母，表示循环)。

C_{nh}：表示具有一个 n 次旋转对称轴和一个垂直于此对称轴的水平对称面的群。

C_{nv}：表示具有 n 次对称轴及含有此对称轴的垂直对称面的群。

D_n：表示具有一个 n 次对称轴和 n 个垂直于此主轴的二次对称轴的群(代表德文 Dieder，表示二面体)。

d：表示通过对角线的对称面，如 D_{2d} 表示通过主轴而等分两个 2 次轴的对称面。

S_n：表示具有一个 n 次旋转-反演对称轴。

T：表示具有四个三次轴及三个二次轴的四面体群。

O：表示具有三个四次轴，四个三次轴及六个二次轴的群。

i：表示反演。

V：$V=D_2$(V 代表德文 Vieregruppe，意为四群)。

4. 空间群

空间点阵和晶体结构除具有宏观对称性外，还具有微观对称性。由宏观对称元素和微观对称元素组合成的对称群，称为空间群。称为空间群，是因为空间群的所有对称元素都规则地分布在晶体图形所占的空间中。俄国结晶学家费多罗夫(Фелоров Е. С.)证明了空间群只有 230 种。

2.2.8　晶体的各向异性及滑移系

如前所述，晶体具有各向异性。对一个晶粒而言，不同晶向的原子排列不同导致不同方向的力学性能、电磁学性能等不同，涉及弹性模量、抗拉强度，伸长率等力学性能的举例见表 2-4。

表 2-4　室温下三种典型晶系的金属弹性和塑性的各向异性变化范围

金属/所属晶系	弹性模量/MPa	抗拉强度/MPa	伸长率/%
铝/fcc	64000~77000	59.4~116	20~70
铜/fcc	68000~195000	130~350	10~55
铁/bcc	135000~290000	61~230	20~80
镁/hcp	43800~51500	30~90	20~220

晶体物质塑性变形的主要方式之一是滑移，图 2-20 是锌单晶经一定量滑移后垂直其滑移平面所摄得的相片，其中发白的部分为滑移面，发黑部分是晶体原来的外表面。

图 2-20　300℃拉伸的锌单晶滑移

在外力作用下，晶体会沿某些特定的晶面及方向相对错开，这些特定的滑移晶面称为滑移面，特定的方向称为滑移方向，滑移面、滑移方向构成了晶体物质的滑移系。

在一般条件下，滑移是在晶体中晶面指数较低的晶面上，沿着原子排列最密的方向进行。如滑移面(111)和滑移方向$\langle 10\bar{1}\rangle$构成了面心立方晶系铝的一个滑移系$\{111\}\langle 10\bar{1}\rangle$，常见金属的滑移系举例见表 2-5。面心立方结构有 4×3=12 个滑移系统，体心立方结构有 48 个滑移系统，密排六方结构仅有 3 个滑移系统。

表 2-5　室温下三种典型结构金属的滑移系

金属/所属晶系	滑移面	滑移方向
铝/ fcc	(111)	$\langle 10\bar{1}\rangle$
铜/ fcc	(111)	$\langle 10\bar{1}\rangle$
金/ fcc	(111)	$\langle 10\bar{1}\rangle$
镁/ hcp	(0001)	$\langle 2\bar{1}\bar{1}0\rangle$

金属/所属晶系	滑移面	滑移方向
锌/ hcp	(0001)	$\langle 2\bar{1}\bar{1}0 \rangle$
铁/ bcc	$(1\bar{1}0)$	$\langle 111 \rangle$
	$(\bar{1}\bar{1}0)$	$\langle 111 \rangle$
	$(\bar{1}2\bar{3})$	$\langle 111 \rangle$

晶体滑移系源自能量最低的原理，对于晶体滑移系的认识，可在后面阅读有关取向、织构与塑性变形的章节中进一步加深。

2.2.9　晶体的极射赤面投影

晶体结构和空间点阵都是三维空间的图形，为了便于研究晶面、晶向在三维空间的方位以及它们之间的角度关系，常常采用极射赤面投影的方法。以下讨论极射赤面投影及其应用。

1. 三维空间中的方位

极射赤面投影法是将三维空间中的一个方向转化为平面上的一个点表征，即用平面上一个点的坐标表示三维空间中的一个方向。

如图 2-21 和图 2-22 所示，将安置在球心上的晶体结构图形投影到一个参考球的球面上，该参考球的半径为 1，则晶面法线、晶向的单位矢量均与该参考球相交于球面，相交点称为晶面、晶向的极点。

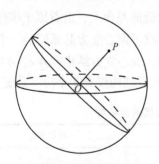　　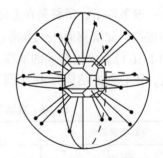

图 2-21　晶面的极式球面投影　　　　图 2-22　若干晶面的极式球面投影

为了定量地进行描述，建立球坐标系。在图 2-23 中，三条互相垂直的直径是坐标轴，它们是竖直的 NS 轴、左右方向水平的 CD 轴和垂直于纸面的 AB 轴，而坐标原点在投影球心。

AB 轴和 CD 轴所在大圆平面为赤道平面，赤道平面与投影球的交圆称为赤道。平行于赤道平面的平面与球相交得到的小圆称为纬线，而过 NS 轴的大圆平面称为子午面，子午面与球相交得到的大圆称为子午线。其中，过 CD 轴的子午面称为本初子午面，相应的子午线称为本初子午线。

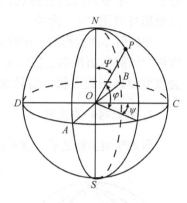

图 2-23　球面坐标

任意一子午面与本初子午面所夹的二面角称为经度，通常用 ψ 表示。经度的大小以顺时针方向任一子午面与本初子午面间在赤道上的弧度来度量。从北极(N 点)沿子午线大圆向赤道方向至一纬线间的弧度称为极距，并用 Ψ 表示，赤道的极距为 90°。从赤道沿子午线大圆向北极或南极(S 点)方向至一纬线间的弧度称为纬度，并用 φ 表示。赤道的纬度为 0°。根据以上定义，同一纬线应满足 $\Psi + \varphi = 90°$。

球面上一点 P 的位置可以用其所在子午线的经度 ψ 和纬度 φ 定出，ψ 和 φ 称为 P 点的球面坐标。如果知道若干点的球面坐标，则它们在球上的位置可以完全确定，地球上的坐标系——经纬线网就是按照以上方式建立的。

2. 极射赤面投影

球面投影虽然用球面上的若干点表示晶体中晶面的对称配置情况和夹角关系，但投影图仍然是三维的，不便于使用。极射赤面投影是将三维的球面投影转换成平面投影的一种投影，它是以南极点 S(或北极点 N)为观察点，赤道平面为投影面，赤道圆为投影基圆，被投影的对象为晶体中各晶面的极点或晶向的出露点。具体作法是过极点和观察点连线，直线与投影面的交点就是相应晶面的极射赤面投影点。例如，图 2-24 中的极点 P_1 与观察点 S 相连，交赤道平面于 S_1，S_1 就是 P_1 对应晶面的极射赤面投影点。对于下半球的极点 P_2，若仍和观察点 S 连线，所得直线外延与投影面交于投影基圆外的 S_2' 点。显然，下半球的极点靠 S 越近，其投影点离投影基圆心越远，这样的投影图使用不便。为了将所述的极点都投影在有限的基圆内，下半球的极点 P_2 可与观察点 N 相连，与投影面的交点 S_2 就是所求的极射赤面投影点。为了区

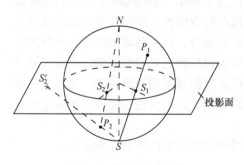

图 2-24　极射赤面投影

分上、下半球极点的投影点，由上半球极点投影用"·"标注；而由下半球极点投影可以用"×"标注。

作极射赤面投影时，观察点在南极点 S 或北极点 N，而投影面为赤道平面，故称为极射赤面投影。实际上，也可选平行于赤道面的任何其他平面，这样不会改变投影图的形状，而只变更其比例。

3. 极式网和吴氏网

引入球面坐标之后，就可以定量地描述球面上极点的对称配置及夹角关系。

图 2-25　球面上极点和球面经纬网

如果仿地球仪一样将参考球面画上经纬线网，则球上的极点也可用经纬度来确定其位置。当对图 2-25 的若干极点 P_1、P_2、…作极射赤面投影时，为了在投影图上弄清它们之间的夹角关系，可将经纬线网一并投影，此时被投影的经纬线构成了测量极射赤面投影点之间夹角的"量角器"。为了简便起见，将经纬线网投影制成极式网和吴氏网，它们是进行极射赤面投影的重要工具。

1) 极式网

若以南极点 S 为观察点，赤道平面为投影面，去投影球面上以 2°为间隔的经纬线网，就可得图 2-26 所示的极式网。在按照 2°为间隔作极式网时，一个子午线大圆在极射赤面上的投影为过投影基圆圆心的一条直径(图 2-27)，而若干子午线大圆的投影为一族过圆心的直径，它们将投影基圆等分为 180 份：一个纬线小圆的投影，为与投影基圆同心的小圆(图 2-28)。若干个纬线小圆的投影为一组同心圆，它们将投影基圆直径等分为 90 份。

通常使用的极式网，其投影基圆的直径为 20cm，角度间隔为 2°。利用极式网可以直接在晶体的极射赤面投影上读出极点的球坐标。用极式网测量两投影点之间的夹角时，应将投影图中心与极式网中心重合，然后转动投影图，使待测的两投影点落在同一直径上，其间的纬度差即为两投影点之间的夹角。用极式网测量绕垂直于投影图心的轴的转角时，可直接由投影基圆的圆周读取。当不能将两投影点置于同一直径上时，则无法用极式网测量其间的夹角，使极式网的使用范围受限。

显然，极式网是球面坐标系——经纬线网名副其实的极射赤面投影。

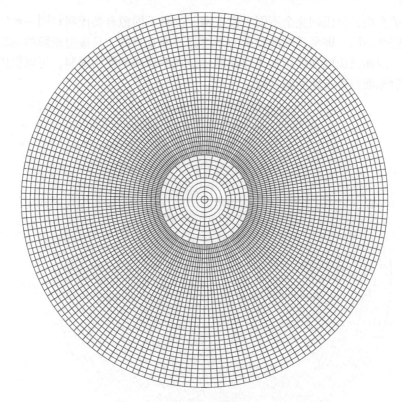

图 2-26　极式网

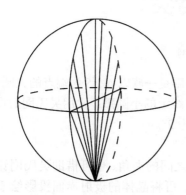

图 2-27　子午线大圆的投影

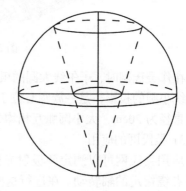

图 2-28　纬线小圆的投影

2) 吴氏网

　　吴氏网由俄国结晶学家吴里夫(ВульФ Г. А.)首创,它是以图 2-23 中的本初子午面 SCND 为投影面,图 2-23 中的 A 点或 B 点为观察点,将经纬线网投影到 SCND 面上得到图 2-29 所示的吴氏网。

不难看出，吴氏网完全不同于极式网，这种不同源自吴氏网对同一经纬线网的投影完全不同，即吴氏网的投影面是与赤道面垂直的，且极射投影的观察点在赤道上，因而吴氏网在使用上不存在前述极式网那样的使用限制，可以量出任意两个极射赤面投影点之间的夹角。

图 2-29　吴氏网

在作吴氏网时，子午线大圆的极射赤面投影是一族以 N、S 为端点的大圆弧，而纬线小圆的投影，是一族圆心位于 SN 延长线上的小圆弧。常用吴氏网的投影基圆直径为 20cm，大小圆弧互相均分的角度为 2°。

3) 吴氏网的应用

应用吴氏网可以测定两极射赤面投影点之间的夹角，也可借助吴氏网让一投影点绕指定的轴转动。在进行这些操作前，可将晶体的极射赤面投影绘于一张描图纸上，投影基圆的直径与吴氏网相同，然后将描图纸放于网上，并使两者中心重合。测定图 2-30(a)中两投影点之间的夹角时，只需将描图纸转动，使这两个极点处于吴氏网的同一经线(或赤道)上，就可读出其间夹角，如图 2-30(b)所示。

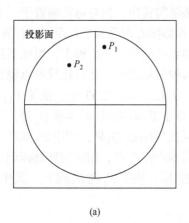

(a)

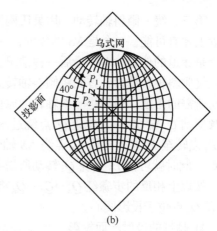

(b)

图 2-30   用吴式网测量两个投影点间夹角

(a) 两个投影点；(b) 将两个投影点置于同一经线大圆

一个投影点绕某指定轴转动，可分为以下三种情况。

第一，绕过投影图中心并垂直于投影图的轴转动。此时可按上述方法，使投影基圆与吴氏网基圆重合，并按吴氏网圆周上的刻度转动所要求的角度，即可得到图 2-31 所示极点 A 的新位置 A'。

第二，绕位于投影面内并过其中心的轴转动。首先将投影图按上述方法转动，使旋转轴与 NS 轴重合，然后使所要转动的投影点沿着它所在的纬线小圆移动所要求的角度(由吴氏网读取，移动方向由轴的旋转方向确定)，即可得到转动后投影点的新位置。例如，图 2-32 中要求将 A、B 两投影点绕 NS 轴转动 70°，则 A 点沿纬线移动 70°到 A'点；B 点转动 30°后至圆周，再继续移动 40°到 B_1 处，它相当于 B 点移动到另一半球，故可用对跖点 B'点表示。

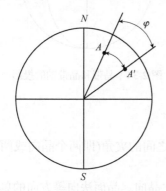

图 2-31   绕垂直投影面的轴转动

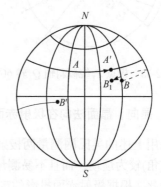

图 2-32   极点 A、B 绕 NS 轴转 70°

第三，绕一倾斜轴转动。用吴氏网读出绕某轴的转角，只有将转轴置于三个位置上才有可能，一个是 NS 轴位置，一个是过投影图心而垂直于投影图的位置，一个是赤道的位置。对于最后一种情况，被转动点必须位于 NS 轴上，因此当投影点绕倾斜轴转动时，首先将倾斜轴转到前面两种位置之一，然后让投影点绕它转动所需的角度，最后将倾斜轴转回原位即可。例如，在图 2-33 中，欲使 P_1 点绕倾斜轴 Q_1 转 60°，首先让 Q_1 点绕过图心而垂直于纸面的轴转至赤道 Q_2 处，相应 P_1 点转至 P_2 点。再让 Q_2 点绕 NS 轴转动至吴氏网图心 Q_3 处，相应 P_2 点转至 P_3 点。此时就可让 P_3 点绕 Q_3 转动所需要转动的 60°至 P_4 点，相应的转轴标记为 Q_4。按以上相反的步骤经 $Q_4 \rightarrow Q_5 \rightarrow Q_6$ 将倾斜轴还原，相应 P_4 经 P_5 到 P_6。其中，Q_3 和 Q_4 点位于投影图心。

4) 晶带的极射赤面投影

由晶带的定义可知，同一晶带的各晶面法线位于与晶带轴垂直的平面上。该平面与投影球相交得到的大圆，就是该晶带的极式球面投影，称为晶带大圆。

当晶带轴与 NS 轴平行时，晶带大圆与赤道圆重合，其极射赤面投影就是投影基圆，而晶带轴的投影刚好位于圆心。当晶带轴位于赤道平面时，晶带大圆为子午线，其极射赤面投影为基圆的一个直径，晶带轴的投影则位于投影基圆上。如果晶带轴与 NS 轴有一交角，则晶带大圆平面与赤道平面倾斜相交，晶带的极射赤面投影为图 2-34 所示的大圆弧，而晶带轴的极射赤面投影为大圆弧的极点 T。

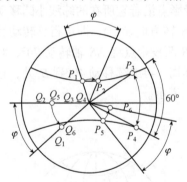

图 2-33 极点 P_1 绕倾斜轴 Q_1 转 60°

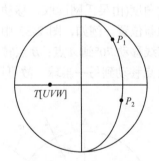

图 2-34 晶带和晶带轴的投影

2.2.10 晶向、晶面法向在极射赤面投影坐标

采用上述的吴氏网测量两极射赤面投影点之间的夹角(即两个晶向或两个晶面的夹角)较为烦琐，而且不易测量准确。

为此，根据极射赤面投影的定义，通过建立晶向、晶面法向等方向的单位矢量在极射赤面的投影坐标关系，就可以方便地由已知的晶向或晶面法向计算在其极射赤面的投影坐标，或者由极射赤面的投影坐标计算相应的晶向或晶面法向，方便地由两个极射赤面投影点计算得到其代表方向之间的夹角。

如图 2-35 所示的极射赤面投影，xOy 平面(相当于图 2-23 中 $SCND$ 确定的投影面)为投影面，S 为观测点(相当于图 2-23 中的 B 点)，OA 为晶向或晶面法向的方向，$A(X, Y, Z)$ 为 OA 与半径为 R 的参考球球面的相交点(相当于图 2-23 中的 P 点)，B 为 A 点向 z 轴引垂直线的相交点，C 为 A 点向 xOz 平面引垂直线的相交点，ψ、φ 分别为 A 点在投影面上的经度角和纬度角，Ψ 为晶向或晶面法向 OA 与 z 轴的夹角，则 $A(X, Y, Z)$ 可用经度角 ψ、纬度角 φ 表示如下：

$$X = R\sin\psi\cos\varphi$$

$$Y = R\sin\varphi \tag{2-12}$$

$$Z = R\cos\psi\cos\varphi = R\cos\Psi$$

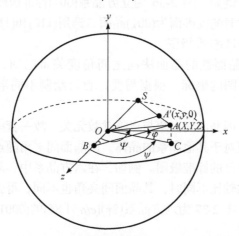

图 2-35 极射赤面投影的取向坐标关系

图中的 $A'(x, y, 0)$ 为 $A(X, Y, Z)$ 所表征的 OA 方向在极射赤面的投影,利用解析几何的坐标定比分点公式，可计算得到以经度角 ψ、纬度角 φ 为自变量，晶向或晶面法向 OA 在极射赤面投影的 A' 坐标：

$$x = R\sin\psi\cos\varphi/(1 + \cos\psi\cos\varphi) \tag{2-13}$$

$$y = R\sin\varphi/(1 + \cos\psi\cos\varphi) \tag{2-14}$$

式(2-13)和式(2-14)是在已知晶向或晶面法向 OA 的经度角 ψ、纬度角 φ 以及参考球半径 R 时，计算其方向在极射赤面投影 A' 的坐标(x, y)计算公式，即利用式(2-13)和式(2-14)可以计算极图上 A' 的坐标(x, y)。

联立式(2-13)和式(2-14)，消去 φ，整理得到吴氏网的经线方程为

$$(x + R\cot\psi)^2 + y^2 = R^2/\sin^2\psi \tag{2-15}$$

联立式(2-13)和式(2-14)，消去 ψ，整理得到吴氏网的纬线方程为

$$x^2 + (y - R/\sin\varphi)^2 = R^2\cot\varphi \qquad (2\text{-}16)$$

利用式(2-15)和式(2-16)，就可以绘制任意半径 R 的吴氏网。

当然，利用式(2-13)和式(2-14)，在已知晶向或晶面法向 OA 在极射赤面投影的极图坐标 $A'(x, y)$ 以及参考球半径 R 时，就可以计算 OA 方向的经度角 ψ 和纬度角 φ。

需要指出的是，利用本节投影几何的相关公式，还可以绘制不同晶系/材料的任意晶面指数标准极图，以及计算极图中任一方向的塑性应变比 r、弹性模量 E 和泊松比 ν 等。

2.2.11　标准极图

标准极图是单晶体各晶面族的极射赤面投影图，常选择被投影晶体的某一低指数晶面为投影面。例如，图 2-36 为立方晶系(001)标准极图，之所以称为(001)标准极图，是因为此时的投影面为(001)晶面。选用(110)和(111)等晶面为投影面，就可以得到(110)和(111)标准极图。

由于单晶体各晶面族的晶面法向之间角度关系已知，可利用式(2-13)和式(2-14)计算标准极图的坐标，根据需要，自行绘制不同半径、不同(hkl)的标准极图。

在立方晶系中，因晶面间夹角与点阵常数无关，故一套标准极图适用于所有的立方晶系晶体，但对于其他晶系的晶体，因晶面间夹角随点阵常数而变，对具体的晶体必须作出自己的标准极图。例如，在六方晶系中，晶面间夹角与轴比有关，指数相同晶面的轴比不同时，其晶面间夹角也不同，得到的标准极图就会随轴比的不同而变化。图 2-37 为六方晶系(锌)(c/a=1.86)的(0001)标准极图。

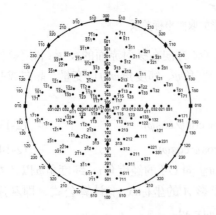
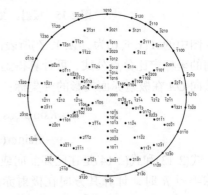

图 2-36　立方晶系的(001)标准极图　　　　图 2-37　六方晶系(锌)的(0001)标准极图

2.3　晶体的 X 射线衍射方向及其方程

2.3.1　劳厄衍射

　　回顾关于可见光产生明暗相间干涉条纹的实验和理论，即当光程差为波长的整数倍时，将发生相长干涉，产生明亮条纹；而当光程差为半波长的奇数倍时，将发生相消干涉，产生暗条纹。

　　20 世纪初，人们已认识到 X 射线与可见光均为电磁波。德国物理学家劳厄等设想，如果晶体是由对 X 射线起散射中心作用的原子呈现周期性排列构成的，而 X 射线是波长约等于该晶体原子间距的电磁波，就可能利用晶体来衍射 X 射线。为此，劳厄在 1912 年利用一束包含各种波长的 X 射线垂直射入不动的硫酸铜单晶体，并安放了一张底片，以探测衍射光束是否存在。在首次实验中就成功拍摄了世界上第一张晶体衍射照片，证明了晶体衍射的存在、晶体内部原子排列的周期性和 X 射线的波动性，建立了解释衍射基本规律的劳厄方程，创立的衍射法称为劳厄法，如图 2-38 所示。

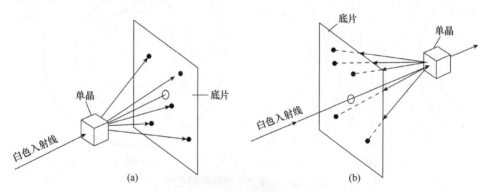

图 2-38　劳厄法
(a) 透射劳厄法；(b) 反射劳厄法

　　如图 2-39 所示，一束包含各种波长的平行 X 射线入射到晶体的一列原子，入射线与原子列的夹角为 α_1，并设原子列的点阵常数为 a，此时每个原子都是相干散射波波源，在散射线与原子列的夹角为 β_1 的方向上，相邻两原子的散射线之间光程差为

$$\delta = AD - CB = a(\cos\beta_1 - \cos\alpha_1)$$

　　当光程差 δ 为 X 射线波长 λ 的整数倍 $H\lambda$ 时，将产生相长干涉，X 射线衍射强度大大增强，则

$$a(\cos\beta_1 - \cos\alpha_1) = H\lambda \tag{2-17}$$

式中，$H=0$，±1，±2，$\cdots$。

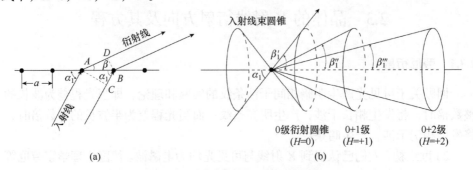

(a)　　　　　　　　　　(b)

图 2-39　一维原子列的衍射及其衍射圆锥

(a) 一维原子列的衍射；(b) 一维原子列的衍射圆锥

当单色 X 射线垂直原子列入射时，在分别与原子列平行、垂直的平面上，面探测器或底片上就会得到如图 2-40 所示的衍射花样。

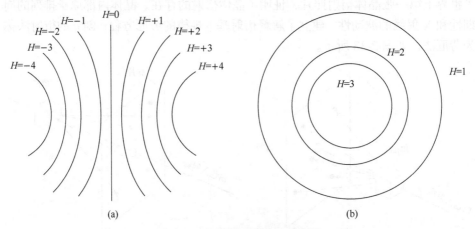

(a)　　　　　　　　　　(b)

图 2-40　一维原子列的衍射花样

(a) 平行原子列；(b) 垂直原子列

对于三维的晶体，如图 2-41(a)所示，OA、OB、OC 分别是晶体的三个晶轴，a、b、c 为其点阵常数，同理可得 X 射线通过晶体产生衍射的条件为

$$\begin{cases} a(\cos\beta_1 - \cos\alpha_1) = H\lambda \\ b(\cos\beta_2 - \cos\alpha_2) = K\lambda \\ c(\cos\beta_3 - \cos\alpha_3) = L\lambda \end{cases} \tag{2-18}$$

式中，H、K、L 均为整数。

式(2-18)的三个方程称为晶体衍射的劳厄方程。

只有式(2-18)的三个方程同时满足，也就是三个衍射圆锥面必须同时交于一条直线，晶体衍射才会发生，且衍射方向就是相交直线的方向。

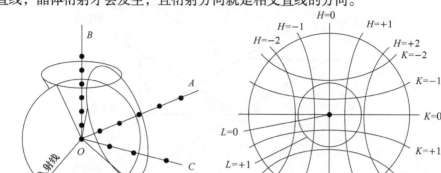

图 2-41　三维晶体的衍射及其衍射花样

(a) 晶体衍射的三个衍射圆锥；(b) 衍射花样

劳厄方程给出了晶体的 X 射线衍射方向。图 2-41(b)为入射线与某一晶轴平行、三个晶轴互相正交时，在与入射线垂直的平面上，面探测器或底片得到的衍射花样。

劳厄将原子呈现周期性排列的晶体作为光栅，采用波长与硫酸铜单晶体的原子间距离相当的 X 射线照射该晶体，得到与可见光干涉条纹实验类似的明暗相间干涉条纹，不但开创了 X 射线光谱学，而且开创了 X 射线衍射学。

2.3.2　布拉格方程

由于劳厄方程涉及六个角度，不便于描述晶体的衍射。1912 年，布拉格父子提出了 X 射线被原子面"反射"的理念，导出了能够简单而实用地表征晶体物质衍射的布拉格方程。

如图 2-42 所示，一束波长为 λ 的 X 射线入射晶体物质，(hkl)晶面的相邻晶面间的距离为 d_{hkl}，入射到晶体物质前的 X 射线波前 A—A′的相位差为零，则相邻晶面衍射后，X 射线波前 B—B′的光程差为 $2d_{hkl}\sin\theta_{hkl}$。当衍射线光程差为入射 X 射线波长 λ 的整数倍，即 $n\lambda$ 时，将产生相长干涉，X 射线衍射强度大大增强，其运动学规律的布拉格方程为

$$2d_{hkl}\sin\theta_{hkl}=n\lambda \tag{2-19}$$

式中，d_{hkl} 为(hkl)晶面间距离；θ_{hkl} 为布拉格角(衍射线与入射 X 射线的夹角 $2\theta_{hkl}$)的 1/2。

一般来说，λ 为已知(如 CuKα=1.54Å)，测得 X 射线衍射峰位的衍射角 $2\theta_{hkl}$ 后，从布拉格方程就可计算得到晶面间距 d_{hkl}。

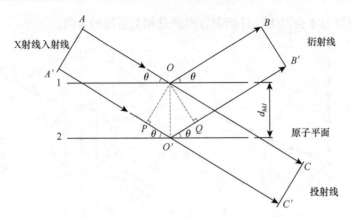

图 2-42　X 射线衍射的布拉格方程示意图

当然，亦可从劳厄方程直接推导出布拉格方程。

由布拉格方程可知：

(1) 对于 $n=1, 2, \cdots$，分别称为晶面 (hkl) 衍射的一级衍射，二级衍射，…。

(2) 在入射的波长 λ 一定时，对应于一定的晶面间距离 d，衍射的 X 射线方向由衍射角确定，与光学中的镜面反射截然不同。

(3) 因为 $\sin\theta_{hkl} \leqslant 1$，所以 n 不能过大，波长 $n\lambda \leqslant 2d$，并且对于 $n=1$，在波长 $\lambda \leqslant 2d_{hkl}$ 的条件下 (hkl) 晶面才能产生衍射。

由上述布拉格方程推导可知：

(1) 入射线、衍射线和衍射晶面的法线必须在一个平面。

(2) 衍射晶面的法线是入射线与衍射线所形成夹角的角平分线。

总结 X 射线衍射和常见的可见光镜面反射的差异如下：

(1) 在晶体的 X 射线衍射中，仅存在个别的固定"入射角"产生衍射，而常见的可见光反射时，可以选择任意的入射角获得反射光。

(2) X 射线被晶体的原子面反射时，是晶体的多层原子面参与反射，形成衍射线。

布拉格方程为晶体结构分析和光谱分析的基本计算公式，当波长 λ、衍射角 2θ 已知时，就可以由该方程计算得到晶面间距 d，确定晶体结构及其变化等，用于晶体结构的衍射分析；当晶面间距 d、衍射角 2θ 已知时，就可以由该方程计算得到波长 λ，用于元素分析。

需要强调的是：鉴于晶体衍射的复杂性，满足布拉格方程仅是产生晶体衍射的必要条件，而不是充分条件。

在此进行的布拉格方程概要介绍远远不够，将在以后各章节中反复讨论与应用，增进对晶体衍射的理解，方能灵活应用。

2.4　倒易空间与衍射矢量

本节介绍另一种方便晶体衍射分析的空间点阵——倒易点阵。1921 年，德国物理学家埃瓦尔德把倒易点阵引入衍射领域之后，可以方便地采用衍射矢量研究各种衍射问题，倒易点阵成为晶体衍射分析领域的重要工具，并且常常将采用倒易点阵描述的空间称为倒易空间。

2.4.1　倒易点阵的定义

设有一空间点阵(称为正点阵)，由 a、b、c 三个基本平移矢量定义，另有一个由基本平移矢量 a^*、b^*、c^* 定义的点阵满足以下关系：

$$\begin{cases} a^* \cdot b = a^* \cdot c = b^* \cdot a = b^* \cdot c = c^* \cdot a = c^* \cdot b = 0 \\ a^* \cdot a = b^* \cdot b = c^* \cdot c = K(K = 1 \text{或} \lambda) \end{cases} \tag{2-20}$$

就称由 a^*、b^*、c^* 定义的点阵为正点阵的倒易点阵。在式(2-20)中，a、b、c 和 a^*、b^*、c^* 是对称的，因此它们定义的点阵互为对方的倒易点阵。

由式(2-20)中 $a^* \cdot b = a^* \cdot c = 0$ 可知，$a^* \perp b$ 和 $a^* \perp c$，故可将 a^* 表达为

$$a^* = \alpha_1 [b \times c] \tag{2-21}$$

又由式(2-20)可知 $a^* \cdot a = K$，则 a 与式(2-21)点积可得

$$a \cdot a^* = K = \alpha_1 a \cdot [b \times c]$$

或

$$\alpha_1 = \frac{K}{a \cdot [b \times c]} \tag{2-22}$$

将式(2-22)代入式(2-21)可得 a^*，同理可得 b^*、c^*，如下所示：

$$\begin{cases} a^* = K \dfrac{[b \times c]}{a \cdot [b \times c]} \\[2mm] b^* = K \dfrac{[c \times a]}{a \cdot [b \times c]} \\[2mm] c^* = K \dfrac{[a \times b]}{a \cdot [b \times c]} \end{cases} \tag{2-23}$$

式中，如果 K 取 1，并用空间点阵中单位阵胞的体积 $V = a \cdot [b \times c]$ 代入式(2-23)可得

$$\begin{cases} a^* = \dfrac{[b \times c]}{V} \\[3mm] b^* = \dfrac{[c \times a]}{V} \\[3mm] c^* = \dfrac{[a \times b]}{V} \end{cases} \tag{2-24}$$

同理可证

$$\begin{cases} a = \dfrac{[b^* \times c^*]}{V^*} \\[3mm] b = \dfrac{[c^* \times a^*]}{V^*} \\[3mm] c = \dfrac{[a^* \times b^*]}{V^*} \end{cases} \tag{2-25}$$

式中，$V^* = a^* \cdot [b^* \times c^*]$ 是倒易点阵中单位阵胞的体积。

对于立方晶系，$[b \times c] = [c \times a] = [a \times b] = a^2$ 以及 $V = a^3$，故 $|a^*| = |b^*| = |c^*| = \dfrac{1}{a}$，而且，$a^* // a$。

2.4.2　倒易矢量的性质

根据倒易点阵的定义，建立倒易基矢 a^*、b^* 和 c^* 之后，将它在空间平移，便可得到倒易点阵，倒易点阵中的阵点称为倒易节点。

从倒易点阵原点向任一倒易节点所连接的矢量称为倒易矢量，如图 2-43 所示，用符号 r^* 表示，且

$$r^* = Ha^* + Kb^* + Lc^* \tag{2-26}$$

式中，H、K、L 均为整数。

以下证明倒易矢量的两个重要性质。

1. 倒易矢量 r^* 垂直于 (HKL) 晶面

设 ABC 面为晶面组 (HKL) 中最靠近坐标原点的晶面，它在坐标轴上的截距分别为 $OA = a/H$，$OB = b/K$，$OC = c/L$，则

$$AB = OB - OA = b/K - a/H \tag{2-27}$$

$$BC = OC - OB = c/L - b/K \tag{2-28}$$

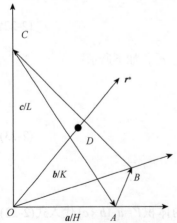

图 2-43　倒易矢量与晶面的关系

将式(2-26)分别与式(2-27)和式(2-28)点积(即数量积)可得

$$r^* \cdot AB = (Ha^* + Kb^* + Lc^*) \cdot \left(\frac{b}{K} - \frac{a}{H}\right) = 1 - 1 = 0$$

$$r^* \cdot BC = (Ha^* + Kb^* + Lc^*) \cdot \left(\frac{c}{L} - \frac{b}{K}\right) = 1 - 1 = 0$$

由于 r^* 与 AB、BC 的点积均等于零,故 r^* 既垂直于 AB 又垂直于 BC,因而 r^* 垂直于 AB 和 BC 所在的晶面 ABC,即 r^* 垂直于(HKL)晶面。

2. 倒易矢量的模 $|r^*| = \dfrac{1}{d_{HKL}}$

现假定 n 为 r 方向的单位矢量,且 $n = \dfrac{r^*}{|r^*|}$。图 2-43 中 OD 就是(HKL)晶面组的晶面间距,其值等于 OA(或 OB、OC)在 n 方向的投影,即

$$OD = d_{HKL} = OA \cdot n = \frac{a}{H} \cdot \frac{(Ha^* + Kb^* + Lc^*)}{|r^*|} = \frac{1}{|r^*|}$$

故

$$|r^*| = \frac{1}{d_{HKL}} \tag{2-29}$$

由上面证明倒易点阵基本性质的过程可知,将正点阵和倒易点阵的坐标原点重合,则正点阵中的晶面组在倒易点阵中可用一个倒易节点表示,倒易节点的坐标就是它所代表晶面的晶面指数(HKL),即晶体点阵中晶面取向和晶面间距这两个参量在倒易点阵中只用一个倒易矢量就能代表。倒易矢量的方向就是晶面法线方向,其大小为晶面间距的倒数。

根据倒易关系,可由任一正空间点阵建立相应的倒易空间点阵,或由已知的倒易点阵建立相应的正点阵。图 2-44 表示正点阵中的晶面和倒易矢量之间的关系。面间距为 d 的(321)晶面组 1,可用倒易矢量 r_1^* 表示,r_1^* 的方向为晶面组 1 的法线方向,其大小为面间距的倒数 $\dfrac{1}{d}$。同理,可以画出平行于(321)晶面组 1 而面间距为 $\dfrac{d}{2}$ 的晶面组 2,即(642)晶面,其倒易矢量为 r_2^*;平行于(321)晶面组 1 而面间距为 $\dfrac{d}{3}$ 的晶面组 3,即(963)晶面,其倒易矢量为 r_3^*。

假如用上述方法作出各种取向晶面组的倒易节点列,便可得到图 2-45 所示的

倒易节点平面和图 2-46 所示的倒易点阵。

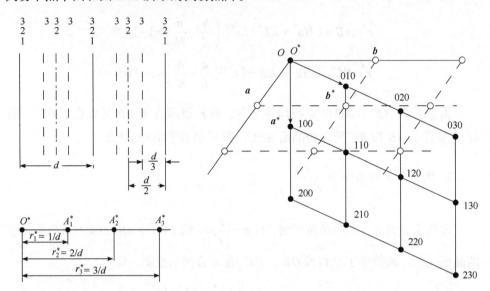

图 2-44　晶面与相应倒易矢量的关系　　　图 2-45　六方晶系正空间与倒易空间的关系

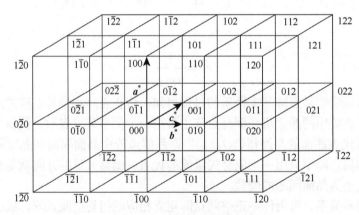

图 2-46　单斜晶系倒易点阵

可以证明：

(1) 正空间的单位阵胞体积 $V=\boldsymbol{a}\cdot[\boldsymbol{b}\times\boldsymbol{c}]$，与倒易空间的单位阵胞体积 $V^*=\boldsymbol{a}^*\cdot[\boldsymbol{b}^*\times\boldsymbol{c}^*]$ 为倒数关系，即 $V=\dfrac{1}{V^*}$。

(2) 在倒易点阵中，同晶带所有晶面的倒易矢量都位于一个通过倒易原点且与晶带轴垂直的平面上，所以每个过倒易原点的倒易平面上的所有倒易节点均属同一晶带。

2.4.3　衍射矢量方程与埃瓦尔德倒易球

1. 衍射矢量方程

将图 2-42 中表征了入射线 AO 方向的单位矢量记作矢量 S_0，(HKL)晶面衍射线 OB 方向的单位矢量记作矢量 S，则 $\dfrac{S - S_0}{\lambda}$ 称为衍射矢量，也称为 Q 矢量，其中 λ 为入射 X 射线的波长。

显然，$\left| \dfrac{S - S_0}{\lambda} \right| = \dfrac{2\sin\theta_{HKL}}{\lambda}$，且衍射矢量 $\dfrac{S - S_0}{\lambda}$ 平行于 HKL 衍射晶面法线 OO'。由倒易矢量的两个重要性质，即倒易矢量 r^* 平行于(HKL)晶面，倒易矢量的模 $|r^*| = \dfrac{1}{d_{HKL}}$，以及 $n=1$ 时晶体衍射的布拉格方程式(2-19)可得

$$\left| \frac{S - S_0}{\lambda} \right| = |r^*| = \frac{2\sin\theta_{HKL}}{\lambda} = \frac{1}{d_{HKL}}$$

又由倒易矢量定义式(2-26)，可得

$$\frac{S - S_0}{\lambda} = Ha^* + Kb^* + Lc^* \tag{2-30}$$

式(2-30)即为衍射矢量方程。

显然，将衍射矢量方程式(2-30)两边分别与晶体点阵矢量 a、b、c 进行点积，就可以得到劳厄方程式(2-18)。

需要说明的是：上述式中，$H = nh$，$K = nk$，$L = nl$，即在倒易空间中，衍射矢量方程已包含了衍射级数 n 而使得衍射方程的物理意义更为清晰。

2. 埃瓦尔德倒易球

在图 2-47 中，一束波长为 λ 的 X 射线从左边射入晶体样品，体积充分小的该样品位于半径为 $1/\lambda$ 球体的球心，倒易点阵的$(0kl)$与该球面相切于倒易点阵的原点(000)。显然，旋转晶体样品，其倒易点阵随之旋转。

旋转晶体样品到某一方向，使得倒易点阵的 hkl 阵点，如表示(230)晶面的 230 位于埃瓦尔德球的球面上，如图 2-48 所示。按照倒易点阵定义，埃瓦尔德球的球半径 $CO = 1/\lambda$，$OA = d_{230}^*$，则

$$\sin\theta_{230} = \frac{OA/2}{CO} = \frac{d_{230}^*}{2}\lambda$$

由于 $d_{230} = \dfrac{1}{d_{230}^*}$，整理可得

$$2d_{230}\sin\theta_{230} = \lambda$$

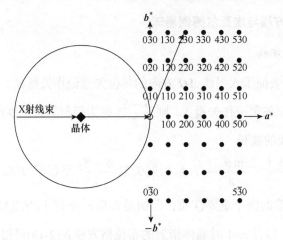

图 2-47　埃瓦尔德倒易球与倒易空间

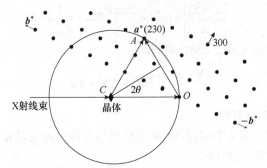

图 2-48　倒易空间的布拉格方程

将 HKL 阵点替换 230 阵点，就得到普适性形式的方程：

$$2d_{HKL}\sin\theta_{HKL}=\lambda$$

上式即为布拉格方程，即在正空间与倒易空间都能够得到布拉格方程。

采用埃瓦尔德倒易球可以把复杂的衍射几何分析大大简化，例如，位于埃瓦尔德倒易球面上的倒易阵点就能够满足布拉格方程的衍射条件，直观显示衍射结果，容易设计晶体样品的转动而使其产生某一特定方向的衍射。

2.5　X 射线衍射强度

本节基于经典电磁波理论、X 射线运动学衍射理论简单介绍晶体的 X 射线衍射强度。2.3 节和 2.4 节介绍了在满足布拉格方程的方向上将会产生衍射。晶胞内原子位置不同，即其电子云的位置不同，也就是晶胞的结构因子，使得光程差变化，导致 X 射线衍射强度不同。

2.5.1　结构因子

1. 一个电子对 X 射线的散射

参见 1.5.1 节。

2. 一个原子对 X 射线的散射

虽然原子核带电荷，亦对 X 射线散射，但是原子核质量是电子的 1800 倍以上，由汤姆孙公式可知，原子核对 X 射线的散射极弱而可以忽略不计，即一个原子对 X 射线的散射可以认为是原子的电子云对 X 射线的散射。

由于原子内多个电子位置的不确定性，在散射的任一方向上，不同电子之间不可能存在确定的光程差，即相位差，对于原子序数为 Z 的原子，设一个电子的散射 X 射线波强度为 I_e，该原子的散射波强度 $I_a < ZI_e$。为此，引入原子散射因子 f，定义为

$$f = \frac{A_a}{A_e} = \left(\frac{I_a}{I_e}\right)^{\frac{1}{2}} \tag{2-31}$$

式中，A_a、A_e 分别为原子散射 X 射线波的振幅和电子散射 X 射线波的振幅。

式(2-31)反映了一个原子在某一方向上对 X 射线散射的能力，它与 $\sin\theta/\lambda$ 直接相关，如图 2-49 所示，θ 越大、λ 越小，原子散射因子 f 就越大，原子散射因子 $f \leqslant Z$，仅当 $\theta = 0°$ 时，最大的原子散射因子 $f = Z$。

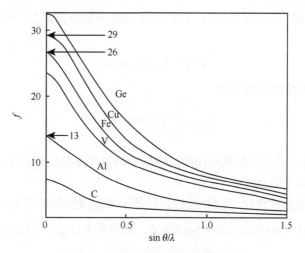

图 2-49　部分元素的原子散射因子 f

需要说明的是：产生相干散射的同时也存在非相干散射，且原子序数 Z 越小，包括相干散射在内的散射也就越弱，因此在 X 射线衍射中，难以得到含有氢、碳、

氧等轻元素有机化合物晶体的满意衍射谱。

　　3. 一个晶胞对 X 射线的散射

　　对于含有 N 个原子的一个晶胞对 X 射线的散射,各个原子散射的振幅和相位各不相同。在空间某一位置,第 j 个原子的散射波(j=1, 2,$\cdots$, N)可表述为

$$A_j = A_e f_j \mathrm{e}^{\mathrm{i}\phi_j} \tag{2-32}$$

式中, A_j 为第 j 个原子的散射波振幅; f_j 为第 j 个原子的原子散射因子; ϕ_j 为第 j 个原子的散射波相位。

　　根据波矢向量合成法则,就可以得到晶胞内 N 个原子对 X 射线散射波的合成波振幅:

$$A_c = A_e \left(f_1 \mathrm{e}^{\mathrm{i}\phi_1} + f_2 \mathrm{e}^{\mathrm{i}\phi_2} + \cdots + f_N \mathrm{e}^{\mathrm{i}\phi_N} \right) = A_e \sum_{j=1}^{N} f_j \mathrm{e}^{\mathrm{i}\phi_j} \tag{2-33}$$

式(2-33)包含了晶胞内各原子空间排列的结构信息。

　　由于在具体的 X 射线衍射测试分析中,每一个电子对特定波长的(相干)散射均相同,该晶胞的晶体结构对所述 X 射线的散射特性可用式(2-34)表示:

$$F = \frac{A_c}{A_e} = \sum_{j=1}^{N} f_j \mathrm{e}^{\mathrm{i}\phi_j} \tag{2-34}$$

式中, F 称为结构因子。

　　衍射晶面(hkl)上坐标为(u, v, w)的原子与位于坐标原点处原子散射波之间的相位差为

$$\phi = 2\pi(hu + kv + lw) \tag{2-35}$$

则晶胞(hkl)晶面的结构因子为

$$F_{hkl} = \sum_{j=1}^{N} f_j \mathrm{e}^{2\pi\mathrm{i}(hu+kv+lw)} \tag{2-36}$$

　　式(2-36)给出了已知晶胞结构的(hkl)晶面衍射强度的比例因子,即(hkl)晶面衍射强度的结构因子表达式。

　　根据经典电磁波理论,散射波的强度等于散射波振幅的平方,因此(hkl)晶面衍射强度 I_c 正比于(hkl)晶面的结构因子 F_{hkl} 模的平方 $|F_{hkl}|^2$,所以一个晶胞的散射强度为

$$I_c = I_e |F_{hkl}|^2 \tag{2-37}$$

2.5.2　晶胞结构因子

下面以简单立方点阵、体心立方点阵、面心立方点阵为例，介绍晶胞结构因子 F 的理论计算，以及其余较为复杂点阵晶胞结构因子 F 的简述。

1. 简单立方点阵结构因子的理论计算

简单立方点阵的每个晶胞只有一个原子，且该原子位于坐标原点$(0, 0, 0)$，代入式(2-36)，则该简单立方点阵晶胞的点阵结构因子为

$$F_{hkl} = f \tag{2-38}$$

$$\left| F_{hkl} \right|^2 = f^2 \tag{2-39}$$

即该晶胞的点阵结构因子就是该原子的散射因子 f，(hkl)晶面衍射强度 I_c 正比于 f^2。

对于简单立方点阵，无论晶面指数 h、k、l 取何值，各个(hkl)晶面的衍射均有相同的结构因子 f，即所有晶面均能够产生衍射花样，不存在结构因子的系统消光现象，且任一(hkl)晶面衍射强度均正比于 f^2。

2. 体心立方点阵结构因子的理论计算

体心立方点阵的每个晶胞有两个同类原子，内含的两个原子坐标分别为$(0, 0, 0)$和$(1/2, 1/2, 1/2)$，代入式(2-36)，则该晶胞的(hkl)晶面结构因子为

$$F_{hkl} = f \left[1 + e^{\pi i(h+k+l)} \right] \tag{2-40}$$

显然，有以下结论。

(1) 当 $h+k+l$ 之值为偶数时，$e^{\pi i(h+k+l)} = 1$，代入式(2-40)，则

$$F_{hkl} = 2f \tag{2-41}$$

$$\left| F_{hkl} \right|^2 = 4f^2 \tag{2-42}$$

(2) 当 $h+k+l$ 之值为奇数时，$e^{\pi i(h+k+l)} = -1$，代入式(2-40)，则

$$F_{hkl} = 0 \tag{2-43}$$

$$\left| F_{hkl} \right|^2 = 0 \tag{2-44}$$

因此，对于体心立方点阵，$h+k+l$ 为偶数的(hkl)晶面均有相同的结构因子 $2f$，如(110)、(200)、(211)、(310)和(222)等晶面，其衍射强度正比于相应衍射角的 $4f^2$；$h+k+l$ 为奇数的(hkl)晶面均有为零的结构因子，如(100)、(111)、(210)和(221)等晶面，其衍射强度为零，存在结构因子的系统消光。

3. 面心立方点阵结构因子的理论计算

面心立方点阵的每个晶胞有四个同类原子，内含的四个原子坐标分别为(0, 0, 0)和(0, 1/2, 1/2)、(1/2, 0, 1/2)和(1/2, 1/2, 0)，代入式(2-36)，则该晶胞的点阵结构因子为

$$F_{hkl}=f\left[1+e^{\pi i(k+l)}+e^{\pi i(h+l)}+e^{\pi i(h+k)}\right] \tag{2-45}$$

由式(2-45)可知：

(1) 当 h、k、l 全为偶数或全为奇数时，$e^{\pi i(k+l)}=e^{\pi i(h+l)}=e^{\pi i(h+k)}=1$，代入式(2-45)，则

$$F_{hkl}=4f \tag{2-46}$$

$$\left|F_{hkl}\right|^2=16f^2 \tag{2-47}$$

(2) 当 h、k、l 中有两个奇数或两个偶数时，则$(k+l)$、$(h+l)$和$(h+k)$中必有两项为奇数，代入式(2-45)，则

$$F_{hkl}=0 \tag{2-48}$$

$$\left|F_{hkl}\right|^2=0 \tag{2-49}$$

因此，对于面心立方点阵，h、k、l 全为偶数或全为奇数的(hkl)晶面均有相同的结构因子 $4f$，如(111)、(200)、(220)、(311)和(222)等晶面，其衍射强度正比于 $16f^2$；h、k、l 中有两个奇数或两个偶数的(hkl)晶面均有为零的结构因子，如(100)、(110)、(112)和(221)等晶面，其衍射强度为零，存在结构因子的系统消光。

综上可知，除了满足布拉格方程以外，还必须满足其结构因子 $F \neq 0$，(hkl)晶面才会发生衍射。

4. 关于其余复杂点阵晶胞结构因子 F 的简述

前面理论计算了只有一种原子构成的简单立方点阵、体心立方点阵、面心立方点阵的晶胞结构因子 F，虽然限于篇幅而未介绍计算其他点阵的晶胞结构因子 F，但是由理论计算可知：一种原子构成的体心立方点阵、面心立方点阵晶胞均存在结构因子的系统消光，一种原子构成的其余点阵晶胞不存在结构因子的系统消光。

对于两种原子或多于两种原子构成的其余点阵晶胞，每一种原子散射因子 f_a不同，由式(2-32)可知，其晶胞结构因子 $F \neq 0$，即不存在结构因子的系统消光。

2.5.3 一个小晶体的衍射强度

如前所述，一个小晶体可以看成由晶胞在三维空间周期重复排列而成，因此

在求出一个晶胞的散射波之后，按相位对所有晶胞的散射波进行叠加，就得到整个晶体的散射波的合成波，即得到衍射线。

图 2-50 为一小晶体的部分晶胞，每一晶胞中都有 n 个原子(图中未画出)，设想晶胞内 n 个原子的散射合成波由每个相应晶胞发出，为简便起见，假定小晶体为平行六面体，三棱边为 N_1a 、 N_2b 和 N_3c ，其中， N_1 、 N_2 和 N_3 分别为晶轴 a 、 b 、 c 方向上的晶胞数， $N_1N_2N_3 = N$ 为晶胞总数。

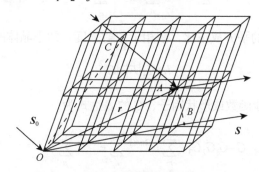

图 2-50　任意两个晶胞散射波的光程差

欲求晶体中各晶胞散射波的合成，必须求任意两晶胞散射波的相位差。在图 2-50 中一束 X 射线沿 S_0 方向照射在晶体上，则位于坐标原点 O 的晶胞和距离它 r 的晶胞 A 在 S 的方向散射波的光程差为

$$\delta = BO - AC = r \cdot S - r \cdot S_0 = r \cdot (S - S_0) \tag{2-50}$$

相位差为

$$\phi = 2\pi \frac{\delta}{\lambda} = 2\pi \frac{S - S_0}{\lambda} \cdot r \tag{2-51}$$

式中， $r = ma + nb + pc$ ，为正空间晶胞的位置矢量， m、n、p 为整数。与讨论一个晶胞的散射相类似，当 $\dfrac{S - S_0}{\lambda} \cdot r$ 为整数时，相位差为 2π 的整数倍，能观察到因干涉加强而得到的衍射线。根据倒易点阵的性质，上述点阵为整数时，必须有 $\dfrac{S - S_0}{\lambda} = Ha^* + Kb^* + Lc^*$ ，此为衍射矢量方程式(2-30)。

为使讨论的结果具有普遍意义，现引入一组坐标 ξ 、 η 、 ζ ，它是倒易空间中连续变化的坐标，也包括取 HKL 这样的整数值，此时，有

$$r_{\xi\eta\zeta}^* = \xi a^* + \eta b^* + \zeta c^*$$

故

$$\phi_{mnp} = 2\pi \frac{\boldsymbol{S} - \boldsymbol{S}_0}{\lambda} \cdot \boldsymbol{r} = 2\pi r_{\xi\eta\zeta}^* \cdot \boldsymbol{r} = 2\pi(m\xi + n\eta + p\zeta) \tag{2-52}$$

式中，ξ、η、ζ 为任意实数。

一个晶胞的相干散射波振幅为 $A_c = A_e F$，故一个小晶体的相干散射波振幅为

$$A_b = A_e F \sum_{mnp} e^{i\phi_{mnp}} = A_e F \sum_{m}^{N_1-1} e^{i2\pi m\xi} \sum_{n}^{N_2-1} e^{i2\pi n\eta} \sum_{p}^{N_3-1} e^{i2\pi p\zeta} = A_e F G_1 G_2 G_3 = A_e F G \tag{2-53}$$

因强度和振幅的平方成正比，故相干散射强度，即小晶体的衍射强度为

$$I_b = I_e |F|^2 |G|^2 \tag{2-54}$$

式中，$|G|^2$ 称为干涉函数或形状因子，G 的表达式为

$$G = G_1 G_2 G_3 = \sum_{m}^{N_1-1} e^{i2\pi m\xi} \sum_{n}^{N_2-1} e^{i2\pi n\eta} \sum_{p}^{N_3-1} e^{i2\pi p\zeta} \tag{2-55}$$

式(2-55)的三个等比级数分别求和，计算 G 的模的平方得到干涉函数：

$$|G|^2 = |G_1|^2 |G|_2^2 |G_3|^2 = \frac{\sin^2(\pi N_1 \xi)}{\sin^2(\pi\xi)} \times \frac{\sin^2(\pi N_2 \eta)}{\sin^2(\pi\eta)} \times \frac{\sin^2(\pi N_3 \zeta)}{\sin^2(\pi\zeta)} \tag{2-56}$$

式中，ξ、η、ζ 取整数为 H、K、L，由洛必达法则可求出 $|G|^2 = N_1^2 N_2^2 N_3^2 = N^2$，此时 $r_{\xi\eta\zeta}^*$ 就变成 r_{HKL}^*，即 $\dfrac{\boldsymbol{S} - \boldsymbol{S}_0}{\lambda} = H\boldsymbol{a}^* + K\boldsymbol{b}^* + L\boldsymbol{c}^*$，而相位差为

$$\phi_{mnp} = 2\pi(mH + nK + pL) \tag{2-57}$$

式中，m、n、p 和 H、K、L 都为整数，故 ϕ_{mnp} 为 2π 的整数倍，说明各晶胞的散射波相位相同，则式(2-53)和式(2-54)分别为

$$A_b = A_e F N \tag{2-58}$$

$$I_b = I_e |F|^2 N^2 \tag{2-59}$$

式(2-58)和式(2-59)说明，在满足衍射矢量方程的条件下，小晶体的散射波振幅 A_b 为一个晶胞散射波 $A_e F$ 的 N 倍，强度则为 N^2 倍。因此，满足衍射矢量方程（或布拉格方程）是产生衍射的必要条件，此时 $|G|^2 = N^2$；但是，如果结构因子等于零，即一个晶胞的散射合成波为零，则 $I_b = 0$，此时也没有衍射线出现，因此 $F \neq 0$ 是产生衍射线的充分条件。

2.5.4　多晶粉末衍射的积分强度

2.4 节提到了倒易点阵中的阵点为理想单晶体的衍射。实际的多晶材料由无数个取向差异的小晶粒构成，每个小晶粒又包含若干个取向差异很小(往往小于 2°)的亚晶，因此其衍射斑就不是空间中的一个点，而是具有一定空间体积、一定空间形状的衍射区域。

由于参与衍射的晶粒及其亚晶的每一部分均参与衍射，也就是临近理想衍射条件且偏离理想衍射条件的那些晶粒、亚晶均参与衍射；加之仪器的衍射几何条件，无论是入射的 X 射线，还是衍射线，均具有一定的发散度，使得衍射峰形函数不是 δ 函数，即偏离理想衍射峰位的衍射强度并不为零，因此衍射斑就是参与衍射这些部分的包络面，其衍射强度就是这些部分衍射强度的积分。

再加上参与衍射的晶粒数量、(hkl) 晶面的多重性因子、吸收因子、温度因子等因素，也就是考虑了影响多晶材料 X 射线衍射强度的上述因素后，基于式(2-58)和汤姆孙公式(1-8)，在不考虑样品及传播路径上对 X 射线强度衰减的情况下，对于多晶粉末衍射，按照 X 射线衍射运动学理论，在距离粉末样品 R 处，衍射环(即德拜环)单位面积的衍射强度理论计算公式为

$$I=I_0\frac{\lambda^3}{32\pi R^2}\left(\frac{e^2}{4\pi\varepsilon_0 mc^2}\right)^2\frac{V}{V_c}P_{hkl}\left|F_{hkl}\right|^2\frac{1+\cos^2 2\theta}{2}\frac{2}{\sin\theta}\mathrm{e}^{-2M} \tag{2-60}$$

在考虑样品对 X 射线强度衰减的情况下，对于多晶粉末衍射，按照 X 射线衍射运动学理论，在距离粉末样品 R 处，衍射环(即德拜环)单位弧长的衍射强度理论计算公式为

$$I=I_0\frac{\lambda^3}{32\pi R}\left(\frac{e^2}{4\pi\varepsilon_0 mc^2}\right)^2\frac{V}{V_c}P_{hkl}\left|F_{hkl}\right|^2 L_P A\mathrm{e}^{-2M} \tag{2-61}$$

式中，V 为被辐照多晶材料参与衍射的体积；V_c 为晶胞体积；P_{hkl} 为 (hkl) 晶面的多重性因子，即同族 $\{hkl\}$ 晶面的等效点阵面个数，如面心立方晶系中 $\{200\}$ 晶面族就包含六个等效晶面，则 $P_{200}=6$；$\left|F_{hkl}\right|^2$ 为 (hkl) 晶面的结构因子；$\frac{1+\cos^2 2\theta}{2}$ 为 X 射线被电子散射的偏振因子；L_P 为洛伦兹偏振因子，$L_P=(1+\cos^2 2\theta)/(\sin^2\theta\cos\theta)$；$A$ 为吸收因子，校正 X 射线在样品内传播导致的强度衰减；e^{-2M} 为德拜温度因子，校正原子热振动而偏离平衡位置所导致的强度衰减；其他参数或符号见前面章节的介绍。

从式(2-60)和式(2-61)可看出：衍射强度与波长 λ 的三次方成正比，因此在其他条件相同的情况下，对采用了波长比常规 X 射线衍射短了一个数量级的短波长

特征 X 射线衍射而言，其衍射强度仅为常规 X 射线衍射强度的千分之一。

需要说明的是：基于 X 射线衍射运动学理论得到的衍射强度公式存在不足，如未考虑散射波在材料中传播时的电子云对 X 射线多次衍射的问题。按照 X 射线衍射动力学理论，电子对入射线、衍射线的每一次散射，均会使其发生相位变化，传播一定长度路径后将存在光程差，也将发生相干散射，实际的 X 射线衍射强度也将发生消光，X 射线衍射强度减弱。

2.5.5　倒易点阵的衍射斑与衍射线的形状大小

前面已经指出，满足布拉格定律或衍射矢量方程，只是产生衍射的必要条件，而 $F \neq 0$ 才是产生衍射的充分条件，也就是该倒易点对应晶面的 $F \neq 0$ 时，才会产生衍射线，式(2-60)、式(2-61)给出了多晶衍射的积分强度。本节以小晶体的衍射为例，讨论衍射斑的形状大小，也就是倒易点阵、衍射线的形状大小。

从干涉函数表达式(2-56)可看出倒易点阵坐标 ξ、η、ζ 对干涉函数的影响，结合式(2-59)，干涉函数的空间分布就是小晶体衍射强度的空间分布。显然，随着参与衍射的晶胞数量 N 越多，干涉函数 $|G|^2$ 越大，衍射峰越尖锐。

图 2-51 显示了随着参与衍射的晶胞数 N_1 越多，$|G_1|^2$ 越大，衍射峰越尖锐的情形。主衍射峰之间存在若干个次衍射峰，可以证明次衍射峰数为 $N_1 - 2$ 个，

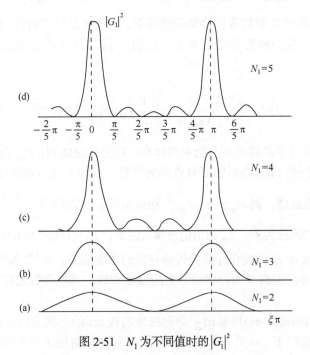

图 2-51　N_1 为不同值时的 $|G_1|^2$

并且在两个主衍射峰之间，$|G_1|^2$ 有 N_1-1 个零值；次衍射峰的强度比主衍射峰弱得多，第一级次衍射峰的强度大约比主衍射峰弱两个数量级，第二级次衍射峰的强度就更弱。当 $N_1 > 100$ 时，也就是通常的晶粒大小的情况下，$|G_1|^2$ 在主衍射峰处非常大，其余的次衍射峰强度可以忽略，即通常的衍射实验所测量衍射峰强度是主衍射峰对应的强度。

当 ξ 取整数 H 时，$|G_1|^2 = N_1^2$，它对应主衍射峰强度最大值；而当 $\xi = \pm\dfrac{1}{N_1}$ 时，$|G_1| = 0$，即主衍射峰强度在 $H \pm \dfrac{1}{N_1}$ 范围内均不为零，故主衍射峰的底宽为 $\dfrac{2}{N_2}$，也就是参与衍射的晶胞越多，主衍射峰越高而底宽越窄，主衍射峰越尖锐。

干涉函数主衍射峰下的面积，与主衍射峰的高度和底宽的乘积成比例，因峰高为 N_1^2，底宽为 $\dfrac{2}{N_1}$，则 $N_1^2 \times \dfrac{2}{N_1} = 2N_1$，即面积与 N_1 成比例。

从以上干涉函数与衍射峰强度的分布讨论可知：①当 $\xi = H$，$\eta = K$，$\zeta = L$ 时，为主衍射峰强度最大值的位置，其值 $|G|^2 = N_1^2 N_2^2 N_3^2 = N^2$；②主衍射峰的倒易点阵范围为 $\xi = H \pm \dfrac{1}{N_1}$，$\eta = K \pm \dfrac{1}{N_2}$，$\zeta = L + \dfrac{1}{N_3}$；③主衍射峰强度最大值与 N^2 成正比，底宽与 N 成反比，故面积与 N 成正比。

如图 2-52 所示的几种外形尺寸不同的小晶体与倒易体形状大小的关系。应多指出的是，倒易体的形状大小由晶体的外形尺寸决定，而倒易矢量的模仅与对应晶面的面间距有关，并将有一定形状大小的倒易点称为倒易体。在图 2-52 的各张图例中，每张图例的左边图形表示小晶体(也就是晶粒)的形状大小，右边图形表示相应倒易体的形状大小。显然，小晶体的长宽比越大，相应倒易体的长宽比就越小。例如，轧制铝板的晶粒(即小晶体)为片状，片状晶粒倒易体的形状为如图 2-52(b)所示的棒状，且位于其倒易矢量所在空间位置。

图 2-53 所示的衍射线的形状大小与倒易体的形状大小关系有关，即与晶体的形状大小有关。图 2-53(a)为晶粒大小适中时的埃瓦尔德图解，此时倒易体比较小，它们均匀地覆盖在倒易球面上形成一个很薄的球面，得到的衍射圆锥比较薄，衍射线比较窄。图 2-53(b)为晶粒过细时的埃瓦尔德图解，此时倒易体比较大，它们构成一个比较厚的倒易球面，衍射圆锥比较厚，衍射线比较宽。

综上所述，小晶体的衍射强度分布与小晶体的形状大小直接相关，可由小晶体的倒易体反映衍射线的形状大小，以及衍射斑的形状大小。

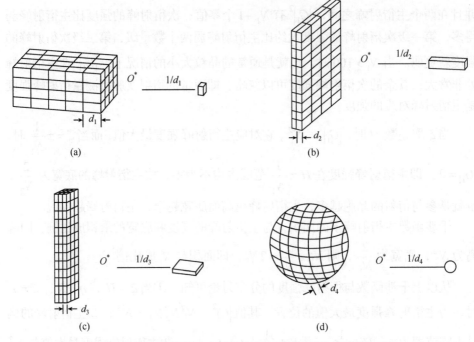

图 2-52　几种外形尺寸不同的晶体与其倒易体的形状大小

(a) 长方体晶粒；(b) 片状晶粒；(c) 棒状晶粒；(d) 球状晶粒

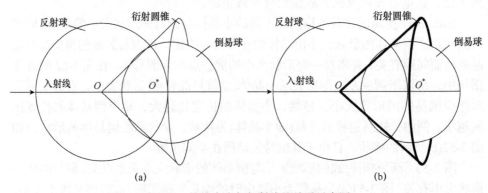

图 2-53　晶粒大小与衍射线的关系示意图

(a) 晶粒大小适中；(b) 晶粒过细

2.6　常规 X 射线衍射的两种主要衍射方式

常规 X 射线衍射采用 X 射线管作为辐射源，衍射的 X 射线波长为 0.2nm 左右，与晶面间距相当。

在满足晶体衍射的布拉格方程 $2d\sin\theta=\lambda$ 中，存在三个参量，即晶面间距 d、半衍射角θ、波长λ。为了获得晶面间距 d，通常已知一个参量，测试一个参量，从而计算得到晶面间距 d，因此晶体衍射存在两种方式，即角度色散衍射方式和能量色散衍射方式。其中，绝大多数的晶体衍射采用角度色散衍射方式。

2.6.1　角度色散衍射

已知波长λ，通过测量被测样品在波长为λ的衍射强度 I 沿不同衍射角 2θ 的分布，定峰得 $2\theta_{hkl}$，即测得衍射峰位的 $2\theta_{hkl}$，从而计算得到晶面间距 d_{hkl}，这种晶体衍射方式称为角度色散衍射。

通常采用只探测记录光子个数而不区分光子能量的探测系统，以及采用滤波片/晶体单色器获得已知波长λ的准单色光，在不同衍射角 2θ 处，探测记录衍射角 2θ-衍射强度 I 曲线，即角度色散衍射谱，定峰测得衍射角 $2\theta_{hkl}$，将已知的波长λ代入布拉格方程，计算得到衍射峰位 $2\theta_{hkl}$ 对应的晶面间距：

$$d_{hkl} = \frac{\lambda}{2\sin\theta_{hkl}}$$

2.6.2　能量色散衍射

已知衍射角 2θ (即已知半衍射角 θ)，通过测量被测样品在衍射角 2θ 处的衍射强度 I 沿不同光子能量 E 的分布，定峰得到 E_{hkl}，即测得衍射峰位的 E_{hkl}，从而计算得到晶面间距 d_{hkl}，这种晶体衍射方式称为能量色散衍射。

通常采用锂漂移硅探测器或高纯锗探测器+多道分析器等构成的能量色散型探测系统，在固定的衍射角 2θ 处，探测记录光子能量 E-衍射强度 I 曲线，即能量色散衍射谱，定峰测得光子能量 E_{hkl}。由于 $E=hc/\lambda$，并将已知的半衍射角 θ 代入布拉格方程，计算得到衍射峰位处 E 对应的晶面间距：

$$d_{hkl} = \frac{hc}{2E_{hkl}\sin\theta} \tag{2-62}$$

图 2-54 是以铜靶 X 射线管为辐射源，采用两种衍射方式测得的钨粉衍射谱。

图 2-54(a)为钨粉的角度色散衍射谱，即通常所见的衍射谱，已知 CuKα 的波长λ=0.154nm，其横坐标为衍射角 2θ，纵坐标为测得的计数强度 I。图 2-54(b)为钨粉的能量色散衍射谱，已知衍射角 $2\theta=25°$，其横坐标为光子能量 E，纵坐标为测得的计数强度 I。从图 2-54(b)可看出，测得的 X 射线能谱不仅包含了被测钨粉的能量色散衍射谱，以及被测钨粉的特征 X 射线谱(如 WLα、WLβ、WLγ)，而且还包含了靶材的特征 X 射线谱(如 CuKα)。

角度色散衍射最显著的特征是采用没有能量分辨的 X 射线探测系统，探测衍射线的每个 X 射线光子，并将其视为已知波长λ(由采用的晶体单色器决定)的 X 射线光子，记录单位时间探测到的光子个数作为衍射强度 I，衍射强度 I 沿衍射角

2θ 的分布就是角度色散的衍射谱。能量色散衍射最显著的特征是采用具有能量分辨的 X 射线探测系统,探测并计数的衍射线每个 X 射线光子均来自已知衍射角 2θ, 其能量色散的衍射谱就是衍射强度 I 沿 X 射线光子能量 E 的分布。

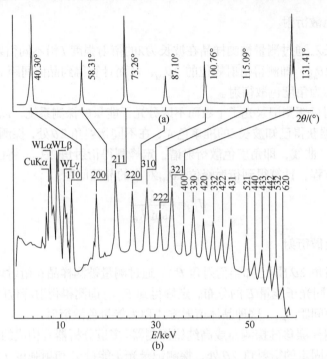

图 2-54　以铜靶 X 射线管为辐射源,采用两种衍射方式测得的钨粉衍射谱

(a) 角度色散衍射谱; (b) 能量色散衍射谱

　　光子能量 E 分辨率最好的能量色散型探测系统,其探测光子能量 E 的分辨率仅 1%左右,因此从式(2-62)可知,晶面间距 d 的测试误差较大。更为重要的是: X 射线管的连续谱强度比特征谱强度弱得多,仅为特征谱强度的千分之一左右,而且阳极靶、被测样品的特征谱线对测试结果干扰大。总之,尽管能量色散衍射方法的优点是仪器结构简单,但是最大的不足是能量色散衍射谱的测试精度不够高,因此能量色散衍射很少采用。

　　角度色散衍射是常规 X 射线衍射所采用的方式,尽管仪器结构较为复杂,如图 2-55 所示,但是,因衍射角 2θ 的角度分辨率可达 0.0001°、晶体单色器的单色性远远优于 1%等,角度色散衍射谱的测试精度高,因此为绝大多数的 X 射线衍射仪器采用。不加特别说明时,通常所说的 X 射线衍射均采用角度色散衍射的方式。

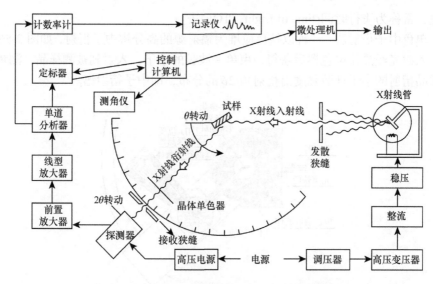

图 2-55　采用角度色散衍射的常规 X 射线衍射仪

2.7　中子衍射简介

中子具有波粒二象性，中子质量 m 为 1.675×10^{-27}kg，电荷为零，自旋量子数为 1/2，磁矩为 $1.913\mu_N$（μ_N 为核磁子，相当于 5.051×10^{-27}A·m²）。运动速度为 v 的中子动能为 $E = \frac{1}{2}mv^2 = \frac{hc}{\lambda}$，故运动速度为 v 的中子与其波长 λ 存在如下关系：

$$\lambda = \frac{2hc}{mv^2} \tag{2-63}$$

与 X 射线衍射、电子衍射一样，中子衍射也是研究晶体材料结构及其变化的重要手段。中子衍射显著特点在于：①中子对绝大多数材料都具有较高的穿透深度，达分米级别，具有超越其他衍射的穿透性能；②轻重元素的原子对中子散射的比率远大于 X 射线，中子衍射较为容易识别轻元素在晶胞中的站位；③中子具有磁矩，中子衍射是研究物质磁性结构的理想工具。

中子对物体的穿透性比 X 射线强很多，物质对中子的散射或衍射能力比 X 射线弱很多，因此中子衍射需要依赖昂贵而体积很大的核反应堆或散裂中子源——超级光源作为辐射源，当然，也就大大限制了其应用。

与 X 射线衍射一样，中子衍射也有两种衍射方法：一种是角度色散的单色中子衍射方法，常称为单色中子衍射法；另一种是能量色散的固定衍射角中子衍射方法，常称为飞行时间(time of flight，TOF)法。

单色中子衍射法：一种以核反应堆为辐射源的高分辨中子衍射，如图 2-56 所示。入射光经晶体单色器后获得一束单一波长的中子，入射到被测样品，测量被测样品衍射的中子计数强度沿衍射角 2θ 的分布，即中子衍射谱。

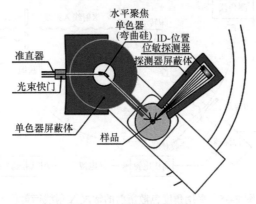

图 2-56　单色中子衍射

飞行时间法：如图 2-57 所示，包含各种波长的中子束入射到被测样品，在固定的衍射角 2θ，测得被测样品衍射的中子计数强度及其沿中子飞行时间的分布，即飞行时间法中子衍射谱。飞行时间法可以利用持续辐射的核反应堆作为辐射源，而且尤其适合以脉冲式辐射的散裂中子源作为辐射源的中子衍射。

中子衍射最显著的优点在于对绝大多数材料都具有较高的穿透深度(厘米级别)，不需要对样品进行特殊的处理，可以定部位地直接对样品进行原位衍射检测分析，形成了无损检测内部残余应力等的 ISO、ASTM、GB 标准。中子衍射已广泛用于科学技术研究，例如，可以在晶体材料模拟的凝固生长、焊接、特殊气氛等环境条件中，对材料/工件进行应力场、晶体取向、物相等晶体结构及其变化进行原位无损检测分析，极大地支撑了先进材料、先进制造和基础研究。

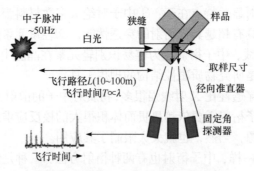

图 2-57　散裂中子源的飞行时间法衍射

　　自 20 世纪 80 年代以来，中子衍射已开始在发达国家的国家级实验室中大量使用，如美国的布鲁克海文国家实验室(Brookhaven National Laboratory，BNL)、橡树岭国家实验室(Oak Ridge National Laboratory，ORNL)，欧洲的劳厄-郎之万实验室(Institute Laue-Langevin，ILL)、欧洲散裂中子源(European Spallation Source，ESS)，英国的卢瑟福·阿普尔顿实验室(Rutherford Appleton Laboratory，RAL)，法国的里昂布里渊实验室(Leon Brillouin Laboratory，LLB)，德国的吉斯达赫特研究中心(Gesellschaft für Kernenergieverwertung in Schiffbau und Schiffahrt mbH，GKSS)、柏林中子散射中心(Berlin neutron scattering center，BNSC)，俄罗斯的核研究联合所(Joint Institute for Nuclear Research，JNRL)、库尔恰托夫研究所国家研究中心(National Research Center Kurchatov Institute)等。中子衍射的典型示意图和实物如图 2-58 和图 2-59 所示。

　　自 2015 年以来，我国先后建成了中国先进研究堆(China Advanced Research Reactor，CARR)等两个研究用核反应堆及其中子衍射站，以及中国散裂中子源(China Spallation Neutron Source，CSNS)及其中子衍射站，已为我国科研提供了可以无损检测材料/工件内部应力、织构等的中子衍射手段(图 2-60 和图 2-61)。

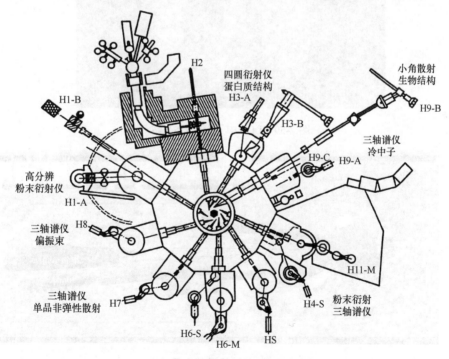

图 2-58　BNL 中子衍射

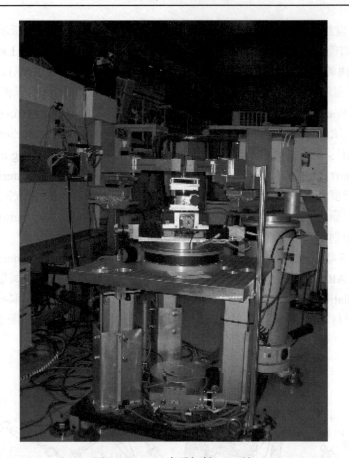

图 2-59　LLB 中子衍射 G5.2 站

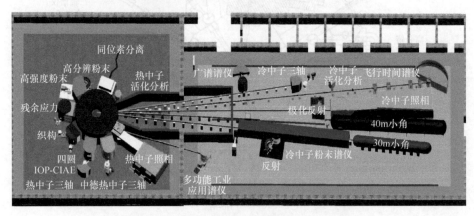

图 2-60　CARR 堆及其中子谱仪

IOP-CIAE 表示中国科学院和中国原子能科学研究院合建的谱仪

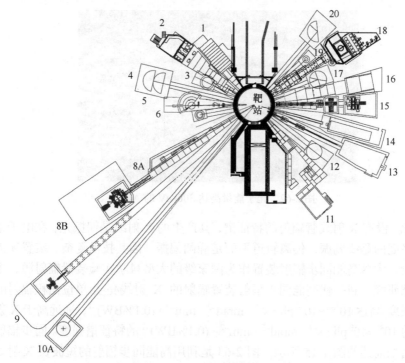

图 2-61　CSNS 及其中子衍射谱仪

1. 小角中子散射仪；2. 多功能反射仪；3. 液体中子反射仪；4. 冷中子直接几何非弹谱仪；5. 高能直接几何非弹
谱仪；6. 逆几何分子振动谱仪；7.(预留)；8A. 工程材料中子衍射仪；8B. 中子技术发展线站；9. 高分辨中子粉
末衍射仪；10. 中子背散射仪；11. 大气中子辐照谱仪；12. 中子物理与应用谱仪；13. 能量分辨成像谱仪；
14. 微小角中子散射仪；15. 高压中子衍射仪；16. 多物理谱仪；17. 弹性漫散射中子谱仪；18. 通用粉末衍射仪；
19. 大分子单晶中子衍射仪；20. 直接几何极化非弹谱仪

2.8　高能同步辐射的短波长 X 射线衍射简介

高能同步辐射除了其光谱连续、范围宽、辐射强度高、高度偏振、高准直等
优异特性，还包括硬 X 射线的衍射、成像、谱学研究等，已经广泛应用于基础科
学、材料科学和工程工艺等方面。目前，数十座高能同步辐射主要分布于发达国
家，美国的 APS、欧洲的 ESRF 和日本的 SPRING-8 是世界上的三大高能同步辐
射装置。其中，APS 的硬 X 射线光子能量高达 300keV(图 2-62)。目前，我国正在
建造高能同步辐射装置 HEPS，其 X 射线光子能量亦可高达 300keV，X 射线波长
将短至 4pm。

如 1.1 节所述，在高能同步辐射装置中，被加速到接近光速的电子做圆周运
动而存在加速度，导致动量发生变化而在其运动轨迹的切线方向发射出强 X 射线。
同步辐射产生的 X 射线谱是覆盖波长范围很宽的连续谱，X 射线强度随波长连续

图 2-62　光子能量高达 300keV 的 APS

平缓变化，没有 X 射线管辐射的特征谱，其产生的 X 射线是偏振光，在电子束运动轨道平面内是线偏振，偏离轨道平面是椭圆偏振。因其技术复杂、装置庞大、造价昂贵，大多高能同步辐射装置作为国家级的大型科学实验装置辐射源，主要用于基础研究。新一代高能同步辐射装置辐射的 X 射线亮度(单位面积辐射的光子计数强度)高达 $10^{18} \sim 10^{20}$ ph · s^{-1} · mrad^{-2} · mm^{-2} · (0.1%BW)$^{-1}$，远远高于 X 射线管辐射的 $10^{8} \sim 10^{9}$ ph · s^{-1} · mrad^{-2} · mm^{-2} · (0.1%BW)$^{-1}$ 的特征谱强度。同步辐射的 X 射线谱如前述的图 1-15 所示。图 2-63 是利用高能同步辐射的短波长 X 射线衍射测得相变诱导塑性(TRIP)钢在剪切变形过程中 γ 相的不同 {111} 极图，表征了织构演变规律。

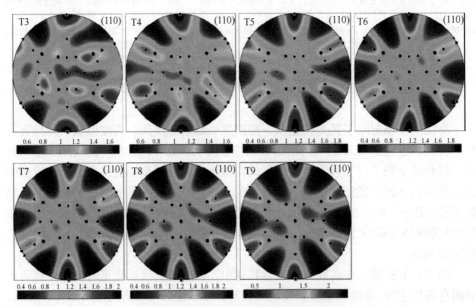

图 2-63　用 λ=0.107841Å 的短波长 X 射线衍射测得的 TRIP 钢在剪应变作用下的织构演变
各张 {111} 极图的极密度值参见所附的颜色刻度

依附于高能同步辐射的短波长 X 射线衍射,因为所用高亮度的 X 射线光子能量可达 45keV 以上,波长小于 0.03nm,其穿透性强,主要用于晶体材料/工件内部的织构、物相、应力等的原位无损测试分析。因为高能同步辐射的 X 射线谱平缓,2.6 节介绍的能量色散衍射与角度色散衍射均为高能同步辐射的短波长 X 射线衍射所采用,当然,采用单色光的角度色散衍射测试精度更高。

与中子衍射相比,尽管高能同步辐射的短波长 X 射线衍射穿透能力差一些,但具有以下显著优势:空间分辨率高(衍射体积可以小至 $0.001mm^3$ 数量级),衍射体积比中子衍射体积小 2 个数量级以上;测试效率非常高,比中子衍射快数个数量级以上;对所有元素的晶体材料都适用,能够对包含中子衍射不能检测元素的晶体材料进行衍射测试分析。因此,在国际上,高能同步辐射往往与中子散射装置建在一起,充分利用中子衍射与高能同步辐射的短波长 X 射线衍射各自的特点,发挥各自特长,弥补各自的不足。

2.9　X 射线管的短波长 X 射线能量色散衍射简介

20 世纪 90 年代,为了克服中子衍射和高能同步辐射的短波长 X 射线衍射等晶体衍射技术及装置只能依附于超级光源的不足,英国牛津大学 Alexander M. Korsunsky 团队基于 X 射线能量色散衍射原理,利用 225kV 钨靶 X 射线管产生的短波长 X 射线连续谱,以及高能量分辨的半导体探测器+多道分析器等构成的能量色散型 X 射线探测系统,研制了 HEXameter 装置,如图 2-64 所示。

图 2-65 是 Korsunsky 和张书彦等利用 HEXameter 装置测得的铝合金样能量色散衍射谱,Al(111)、Al(200)晶面的衍射峰分别位于 380 道、430 道左右,Al(220)晶面的衍射峰由于被测铝合金样的择优取向而没有显现,Al(311)、Al(222)晶面的衍射峰与 $WK\alpha_1$、$WK\alpha_2$ 重叠而致使衍射峰宽化和异常。

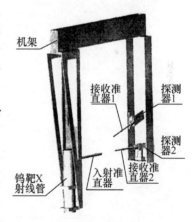

图 2-64　HEXameter 装置图

如 2.6 节所述,由于能量色散型探测系统的能量分辨率仅 1%左右、X 射线管辐射的 X 射线连续谱非常弱、能量色散衍射谱往往受到强度大 1000 倍左右的特征谱线 $WK\alpha$、$WK\beta$ 的干扰等,至今,未见到实际无损检测分析工件材料内部应力、织构、物相等的报道。

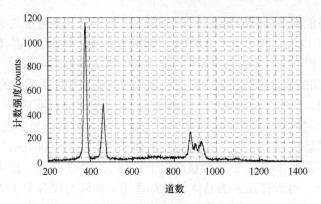

图 2-65　铝样的能量色散衍射谱

第二部分　短波长特征 X 射线衍射基础、仪器及实验技术

第3章 短波长特征 X 射线衍射基础

为了克服中子衍射、高能同步辐射的短波长 X 射线衍射技术及其装置造价高昂、难以推广普及等局限，作者基于光的波粒二象性原理，利用重金属阳极靶 X 射线管产生的短波长特征 X 射线具有强穿透性，发明了短波长特征 X 射线衍射。本章主要介绍短波长特征 X 射线衍射原理及其晶体材料/工件内部衍射分析的基本方法，是涉及晶体材料/工件内部衍射的基础研究以及工程上无损检测分析与质量控制的理论和方法基础。

3.1 短波长特征 X 射线衍射原理

为了理解短波长特征 X 射线衍射原理，特将短波长特征 X 射线衍射原理与高能同步辐射的短波长 X 射线衍射原理以图示方式进行对比，如图 3-1 所示。

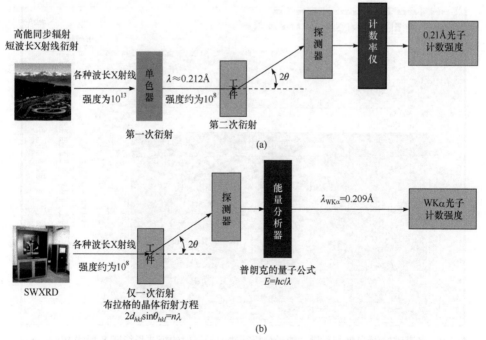

图 3-1 短波长特征 X 射线衍射原理与高能同步辐射的短波长 X 射线衍射原理对比

(a) 高能同步辐射的短波长 X 射线衍射原理；(b) 短波长特征 X 射线衍射原理

短波长特征 X 射线衍射的原理如图 3-1(b)所示，重金属阳极靶(如钨靶)X 射线管辐射的 X 射线经过入射准直器后得到一束包括短波长特征 X 射线在内的 X 射线，该束 X 射线入射到被测材料/工件，在其穿过被测材料/工件路径上的晶体物质时将发生衍射，被测部位晶体物质衍射的 X 射线经过接收准直器后入射到具有能量分辨的探测器系统，该探测器系统通过光子能量分析的方式(短波长特征 X 射线光子能量为物理常数，如 $WK\alpha_1$ 光子能量 $E=59.3keV$)，从各种波长的衍射线中筛选出单一波长的短波长特征 X 射线(如波长为 0.0208992nm 的 $WK\alpha_1$)，并记录短波长特征 X 射线光子的个数，测得短波长特征 X 射线衍射强度，转动探测器系统进行 2θ 扫描测量，就可以定点测得被测材料/工件内部的被测部位晶体物质不同衍射角 2θ 的短波长特征 X 射线衍射强度及其分布，即被测材料/工件内部被测部位晶体物质的衍射谱。

图 3-2 是基于光的粒子性，采用光子能量分析的方法，根据所用短波长特征 X 射线光子的能量，通过设定能谱型探测系统多道分析器的能量上、下阈值，筛选并记录短波长特征 X 射线光子个数。例如，对于钨靶 X 射线管辐射光子能量为 59.318keV 的 $WK\alpha_1$，设置多道分析器的上阈值为 59.7keV(道数为 590)、下阈值为 58.5keV(道数为 602)，定时长测量，筛选并统计记录能量为 58.5～59.7keV 的光子个数；鉴于钨靶 X 射线管辐射的短波长特征 X 射线 $WK\alpha_1$ 计数强度远远大于连续

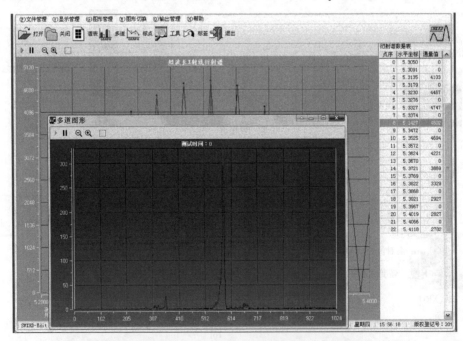

图 3-2　多道谱/能量色散衍射谱，能量分析筛选记录衍射的短波长特征 X 射线 $WK\alpha_1$ 光子

谱的计数强度(详见 1.3 节)，可将所测 58.5～59.7keV 能量段光子个数视为光子能量为 59.318keV 的短波长特征 X 射线 WKα_1 光子个数，测得短波长特征 X 射线 WKα_1 计数强度。

　　图 3-3 是基于光的波动性，采用 0.01° 步长的 2θ 步进扫描、每步测量时间 60s 的测量方式，测得的 25mm 厚 2024 铝合金轧制板中心层横向(TD)的短波长特征 X 射线 WKα_1 衍射谱。图 3-3 中的多道能谱实际上为探测系统所在角度处的能量色散衍射谱，也就是在 2θ 步进扫描、定时测量短波长特征 X 射线 WKα_1 衍射谱过程中，在各衍射角 2θ 处各测量了一张能量色散衍射谱，并从各张能量色散衍射谱中筛选记录光子能量为 59.318keV 的短波长特征 X 射线 WKα_1 光子个数，从而得到角度色散的短波长特征 X 射线 WKα_1 衍射谱。

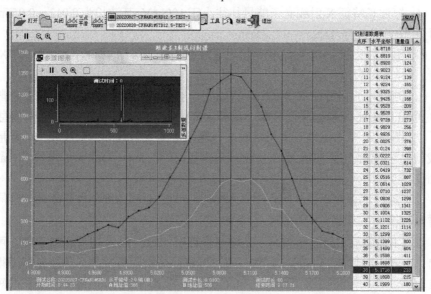

图 3-3　25mm 厚轧制铝板中心层的短波长特征 X 射线 WKα_1 衍射谱

　　短波长特征 X 射线衍射的基本光路如图 3-4 所示。其中，透射式衍射光路为常用光路。

　　需要强调和补充的是：

　　(1) 在短波长特征 X 射线衍射过程中，只发生了一次布拉格衍射。

　　(2) 通常选取重金属阳极靶辐射最强的 Kα_1(如 WKα_1)作为所用的短波长特征 X 射线，其波长比常规 X 射线衍射所用波长约小一个数量级。

　　(3) 入射准直器与接收准直器的通光孔中心延长线交点是衍射仪圆的圆心，偏离衍射仪圆圆心处晶体物质的衍射强度急剧衰减，因此被测材料/工件内部的被测部位(图 3-4 中的涂黑部分)总是位于衍射仪圆的圆心。

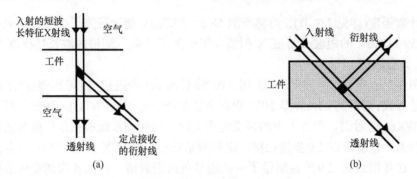

图 3-4　短波长特征 X 射线衍射的基本光路

(a) 透射法；(b) 反射法

(4) 短波长特征 X 射线光子能量往往小于100keV，其波长为 0.012~0.056nm，衍射角 2θ 往往小于 15°。

(5) 重金属阳极靶 X 射线管是指原子序数不低于 47 的材料构成靶材的 X 射线管。

(6) 测得短波长特征 X 射线(如 $WK\alpha_1$)衍射强度按照衍射角分布(角度色散衍射)的短波长特征 X 射线强度分布，获得该部位晶体结构/晶体结构变化的信息。

(7) 图 3-4 中入射准直器与接收准直器限定的入射线和衍射线相交的菱形柱区域就是被测部位参与衍射的区域，其体积(详见 3.4 节)称为规范体积(gauge volume，GV)。

为了更好地理解短波长特征 X 射线衍射原理，对照角度色散衍射的高能同步辐射短波长 X 射线衍射原理进行如下的对比阐述。

图 3-1(a)显示了超级光源——高能同步辐射的短波长 X 射线衍射原理。可以看出，包含不同波长的一束 X 射线，通过传统晶体衍射方式的晶体单色器而得到一束单一波长的短波长 X 射线(如λ=0.0212nm 的 X 射线)，该束单一波长的短波长 X 射线经入射准直器入射到被测材料/工件,位于衍射仪圆圆心处晶体物质衍射的短波长 X 射线经过接收准直器后入射到探测器系统，该探测器系统记录该短波长 X 射线光子个数，测得短波长 X 射线(如λ=0.0212nm 的 X 射线)的衍射强度，通过 2θ 扫描测量就可以测得被测材料/工件内部的被测部位晶体物质沿衍射角 2θ 的该短波长 X 射线衍射强度及其分布，即被测部位晶体物质的短波长 X 射线(如λ=0.0212nm 的 X 射线)衍射谱，获得该部位晶体结构/晶体结构变化的信息。需要指出的是：在上述过程中，获得单一波长的短波长 X 射线时至少发生了一次布拉格衍射，其后在入射到被测部位时又发生了一次布拉格衍射，即在测量单一波长的短波长 X 射线衍射过程中，至少发生了两次布拉格衍射。

从第 2 章晶体的 X 射线衍射强度公式可知,衍射强度与波长的三次方成反比，所以波长越短的 X 射线，其衍射强度越低，例如，在其他情况相同的条件下，波长为 0.0208992nm 的 WKα$_1$ 衍射计数强度仅为波长为 0.154nm 的 CuKα 衍射计数强度的约四百分之一，而且 X 射线管辐射的特征 X 射线亮度仅为 $10^8 \sim 10^9 ph \cdot s^{-1} \cdot mrad^{-2} \cdot (0.1\%BW)^{-1}$，比高能同步辐射的 X 射线亮度低六个数量级以上。因此，在以重金属阳极靶 X 射线管为辐射源的短波长特征 X 射线衍射中，如果采用传统晶体单色器技术来获得单一波长的短波长特征 X 射线，将会导致照射材料/工件的短波长特征 X 射线强度非常弱，难以测量被测材料/工件的衍射谱。简单类推，测量同样样品的短波长特征 X 射线衍射谱所耗费的时间将为高能同步辐射测量硬 X 射线衍射谱 10^6 倍以上，以至于耗时太长而不可用。因此，测试中只发生一次晶体衍射的短波长特征 X 射线衍射是其能够实际应用的根基。

需要强调的是：短波长特征 X 射线衍射也不总是选取最强的 Kα$_1$(如 WKα$_1$) 作为所用的短波长特征 X 射线，在某些情况下，也可以选取较强的其他特征 X 射线(如 WKα$_2$ 或 WKβ$_1$ 等)作为所用的短波长特征 X 射线，并进行短波长特征 X 射线衍射分析。

综上所述，短波长特征 X 射线衍射的基本原理是：利用重金属阳极靶 X 射线管辐射出强穿透性的短波长特征 X 射线照射样品，基于光的波动性，在其穿过被测材料/工件路径上的晶体物质将发生衍射；基于光的粒子性，对探测到包含了各波长 X 射线的衍射线和非相干散射线，通过光子能量分析，即将长度筛选方式转化为能量筛选方式，进行单色化处理，获得单一波长的短波长特征 X 射线衍射强度；通过平行光路系统，实现定部位的短波长特征 X 射线衍射强度无损检测；通过 2θ 扫描，就可以测得被测样品内部被测部位晶体物质沿衍射角 2θ 的短波长特征 X 射线衍射强度分布，即测得被测部位晶体物质的短波长特征 X 射线衍射谱，获得被测样品内部该部位晶体结构/晶体结构变化的信息。

3.2　基于光子能量分析的短波长特征 X 射线单色化及衍射强度的准确测量

晶面间距 d 的准确测定是晶体衍射分析的基础。从布拉格方程 $2d\sin\theta = \lambda$ 可知，λ 是测量晶面间距 d 的基准，因此获得单一波长的 X 射线是短波长特征 X 射线衍射的最关键之处，也是准确测量短波长特征 X 射线衍射强度进而决定衍射谱测量精度的基础之一。

3.2.1　探测器系统能量分辨率

如前所述，在短波长特征 X 射线衍射中，获得单一波长的短波长特征 X 射线衍射线，是通过光子能量分析的方式，从各种波长的衍射线中筛选出单一波长的短波长特征 X 射线。为了能够从各种波长的衍射线中筛选出最强单一波长特征 X 射线 Kα₁，避免相邻次强的 Kα₂ 及其他波长的 X 射线干扰，由探测器+多道分析器构成的探测器系统需要具备较好的能量分辨率。

　　能量分辨率 R 用于表征探测器系统的光子能量分辨能力。放射源辐射出源自原子能级跃迁的特征 X 射线，其光子能量已知，因此通常采用某一放射源的某条特征 X 射线测量探测器系统的能量分辨率。探测器系统的能量分辨率为

$$R = \frac{\Delta E_{\mathrm{FWHM}}}{E} \tag{3-1}$$

式中，E 为所测放射源辐射的一条已知特征 X 射线谱线的光子能量；ΔE_{FWHM} 为该谱线最大计数强度一半的谱线能量宽度，即半高宽(full width at half-maximum，FWHM)。

　　例如，放射源 Am²⁴¹ 最强辐射谱线的 X 射线光子能量 E =59.5keV，图 3-5 是采用碲化镉探测器系统测得的 Am²⁴¹ 能谱，其谱线的峰形不对称，该最强峰的 ΔE_{FWHM} =0.6keV，由式(3-1)可计算得到该探测器系统在光子能量为 59.5keV 的能量分辨率 R=1.0%。需要说明的是：探测的谱线不对称峰形是碲化镉探测器的探测特性所致，而非放射源 Am²⁴¹ 辐射的特征谱线的峰形不对称。

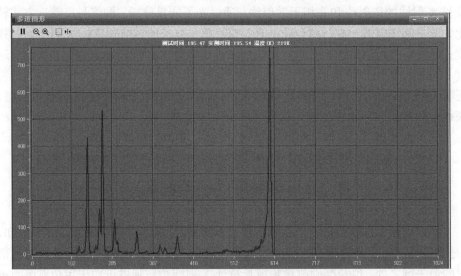

图 3-5　采用碲化镉探测器系统测得的 Am²⁴¹ 能谱

　　图 3-6 是测得钨靶 X 射线管辐射特征 X 射线的多道能谱，包含了特征 X 射线谱和连续谱，相邻的 WKα₁、WKα₂ 光子能量分别为 59.318keV、57.973keV，其光子能量差 $\Delta E_{12} = E_{\mathrm{K}\alpha_1} - E_{\mathrm{K}\alpha_2}$ =1.345keV。

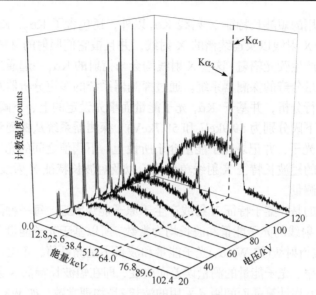

图 3-6　钨靶 X 射线管辐射特征 X 射线的多道能谱

3.2.2　短波长特征 X 射线单色化的能量分辨率要求

为了能够从各种波长的衍射线中筛选出最强单一波长特征 X 射线 $K\alpha_1$，避免次强的 $K\alpha_2$ 及其他波长的 X 射线干扰，所用探测器系统的能量分辨率 R 应该满足以下条件：

$$R < R_{临界} = \frac{\Delta E_{12}}{2E_{WK\alpha_1}} \tag{3-2}$$

表 3-1 列举了部分重金属靶 X 射线管的 $K\alpha$ 系特征 X 射线的光子能量、相邻谱线的光子能量差，以及探测器系统能够筛选出最强单一波长特征 X 射线 $K\alpha_1$ 的临界能量分辨率 $R_{临界}$。

表 3-1　部分重金属靶材的 $K\alpha$ 系特征 X 射线光子能量及其需要的临界能量分辨率

靶材	原子序数	$E_{K\alpha_1}$ /keV	$E_{K\alpha_2}$ /keV	$\Delta E_{12} = E_{K\alpha_1} - E_{K\alpha_2}$ /keV	$R_{临界}$ /%
W	74	59.318	57.973	1.345	1.134
Pt	78	66.832	65.123	1.709	1.278
U	92	98.428	94.648	3.780	1.920

3.2.3　短波长特征 X 射线衍射强度的准确测量

在进行短波长特征 X 射线衍射测量时，入射到被测材料/工件被测部位的 X

射线束，除所用的短波长特征 X 射线 $K\alpha_1$ 以外，还包含了 $K\alpha_2$、$K\beta_1$、$K\beta_2$ 等多条短波长特征 X 射线以及连续谱的 X 射线，并且被它们照射的材料/工件还会发生光电吸收而产生荧光辐射，这些 X 射线均会与衍射的 $K\alpha_1$ 一起通过接收准直器入射到具有能量分辨的探测器系统。通过探测器系统的多道分析器对探测的每一个光子能量进行分析，并基于 $K\alpha_1$ 光子能量而事先设定的上、下阈值(如 $WK\alpha_1$ 光子能量上、下阈分别为 59.9keV 和 58.7keV)。探测器系统从探测到的所有光子中筛选出 $K\alpha_1$ 光子，并记录光子能量介于所设上、下阈值之间的光子个数，从而完成样品衍射的短波长特征 X 射线单色化，以及短波长特征 X 射线(如 $WK\alpha_1$)衍射强度的准确测量。

需要强调的是：鉴于特征 X 射线产生于原子能级跃迁，每一种阳极靶材辐射的各条特征 X 射线的光子能量和波长均为常数，所以基于光子能量分析筛选得到的特征 X 射线衍射线(如 $WK\alpha_1$)光子能量和波长不是测量值，不会因为探测器系统的能量分辨率、光子能量的测量误差而改变，即在短波长特征 X 射线衍射分析中，由布拉格方程计算晶面间距 d 采用的波长 λ 是物理常数，如 $WK\alpha_1$ 的波长 λ 为 0.0208992nm。

如上所述，虽然短波长特征 X 射线衍射的波长 λ 是物理常数，波长不是测量值，但是探测器系统的能量分辨率会影响衍射强度的准确测量。例如，在无损测量 25mm 厚轧制铝板距表面 12.5mm 处横向的 Al(111)晶面衍射谱中，其他测试条件一样时，采用能量分辨率为 4%的碲锌镉探测器系统 $WK\alpha_1$ 单色化测得的 Al(111)晶面衍射谱见图 3-7，$WK\alpha_1$ 与 $WK\alpha_2$ 的衍射峰已有分离；采用能量分辨率为 1%的碲化镉探测器系统 $WK\alpha_1$ 单色化测得的 Al(111)晶面衍射谱见图 3-8，完全消除了 $WK\alpha_2$ 对衍射谱测量的干扰。该测试结果表明，能量分辨率

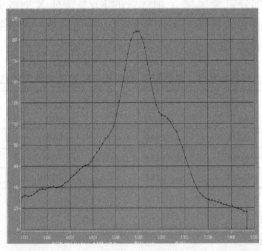

图 3-7　4%能量分辨率的 $WK\alpha_1$ 单色化测得的 Al(111)晶面衍射谱

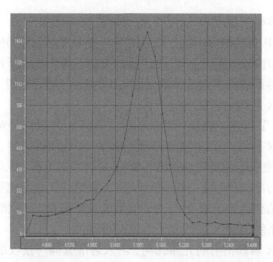

图 3-8　1%能量分辨率的 WKα₁ 单色化测得的 Al(111)晶面衍射谱

为 1%的探测器系统可以准确测量单一波长的短波长特征 X 射线 WKα₁ 衍射强度，大大降低其他波长的 X 射线对准确测量短波长特征 X 射线衍射强度的干扰。

综上所述，基于光子能量分析法，能够筛选得到单一波长的短波长特征 X 射线和准确测量衍射强度的必要条件是探测器系统能量分辨率满足式(3-2)。对靶材为 W、Pt、U 等重金属靶的 X 射线管作为辐射源而言，采用能量分辨率满足式(3-2)的探测器系统，就可以筛选出单一波长的短波长特征 X 射线，以常数的波长λ作为测量计算晶面间距 d_{hkl} 的基准，大大降低其他波长 X 射线对准确测量短波长特征 X 射线衍射强度的干扰。

在常规 X 射线衍射中，往往采用晶体单色器衍射的单色化而得到 CuKα，但是得不到单一波长的 CuKα₁，仅在 $2\theta > 35°$ 的较高衍射角衍射谱中的 CuKα₁ 与 CuKα₂ 衍射峰可以完全分离时，才可以采用 CuKα₁ 衍射峰进行准确定峰，才能避免 CuKα₂ 对测量 CuKα₁ 衍射强度的干扰，从而能够准确测量单一波长的 CuKα₁ 衍射强度。

3.3　短波长 X 射线的屏蔽

对 X 射线而言，尤其是对于具有强穿透性的短波长 X 射线，由于波长短及折射率太小，难以采用常用于可见光的透镜改变 X 射线的传播方向和聚焦；加之 X 射线没有电荷，不能采用常用于电子束的通电线圈改变 X 射线的传播方向和聚焦；再加之短波长 X 射线的晶体衍射能力太低，以及重金属靶 X 射线管阳极靶辐射强度低，其短波长特征 X 射线的亮度仅达到 $10^9 \sim 10^{10} \mathrm{ph \cdot s^{-1} \cdot mrad^{-2} \cdot (0.1\% BW)^{-1}}$，亦不能采用常规的晶体衍射法(晶体单色器)获得短波长特征 X 射线。因此,在短波长特征 X 射线衍射中,必须对短波长 X 射线进行充分屏蔽约束,保证入射线、衍射线在空间传播的方向性,避免 X 射线传播的方向差异干扰光子能量的测量分析,避免入射到探测器系统的其他波长散射线、其他方向的短波长特征 X 射线对准确测量短波长特征 X 射线衍射强度的干扰。

　　另外,如 3.2 节所述,波长为常数的短波长特征 X 射线是对通过接收准直器探测到的每一个 X 射线光子进行光子能量分析、筛选而得到的,准确测量每一个探测到的 X 射线光子能量是筛选短波长特征 X 射线的前提,而入射探测器系统的衍射线束方向也与准确测量每一个探测到的 X 射线光子能量密切相关。因此,接收准直器的发散角亦会影响 X 射线光子能量的准确测量,接收准直器的发散角过大将影响探测器系统测量 X 射线光子能量的准确性。

　　短波长特征 X 射线衍射的光路几何,由入射准直器与接收准直器构成平行光路,入射准直器用于保证入射线在空间传播的方向性,接收准直器用于保证衍射线在空间传播的方向性,图 3-9 所示为发散度为 0.11°的一种钨合金准直器结构。

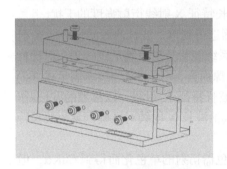

图 3-9　一种钨合金准直器结构

如 3.1 节所述,短波长特征 X 射线(如 WKα_1)衍射是一种角度色散衍射,由布拉格方程 $2d\sin\theta=\lambda$可知,入射线、衍射线的发散角越小,则入射线与衍射线的夹角(即衍射角 2θ)越准确,加之其衍射角 2θ往往小于 15°,因此采用高原子序数 Z、足够厚的材料制备的入射准直器和接收准直器,其发散角往往也小于 0.15°。

　　除以上入射线、衍射线的传播和导向需要充分屏蔽以外,还需要对探测器系统进行充分屏蔽,避免其他方向的 X 射线对准确测量短波长特征 X 射线衍射强度的干扰,保证探测器系统只探测通过接收准直器的 X 射线。探测器系统的屏蔽盒亦采用高原子序数 Z、足够厚的重金属材料制备。

　　1.4 节将物质对 X 射线衰减作用简化为吸收,对短波长 X 射线的屏蔽就可以归结为对 X 射线的吸收,各元素物质对 X 射线的质量吸收系数见附录 4,它是准直器和屏蔽盒等的屏蔽设计基础。

3.4　衍射几何光路与衍射体积

　　图 3-10 是采用单点探测的 SWXRD-1000 型短波长 X 射线衍射仪的光路俯视图。如图 3-10 所示,单点探测的短波长特征 X 射线衍射光路系统主要由入射准

直器和接收准直器构成，为平行光路系统，入射准直器、接收准直器延长线交于衍射仪圆圆心，衍射仪圆圆心到 X 射线源的距离和到探测器的距离相同，构成准聚焦的平行光路系统。

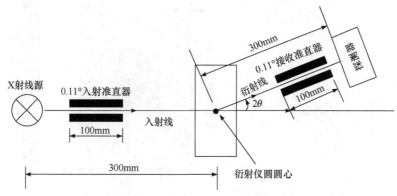

图 3-10　SWXRD-1000 型短波长 X 射线衍射仪光路俯视图

在不考虑 X 射线束的发射度影响条件下，衍射区域可视为一个菱形柱体。其菱形的两对平行边距离分别为入射准直器和接收准直器的通光孔宽度，其菱形柱的高度由 X 射线管焦斑的尺度和通光孔高度中的小者而定。上述衍射区域的体积常常称为规范体积，或者称为仪器的有效衍射体积。

通常情况下，短波长 X 射线衍射仪的入射准直器、接收准直器通光孔长度均为 100mm，其入射准直器通光孔宽度 a=0.1mm，其接收准直器通光孔宽度 b=0.1mm(相应发散度为 0.11°)；常用的 X 射线管焦斑尺度($h \times h$)分别为 0.4mm×0.4mm、1.0mm×1.0mm、5.0mm×5.0mm，而微焦点 X 射线管焦斑尺度可以小至 0.01mm×0.01mm，因此菱形柱的高度(h)可以为 0.01～5.0mm。

对 X 射线管焦斑尺度为 5mm×5mm 而言，衍射体积的菱形柱高度为 5mm，如图 3-11(a)所示。图 3-11(b)是实测的铝粉标样在衍射体积(即规范体积)内的衍射强度分布，K_i、K_f 分别为入射线和 Al(111)晶面衍射线的方向。

对于衍射角为 2θ 的菱形柱体体积，即规范体积为

$$V = \frac{abh}{\sin 2\theta} \tag{3-3}$$

在 a=b=0.1mm，采用 WKα_1 测 Al(111)晶面的衍射峰时，其衍射角 2θ =5.12°，当焦斑尺度为 5.0mm×5.0mm，即 h=5mm 时，其衍射体积为 0.56mm³；当焦斑尺度为 0.4mm×0.4mm，即 h=0.4mm 时，其衍射体积仅为 0.045mm³。

一般而言，短波长特征 X 射线衍射的衍射体积比中子衍射常用的 10mm³ 衍射体积小 2～3 个数量级，比同为内部晶体结构及其变化分析的中子衍射的空间分

辨力高得多，可以较为精细地表征物相、织构、应力等晶体结构及其变化沿空间的分布。

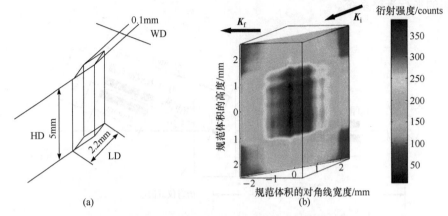

图 3-11　短波长特征 X 射线衍射体积及衍射强度分布

(a) 衍射体积的尺寸；(b) 菱形对角线截面内的衍射强度分布

对于宏观分析，由于常用材料/工件内部晶粒组织的粗大和/或成分的偏析等原因，为了保证短波长特征 X 射线衍射进行材料/工件内部衍射分析的统计性，通常需要采用摇摆法增加参与衍射的晶粒数量。

需要说明的是，入射准直器通光孔和接收准直器通光孔的宽度 a 和 b 均可以做到 10μm 的量级，因此在测试中，通过摇摆振幅参数的按需设置，短波长特征 X 射线衍射的体积可在 $10^{-3} \sim 10^{2} \mathrm{mm}^{3}$ 范围内选取，可以得到大范围尺度的衍射统计分析结果，例如，可以无损地检测分析 $10^{-3} \sim 10^{2} \mathrm{mm}^{3}$ 体积的宏观物相、织构、应力等。

3.5　短波长特征 X 射线衍射谱的测试

定部位、定方向地测试短波长特征 X 射线衍射谱(或者称为短波长特征 X 射线的角度色散衍射谱)是分析材料/工件内部晶体结构及其变化的基础，本节简要介绍其测试分析流程。

图 3-12 是短波长特征 X 射线衍射通常采用的平行光路几何，样品被测部位 $O(x, y, z)$ 总是位于衍射仪圆的圆心。图中，入射准直器与接收准直器构成了平行光路的狭缝系统，其决定了衍射仪圆圆心位置和衍射体积。参与衍射的区域是一个菱形柱体，入射光束与接收光束交叉的亮色区域就是衍射体积(即规范体积)。

短波长特征 X 射线衍射通常采用透射法以及平行光路几何，如图 3-4(a)、图 3-12 所示，其定部位、定方向地测试短波长特征 X 射线衍射谱的主要流程如下。

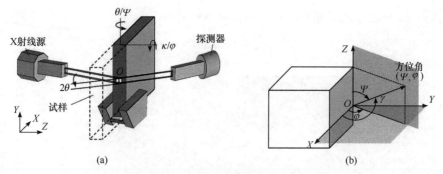

图 3-12　短波长特征 X 射线衍射谱测试的平行光路与坐标系

(a) 平行光路几何；(b) 样品坐标系

步骤 1：根据被测样品的材质和厚度，选用适宜波长的短波长特征 X 射线(如 $WK\alpha_1$)和适宜阳极靶材(如钨靶)的 X 射线管。

步骤 2：启动短波长 X 射线衍射仪，启动测控分析程序，并设定短波长特征 X 射线探测分析系统的上、下阈值，用于探测分析所选的短波长特征 X 射线衍射线。

步骤 3：将被测样品固定于样品台上，由计算机控制，并通过平移台的平移将被测样品被测部位 $O(x, y, z)$ 置于衍射仪圆的圆心。

步骤 4：根据所选取的短波长特征 X 射线，设定 3～5 倍靶材激发电压以上的管电压以及适宜的管电流；根据测试要求，设定步进扫描的测量范围、步长、每步测量时间等测试参数。

步骤 5：启动 X 射线机循环冷却系统，开启 X 射线。

步骤 6：扫描测量，定峰确定 2θ 零点。

步骤 7：由计算机控制，通过转台的转动将被测样品被测部位置于所需测试方向，扫描测量被测部位晶体物质的短波长特征 X 射线衍射谱，用于定点无损检测分析被测样品的内部物相、织构、应力等及其分布。

步骤 8：完成测试后，关闭 X 射线，将 2θ、θ 回到零点，退出测控分析程序。

步骤 9：关闭 X 射线 10min 后，关闭 X 射线机循环冷却系统，关闭短波长 X 射线衍射仪。

3.6　短波长特征 X 射线衍射峰峰形的特征

图 3-13、图 3-3、图 3-14 分别是采用 $WK\alpha_1$、利用 SWXRD-1000 型短波长 X 射线衍射仪测得各向同性的铝粉标样、强取向的轧制铝板、非常强取向的单晶叶片衍射谱。

由图 3-13 可见，Al(111)晶面衍射峰很不对称，衍射峰位的低角度侧衍射强度上升较慢，衍射峰位的高角度侧衍射强度下降较快。

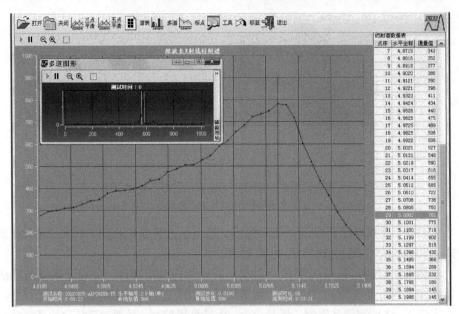

图 3-13　各向同性铝粉标样衍射的 Al(111)晶面衍射峰峰形

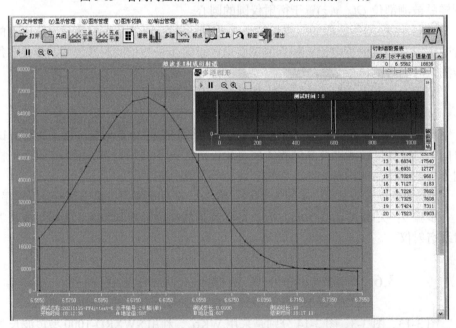

图 3-14　存在非常强取向单晶叶片γ(200)晶面衍射的衍射峰峰形对称

从图 3-3 中可见，Al(111)晶面衍射峰不对称性得到显著改善，即衍射峰位的
低角度侧衍射强度上升较慢，衍射峰位的高角度侧衍射强度下降较快，衍射峰峰
形基本对称。

　　从图 3-14 可见，γ(200)晶面衍射峰峰形的对称性较好，衍射峰位的低角度侧与高角度侧衍射强度升降一致。

　　以上 SWXRD 测试结果表明，各向同性的标样粉末 SWXRD 衍射峰峰形严重不对称，强织构材料在极密度极大值点方向 SWXRD 衍射峰峰形基本对称，单晶的 SWXRD 衍射峰峰形对称。

　　如前所述，短波长特征 X 射线衍射线从测得的散射 X 射线中采用光子能量分析法直接提取，即通过设置多道分析器上、下阈值(59.3±0.6)keV 而得，而仪器采用碲锌镉、碲化镉的能量色散型探测器系统。

　　采用碲化镉探测器系统测得的放射源 Am^{241} 辐射能谱如图 3-5 所示，图中显示各谱线的峰形均不对称，以光子能量 $E=59.5$keV 的最强谱线的不对称性最为显著，即采集各谱线峰位的高能侧强度下降比低能侧强度上升快得多。如 3.2 节所述，探测的谱线不对称峰形是碲化镉探测器的特性所致，而非放射源 Am^{241} 辐射的特征谱线附近的光子能量分布不对称。

　　因此，短波长特征 X 射线衍射峰峰形的不对称性源自能量色散型探测系统的特性，而不对称程度取决于所测晶面的取向性，取向性越强则短波长特征 X 射线衍射峰峰形越对称，即取向最强的单晶晶面衍射的短波长特征 X 射线衍射峰峰形对称，而各向同性的标样粉末短波长特征 X 射线衍射峰峰形严重不对称。

3.7　短波长特征 X 射线衍射谱的晶面间距测试误差分析

　　对布拉格方程 $2d\sin\theta=\lambda$ 全微分可得

$$2d\cos\theta\cdot\Delta\theta+2\sin\theta\cdot\Delta d=\Delta\lambda \tag{3-4}$$

整理式(3-4)可得

$$\Delta d=\frac{\Delta\lambda}{2\sin\theta}-d\cot\theta\cdot\Delta\theta=\frac{\Delta\lambda}{\lambda}\cdot d-d\cot\theta\cdot\Delta\theta \tag{3-5}$$

则

$$\frac{\Delta d}{d}=\frac{\Delta\lambda}{\lambda}-\cot\theta\cdot\Delta\theta \tag{3-6}$$

　　鉴于短波长特征 X 射线的波长是物理常数(由能级跃迁而定的物理常数)，也就是式(3-6)中的 $\Delta\lambda=0$，故可以认为

$$\frac{\Delta d}{d}=-\cot\theta\cdot\Delta\theta \tag{3-7}$$

请注意，式(3-7)中的角度单位为弧度(rad)。

关于测得衍射的短波长特征 X 射线波长可以认为是物理常数的理由如下：对 $WK\alpha_1$、$PtK\alpha_1$、$UK\alpha_1$ 等短波长特征 X 射线而言，当采用能量分辨率 1%的探测器+1024 道能量分析器系统探测分析衍射的短波长特征 X 射线时，通过设置能量上、下阈值后测得的 X 射线能量段宽度或波段宽度为 2%，即不仅获得了短波长特征 X 射线，还获得了设定波段宽度内其他波长的连续谱 X 射线。鉴于特征 X 射线光子个数约为连续谱的 1000 倍，测得的 X 射线波长就等于短波长特征 X 射线与邻近波长 X 射线波长的加权平均，即测得的这些 X 射线波长相对测量误差($\Delta\lambda$ 测量值与 λ 理论值之比)优于 0.02×0.001=0.00002，也就是说，采用上述系统所测短波长特征 X 射线波长的加权平均值与物理常数的波长值之间的相对差异小于十万分之二，加之所测衍射峰形是统计测量结果，以及采用了拟合函数定峰位，由波长的相对差异导致的晶面间距相对测试误差也小于十万分之二。因此在实际测试分析中，可以认为采用上述系统所测短波长特征 X 射线的波长就是物理常数。

由式(3-7)可知，晶面间距 d 的相对测试误差直接取决于衍射峰位 2θ 的测定误差，当衍射角 2θ 的测试误差一定时，衍射角 2θ 越大，则晶面间距 d 的相对测试误差就越小，而且晶面间距 d 的测试误差越小。因此，在晶体衍射领域，只要涉及点阵常数及其相关量等的测试，如应变的测试，就应该尽量采用高衍射角测试，可以大大减小测试误差，显著提高测试精度。

例如，当采用短波长特征 X 射线 $WK\alpha_1$ 进行测试时，若仪器衍射角 2θ 的测试定峰误差为 0.001°，对 Al(111)晶面间距 d_{111}=2.338Å 而言，其衍射角 $2\theta_{111}$=5.123°，将直接导致其晶面间距 d_{111} 的相对测试误差 $\dfrac{\Delta d}{d}$ 约为 0.0002，晶面间距 d_{111} 的测试误差 Δd 约为 0.00047Å；对 Al(311)晶面间距 d_{311}=1.221Å 而言，其衍射角 $2\theta_{311}$=9.819°，将直接导致其晶面间距 d_{311} 的相对测试误差 $\dfrac{\Delta d}{d}$ 约为 0.0001，晶面间距 d_{311} 的测试误差 Δd 约为 0.00012Å。

还需要指出的是：在精确测定时，由于折射的存在，衍射角 2θ 需经修正后，再代入布拉格方程计算晶面间距 d。

第 4 章　SWXRD-1000 型短波长 X 射线衍射仪

本章以 2008 年研制完成的第一代 SWXRD-1000/225H 型短波长 X 射线衍射仪为例，简要介绍短波长特征 X 射线衍射仪器。

4.1　SWXRD-1000 型短波长 X 射线衍射仪简介

SWXRD-1000 型短波长 X 射线衍射仪的照片见图 4-1，该仪器主要用于晶体材料/工件内部的物相、织构、应力、单晶体取向等的无损检测分析。

(a) (b)

图 4-1　SWXRD-1000 型短波长 X 射线衍射仪

(a) 操作终端；(b) 主机和控制柜

SWXRD-1000 型短波长 X 射线衍射仪各型号配置见表 4-1。

短波长 X 射线衍射仪的型号命名为 SWXRD-XXXX/YYYZ。

仪器型号的以上符号说明如下：

(1) SWXRD 表示短波长特征 X 射线衍射仪器。

(2) XXXX 表示型号，如 "1000" 表示采用能量色散型单点探测器的第一代 SWXRD 仪器型号。

(3) YYY 表示 X 射线管的最大管电压，单位为千伏(kV)。

(4) Z 表示仪器的结构形式，如 H 表示卧式，即入射光路位于水平面，测角仪的转轴平行于铅垂线；V 表示立式，入射光路位于铅垂面，测角仪的转轴在水平面。

表 4-1　SWXRD-1000 型短波长 X 射线衍射仪各型号配置

序号	主要 子系统	SWXRD-1000/225H	SWXRD-1000/225V	SWXRD-1000/320H
1	光源系统	重金属靶 X 射线机		
	最高电压/kV	225	225	320
	焦点尺寸/mm	0.4/1.0 或 1.0/5.5		
2	衍射仪圆半径/mm	200～300		
3	测角仪	卧式测角仪	立式测角仪	卧式测角仪
4	探测系统	短波长特征 X 射线探测分析系统		
5	光路系统	0.05°～0.15°发散度的平行光路		
6	样品台系统	最大承重样品 20kg	最大承重样品 100kg (根据用户需求设计)	最大承重样品 20kg
7	软件系统	包含了 $\sin^2\Psi$ 法、d_0 法、极密度极大值法等 3 种应力测算方法的 SWXRD-V3.0 测控软件和分析软件		

4.2　SWXRD-1000 型短波长 X 射线衍射仪
及主要技术指标

短波长特征 X 射线衍射仪器主要包括短波长 X 射线源、X 射线探测系统、光路系统、精密机械运动系统、测控系统、测控及分析软件系统，以及屏蔽系统等七大部分。

SWXRD-1000 型短波长 X 射线衍射仪的主要无损检测分析技术指标如下。

(1) 使用钨靶 X 射线管时的最大可测工件厚度：40mm 铝当量，如 60mm 厚镁、40mm 厚硅、8mm 厚钛、3mm 厚铁和镍等。

(2) 最大可测工件尺寸：700mm 长×400mm 宽×40mm 厚。

(3) 最小被测体积：0.1mm×0.4mm×1.0mm。

(4) 晶体取向角测试误差：≤±0.01°。

(5) Al(111)晶面间距重复测量误差：≤±0.00006nm。

(6) 无应力铁粉应力测试误差：≤±25MPa。

SWXRD-1000 型短波长 X 射线衍射仪规格见表 4-2。

表 4-2　**SWXRD-1000 型短波长 X 射线衍射仪规格**

分系统	项目	规格或指标
X 射线源	X 射线管	阳极靶材：钨、铂、铀等
		20°斜靶焦点尺寸及功率： 1.0mm×1.0mm 焦点@0.64kW， 5.5mm×5.5mm 焦点@3.0kW
		10°斜靶焦点尺寸及功率： 0.4mm×0.4mm 焦点@0.9kW， 1.0mm×1.0mm 焦点@1.8kW
	高压发生器	高压：10～225kV， 10～320kV
		最大功率：3kW
		高压波动：＜±5V
光路系统	平行光路	发散角：0.05°～0.15°
	衍射仪圆半径	200～300mm
测角仪	驱动方式	θ/θ 驱动
	最小步进角/(°)	0.002
	衍射角 2θ 分辨率/(°)	0.0001
	衍射角 2θ 测量范围/(°)	±45
5 轴样品台	最大承重/kg	20
	欧拉环 κ 角转动范围/(°)	±50
	θ 角转动范围/(°)	±45
	X、Y、Z 三维平移	最大行程：250mm
	样品台摇摆	摇摆幅度和周期均可调
X 射线探测系统	半导体探测器类型	碲化镉探测器/碲锌镉探测器
	X 射线波长范围/nm	0.01～0.30
	能量分辨率/%	优于 5
	光子计数死时间/μs	＜5

续表

分系统	项目	规格或指标
计算机硬件	前端工控机	1.5GHz 以上 CPU，1GHz 网卡等
	终端机	1.5GHz 以上 CPU，1GHz 网卡等
计算机软件	计算机操作系统	Windows XP
	测控软件	SWXRD 测量 V3.0 版
	分析软件	SWXRD 分析 V3.0 版
	远程控制	1GHz 以太网络
环境条件	使用环境	温度：15～25℃，相对湿度：30%～70%
	储存环境	温度：5～35℃，相对湿度：30%～85%
	仪器接地	接地电阻：<4Ω

SWXRD-1000 型短波长 X 射线衍射仪主机结构示意图见图 4-2。

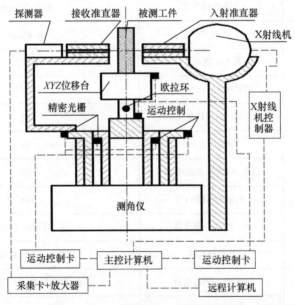

图 4-2　SWXRD-1000 型短波长 X 射线衍射仪的主机结构示意图

4.3　仪器主要分系统

SWXRD-1000 型短波长 X 射线衍射仪主要部分介绍如下。

4.3.1　X 射线源

采用恒压恒流的 225～320kV 的 X 射线机作为 X 射线源，主要由重金属靶(如 W、Pt、U 靶等)反射式 X 射线管、高压发生器及其高压电缆和控制器，以及循环冷却系统构成，如图 4-3 所示。

X 射线管可为反射式的斜靶 X 射线管或平靶 X 射线管，其高压发生器采用 25kHz/40kHz 高频电源技术，频率越高其输出的纹波电压越小，要求高压发生器输出到 X 射线管的稳压、稳流精度优于 0.1%，即高稳定性的高压发生器保证了施加到 X 射线管的电压、电流稳定，辐射的 X 射线强度稳定性优于千分之一。

图 4-3　225kV 钨靶 X 射线机

就 X 射线源而言，除要求辐射的 X 射线强度高度稳定以外，还要求辐射的 X 射线强度尽可能高。因为不能像可见光那样聚焦来获得强度高的 X 射线束，而是通过入射准直器的通光孔获得一束 X 射线，其他方向的 X 射线以及非正对入射准直器通光孔靶材的其他部位发出的 X 射线，均被入射准直器材料所屏蔽，所以 X 射线管的靶材单位面积辐射功率(即比功率)大，才能获得高强度的 X 射线束。因此，在不考虑需要的光束截面大小的条件下，比功率大的 X 射线机更适于作为辐射源。

对 X 射线衍射而言，需要获得强度高的特征 X 射线束照射样品，除尽量采用比功率大的 X 射线机以外，还需要配合光路，合理布置 X 射线机的 X 射线管位置和方向，使其产生的特征 X 射线尽量多地通过入射准直器通光孔，获得包含尽量强的特征 X 射线束照射样品。

综合考虑阳极靶材对 X 射线的吸收以及阳极靶表面的粗糙度，为了获得强的特征 X 射线束入射样品，一般采用 5°左右的取出角为宜。

对于靶角为 20°的斜靶 X 射线管，X 射线管需要转动 15°；对于靶角为 10°的斜靶 X 射线管，X 射线管需要转动 5°；对于平靶 X 射线管，X 射线管需要反向转动 5°，保证 5°左右的取出角，获得强特征 X 射线通过入射准直器入射到样品(图 4-4)。

为了提高衍射谱的测试效率和精度，推荐采用高功率小焦点的金属陶瓷 X 射线管。短波长特征 X 射线衍射仪器设备还可以采用辐射比功率较大的反射式微焦点 X 射线源。

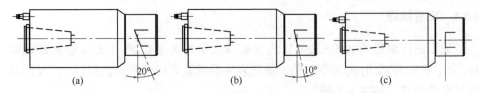

图 4-4　反射靶 X 射线管的靶角示意图

(a) 靶角为 20°的斜靶 X 射线管；(b) 靶角为 10°的斜靶 X 射线管；(c) 平靶 X 射线管

4.3.2　准聚焦的平行准直光路系统

采用图 3-9 所示结构的入射准直器和接收准直器构建准聚焦的平行光路系统，衍射仪半径可在 200～500mm 范围内调节，通常采用 300mm 的衍射仪半径。入射准直器和接收准直器采用钨合金等重金属材料制备，其发散度为 0.05°～0.15°，其宽度均为 0.05～0.15mm。

4.3.3　衍射的短波长特征 X 射线探测系统

采用能量分辨率 1%的碲化镉探测器及其多道分析器，通过设置光子能量上、下阈值，能够测得样品衍射的单一波长短波长特征 X 射线 $WK\alpha_1$。也可以采用能量分辨率优于 5%的碲锌镉探测器，通过设置光子能量上、下阈值，能够测得样品衍射的 $K\alpha_1$ 和 $K\alpha_2$ 分离的短波长特征 X 射线衍射谱。所采用的探测器必须采用重金属材料(如铅、钨等)制备屏蔽盒，屏蔽杂散线的干扰，只探测从探测器窗口进入的 X 射线。

推荐采用能量分辨率优于 1%的碲化镉探测器+多道分析器+重金属材料屏蔽盒构成的短波长特征 X 射线探测系统。

4.3.4　精密机械运动系统

精密机械运动系统包括测角仪、欧拉环、平移台等构成一个 6 轴精密机械运动系统。

鉴于衍射角的测量精度要求优于±0.001°，采用配置高精度测角系统且最小步进角为 0.002°、圆心偏差小于 5μm 的 θ/θ 高精度测角仪；为了测量分析重达 20kg 工件内部不同取向晶面的衍射强度和应变，欧拉环的半径为 400mm，转动范围大于±45°，转动的圆心偏差小于±0.1mm；为了精确控制工件的被测部位，X、Y、Z 位移台的重复定位误差小于±5μm，最大行程为(200±0.1)mm。

4.3.5　测控系统

整个测控系统包括光源系统和探测系统自带的控制器、机械运动控制系统和位置测量的光栅尺，以及主控计算机和操作终端等，操作终端通过以太网与主控计算机连接。其中的机械运动控制系统由驱动器+2 块 4 轴运动控制卡构成，6 轴精密机械运动均采用开环控制，为了满足测量精度要求很高的衍射角，采用测控分离技术，以及角度分辨率优于±0.0001°精密光栅尺，保证衍射角的测量精度优于±0.001°。

整个测控分析系统的软件采用 C 语言编制，包括测控软件和分析软件，均在 Windows 系统下运行。

4.3.6 屏蔽系统

屏蔽系统包括对测试干扰的屏蔽和对操作人员的防护屏蔽等两部分。

为了避免杂散射线对测试结果的干扰，采用钨、铅等重金属材料加工入射准直器、接收准直器、探测器屏蔽盒等，并在充分屏蔽的情况下进行减重设计制备，实现对短波长特征 X 射线衍射谱的精确测定。

为了免除 X 射线对操作人员人身的危害，短波长 X 射线衍射仪主机置于满足屏蔽防护标准的屏蔽间或屏蔽罩内，并配备门机连锁系统，一旦打开屏蔽间或屏蔽罩，立即自动关闭 X 射线源；在测试中，操作人员通过连接到仪器主控计算机的局域网络进行远程操作，免除 X 射线对操作人员的人身危害。

4.4　测控分析软件简介

本测控分析软件主要用于衍射谱测试、衍射谱定峰、残余应力计算等，能够实现仪器硬件的操作，如测角仪转动，样品 X、Y、Z 方向运动，欧拉环转动，传感器数据获取，探测器控制及数据获取，射线源开关，自动定峰，自动进行应力测试和计算等。

SWXRD-1000 型短波长 X 射线衍射仪的测控、分析软件在 Windows XP 环境中运行，采用 C 语言编制的软件包括 X 射线探测系统的接口、运动控制接口、多道能谱/衍射谱的接收及图形处理、8 轴运动控制、测试参数及测试数据管理、测试过程控制、衍射谱显示处理分析等软件，测得的衍射谱数据可以文本格式输出。

本节以 SWXRD 测控分析软件 V2.0 为例，分别介绍 SWXRD 测控软件和分析软件。

4.4.1 SWXRD 测控软件 V2.0

将 SWXRD 测控软件 V2.0 打开后，呈现出如图 4-5 所示的测控软件主界面。各部分说明如下。

停止运动：停止正在运行的所有运动轴运动。

连接多道：连接多道分析器(正常情况下默认自动连接，当出现问题时，手动连接)。

多道设置：设置多道分析器的各项参数。

多道能谱测试：打开探测器，定点测试多道能谱(图 4-6)。

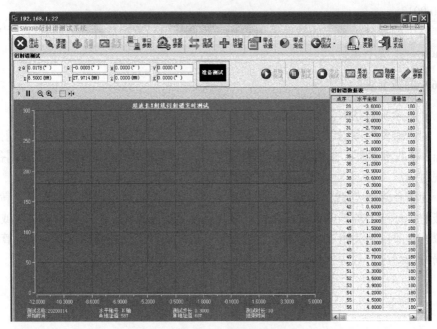

图 4-5　SWXRD 测控软件主界面

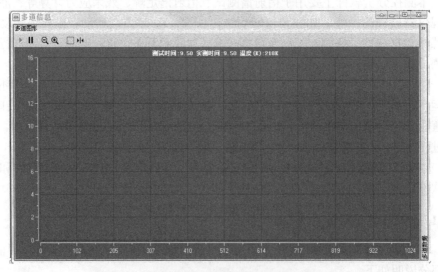

图 4-6　多道能谱/能量色散衍射谱的测试界面

横坐标为道数，纵坐标为光子计数

往复参数：样品往复运动的方式和往复运动区间等(图 4-7)。

图 4-7　样品往复运动参数界面

往复测试：非正式测试时，试运行往复运动。

快扫设置：扫描时可跳过某一角度或距离段，分多段测试(图 4-8)。

应力测试：自动开展极密度极大值法、d_0 法、$\sin^2\Psi$ 法测试应力，可直接得到应力测试结果(图 4-9)。

图 4-8　快扫设置界面　　　　　　　　　图 4-9　应力测试界面

衍射谱测试：实时显示各运动轴参数。

开始测试：根据设置的参数正式测试(手动模式)。

暂停测试：暂停当前测试。

停止测试：停止当前测试。

显示点标：以数据点的形式显示测试数据点。

测试参数隐藏标签：隐藏测试详细信息。

测试数据隐藏标签：隐藏衍射谱数据表。

测试参数：设置正式测试相关参数，包括选择运动方式、所选轴的开始值、所选轴的终止值、所选轴的步长值、测试时长、A 地址值、B 地址值、测试次数、停止位置、测试名称等功能(图 4-10)。

运动控制：设置各运动轴的运动参数。

多道显示：测试时显示多道数据。

X 射线源控制：设置控制射线源的相关参数，包括电压、电流、大小焦点、开关等的 MGC4x 控制界面(图 4-11)。

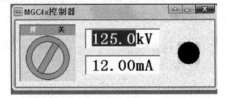

图 4-10　测试参数界面　　　　　　　图 4-11　MGC4x 控制界面

主要功能的详细说明如下。

1) 运动控制

运动控制主要用于手动控制硬件的各项运动，包括转动和平移运动。操作界面如图 4-12 所示。

运动速度：设置各运动轴运行的速度和加速度。

运动选择：选择运动轴，并可以在步长运动(脉冲)下方的文本栏内输入脉冲数，然后单击“正向运动”或“负向运动”。

运动位置：显示模块，显示各运动轴实际发送脉冲数和实际位置坐标。

置零：单击“运动选择”区域的运动轴，将当前坐标置零；

绝对位置运动：绝对坐标下的运动，如图 4-13 所示，勾选复选框可实现多个运动轴的同时运动。

2) d_0 法和极密度极大值法的应力自动测试

可实现样品的内部应力自动测试、自动分析、自动计算。如前所述，d_0 法衍射晶面的测试方向为主应力方向，极密度极大值法衍射晶面的测试方向为极密度极大值点方向。

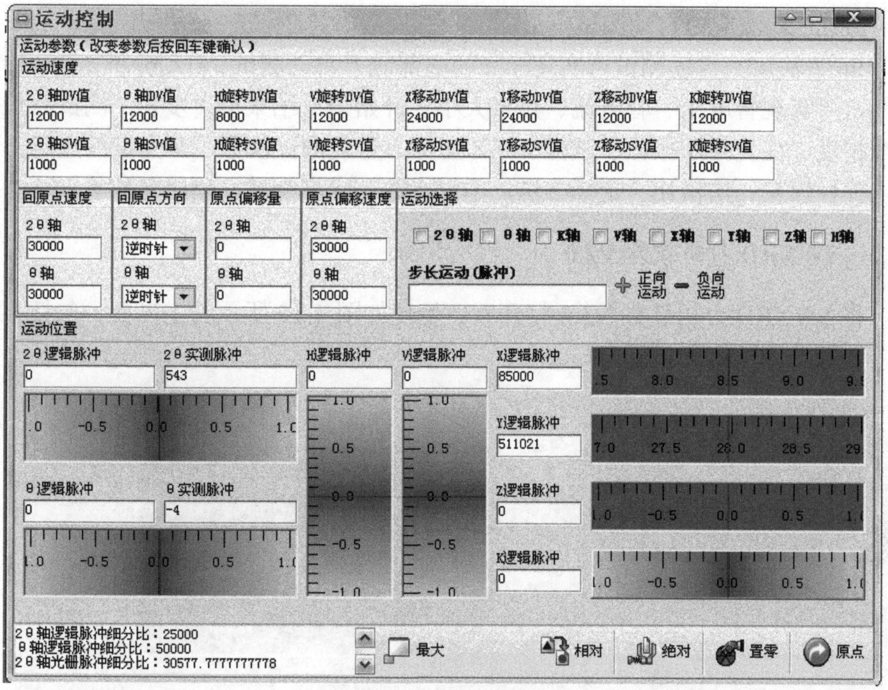

图 4-12　运动控制界面

可实现管电压、管电流、焦点大小、晶面测试方向、2θ开始值、2θ结束值、2θ步长、测试时长、脉冲精度、摇摆幅度、标样 X/Y/Z 坐标、试样 X/Y/Z 坐标、重复测试次数、弹性模量、泊松比、定峰方法、平滑点数、定峰点数、测试名称等功能，如图 4-14 所示。

图 4-13　绝对位置运动设置界面

图 4-14　d_0 法应力自动测试界面

3) sin²Ψ 法应力自动测试

sin²Ψ法应力自动测试可实现样品的内部应力自动测试、自动分析、自动计算功能。可实现管电压、管电流、焦点大小、开始值、结束值、步长、测试时长、脉冲精度、往复摇摆振幅、试样 X/Y/Z 坐标、重复测试次数、Ψ角度的选定，可输入弹性模量、泊松比、定峰方法、平滑点数、定峰点数、测试名称等。

4.4.2　SWXRD 分析软件 V2.0

将 SWXRD 分析软件 V2.0 打开后，呈现如图 4-15 所示的主界面，包括菜单栏、快捷操作按钮和显示窗口。

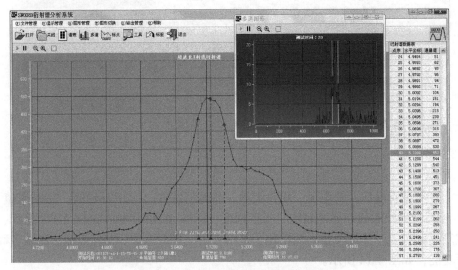

图 4-15　SWXRD 分析软件主界面

操作简介如下。

1) 打开文件

利用菜单栏上的"文件管理"或快捷操作按钮"打开"，可打开已完成测试的文件，如图 4-16 所示。选择文件后，将数据读取进入分析程序，测得的曲线会显示在主窗口中，如图 4-17 所示。

2) 衍射曲线处理

单击菜单栏的"图形管理"，对曲线进行平滑处理，平滑采用相近数据取平均值的方法，可进行 3、5、7 等多种数据点平滑处理的选择，如图 4-18 所示。平滑后的曲线仍在主界面，此时利用软件的局部放大功能，可对曲线进行局部放大，如图 4-19 所示。

图 4-16　打开测试文件

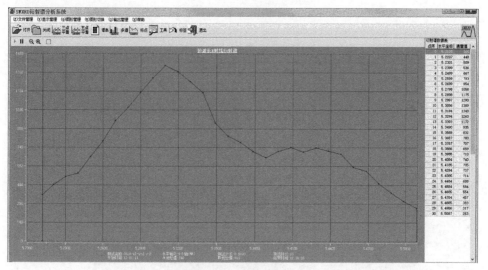

图 4-17　测试曲线显示

3) 定峰

　　定峰时，选择定峰始点和定峰终点，然后选择定峰方式，如抛物线定峰、面积定峰等。其中，抛物线定峰的结果位于衍射谱的底部，面积定峰的结果位于衍射谱的中部，如图 4-20 所示。

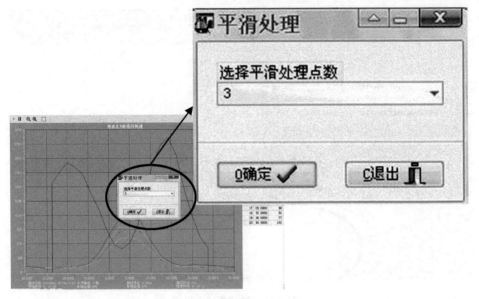

图 4-18　曲线平滑

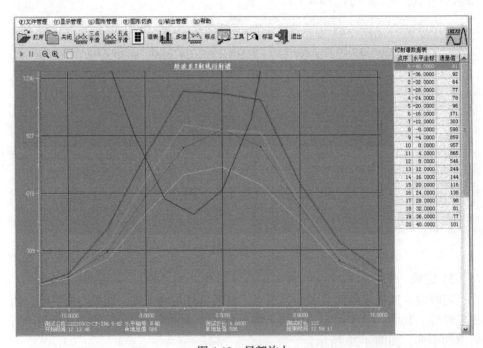

图 4-19　局部放大

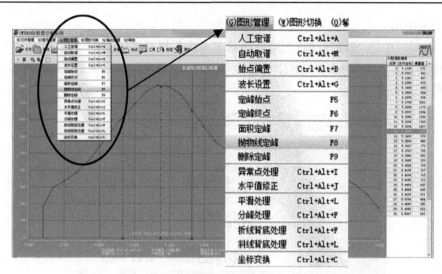

图 4-20　选取定峰方法及定峰

4) 图形管理中的其他功能

菜单栏的"图形管理"中，包括"人工定谱""自动取谱""波长设置""异常点处理"等，可根据实际测试衍射谱进行修改或使用。

5) 图形切换

菜单栏中的"图形切换"按钮，可以在最多同时打开的 9 个测试文件中选取其中一个文件进行上述分析处理，如图 4-21 所示。

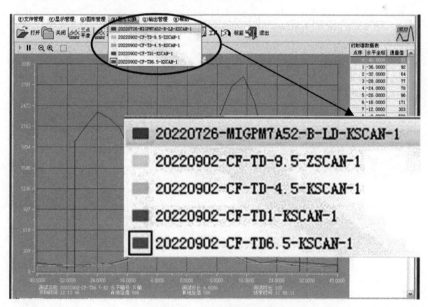

图 4-21　衍射图谱的切换

6) 输出

菜单栏中的"输出管理"按钮，下拉菜单中包括"测试数据""激活图形""所有图形""文本文件"四个功能，可将衍射谱输出为图形、文本文档、进行打印等，如图 4-22 所示。

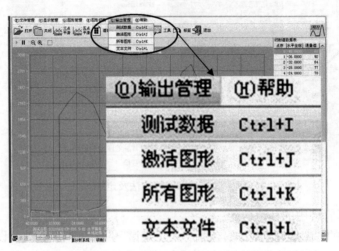

图 4-22　输出管理

第 5 章 短波长特征 X 射线衍射的实验分析技术基础

本章根据短波长特征 X 射线衍射的特点,介绍晶体材料/工件内部衍射分析的基本实验方法和技术, 以及准确测量分析各向异性材料衍射谱的原理和方法, 它们是采用短波长特征 X 射线衍射开展晶体材料/工件内部物相、织构、应力等无损检测分析的实验技术基础。

5.1 可测厚度与短波长特征 X 射线的波长选取

1.5 节简述了 X 射线强度的衰减,本节将基于 $I=I_0\mathrm{e}^{-\mu_l t}$ 介绍短波长特征 X 射线衍射分析中涉及的材料可测厚度与短波长特征 X 射线的波长选取。

常用 I/I_0=1/e=37% 表征一定能量 X 射线光子对材料的穿透性,对 SWXRD 测量分析而言,本书采用 I/I_0=5% 表征某一短波长特征 X 射线光子对多晶材料的穿透性。

表 5-1 列举了采用 $WK\alpha_1$ 进行 SWXRD 测量分析时,以透射线强度衰减到入射线强度的 5% 来度量常用多晶材料的最大可测厚度,如对铝合金而言,采用 $WK\alpha_1$ 的最大可测厚度为 40mm。对相应元素的单晶材料而言,其最大可测厚度可达相应元素多晶材料最大可测厚度的 1.5 倍。最大可测厚度是指穿透材料的净厚度,例如,对于空腔形状的材料工件,不包括空腔内的空气尺寸,因为对短波长特征 X 射线而言,可以将在空腔内空气中传播的强度衰减至视为零。采用其他短波长特征 X 射线进行 SWXRD 测量分析时,常用多晶材料的最大可测厚度参见附录 10。

需要说明的是,单晶材料的最大可测厚度为相应元素构成多晶材料的 2 倍,如采用 $WK\alpha_1$ 进行短波长特征 X 射线测量分析,多晶镍基高温合金材料的最大可测厚度为 3mm,而单晶镍基高温合金材料的最大可测厚度则高达 6mm。

表 5-1 采用 $WK\alpha_1$ 进行 SWXRD 测量分析时常用多晶材料的最大可测厚度

常用材料	镁	铝	硅	钛	铁	镍	铜
最大可测厚度/mm	60	40	30	7	3	3	3

对于某一被测样品,可以根据其材料、厚度等,确定可采用 X 射线管的靶材

类型，即选定短波长特征 X 射线的波长；同时，也要考虑测试效率、精度等，优先推荐被测样品的材料厚度为其最大可测厚度的 10%～70%对应的 X 射线管靶材类型及其短波长特征 X 射线。

例如，对于 6～26mm 厚的多晶铝合金材料工件、1～45mm 厚的单晶硅材料工件和 1～5mm 厚的单晶镍基高温合金材料工件，推荐采用钨靶 X 射线管辐射的 $WK\alpha_1$，即采用钨靶 X 射线管，设定探测系统的能量上、下阈值分别为 58.7keV、59.9keV，施加 190～300kV 的管电压。

5.2　衍射角零点

衍射角 2θ 的精确测定是进行衍射分析的基础，而衍射角 2θ 零点是精确测定衍射角 2θ 的基准，尤其是对于衍射角往往不大于 15°的 SWXRD 小角度衍射谱，更为影响衍射角 2θ 的精确测定，因此在正式测量前，均需要进行衍射角 2θ 零点测量定位，保证 2θ 零点的多次重复测量定位误差小于±0.0001°。本节以 SWXRD-1000 型短波长 X 射线衍射仪为例，说明衍射角 2θ 零点的确定。

调试合格的 SWXRD 仪器开机后，衍射角 2θ 零点测量定位的方法和步骤如下。

(1) 根据按照 5.1 节所述选取的 X 射线管类型及其短波长特征 X 射线(如 0.4mm×0.4mm 焦点的钨靶 X 射线管辐射的 $WK\alpha_1$)，在样品台上安装一块适宜材料、适宜厚度的均匀材质长方体样品(用于衰减 X 射线强度以防止过强的 X 射线束损伤探测器)，使得通过入射准直器的 X 射线束垂直入射该样品。

(2) 设定 X 射线源的管电压、管电流等参数，推荐采用正式测量所用 X 射线源的管电压、管电流等参数(如对于 0.4mm×0.4mm 焦点的钨靶 X 射线管，设定管电压 200kV、管电流 4mA)，并开启 X 射线源辐照样品。

(3) 设定包括探测系统光子能量的上、下阈值及扫描范围、步长、测量时间等 2θ 零点的步进扫描测量参数，对于发散角均为 0.1°的入射准直器、接收准直器构成的光路系统，推荐在 2θ 零点附近±0.1°范围内、2θ 以 0.01°的步长、每步测量时间 5s 等参数进行 2θ 零点扫描测量;推荐通过设定探测系统光子能量的上、下阈值(如 58.7keV、59.9keV)来选取得到 $WK\alpha_1$ 的最强透射线的角度(即衍射角 2θ 零点)。

(4) 对测得的谱采用抛物线法定峰，得到透射线最强的角度(即衍射角 2θ 零点)。

(5) 多次重复测量，直到最后 3 次测量定峰的衍射角 2θ 零点极差小于 0.0002°(即最后 3 次重复测量定位误差小于±0.0001°)，2θ 零点扫描测量定峰结果如图 5-1 所示。

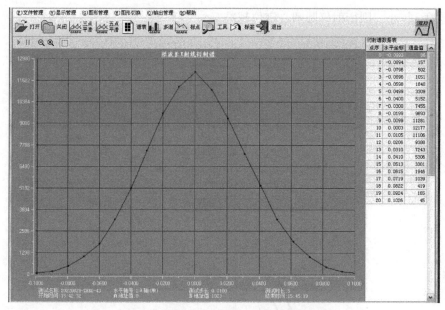

图 5-1　衍射角 2θ 零点扫描测量的图谱

(6) 将 2θ 走到最后 3 次测量定峰的平均值,并将其置零点,完成衍射角 2θ 零点的确定。

5.3　测试部位的定位

5.3.1　衍射仪圆圆心定位

第 4 章介绍了 SWXRD-1000 型短波长 X 射线衍射仪的衍射半径为 300mm,即在衍射谱测试中,单点探测器探测窗口中心到测角仪转轴的距离为 300mm,其扫过的平面为衍射圆所在平面,测角仪转轴与衍射圆所在平面的交点就是衍射仪圆圆心。

图 5-2 所示的短波长 X 射线衍射仪光路图及激光定位:①是重金属靶 X 射线管,②是入射准直器,③是衍射仪圆圆心,④是装夹于三维样品台⑨上的样品,⑤是接收准直器,⑥是探测器,⑦是光束方向在 Z 轴方向的激光器,⑧是衍射仪圆,⑩是透射的 X 射线,⑪是衍射的短波长特征 X 射线。其中,Y 轴垂直于 XZ 轴构成的平面且由纸面里指向纸面外。

以下介绍 SWXRD 通常采用的衍射仪圆圆心定位方法。

(1) 选取厚度为 t 的薄片标样,且该薄片标样强衍射晶面(hkl)的强衍射方向已知,薄片标样通常为厚度 $t \approx 0.2$mm 的轧制铝箔、铜箔或硅单晶片等,且薄片标

样厚度 t 越小，则衍射仪圆圆心定位越准。

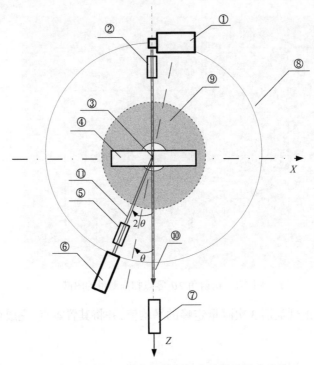

图 5-2　短波长 X 射线衍射仪的光路图及激光定位

(2) 将薄片标样粘贴于样品台上位于衍射仪圆圆心附近的 XY 平面上，并测量黏结层的厚度 s。

(3) 通过采用事先调好的、在 Z 轴方向激光器发出的激光光束指示，在垂直于入射 X 射线的薄片标样平面上平移 X、Y，直到激光光斑照射到被测试部位，并将此时的坐标记为 x_0、y_0。

(4) 通过转动探测器的 2θ 角使得 $2\theta = 2\theta_{hkl}$（如采用短波长特征 X 射线 WKα_1，薄片标样铝的 $2\theta_{111} = 5.123°$），通过转动样品台的 θ 角使得 $\theta = \theta_{hkl}$（如 $\theta_{111} = 2.562°$），通过转动样品台上欧拉环的 κ 角，使得该薄片标样强衍射晶面 (hkl) 的强衍射方向矢量位于衍射仪圆平面。

(5) 设置 X 射线扫描测量参数，X 射线步长 0.2mm，每步测量时间 10s，沿 Z 轴坐标进行扫描测量、定峰，获得衍射强度最大的 Z 坐标 z_1。

(6) 将薄片标样运动到 $z = z_1$，设置衍射谱扫描测量参数，2θ 步长 0.01°，每步测量时间 10s，步进扫描测得衍射谱，定峰，定 $2\theta_{hkl} = 2\theta_1$。

(7) 重复步骤 (5)、(6)，直到 $\Delta z = z_{i+1} - z_i$ 小于认可的差异绝对值，通常 $\Delta z = \pm 0.01$mm，并令 $z_0 = (z_{i+1} + z_i)/2$。

(8) 得到薄片标样厚度中心衍射的坐标(x_0, y_0, z_0)，即衍射仪圆圆心的坐标(x_0, y_0, z_0)。

显然，驱动 Z 轴运动到 $z=z_0-s-0.5t$ 时，则样品台的基准 XY 平面过短波长 X 射线衍射仪圆的圆心。

5.3.2　衍射过程的短波长特征 X 射线传播路径

在图 5-3 中，被测样品为某一均匀材料的长方体，厚度为 H，所选取的短波长特征 X 射线的空气折射率为 η_a，被测材料折射率为 η_m。通过入射准直器的 X 射线束从折射率为 η_a 的空气垂直入射折射率为 η_m 的均匀材料长方体，即入射线与样品表面法线的入射角为 0°，按照折射定律，折射线的折射角亦为 0°；折射线在均匀材料长方体内部传播路径上的晶体物质将发生衍射，对于传播路径上与上表面距离为 h 的 c 点，其坐标为$(0,h)$，该处晶体物质衍射晶面(hkl)衍射线的衍射角为 $2\theta_{hkl}$；该衍射线在$((H-h)\tan2\theta_{hkl}, H)$处发生折射，折射后的该衍射线以 $2\theta'_{hkl}$ 角在空气中传播，并通过接收准直器而被探测器所探测，该射线即为实际测得的衍射线。

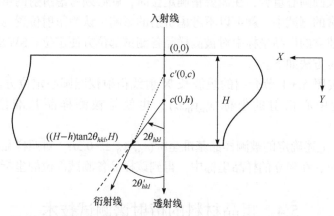

图 5-3　材料/工件内部定点衍射的短波长特征 X 射线传播路径

上述折射角 $2\theta'_{hkl}$ 可由折射定律 $\eta_m \sin2\theta_{hkl} = \eta_a \sin2\theta'_{hkl}$ 计算得到，且折射处坐标为$((H-h)\tan2\theta_{hkl}, H)$，可得衍射线的直线方程：

$$Y - H = \left[x - (H-h)\tan2\theta_{hkl} \right]\cot2\theta'_{hkl} \tag{5-1}$$

基于衍射几何，$c(0, h)$点并不位于衍射仪圆圆心，即测角仪的转动中心不是$c(0, h)$点，而是在式(5-1)中的衍射线延长线与入射线的交点 c'。设测角仪圆的圆心为 $c'(0, c)$，令 $x=0$，由式(5-1)可得

$$c = H - (H-h)\tan2\theta_{hkl}\cot2\theta'_{hkl} \tag{5-2}$$

鉴于 $2\theta_{hkl}$ 与 $2\theta'_{hkl}$ 差异很小，令 $\cos 2\theta_{hkl} = \cos 2\theta'_{hkl}$ ，则

$$c = H - (H - h)\eta_m / \eta_a \tag{5-3}$$

由式(5-3)可知，在 5.3.1 节中进行衍射仪圆圆心定位所采用的薄片标样，其厚度越薄越好。

同理，亦可求得 X 射线非垂直入射样品情况下的测角仪圆圆心 c' 的坐标和衍射部位 c 的坐标。

需要说明的是：在入射到样品与空气界面的 X 射线角度为 90°时，被测部位偏离衍射仪圆圆心最小，即偏离测角仪圆圆心最小。

显然，通过求得测角仪的转动中心坐标 c' 和衍射部位坐标 c，就可以在测试中精确定位被测样品的被测试部位。

5.3.3　SWXRD 测试部位的常规定位方法

如上所述，折射的影响，使得一定厚度材料/工件内部衍射的实际衍射位置与测角仪的转动中心存在一定的差异，即一定厚度材料/工件内部衍射的实际衍射位置不与衍射仪圆圆心重合，在需要精确定位时，就必须考虑折射的影响。

而在通常的测试中，就可以不考虑折射的影响，认为衍射位置与衍射仪圆圆心重合，在建立的样品坐标中对被测样品各测试部位方便定位。SWXRD 测试部位的常规定位方法如下。

(1) 先按照 5.3.1 节介绍的短波长 X 射线衍射仪圆圆心定位方法，得到薄片标样厚度中心衍射的坐标 (x_0, y_0, z_0)，也就是被测样品基准位置的坐标 $(x_0, y_0, z_0 - 0.5t)$。

(2) 根据上述确定的被测样品基准坐标 $(x_0, y_0, z_0 - 0.5t)$，对照样品图纸及其要求的测试部位，在建立的样品坐标中，得到该样品各测试部位的坐标。

5.4　粗晶材料的衍射谱测试技术

对多晶材料而言，晶粒粗大将直接影响测得衍射谱的统计性，而具有统计性的衍射分析结果是进行 X 射线衍射分析的基本要求。显然，参与衍射的晶粒数越多，则测得衍射谱的统计性就越强。

为了增加衍射的统计性，在 X 射线衍射谱测试中，常常采用摇摆法，增加参与衍射的晶粒数量。

下面以 25mm 厚，长、宽各为 200mm 的某公司产 2024 预拉伸铝板内部衍射强度的测试为例，介绍满足统计性要求的粗晶材料衍射谱测试技术。

采用的 SWXRD-1000 型短波长 X 射线衍射仪，其入射准直器、接收准直器

的发散度均为 0.11°(其通光孔长度、宽度分别为 100mm、0.1mm)，X 射线管焦斑尺度为 5.5mm×5.0mm，短波长特征 X 射线为 WKα₁，衍射晶面为 Al(111)晶面，在忽略发散度的情况下，按照式(3-3)计算，仪器的衍射体积(仪器的有效衍射体积)为 0.56mm³，如图 5-4 所示。

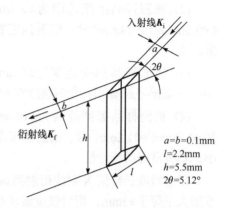

$a=b=0.1mm$
$l=2.2mm$
$h=5.5mm$
$2\theta=5.12°$

图 5-4　仪器的衍射体积

SWXRD-1000 型短波长 X 射线衍射仪的 X、Y、Z、θ、κ 轴均可以往复运动，用于摇摆测试，以增加参与衍射的晶粒数量，抑制粗晶效应，提升衍射测试结果的统计性。

摇摆范围可以输入参数设定。在 X=0 时，被测部位位于衍射仪圆的圆心处，图 5-5 是在被测样品摇摆范围分别为 0mm、±2mm、±5mm、±10mm 的条件下，测得铝板厚度中心 TD 方向的衍射强度在不同 X 坐标位置变化。

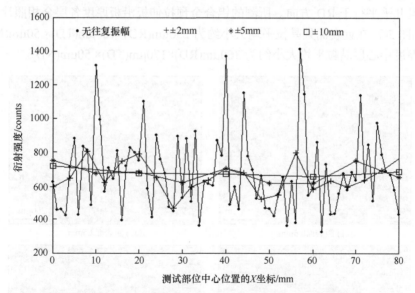

图 5-5　铝合金板在不同往复运动振幅下所测量的衍射强度变化

从图 5-5 中可以得出以下结论。

(1) 被测样品摇摆范围为 0mm，即没有往复运动时，也就是参与衍射的被测部位体积为 0.56mm³ 时，衍射强度在 300～1500 个 WKα₁ 光子范围内变化，涨落剧烈。

(2) 被测样品摇摆范围为±2mm 时，也就是参与衍射的被测部位体积为 $4×0.56mm^3=2.24mm^3$ 时，衍射强度在 450～800 个 $WK\alpha_1$ 光子范围内变化，涨落较大。

(3) 被测样品摇摆范围为±5mm 时，也就是参与衍射的被测部位体积为 $10×0.56mm^3=5.6mm^3$ 时，衍射强度在 650～750 个 $WK\alpha_1$ 光子范围内变化,涨落较小。

(4) 被测样品摇摆范围为±10mm 时，也就是参与衍射的被测部位体积为 $20×0.56mm^3=11.2mm^3$ 时，衍射强度在 680～710 个 $WK\alpha_1$ 光子范围内变化，涨落小，具有良好的统计性。

以上短波长特征 X 射线衍射测试结果表明，该铝板晶粒粗大，被测样品摇摆范围大于等于±5mm，衍射强度波动小于±10%，较好地抑制了粗晶效应，衍射测试结果具有较好的统计性；若要得到更好的统计结果，需要精确测定该铝板点阵常数、应力/应变等，被测样品摇摆范围应该大于±10mm。

由于预拉伸铝板晶粒比较粗大，并且晶粒大小随板厚而变化。在厚度方向-轧向(ND-RD)横截面上观察组织可发现板材近表面处晶粒呈准等轴状，随观察区逐渐向板厚中心移动，晶粒逐渐沿 RD 方向拉长，并且逐渐变大，中心层晶粒最大而且几乎平行于 RD 方向。所测的铝合金预拉伸板沿板厚度各层金相照片见图 5-6 和图 5-7。在近表面处晶粒平均大小约为 $250\mu m(RD)×100\mu m(TD)×50\mu m(ND)$，在板厚度中心层晶粒平均大小约为 $360\mu m(RD)×170\mu m(TD)×50\mu m(ND)$。

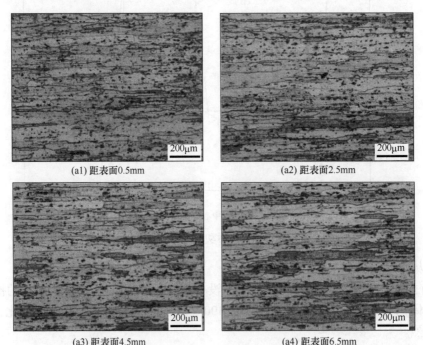

(a1) 距表面0.5mm　　　　　　　　　　(a2) 距表面2.5mm

(a3) 距表面4.5mm　　　　　　　　　　(a4) 距表面6.5mm

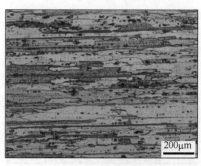
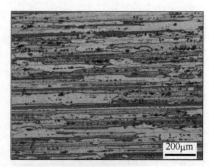

(a5) 距表面8.5mm　　　　　　　　　　　　(a6) 距表面10.5mm

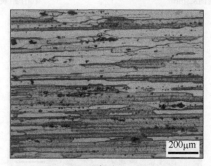

(a7) 距表面12.5mm

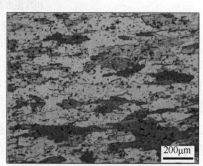

(b1) 距表面0.5mm　　　　　　　　　　　　(b2) 距表面2.5mm

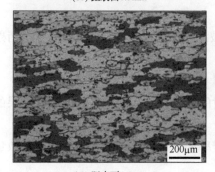

(b3) 距表面4.5mm　　　　　　　　　　　　(b4) 距表面6.5mm

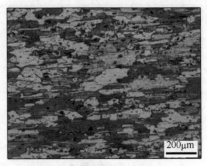

(b5) 距表面8.5mm　　　　　　　　　　　　　(b6) 距表面10.5mm

(b7) 距表面12.5mm

图 5-6　2024 铝合金预拉伸板沿板厚度各层金相照片

(a) RD-ND 截面；(b) TD-ND 截面

可以计算得到以下结论。

(1) 在参与衍射体积 0.56mm³ 内(即被测样品摇摆范围为 0mm)，参与衍射的晶粒数为 180～450 个。

(2) 在参与衍射体积 2.24mm³ 内(即被测样品摇摆范围为±2mm)，参与衍射的晶粒数为 720～1800 个。

(3) 在参与衍射体积 5.6mm³ 内(即被测样品摇摆范围为±5mm)，参与衍射的晶粒数为 1800～4500 个。

(4) 在参与衍射体积 11.2mm³ 内(即被测样品摇摆范围为±10mm)，参与衍射的晶粒数为 5200～9000 个。

综上所述，为了提升衍射分析的统计性，可以采取以下措施。

(1) 通过样品往复运动增大参与衍射的体积，其代价就是降低测试结果的空间分辨率。

(2) 在能够满足测试结果的空间分辨率要求下，推荐参与衍射的晶粒数量不少于 5000 个。

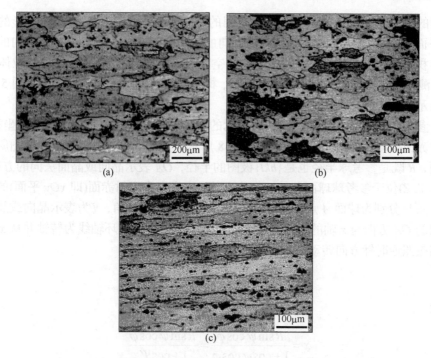

图 5-7　2024 铝合金预拉伸板厚度中心层三主方向截面的金相照片

(a) RD-TD 截面；(b) TD-ND 截面；(c) RD-ND 截面

5.5　织构与极图

多晶材料由无数小晶粒组成。如 2.2 节所述，每一个小晶粒(也就是小单晶体)具有各向异性，且不同晶系均有相应的滑移系，材料在轧制、凝固等生产加工中，将按照能量最低的法则，发生滑移或生长，在宏观上表现为各向异性，称为择优取向或织构。具有织构的多晶材料常常采用极图表征其各向异性，而且准单晶材料也可以采用极图表征其各向异性的分布。

1. 极密度、极图与取向坐标

2.2 节讲述了采用参考球球面上的投影点表示晶面法向，球面上的这些投影点称为极点，把在极点方向上包含(hkl)晶面的晶粒体积占比称为极密度，球面上极密度分布就代表了晶粒取向在整个空间的分布。显然，采用极密度在参考球面上的分布不太方便，为此，采用极射赤面投影的方式表征极密度分布。

球面上极密度分布在参考球赤道面或本初子午面上的投影图，即极射赤面投影图，简称极图，是表征多晶材料织构的主要方式，以二维平面方式表征了(hkl)

晶面的极密度 $\omega(\psi, \varphi)$ 在整个三维空间的分布。也就是基于极射赤面投影的二维平面形式，并利用三维空间中某方向的 (hkl) 晶面衍射强度与具有该方向的晶粒体积成正比的假定，表征在整个三维空间各方向的 (hkl) 晶面所占的晶粒体积比。测得的极图如图 6-1～图 6-3 所示，标识织构类型的极图如图 5-10、图 5-12等所示。

　　参见 2.2.10 节，并结合图 3-12 所示的实际短波长特征 X 射线衍射几何坐标，极射赤面投影与极图的坐标关系如图 5-8 所示。其中，xOy 平面为 $\{hkl\}$ 极图所在平面，R 既是参考球半径也是 $\{hkl\}$ 极图的半径，OA 表示晶向或晶面法向的方向，$A(X, Y, Z)$ 位于参考球球面上，$A'(x, y, 0)$ 为 OA 方向在极射赤面(即 xOy 平面)的投影，ψ 和 φ 分别为球面 A 点在 $\{hkl\}$ 极图上的经度角和纬度角，Ψ 为表示晶向或晶面法向的 OA 方向与 z 轴的夹角，规定 φ，也就是 κ 为以欧拉环轴线为转轴并从 x 轴正向按照逆时针方向转动到 OA 的角度，则有

$$\cos \Psi = \cos \psi \cos \varphi$$

以及

$$x = \frac{R \sin \psi \cos \varphi}{1 + \cos \psi \cos \varphi} = \frac{R \sin \psi \cos \varphi}{1 + \cos \Psi}$$

$$y = \frac{R \sin \varphi}{1 + \cos \psi \cos \varphi} = \frac{R \sin \varphi}{1 + \cos \Psi}$$

(5-4)

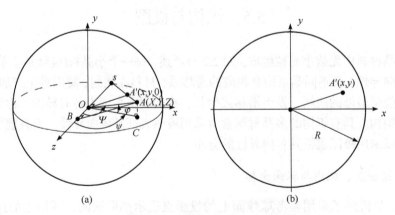

图 5-8　极射赤面投影与极图的坐标关系

(a) 极射赤面投影的取向坐标；(b) 极图坐标

　　对于 (hkl) 晶面在三维空间任一取向 (Ψ, φ)，均能够在 $\{hkl\}$ 极图中找到相对应的坐标点 (x, y)；反之，在 $\{hkl\}$ 极图上任意一个坐标点 (x, y) 也能够在三维空间中找到相对应取向 (Ψ, φ)。参见图 3-12，对于 SWXRD，取向 (Ψ, φ) 亦可用 (θ, κ)

表示。

2. 极密度极大值

在{hkl}极图中极点的极密度越大，表示在取向空间中的该极点方向(hkl)晶面衍射强度越大，在该方向(hkl)晶面的晶粒体积所占比例就越大。若(θ^*, κ^*)，即(Ψ^*, φ^*)是{hkl}极图中的极密度极大值点，就表示在取向空间(θ^*, κ^*)方向的附近范围内，(θ^*, κ^*)方向的(hkl)晶面衍射强度最大，属于(θ^*, κ^*)方向的(hkl)晶面晶粒所占的体积比例最大。

如图 5-10 所示，方位角(θ^*, κ^*)为(90°, 0°)和(90°, 180°)就是轧制铝板 Al(111)极图中的极密度极大值点，(90°, 0°)和(90°, 180°)表示的 TD 方向就是极密度极大值点方向；(90°, 90°−18°)、(90°, 90°+18°)、(90°, 270°−18°)和(90°, 270°+18°)也是 Al(111)极图中的极密度极大值点，(90°, 90°−18°)、(90°, 90°+18°)、(90°, 270°−18°)和(90°, 270°+18°)表示的 RD±18°方向也是极密度极大值点方向。由该极图标识的轧向(RD 方向)和横向(TD 方向)可知，轧制铝板的法向(ND 方向)垂直于纸面。

5.6　织构材料的"反常衍射峰"

本节介绍采用 SWXRD 测试分析存在强织构的轧制铝板时发现的"反常衍射峰"，并讨论分析织构材料产生"反常衍射峰"的原因。

5.6.1　"反常衍射峰"

Al{111}晶面的衍射峰对应铝的晶面指数为最小的晶面，其衍射角 $2\theta_{111}$ 是铝衍射谱中的最小衍射角。如图 5-9 所示，在早期使用 SWXRD 测量强轧制织构的2024 预拉伸铝板内部的不同方向衍射谱中，发现了织构材料的"反常衍射峰"，也就是 TD 方向 Al(111)晶面衍射谱为 $2\theta_{111} \approx 5.12°$的正常衍射峰，而在 RD 方向 Al(111)晶面衍射谱出现了双衍射峰，即在 $2\theta_{111} \approx 5.1°$ 的 Al(111)晶面正常衍射峰的低角度一侧，又出现了另一个 $2\theta_{111} \approx 4.86°$ 的"反常衍射峰"。

根据 PDF 卡片查到的纯铝粉 Al(111)晶面的晶面间距和 WKα_1 特征谱的波长，纯 Al(111)晶面的衍射角 $2\theta_{111} = 5.123°$。考虑到残余应力和合金元素的添加会造成被测的铝合金预拉伸板母材中 Al 晶面间距的变化，导致衍射角与标准粉末衍射数据存在一定差别，但是 RD 方向的衍射角 $2\theta \approx 4.86°$，与理论值的偏差太大，这样的衍射角偏差造成的应变为 10^{-2} 数量级，对应了不可能的数吉帕残余应力。显然，RD 方向上的 Al(111)晶面衍射峰出现了异常偏离。可以认为，上述"反常衍射峰"直接与织构相关，对织构材料的衍射谱准确测定带来很大困扰。

5.6.2 "反常衍射峰"的 SWXRD 实验研究及其呈现规律

为了进一步研究这种"反常衍射峰",采用存在强织构的 6.5mm 厚 7050 预拉伸铝板为实验对象,其织构类型为 S 织构{123}⟨634⟩和黄铜织构{110} ⟨112⟩。

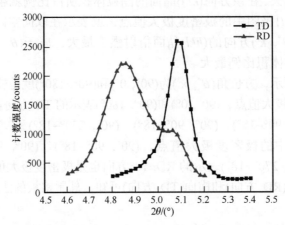

图 5-9　2024 预拉伸铝板厚度中心层 Al(111)晶面 TD 方向和 RD 方向的衍射谱

图 5-10 为典型的轧制铝板 Al{111}极图。从该极图可见,TD 是极密度极大值点的方向,而 RD 不是极密度极大值点的方向,其附近的 RD+18°方向,即 5.5 节最后一段提到的四个方位角方向才是极密度极大值点的方向,应该可以测得同为极密度极大值点 TD 方向的 Al(111)晶面正常衍射峰。

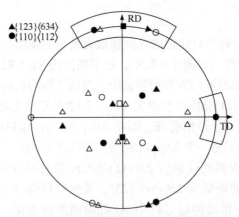

图 5-10　轧制铝板的 Al{111}极图

图 5-11 是测得的该铝板中心层在 Al{111}极图最外圈不同方向的 Al(111)晶面衍射谱,Al(111)晶面在 RD 方向附近不同取向位置的衍射峰差异明显,当测试方

向为极密度极大值点的 RD+18°方向时，其衍射角 $2\theta_{111}$ 为 5.12°左右，为正常衍射峰峰位，且衍射峰的形状与极密度极大值点 TD 方向的正常衍射峰形相似；在其他方向的衍射峰均有不同程度的异常偏离，甚至分离为两个峰，其中 RD 方向衍射谱的异常偏离最严重，峰形畸变最为严重，其最大强度的"反常衍射峰"，也就是在两个极密度极大值点方向的对称轴方向(即 RD−18°与 RD+18°之间的 RD+0°方向)产生了的最典型"反常衍射峰"，其峰位出现在非正常衍射角的 4.86°附近，而出现在衍射角 5.12°附近的正常衍射峰强度小得多。从图 5-10 的 Al(111)极图不难看出，RD 方向是 Al{111}极图最外圈上 6 个极密度极大值点方向的对称轴方向，也就是在这些极密度极大值点方向的对称轴方向存在最大强度的"反常衍射峰"。结合图 5-8 可以得知：在 Al{111}极图最外圈上，极密度极大值点方向的 RD±18°、TD 方向可以测得正常的 Al(111)衍射峰，其衍射角 $2\theta_{111}$ 值最大，而在其余方向均出现了"反常衍射峰"且叠加在衍射谱中。最典型的"反常衍射峰"存在于极密度极大值点方向的对称轴方向衍射谱中，对于其余方向的"反常衍射峰"，只是因为叠加于正常衍射峰而使得其不太显著而已。

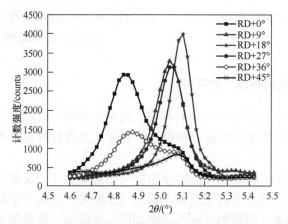

图 5-11　Al{111}极图最外圈 RD 方向附近不同方向的 Al(111)晶面衍射谱

　　同样的"反常衍射峰"现象及其呈现的规律亦发生于轧制铝板的 Al(200)晶面，图 5-12 为典型的轧制铝板 Al{200}极图。从 RD 方向开始沿着该极图最外圈的不同方向测得 Al(200)晶面的衍射谱实验测试结果见图 5-13，极密度极大值点的 RD 方向可以测得正常的衍射峰，其衍射角 $2\theta_{200}$ 值最大，在其余方向均出现了"反常衍射峰"且叠加在衍射谱中。最典型的"反常衍射峰"存在于极密度极大值点方向的对称轴方向(即 RD+0°与 RD+36°之间的 RD+18°方向)衍射谱中，对其余方向的"反常衍射峰"而言，只是因为叠加于正常衍射峰使得其不显著而已。最典型的 Al(200)晶面"反常衍射峰"的衍射角比 Al(200)晶面正常衍射峰的衍射角小 0.27°左右。

强织构的多晶材料"反常衍射峰"呈现的规律总结如下：①发生于极密度非极大值点方向的低指数晶面，其衍射角显著小于正常衍射峰的衍射角；②最典型的方向为两个相邻的极密度极大值点方向夹角的角平分线方向，其衍射角是峰位角中的极小值，其衍射强度是强度中的极大值。

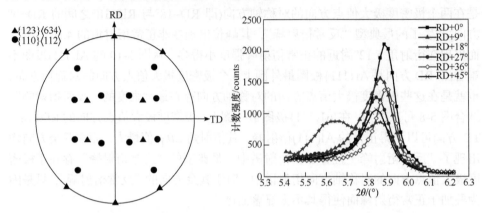

图 5-12　轧制铝板的 Al{200}极图　　　图 5-13　Al{200}极图最外圈 RD 方向附近不同
　　　　　　　　　　　　　　　　　　　方向的 Al(200)晶面衍射谱

5.6.3　关于"反常衍射峰"的探讨

作者十余年来就所述织构材料存在"反常衍射峰"的原因进行了探索性思考，以下主要从探测系统能量分析特性、平行光路的发散角等两方面进行分析探讨。

首先，每一(hkl)晶面正常衍射峰的衍射角总是大于"反常衍射峰"的衍射角，即极密度极大值点方向衍射峰的峰位 2θ 最大，直接与采用的能量色散型探测系统特性相关，测得的 Am241 能谱如图 3-5 所示，低能侧上升缓慢，高能侧下降陡峭。

在短波长特征 X 射线衍射峰的 2θ 扫描测试中，碲化镉或碲锌镉等能量色散型探测器探测光子能量时，能量色散型探测系统在每个衍射角测得的 $K\alpha_1$ 多道谱峰形(或称为能量色散衍射峰形)，其低能侧上升缓慢，高能侧下降陡峭；对于衍射扫描测得的 $K\alpha_1$ 衍射峰形，其低衍射角侧上升缓慢，高衍射角侧下降陡峭，因此 $K\alpha_1$ 能量色散衍射峰形与 $K\alpha_1$ 衍射峰形具有相似性。

鉴于碲化镉能量色散型探测系统能量分辨率在 1%左右，也就是接收了 $K\alpha_1$ 波长附近的 1%波长的波段宽度内的 X 射线，使得衍射峰形畸变，2θ 扫描测量的织构材料"反常衍射峰"的峰位最大可能偏移 0.05°左右。

其次，仪器的入射准直器、接收准直器均存在一定的发散度，使得入射到样品的 X 射线束以及接收的衍射线均不是严格的平行光，即入射到样品的 X 射线束以及接收的衍射线均存在一定的发散度，加之如前所述的织构材料晶面存在取向性，以及探测系统测量谱线计数强度的低能侧上升缓慢而高能侧下降陡峭的特性、1%能量分辨率导致衍射线存在波段宽度，使得 SWXRD 在偏离极密度极大值点方向测得的衍射峰畸变、不对称，且畸变的不对称衍射峰向低角度侧偏移。在上述实验的 SWXRD 光路系统中，其入射准直器、接收准直器的发散度均为 0.11°时，使得 2θ 扫描测试的织构材料"反常衍射峰"峰位最大可能偏移 2×0.11°左右。

上述分析表明，对于 1%能量分辨率探测系统、入射准直器和接收准直器的发散度均为 0.11°的短波长特征 X 射线衍射仪，测试织构材料存在"反常衍射峰"，而且其衍射角 2θ 的最大偏移量为 0.05°+ 2×0.11°= 0.27°左右，导致衍射角 2θ 向低角度侧的最大偏移量与仪器的探测系统能量分析率、光路几何的发散角等两方面直接相关。

每一衍射峰由满足布拉格方程若干个取向的同一(hkl)晶面衍射强度卷积而成，因此对于如图 5-11 和图 5-13 所示测得的衍射谱，即轧制铝板 Al(111)晶面在 Al{111}极图最外圈 RD 附近不同方向的衍射谱以及 Al(200)晶面在 Al{200}极图最外圈 RD 附近不同方向的衍射谱，在偏离极密度极大值点方向上，就会出现衍射角偏小的非正常衍射峰，甚至分离成双峰，甚至出现了比正常峰位衍射角 2θ 小 0.26°左右、衍射强度极强的"反常衍射峰"。

另外，采用常规的 XRD，也发现了强织构轧制铝板 Al(111)晶面衍射谱的类似衍射现象，即除极密度极大值点方向的 RD+18°方向可以测得正常的衍射峰并测得最大的衍射角 2θ₁₁ 值之外，在其余方向均出现了"反常衍射峰"且叠加在衍射谱中。

5.7　准确测定各向异性材料衍射峰的极密度极大值法

晶体衍射分析的基础在于材料/工件衍射峰的准确测定。基于 5.6 节对织构材料 "反常衍射峰"实验结果的描述和讨论，本节阐述准确测定织构材料和单晶材料衍射峰的极密度极大值法。

1. 准确测定织构材料和单晶材料衍射峰的极密度极大值法

采用 SWXRD 对其他织构材料、单晶材料的实验测试结果表明：除在(hkl)晶面的极密度极大值点方向可以测得正常的衍射峰、最大的衍射角 $2\theta_{hkl}$ 之外，在其余方向均出现了"反常衍射峰"且叠加在衍射谱中。

　　为此，制定了织构材料和单晶材料衍射峰的准确测定方法——极密度极大值法，即在三维空间的极密度极大值点方向上准确测量衍射谱的方法。该方法的主要测试步骤如下：

　　(1) 测量织构材料、单晶材料的(hkl)晶面取向，即极密度极大值点方向。

　　(2) 在测定(hkl)晶面的极密度极大值点方向上，测量(hkl)晶面的衍射谱。

　　(3) 定峰，完成织构材料和单晶材料的(hkl)晶面衍射峰的准确测定。

　　在实际工作中，对于高精度测量要求的衍射峰，需按照上述方法的多次循环迭代，直到最后一次测量(hkl)晶面衍射谱定峰的衍射角 $2\theta_{hkl}$ 与前一次测量(hkl)晶面衍射谱定峰的衍射角 $2\theta_{hkl}$ 差异小于误差指标。

　　同理，关于织构材料和单晶材料晶面取向的准确测定亦如此，详见第 6 章。

2. 关于极密度极大值法的讨论

　　物相的粉末衍射 PDF 卡片是采用各向同性的粉末标样测得的，而在各向同性的粉末标样的每一个方向上，其衍射强度空间方向(空间方位角)的梯度都为零。

　　对织构材料和单晶材料而言，鉴于材料的连续性，在强衍射的极密度极大值点方向上，其衍射强度的空间方向梯度亦为零，因此极密度极大值点方向上测得织构材料的衍射峰与各向同性材料在每一个方向上测得的衍射峰具有一致性，保证了在极密度极大值点方向上所测衍射峰的准确性。另外，极密度极小值点方向上织构材料的连续性亦使得衍射强度的空间方向梯度为零，因而可以推测，在织构材料的极密度极小值点方向上，只要测量时间充分长，测得的衍射峰亦与各向同性材料每一个方向上测得的衍射谱具有一致性。因此，极密度极大值法不仅能够准确测定织构材料和单晶材料的衍射峰，还可以显著缩短测试时间、提高测试效率。

　　自 2008 年以来，已利用极密度极大值法准确测量了镁、铝、钢等织构材料和单晶材料及其制品的 SWXRD 衍射峰，准确测定了应变、晶面取向等，得到了实验验证，详见本书后续相应章节。

5.8　衍射谱的基本数据处理

　　在晶体衍射分析中，往往基于测得的衍射谱并根据布拉格方程，获得被测样品的晶体结构及其变化。无论是采用角分辨衍射方式还是采用能量色散衍射方式，测得的衍射谱数据都是有限的、离散的衍射强度分布，需要进行相应的平滑处理、扣除背底、衍射峰定峰等基本的计算处理，才能根据布拉格方程等获得晶面间距、取向等基本信息，用于分析被测样品的晶体结构及其变化。

5.8.1　SWXRD 谱的基本分析方法

采用 SWXRD-1000 型短波长 X 射线衍射仪, 定时步进扫描无损测得的 13mm 厚 7075 铝板厚度中心层 TD 方向的 Al(111)晶面衍射谱见图 5-14，以 Al(111)晶面衍射峰的定峰过程为例，介绍 SWXRD 谱的基本处理方法和步骤。

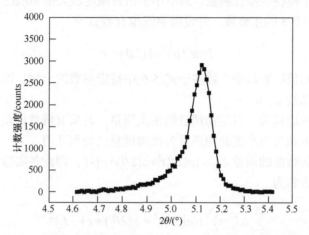

图 5-14　13mm 厚 7075 铝板厚度中心层 TD 方向的 Al(111)晶面衍射谱

1. 平滑处理

根据计数强度统计波动情况，依次测得 n 对($2\theta_i, I_i$)衍射数据的衍射谱，通常采用 k 点平滑进行衍射谱处理，k 为正奇数，即

$$I_i = \frac{\sum\limits_{m=i-\frac{k-1}{2}}^{i+\frac{k-1}{2}} I_m}{k} \tag{5-5}$$

式中，m 为正整数。

一般情况下，采用 3 点平滑或 5 点平滑处理 SWXRD 谱。

2. 扣除背底

一般而言，不做背底校正。除非 SWXRD 谱的衍射角 $2\theta < 4°$，或者 $\Psi < 60°$，或者存在其他原因而使得衍射峰两边的背底计数差异较大时，可采用斜线方式扣除背底。

3. 衍射峰定峰

准确测定衍射峰峰位具有极大的重要性。由于采集衍射数据的有限性，采用最大衍射强度定峰(即峰顶法定峰)的定峰精度往往难以满足实际需求，一般均采用拟合函数法定峰，减小定峰误差。最常用的简单拟合函数包括抛物线函数、高斯函数等。下面简单介绍抛物线函数拟合定峰的做法。

在经过前面处理的 Al(111)晶面衍射数据中，选取不小于衍射强度最大值 80%的衍射数据用于抛物线拟合函数，即不小于衍射强度最大值 80%的 n 个衍射数据 $(2\theta_i, I_i)$，n 为大于 3 的正整数，并设抛物线拟合函数为

$$I=a(2\theta)^2+b(2\theta)+c \tag{5-6}$$

所选取的峰顶衍射数据个数多于式(5-6)中待定系数的个数，因而采用最小二乘法求解待定系数 a、b、c。

最小二乘法原理为：对某物理量做多次测量，若只有偶然误差，则使得各次测量误差的平方和为最小值的物理量为该物理量的最可几值。

各测试衍射数据的误差 $\Delta I_i = [a(2\theta)^2+b(2\theta_i)+c]-I_i$，因此各实验点误差的平方和，即残差平方和为

$$\sum_{i=1}^{n}\Delta I_i^2=\sum_{i=1}^{n}\{[a(2\theta_i)^2+b(2\theta_i)+c]-I_i\}^2 \tag{5-7}$$

将式(5-7)分别对 a、b、c 求偏导数，并令偏导数等于零，整理可得

$$\begin{cases} \sum_{i=1}^{n}I_i=a\sum_{i=1}^{n}(2\theta_i)^2+b\sum_{i=1}^{n}(2\theta_i)+nc \\ \sum_{i=1}^{n}(2\theta_i)I_i=a\sum_{i=1}^{n}(2\theta_i)^3+b\sum_{i=1}^{n}(2\theta_i)^2+c\sum_{i=1}^{n}(2\theta_i) \\ \sum_{i=1}^{n}(2\theta_i)^2 I_i=a\sum_{i=1}^{n}(2\theta_i)^4+b\sum_{i=1}^{n}(2\theta_i)^3+c\sum_{i=1}^{n}(2\theta_i)^2 \end{cases} \tag{5-8}$$

将测得的 n 个衍射数据$(2\theta_i, I_i)$代入式(5-8)，计算得到待定系数 a、b、c，从而求得拟合函数，计算得到峰位坐标(5.1249, 2923)，即 Al(111)晶面衍射角 $2\theta_{111}=5.1249°$，衍射强度 $I_{111}=2923$。

需要说明的是：①由于本实验的衍射强度是光子个数，只能是正整数，即定峰计算得到的 I 值必须取整数；②拟合函数可选用其他形式的函数，同理可求得待定系数，从而得到所选用形式的拟合函数，求得峰位坐标，完成定峰。

5.8.2　关于不对称拟合函数的研究

3.6 节指出了一般情况下短波长特征 X 射线衍射峰往往存在明显的不对称性，而抛物线函数具有对称性，因此具有对称性的函数不适于拟合不对称的衍射峰进

行定峰。

为此，选用 extreme 函数、bi-Gaussian 函数等多个不对称函数，尝试用于拟合不对称的短波长特征 X 射线衍射峰。

extreme 函数的表达式为

$$y = y_0 + A\exp\left\{-\exp\left[-\left(\frac{x-x_c}{w}\right)\right] - \frac{x-x_c}{w} + 1\right\} \tag{5-9}$$

式中，y 为衍射强度；y_0 为拟合函数待定的常数项；A 为拟合函数待定的比例系数；x_c 为峰值位置；w 为峰宽。

bi-Gaussian 函数的表达式为

$$y = \begin{cases} y_0 + He^{-0.5\left(\frac{x-x_c}{w_1}\right)^2} & (x < x_c) \\ y_0 + He^{-0.5\left(\frac{x-x_c}{w_2}\right)^2} & (x \geqslant x_c) \end{cases} \tag{5-10}$$

式中，y 为衍射强度；y_0 为偏移量；H 为峰值强度；x_c 为峰值位置；w_1 和 w_2 为峰值位置两侧峰值高度一半的峰宽。

extreme 函数、bi-Gaussian 函数拟合图 5-14 所示 Al(111)衍射谱的图形分别见图 5-15 和图 5-16。

extreme 函数、bi-Gaussian 函数等拟合图 5-14 所示 Al(111)衍射谱的拟合优度 R^2、衍射角 2θ 等详见表 5-2。

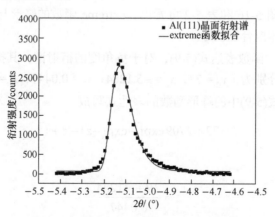

图 5-15　负角度衍射峰的 extreme 函数拟合

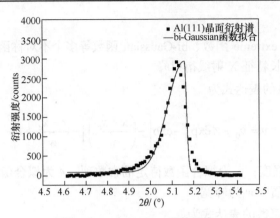

图 5-16　bi-Gaussian 函数拟合

表 5-2　Al(111)衍射谱的函数拟合定峰结果

拟合函数及方式	R^2	$2\theta/(°)$	$\Delta 2\theta/(°)$	I_{max}
原始谱形	1	5.1232	0	2929
抛物线拟合	0.99150	5.1249	0.0016	2923
bi-Gaussian 函数	0.93786	5.1576	0.0327	2945
extreme 函数	0.90615	5.1087	−0.0145	2785
extreme 函数拟合负角度峰	0.99102	5.1284	0.0052	2781

从图 5-15、图 5-16 和表 5-2 可看出，extreme 函数的峰形与角度全部取负的衍射峰峰形的整体拟合度较好。

根据 extreme 函数表达式(5-9)，对于负角度的衍射谱，其拟合得到 extreme 函数的各参数值分别为：$y_0 = 72$，$x_c = -5.1284$，$w = 0.0447$，$A = 2709$。

因此可以将式(5-9)中的峰形函数的表达式写成

$$I = 72 + 2709 \exp\left[-\exp(-z) - z + 1\right] \tag{5-11}$$

式中，

$$z = \frac{2\theta + 5.1284}{0.0447} \tag{5-12}$$

对其他铝板样品的(200)和(311)等晶面衍射峰形进行负角度处理后，也采用 extreme 函数进行拟合定峰，拟合度也较好。上述研究表明，extreme 函数可以作为衍射峰形的函数表达式，可以用于 SWXRD 衍射峰定峰。

　　当然，一方面，还需要进一步用于其他材料的衍射峰形拟合验证；另一方面，还需要找寻、构建更好地匹配 SWXRD 衍射峰形的拟合函数，结合其他相关技术的进步，进一步提升 SWXRD 分析结果的准确性和可靠性。

5.9　晶体材料/工件内部的物相定性分析

　　客观物质世界仅存在 100 余种化学元素，而不同种类、不同原子的空间排列所构成的已知晶体物质就达数百万种以上，如化学元素均为碳的石墨和金刚石。六方排列碳原子为石墨，工业上常用作润滑剂；正四面体排列的碳原子为金刚石——自然界硬度最高的物质。

　　X 射线衍射分析的基本用途就是确定被测样品的晶体物质种类及其含量，确定被测样品的晶体物质种类及其含量就是通常所说的物相分析，包括以下两方面：

　　(1) 物相定性分析，即确定被测样品中晶体物质的种类。

　　(2) 物相定量分析，即确定被测样品中晶体物质种类的含量。

　　本节简介物相定性分析方法、步骤，以及采用 SWXRD 进行物相定性分析的实例。

5.9.1　物相

　　物相是指具有某种晶体结构并能用化学式表征其化学成分的固体物质。

　　同样一种物相，既可以单独存在，也可以与其他一种或多种物相混合存在于物体中。例如，通常的纯铝粉末或块体，就是铝以单独物相形式存在的固体物质；而在 7056 预拉伸铝板中，物相铝还与热处理析出的物相 $MgZn_2$ 混合，共同存在于该铝板中。碳钢中珠光体则是具有复杂晶体结构的渗碳体物相 Fe_3C 与具有体心立方晶系的铁素体物相 α-Fe 形成的共析混合物，莱氏体则是具有复杂晶体结构的渗碳体物相 Fe_3C 与具有面心立方晶系的奥氏体物相 γ-Fe 形成的共晶混合物。

5.9.2　物相定性分析

1. PDF 卡片

　　物相定性分析的原理是将测得的衍射谱与已知物质的粉末衍射标准卡片进行比对，确定被测样品中含有的晶体物质。该方法由 Hanawalt 首先创建。已知物质的粉末衍射标准卡片简称为 PDF 卡片。从 1942 年至 1963 年出版了 13 组 PDF 卡片，从 1964 年开始每年出版 1 组，且分为有机和无机两部分。自 1998 年以来，PDF 卡片由国际衍射数据中心收集和出版。

　　每张 PDF 卡片记录了已知物相的标准衍射数据，包括卡片号、分子式、晶系及空间群编号、点阵常数等基本信息，以及与物相定性分析直接相关的三强线、衍射花样的 d 值、以最强线强度为 100 计的相对强度、衍射晶面指数等。PDF 卡片的形式和内容如图 5-17 所示。

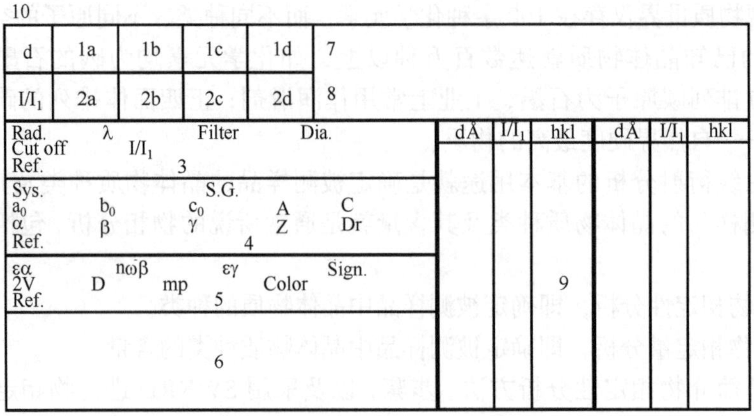

图 5-17　PDF 卡片的形式和内容

　　PDF 卡片中各栏的内容含义如下。

　　1 栏：1a、1b、1c 分别列出该物相中的最强、次强、第三强线的晶面间距，1d 是该物相的最大晶面间距。

　　2 栏：2a、2b、2c、2d 分别列出上述各线条以最强线强度(I_1)为 100 时的相对强度 I/I_1。

　　3 栏：实验条件。Rad.表示辐射的种类；λ表示波长；Filter 表示采用了滤波片，当采用单色器时写明 "Mono."；Dia.表示圆筒相机直径；Cut off 表示所用设备能得到最大晶面间距；I/I_1 表示测量线条相对强度的方法；dCorr. Abs.符号存在时，表示所测 d 值是否经过吸收校正。

　　4 栏：物质的晶体学数据。Sys.表示晶系；S.G.表示空间群；a_0、b_0、c_0 表示点阵常数，其中 $A = a_0/b_0$，$C = c_0/b_0$；α、β、γ表示晶轴间夹角；Z 表示单位晶(阵)胞中化学单位(对元素指原子，对化合物指分子)的数目。

　　5 栏：光学性质数据。εα、nωβ、εγ表示折射率；Sign.表示光学性质的 "正"(+)或 "负"(−)；2V 表示光轴间夹角；D 表示密度(如由 X 射线法测得者标以 Dx)；mp 表示熔点；Color 表示颜色(Colorless 为无色)。

　　6 栏：样品来源、制备方式、测试温度等数据，有时也注明物质的升华点(S.P)、分解温度(D.T)、转变点(T.P)、热处理等。

7 栏：物质的化学式及英文名称。在化学式之后常有数字及大写字母，其中的数字表示单胞中的原子数，英文字母下面画一横线则表示布拉维点阵的类型。各个字母代表的点阵是：C 表示简单立方；B 表示体心立方；F 表示面心立方；T 表示简单四方；U 表示体心四方；R 表示简单菱方；H 表示简单六方；O 表示简单斜方；P 表示体心斜方；Q 表示底心斜方；S 表示面心斜方；M 表示简单单斜；N 表示底心单斜；Z 表示简单三斜。

8 栏：物质的矿物学名称或通用名称，有机物为结构式。"☆"号表明卡片数据高度可靠；"〇"号表明其可靠程度较低；无标号者表示一般；有字母"i"者表示已指标化及估计强度，不如有"☆"号的卡片可靠；有字母"c"者表示数据是计算值。

9 栏：面间距、相对强度及晶面指数。该栏中可能用到下列符号：b 表示宽、模糊或漫散线；d 表示双线；n 表示并非所有资料上都有的线；nc 表示并非该晶胞所有的线；ni 表示对给定的单胞不能标注的线；np 表示不为给出的空间群所允许的指数；β 表示由于 β 线的出现或重叠而使强度不确定；tr 表示痕迹线；+ 表示可能是附加指数。

10 栏：卡片序号。若某物质需要两张卡片，则第二张卡片在序号之后以小写字母 a 指示。

各栏中的"Ref."均指该栏数据的来源。

现在常用电子版的 PDF 卡片如图 5-18 所示，图中显示的是 04-0787 的铝粉 PDF 卡片电子版。

图 5-18　铝(04-0787)的 PDF 卡片电子版

2. PDF 卡片的索引

为了将测得的衍射谱与已知物质的 PDF 卡片进行比对，Hanawalt 建立了一套普遍采用的 Hanawalt 索引，从 PDF 卡片中选取三条最强衍射线强度的 d 值作为比对依据，与测得的衍射谱定峰的 d 值及其相对强度进行检索比对。具体方法是：选 3 条最强线中的任意一条为第一检索强线，然后按 d 值递减顺序循环排列，这样每张 PDF 卡片在 Hanawalt 索引中的 3 个不同 d 值区间共出现 3 次，并在 3 条强线之后，按强度递减的顺序给出另外 5 条线的 d 值及其相对强度，以便在检索比对中辅助判断物相是否存在。另外，还有从 PDF 卡片中选取 8 条最强衍射线强度的 d 值作为比对依据的 Fink 索引，减少了检索比对误判的可能性。通常，Hanawalt 索引、Fink 索引的 d 值区间按照 0.002nm 划分，但是不同的索引版本会有所不同。

如果事先知道样品所含的元素，还可以采用字母顺序索引(也称为物质名称索引)的方法，提高检索效率、减少误判。字母顺序索引是以物相所含的化学元素、化合物英文名称的第一个字母进行顺序排列，在出现同一元素区域中又以另一元素的英文名称为序排列。

3. 物相定性分析的步骤

1) 获得样品的衍射谱
采用仪器测得的衍射谱中，样品的状态直接影响测得衍射谱的准确性。对于粉末状的样品，除适中的粉末粒度要求以外，还需要避免粉末样品在制样过程中引入取向，避免粉末样品没有混合均匀等。对于块状的样品，需要特别关注粗晶效应、织构等对测得衍射谱准确性的影响，推荐采用 5.4 节、5.7 节所述方法。

2) 衍射谱分析
对于对称的衍射峰，可将对称的抛物线函数、高斯函数等作为拟合函数定峰；对于不对称的衍射峰，尽量选用不对称的 extreme 函数等作为拟合函数定峰，参见 5.8 节。

3) 检索与匹配
在考虑了仪器的测试误差后，灵活使用各种索引，比对可能符合的 PDF 卡片，并与待测样品的定峰结果仔细对照、筛选。一般而言，往往需要反复多次检索与匹配，才不会遗漏可能的物相。

4) 判断
尽可能全面收集样品的信息，并与元素分析等其他检测分析手段结合，从检索与匹配的 PDF 卡片中判定样品的物相。

一般而言，经过上述 4 个步骤，具有一定物相分析经验的 X 射线衍射分析人员，均能完成样品的主要物相、次要物相分析。对于微量相的分析，因为涉及较多的未知因素，所以微量相分析均是 X 射线衍射分析人员面临的严峻挑战，存在较大误判的可能。

随着科技进步，人们认识和获得的晶体物质种类越来越多，即 PDF 卡片也越来越多，采用 PDF 卡片进行人工检索识别样品所含物相的方式就更加耗时与困难。为此，各专业系统人员根据累积的分析对象，并借助计算机建立各专业的衍射数据库和物相分析软件,结合相关领域的研究成果,显著提高了检索与匹配衍射数据的效率,并在一定程度上减少了物相定性分析中的误判。

目前,除各大衍射仪厂家仪器自带的物相分析软件以外,还有大量使用的 Jade 软件、PCPDFWIN 软件可以进行物相分析。

5.9.3 物相定性分析实例

以下以人工进行的单相物质定性物相分析为例,简述物相定性分析的基本过程。

现有一待分析的单相样品,在不知元素的情况下可用 Hanawalt 索引或 Fink 索引进行分析,采用 CuKα辐射,测得的该样品衍射数据列入表 5-3,确定其物相如下。

由表 5-3 可见,三强线为 $d_1 = 2.61$Å, $d_2 = 2.15$Å 和 $d_3 = 3.58$Å,用 Hanawalt 索引检索之后,发现最强线面间距位于 $2.64 \sim 2.58$Å 一组中,再核对 d_2 值,发现 d_1 和 d_2 都吻合的有表 5-4 所列的三种物质。但这三种物质中只有 Cd_4Sb_3 的 d_3 与实验值相吻合,并且表 5-3 中三强线的强度值也与 Cd_4Sb_3 三强线的强度吻合,故可初步认为待分析样品为 Cd_4Sb_3。根据索引记载的 Cd_4Sb_3 索引号 23-82,再从第 23 组粉末衍射卡片中找 82 号卡片,就可查到 Cd_4Sb_3 的数据,结果列入表 5-5 中。将表 5-3 和表 5-5 的数据进行比较,即可判定待分析样为 Cd_4Sb_3。

表 5-3 未知物质的实验数据

d/Å	I/I_1	d/Å	I/I_1
3.75	30	1.59	30
3.58	50	1.56	10
3.19	40	1.51	50
3.11	30	1.40	30
3.00	30	1.34	30
2.61	100	1.32	30
2.25	50	1.29	20
2.15	100	1.25	30
2.06	40	1.23	30
1.98	30	1.17	30
1.72	50	1.12	20

表 5-4　Hanawalt 索引部分数据

2.61_5	2.15_5	3.78_x	3.69_4	1.90_4	2.76_3	2.21_3	1.74_3	$Cs_2AgAuCl_6$	13-291
2.61_x	2.15_x	3.58_5	3.18_5	2.26_5	2.06_5	1.98_5	1.51_5	Cd_4Sb_3	23-82
2.61_2	2.15_2	1.86_x	2.31_1	1.95_1	3.72_1	2.95_1	1.84_1	$(Be_{17}Hf_2)_{38}H$	14-457

表 5-5　Cd_4Sb_3 的粉末衍射卡片数据

$d/\text{Å}$	I/I_1	$d/\text{Å}$	I/I_1
3.76	30	1.591	30
3.58	50	1.556	10
3.18	50	1.510	50
3.11	30	1.404	30
3.01	30	1.344	30
2.614	100	1.311	30
2.258	50	1.289	30
2.145	100	1.229	30
2.061	50	1.172	50
1.984	50	1.115	30
1.716	30		

当被分析样品的化学成分或可能出现的物相已知时，往往采用字母索引的方式进行物相鉴定更为方便。例如，图 5-19 是利用 SWXRD-1000 型短波长 X 射线衍射仪无损测得的 25mm 厚 2024 预拉伸铝板不同层深处的衍射谱，按照上述流程与 PDF 卡片比对，可确定该铝板不同层深处物质的主要物相均为 PDF 卡片号为 04-0787 的面心立方晶系的铝。

限于篇幅，多相物质的物相定性分析方法、技术及其实例可查阅相关文献。关于物相定性分析，需要说明如下。

(1) 实验测定的衍射数据和粉末衍射卡片记载的数据都有误差，这给物相鉴定带来困难。因影响线条强度的因素较多且更复杂，故在分析时应更重视面间距数据的吻合。

(2) 当混合物中某相的含量很少时，或某相各晶面反射能力很弱时，它的衍射线条可能难以显现，因此 X 射线衍射分析只能肯定某相的存在，而不能确定某相不存在。

(3) 鉴于物相定性分析的复杂性，往往仅依靠 PDF 卡片还不够，还需要参考相关实验室自己建立专业领域物质的衍射数据卡片和其他参数，如择优取向的影

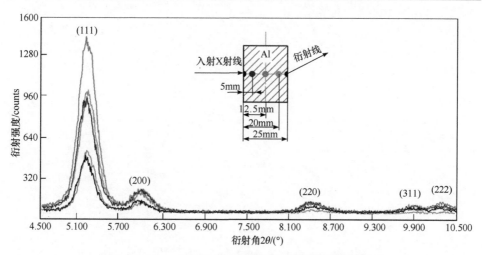

图 5-19　25mm 厚 2024 预拉伸铝板不同层深处的衍射谱

响等。

(4) 任何方法都有局限性，有时 X 射线衍射分析往往要与其他方法配合印证，才能得出正确结论。例如，合金钢中经常碰到的 TiC、VC、ZrC、NbC 及 TiN 等都具有 NaCl 结构，点阵常数也比较接近，同时它们的点阵常数又因固溶其他合金元素而变化。在此情况下，单纯用 X 射线衍射分析可能得出错误结论，应与化学分析、电子探针分析等相配合才能完成样品的物相定性分析。

第三部分　晶体材料/工件内部的短波长特征 X 射线衍射分析应用

第6章　多晶材料/工件内部织构与单晶体内部晶面取向的原位无损检测

多晶材料由无数小晶粒组成。如 2.2 节所述，小晶粒(也就是小单晶体)具有各向异性，即各晶向原子排列不同导致不同方向的力学性能、电磁学性能等不同。当这些小晶粒无规则取向时，在宏观性能上表现为各向同性。不同晶系均有相应的滑移系，如面心立方晶系有 12 个滑移系，体心立方晶系有 48 个滑移系，密排六方晶系仅有 3 个滑移系等。因此在凝固、轧制等大多数生产加工中，按照能量最低法则，材料在一些晶面、晶向上将优先生长或滑移。多晶材料的原子在某些方向上形成规则性排列，在宏观上表现为各向异性，称为择优取向或织构。

随着现代工业的进步，单晶体的各向异性越来越多地被用于大规模凝固生长高温合金定向结晶叶片/单晶叶片、大尺寸硅单晶棒等单晶制品，单晶体内部晶面取向的精确测定就成为关注的焦点。

鉴于大量的 X 射线衍射文献介绍了多晶材料表面的织构测试分析，本章主要介绍利用 SWXRD 无损检测多晶材料/工件内部织构，以及精确测定单晶体内部晶面取向。

6.1　多晶材料内部织构与测试

6.1.1　常见的织构类型与极图

按照晶体学特征和择优取向的分布特点，织构可分为两大类：丝织构和板织构。

丝织构是一种轴对称分布的织构，存在于各类拉拔的丝棒材及各种表面镀层或溅射层中，其特征是晶体中各晶粒的某晶向$\langle uvw \rangle$趋向于与某一特定的宏观方向平行，如$\langle uvw \rangle$与丝棒轴线平行或者与镀层、溅射层表面法线平行，其他晶向以该轴对称分布。丝织构指数定义为：与该宏观坐标轴平行的晶向$\langle uvw \rangle$，即以$\langle uvw \rangle$形式标识丝织构。

对于拉拔的丝织构，图 6-1 给出了常见的丝织构类型及其极图，两张极图均以金属丝的纵截面为投影面。其中，图 6-1(a)代表体心立方晶系的铁丝

⟨110⟩织构的(110)极图，图 6-1(b)代表面心立方晶系的铝丝⟨111⟩织构的(111)极图。

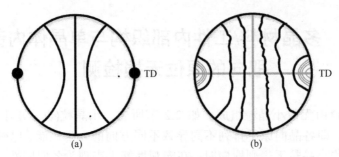

图 6-1　常见的丝织构极图

(a) 铁丝⟨110⟩织构的(110)极图；(b) 铝丝⟨111⟩织构的(111)极图

以轧制织构为代表的板织构存在于用轧制等压力加工方法成形的板、片状构件内，其特征是材料中各晶粒的某晶向⟨uvw⟩与 RD 方向平行，某{hkl}晶面与轧制表面平行。轧制织构指数定义为：与 RD 方向平行的某晶向⟨uvw⟩，以及与轧面法向(ND)平行的某{hkl}晶面，即以{hkl}⟨uvw⟩形式标识板织构，如冷轧铝板有{110}⟨112⟩织构。

对于轧制的板织构，图 6-2 给出了常见的轧制织构类型及其极图，两张极图均以轧制板面为投影面。其中，图 6-2(a)代表体心立方晶系的电解铁冷轧{111}⟨112⟩+ {112}⟨110⟩+{001}⟨100⟩织构的{110}极图，图 6-2(b)代表面心立方晶系的轧制铝板{110}⟨112⟩+{100}⟨001⟩织构的{200}极图。

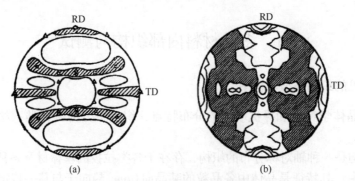

图 6-2　常见的轧制织构极图

(a) 电解铁冷轧{111}⟨112⟩+ {112}⟨110⟩+ {001}⟨100⟩织构的{110}极图；(b) 轧制铝板{110}⟨112⟩+ {100}⟨001⟩织构的{200}极图

6.1.2　极图的 SWXRD 测量方法

如前所述,由于短波长特征 X 射线的波长比常规 X 射线衍射的波长小一个数量级，穿透力强，使得 SWXRD 测量衍射谱的衍射角 2θ 往往小于 15°，因此在检测多晶材料内部织构时，常常采用透射法，测量极图的透射法衍射几何参见图 3-12。

如图 3-12 所示，2θ 为衍射角，Ψ、κ 为两个样品旋转角。要测得 (hkl) 晶面各种角度的衍射强度，需绕 θ 轴旋转，称为 θ 或 Ψ 旋转，Ψ 取值范围通常为 $0° \leqslant \Psi < 75°$；此外，还需绕样品平面法线旋转，称为 κ 旋转，κ 取值范围为 $0° \leqslant \kappa \leqslant 360°$。

SWXRD 采用透射法测量极图的主要方法步骤如下：

(1) 安装被测样品。安装丝织构样品时，尽量使丝织构样品的丝织构轴晶向 $\langle uvw \rangle$ 与仪器样品台的 X 轴方向平行，样品尺度最小的方向与仪器样品台的 Z 轴方向平行，减少样品对 X 射线的吸收衰减，提高测试效率。

安装轧制织构样品时，使样品轧制面法线方向与仪器样品台的 Z 轴方向平行，轧制方向与仪器样品台的 X 轴方向平行。

(2) 将被测样品的被测部位运动到 SWXRD 的衍射仪圆圆心。

(3) 根据待测晶面 (hkl)，计算得到衍射角 $2\theta_{hkl}$ 以及布拉格角 θ_{hkl}，并将探测系统转动到 $2\theta = 2\theta_{hkl}$，样品台转动到 $\theta = \theta_{hkl}$。

(4) 依次设定不同步长 $\Delta\Psi$ 递增的 Ψ 角，在每一 Ψ 角下样品沿 κ 角步进递增到 360°，同时定时长地测量待测晶面 (hkl) 每一步的短波长特征 X 射线衍射强度，$\Delta\Psi$、$\Delta\kappa$ 取值范围通常为 $1° \sim 5°$。

从衍射几何可知，当 $\Psi = 90°$ 时的入射线与衍射线在样品中经过的路径最短，即 $\Psi \neq 90°$ 时的样品对 X 射线的衰减要比 $\Psi = 90°$ 时的衰减更多，因此必须对所采集的衍射数据进行衍射强度校正，衍射强度校正公式为

$$R = \frac{I_\Psi}{I_0} = \cos\theta \frac{e^{\frac{-\mu t}{\sin(\Psi + \theta)}} - e^{\frac{-\mu t}{\sin(\Psi - \theta)}}}{\mu t \left[\frac{\sin(\Psi + \theta)}{\sin(\Psi - \theta) - 1} \right]} \tag{6-1}$$

按照式 (6-1) 校正计算，就可得到消除了吸收影响的 $\{hkl\}$ 晶面族在 (Ψ, κ) 方向的衍射强度 $I_{\Psi\kappa}$ 及其空间分布，绘制得到如图 6-2、图 6-3 所示的极图。绘制极图的工作大都由计算机程序来完成，极图中一系列等密度曲线表示被测量晶面衍射强度的空间分布情况，也代表该族晶面法线在各空间角的取向分布概率。

Ψ 为低角度区间时，鉴于材料对 X 射线的吸收，无损测量材料工件内部织构的衍射强度过低而无法进行测量，因此短波长特征 X 射线衍射的透射法适宜测量极图的 Ψ 角范围通常为 $40° < \Psi < 90°$，即适合于高 Ψ 角区间的测量。

为了得到极图的低 Ψ 角部分，可以采用 SWXRD 测量其他 $\{hkl\}$ 晶面族的透射极图，计算得到极图的低 Ψ 角部分，如对于立方晶系材料，可以通过测量三张不

同晶面族的透射极图，计算得到极图的低 Ψ 角部分，得到全极图，也可以计算得到三维取向分布函数(orientation distribution function, ODF)，这也是另一种常用的织构测量分析方法，可参阅 DOF 相关文献。

　　另外，被测样品晶粒粗大时，需要采用摇摆法，使得参与衍射的晶粒数量足够多，保证测得的衍射强度具有统计性。

6.1.3　极图分析

　　根据测得的极图，确定晶面、晶向的取向是极图分析的基础和重要方面。下面以图 6-3 测得的冷轧铝板织构的 {111} 极图为例，进行极图分析，确定铝板织构指数 $\{hkl\}\langle uvw\rangle$。

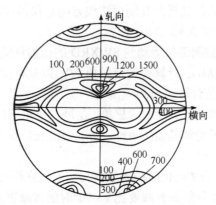

图 6-3　冷轧铝板织构的 {111} 极图

　　由于铝属于面心立方晶系，选用立方晶系的标准极图进行比对。

　　首先，选用或制备与图 6-3 所示极图半径相同的立方晶系不同 (hkl) 晶面的标准极图，可参照本书 2.2 节制作与极图半径相同的标准极图。

　　将半径相同的所测极图与标准极图叠合，且极图的圆心与标准极图的圆心重合，转动其中之一，使极图上 {111} 极点高密度区与各指数晶面标准极图上的 {111} 晶面族极点位置重合，不能重合则换图再比对。最后，发现所测极图与(110)标准极图的 {111} 极点重合，则轧面指数为(110)，与轧向重合点的晶向指数为 $\langle 1\bar{1}2\rangle$，故此织构指数为 $\{110\}\langle 1\bar{1}2\rangle$。

　　有些被测样品不只是一种织构类型(图 5-10 显示了两种织构类型)，即用一张标准极图不能使所有极点高密度区都得到较好的吻合，此时就需要再与其他标准极图比对，直到所有高的极密度区域全部得到匹配，也就是比对另一种织构或另几种织构至全部完成匹配为止。

　　表 6-1 和表 6-2 是一些金属常见的丝织构和轧制织构。

表 6-1　部分金属的常见丝织构

金属	晶系	拉伸织构		压缩织构	
		加工	再结晶	加工	再结晶
Ag	fcc	$\langle 111 \rangle + \langle 100 \rangle$	$\langle 111 \rangle + \langle 100 \rangle$	$\langle 100 \rangle + \langle 110 \rangle$	$\langle 100 \rangle$
Al	fcc	$\langle 111 \rangle$	$\langle 112 \rangle$	$\langle 111 \rangle + \langle 100 \rangle + \langle 113 \rangle$	$\langle 110 \rangle + \langle 113 \rangle$
Au	fcc	$\langle 111 \rangle + \langle 100 \rangle$			
Cu	fcc	$\langle 111 \rangle + \langle 100 \rangle$	$\langle 112 \rangle$		$\langle 100 \rangle + \langle 110 \rangle$; $\langle 111 \rangle$
Ni	fcc	$\langle 111 \rangle + \langle 100 \rangle$			
Pb	fcc	$\langle 111 \rangle$	$\langle 111 \rangle$		
Pd	fcc	$\langle 111 \rangle$			
Fe	bcc	$\langle 110 \rangle$	$\langle 110 \rangle$	$\langle 111 \rangle + \langle 110 \rangle$	$\langle 110 \rangle$
Mo	bcc	$\langle 110 \rangle$	$\langle 110 \rangle$; $\langle 100 \rangle$	$\langle 110 \rangle$	
W	bcc	$\langle 110 \rangle$			
Zn	hcp	$\langle 0001 \rangle$ *			
Mg	hcp	$\langle 11\bar{2}0 \rangle$			
Zr	hcp	$\langle 11\bar{1}0 \rangle$	$\langle 11\bar{2}0 \rangle$ **		
Ti	hcp	$\langle 11\bar{1}0 \rangle$	$\langle 11\bar{2}0 \rangle$ **	$\langle 0001 \rangle$ ***	$\langle 0001 \rangle$ ***

* $\langle 0001 \rangle$ 与丝轴成 70°。

** $\langle 11\bar{2}0 \rangle$ 与丝轴成 11°。

*** $\langle 0001 \rangle$ 与压缩轴成 17.2°～30°。

表 6-2　部分金属的常见轧制织构

金属	晶系	冷轧织构	再结晶织构
Ag	fcc	$\{110\} \langle 112 \rangle + \{112\} \langle 111 \rangle$	$\{113\} \langle 112 \rangle$
Al	fcc	$\{110\} \langle 112 \rangle + \{112\} \langle 111 \rangle$	$\{100\} \langle 001 \rangle$
Cu	fcc	$\{110\} \langle 112 \rangle + \{112\} \langle 111 \rangle$	$\{100\} \langle 001 \rangle$
Ni	fcc	$\{110\} \langle 112 \rangle + \{112\} \langle 111 \rangle$	$\{100\} \langle 001 \rangle$
Pb	fcc	$\{110\} \langle 112 \rangle + \{112\} \langle 111 \rangle$	
Fe	bcc	$\{100\} \langle 011 \rangle + \{112\} \langle 110 \rangle + \{111\} \langle 112 \rangle$	$\{100\} \langle 001 \rangle$ *
Mo	bcc	$\{100\} \langle 001 \rangle$	$\{100\} \langle 001 \rangle$

金属	晶系	冷轧织构	再结晶织构
W	bcc	{100}〈001〉	
Cd	hcp	{0001}〈11$\bar{2}$0〉**	{0001}〈11$\bar{2}$0〉**
Zn	hcp	{0001}〈11$\bar{2}$0〉**	{0001}〈11$\bar{2}$0〉**
Mg	hcp	{0001}〈11$\bar{2}$0〉	{0001}〈11$\bar{2}$0〉
Zr	hcp	{0001}〈11$\bar{1}$0〉***	{0001}〈11$\bar{2}$0〉***
Ti	hcp	{0001}〈11$\bar{1}$0〉***	

* 〈011〉与轧向成 15°。

** 〈0001〉沿轧向倾斜 20°～25°。

*** 〈0001〉沿轧向倾斜 25°～30°。

6.2　内部织构分布均匀性的特征参量表征及其快速无损检测分析

材料/工件内部晶粒取向均匀性直接影响其加工性能和使用性能,先进材料、先进制造急需织构在线的无损检测技术支撑,如在线无损监/检测材料/工件内部织构分布的均匀性,就可以及时调整工艺参数,保证产品性能。本节以预拉伸铝板为例,介绍采用表征材料/工件内部晶面取向均匀性的特征参量选取,以及短波长特征 X 射线衍射装置及其快速无损检测材料/工件内部织构均匀性的方法。

6.2.1　预拉伸铝板内部晶面取向均匀性的特征参量选取

预拉伸铝板是经过以消减内部残余应力为目的的预拉伸处理的轧制铝板,其内部织构就是轧制织构,其择优取向程度沿板厚的分布与轧制工艺参数密切相关。理论分析表明:当轧板仅承受 ND 方向的作用力时,其择优取向程度沿板厚的分布趋于均匀分布。

为了快速检测预拉伸铝板内部织构分布的均匀性,基于衍射强度最大化选取特征参量的原则,选取的特征参量需要满足:①入射的短波长特征 X 射线与衍射的短波长特征 X 射线在板材内部传播路径之和最短;②衍射强度最大的衍射晶面、衍射方向。

Al(111)晶面的衍射角在所有晶面里的衍射角中最小,使得入射的短波长特征 X 射线与衍射的短波长特征 X 射线在板材内部传播路径之和最短。

Al(111)晶面衍射强度是所有晶面中衍射最强的晶面,而且从图 5-10 所示典型铝合金轧制织构的{111}极图不难看出,在 Al{111}极图最外圈的 RD±18°方向,也就是(90°, 72°)、(90°, 108°)方向和(90°, 252°)、(90°, 288°)方向,是极密度极大值点方向;以及在极图最外圈的 TD 方向,也就是(90°, 0°)和(90°, 180°)方向,也是极密度极大值点方向。

因此,对于预拉伸铝板和轧制铝板,选取 Al{111}极图中(90°, 72°)、(90°, 108°)、(90°, 252°)和(90°, 288°)方向的 Al(111)晶面衍射强度作为特征参量,也可以选取 Al{111}极图中(90°, 0°)和(90°, 180°)方向的 Al(111)晶面衍射强度作为特征参量。

6.2.2 快速无损检测预拉伸铝板内部织构均匀性的装置和方法

快速无损检测板状材料/工件内部织构均匀性的装置原理是:将探测板材不同深度部位特征参量的阵列探测系统置于极密度极大值点方向,经入射准直器的一束 X 射线入射到材料工件,在材料/工件内部传播路径上的材料发生衍射,各深度材料衍射的短波长特征 X 射线通过平行阵列接收准直器对应各深度的通光孔而被阵列探测器相应像素单元探测,同时测得不同深度的特征参量分布图,即同时测得不同深度的短波长特征 X 射线衍射强度分布图,移动材料/工件,就可以快速测得板材不同部位、不同深度的短波长特征 X 射线衍射强度分布图,从而快速表征板状材料/工件内部织构的均匀性。

图 6-4 是快速无损检测板状材料/工件内部织构均匀性的装置示意图。

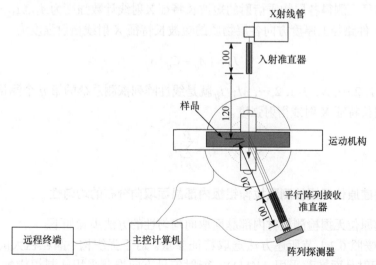

图 6-4 快速无损检测板状材料/工件内部织构均匀性的装置示意图(单位: mm)

下面以采用短波长特征 X 射线 $WK\alpha_1$ 无损测定板材内部各层的衍射强度分布为例，介绍测量方法。

如图 6-4 所示装置的衍射几何，设阵列探测系统的平行阵列接收准直器通光宽度为 a，阵列探测系统置于被测材料 (hkl) 晶面的衍射角为 $2\theta_{hkl}$，则该装置的厚度分辨率为

$$\Delta D = \frac{a}{\sin 2\theta_{hkl}} \tag{6-2}$$

对于一维阵列探测系统：各像素事先测得背底的 $WK\alpha_1$ 计数强度值为 C_1，$C_2, \cdots, C_N$，各像素事先测得的衍射强度校正因子为 $B_1, B_2, \cdots, B_N$，在入射线穿过样品路径上测得各层物质衍射的短波长特征 X 射线计数强度为 $A_1, A_2, \cdots, A_N$，则材料/工件路径上厚度方向的各层物质的短波长特征 X 射线衍射强度为

$$I_i = \left(A_i - C_i\right) B_i \tag{6-3}$$

式中，$i=1, 2, \cdots, N$。I_i 就是线性阵列探测系统的第 i 个测量像素测得的短波长特征 X 射线衍射强度，即所测样品第 i 层物质衍射的短波长特征 X 射线衍射强度。

令 $I=I_{max}$，$J_i=I_i/I_{max}$，则 N 个 J_i 就表征了校准归一化后的短波长特征 X 射线衍射强度分布，用于所测样品内部晶粒取向均匀性的直观表征。

对于二维阵列探测系统，各测量像素事先测得背底的 $WK\alpha_1$ 计数强度值为 $C_{11}, C_{12}, \cdots, C_{NM}$，各测量像素事先测得的校正因子为 $B_{11}, B_{12}, \cdots, B_{NM}$，在入射线穿过样品路径上测得各层物质衍射的短波长特征 X 射线计数强度为 $A_{11}, A_{12}, \cdots, A_{NM}$，则材料/工件路径上厚度方向各层物质的短波长特征 X 射线衍射强度为

$$I_{ij} = \left(A_{ij} - C_{ij}\right) B_{ij} \tag{6-4}$$

式中，$i=1, 2, \cdots, N$；$j=1, 2, \cdots, M$；I_{ij} 就是线性阵列探测系统的第 ij 个测量像素测得的短波长特征 X 射线衍射强度。

$$I_i = \sum_{j=1}^{M} I_{ij} \tag{6-5}$$

6.2.3 快速原位无损检测预拉伸铝板内部晶面取向分布的均匀性

快速原位无损检测板材内部晶面取向均匀性的方法步骤如下。

(1) 按照 6.2.1 节所述方法选取特征参量。对于强织构、晶粒粗大的预拉伸铝板，衍射晶面推荐采用 Al(111)，衍射矢量方向推荐采用轧制织构的 Al(111) 极图外圈上的极密度极大值点方向；为保证测量结果的统计性，在测量的每一个

部位的厚度分布中，每一厚度层参与衍射的晶粒数应不少于 5000 个，对于定部位的测量，则推荐样品往复运动的振幅≥5mm。

(2) 样品贴紧样品台的基准面安装，将试样中心层置于装置的衍射仪圆圆心，并建立样品坐标系，使得当 θ=0°、2θ=0°时，样品板面法向与入射 X 射线平行。

(3) 设置光子能量分析器的上、下阈值来选取短波长特征 X 射线，如 WKα_1。

(4) 将 X 射线管、阵列探测系统、样品台转动到所选特征量的相应角度，使得衍射矢量方向为轧制织构的 Al(111)极图外圈上的极密度极大值点方向。

(5) 设定管电压、管电流、焦点尺寸、测量时长、样品往复运动振幅或运动速度等。

(6) 上述设置完成后，2θ 走到 5°附近，开启高压，并待施加在 X 射线管上的电压、电流稳定。

(7) 开启测量，获取数据。

(8) 测试完成后，得到被测部位衍射强度沿样品厚度的原始分布，进行前述的扣除背底、校正、归一化处理后，即可得到被测部位(hkl)晶面取向沿样品厚度的分布。

(9) 平移样品到另一部位，重复步骤(7)和(8)的测定分析，直到所有待测部位的内部晶面取向均匀性测定完。

(10) 测试结束后，关闭 X 射线源。

采用上述方法分别曝光 20s、2min、10min，测得的 A 公司产 20mm 厚 7075 铝板一个部位内部织构沿板厚的分布见图 6-5 和图 6-6，测得的 X 公司产 25mm 厚 2024 铝板一个部位内部织构沿板厚的分布见图 6-7 和图 6-8。

从 A 公司产轧制铝板和 X 公司产轧制铝板轧制织构的分布可知：TD 方向的织构均匀性都比 RD+18°方向更优异，RD+18°方向的织构更加集中于实际轧制中间层(即 Y=130 像素位置)；X 公司产铝板内部织构分布的均匀性比 A 公司产铝板内部织构分布的均匀性差。

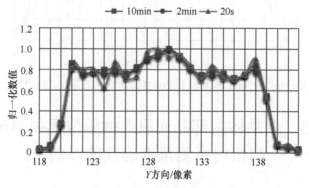

图 6-5　A 公司产 20mm 厚 7075 铝板(111)晶面取向在 RD+18°方向沿板厚的分布

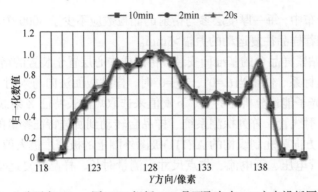

图 6-6　A 公司产 20mm 厚 7075 铝板(111)晶面取向在 TD 方向沿板厚的分布

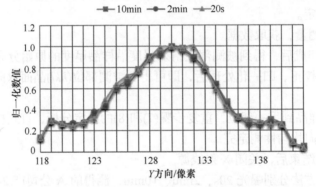

图 6-7　X 公司产 25mm 厚 2024 铝板(111)晶面取向在 RD+18°方向沿板厚的分布

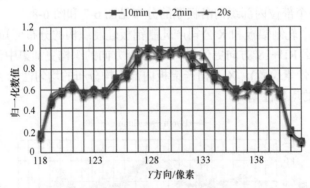

图 6-8　X 公司产 25mm 厚 2024 铝板(111)晶面取向在 TD 方向沿板厚的分布

6.3　单晶体内部晶面取向的原位无损测定
与衍射峰测量准确性的评估

5.6 节介绍了 SWXRD 测试中的"反常衍射峰", 5.7 节介绍了短波长特征 X

射线衍射准确测定强织构材料和单晶材料的衍射谱/晶面取向的极密度极大值法。

本节以晶面取向最强的单晶体——镍基高温合金单晶叶片为测试对象，基于极密度极大值法，详细介绍如何精准地原位无损测定其 $\gamma'(200)$ 晶面取向的方位角（Ψ_{200}, φ_{200}），以及 $\gamma'(200)$ 晶面衍射角 $2\theta_{200}$。

镍基高温合金单晶叶片如图 6-9 所示，其主要物相为 γ' 相，衍射晶面 $\gamma'(200)$ 晶面与单晶叶片径向的夹角越小越好，衍射斑越小，其单晶取向一致性就越好。测试的衍射几何及样品坐标系见图 3-12。

图 6-9　被测的镍基高温合金单晶叶片

采用的 SWXRD-1000 型短波长 X 射线衍射仪测试参数：平行光束法，衍射晶面特征 X 射线 $WK\alpha_1$ 的波长 $\lambda=0.208992\text{Å}$，管电压 200kV，管电流 8mA，焦点尺寸 1.0mm×1.0mm，入射准直器和接收准直器的发散度均为 $0.11°$。

测试步骤如下：

(1) 将待测样品安装于仪器的样品台上，使样品的晶体生长方向尽量与 X 轴平行。

(2) 参照 5.3 节所述方法，将叶片的待测部位定位于衍射仪圆圆心。

(3) 理论上的 $\gamma'(200)$ 晶面衍射角 $2\theta_{200}=6.66°$，并令 $2\theta_0=6.66°$。

(4) 将探测系统转动到 $2\theta_0=6.66°$。

(5) 鉴于单晶叶片 $\gamma'(200)$ 晶面方向与叶片径向差异小于 15°，在 ±15° 范围内，以步长 $\Delta\Psi=0.02°$、测量时间 10s 进行 Ψ 的步进扫描测量，测得 Ψ-衍射强度 I 衍射谱，并定峰为 Ψ_1。

(6) 将 Ψ 转动到 Ψ_1，在 ±15° 范围内，以步长 $\Delta\varphi=0.4°$、测量时间 10s 进行 φ

的步进扫描测量，测得 φ-衍射强度 I 衍射谱，并定峰为 φ_1。

(7) 将 φ 转动到 φ_1，以步长 $\Delta 2\theta=0.01°$、测量时间 10s，进行 2θ 的步进扫描测量，测得 2θ-衍射强度 I 衍射谱，并定峰为 $2\theta_1$。

(8) 重复步骤(5)～步骤(7)，直到 $|\Psi_i-\Psi_{i-1}|$ 和 $|\varphi_i-\varphi_{i-1}|$ 分别小于预设值，如 0.5°。

(9) 最后一次测得的 $2\theta_i$ 即为 $\gamma'(200)$ 晶面衍射角 $2\theta_{200}$，最后一次测得的 (Ψ_i, φ_i) 即为 $\gamma'(200)$ 晶面取向方位角 $(\Psi_{200}, \varphi_{200})$。

该样品最后的第 6 次循环测试值见表 6-3，即测得 $\gamma'(200)$ 衍射角 $2\theta_{200}=$ 6.6212°，测得的 $\gamma'(200)$ 晶面取向为 (0.8017°, 0.2831°)。

表 6-3　测得的 2θ、Ψ、φ

$2\theta/(°)$	$\Psi/(°)$	$\varphi/(°)$
6.6212	0.8017	0.2831

第 5 次和第 6 次步进扫描测得的 2θ、θ/Ψ、κ/φ 衍射谱分别见图 6-10～图 6-12。

细心的读者不难发现，随着循环测量次数的增加，步进扫描测量的衍射峰形越对称，衍射峰位的衍射强度就越大，衍射峰的半高宽就越小，所测值就越准确，同时该实验结果也证明了极密度极大值法的合理性和有效性。

鉴于利用光子能量分析筛选的特征 X 射线或由晶体单色器获得的准单色 X 射线存在一定的波段宽度，可由上述实验得到关于衍射峰位测量准确性的直观评估判据：扫描测量的衍射峰形对称性与衍射峰位测量的准确性为正相关关系，即衍射峰形对称性越好，则采用的测试方法/条件就越合理，该衍射峰位就测量得越准确。

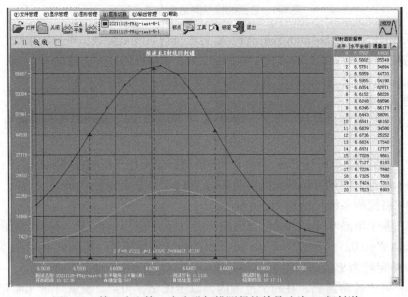

图 6-10　第 5 次和第 6 次步进扫描测得的单晶叶片 2θ 衍射谱

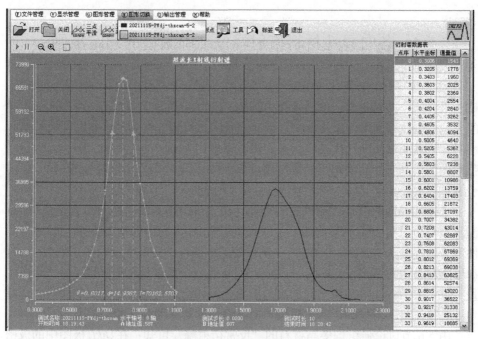

图 6-11　第 5 次和第 6 次步进扫描测得的单晶叶片 θ/Ψ 衍射谱

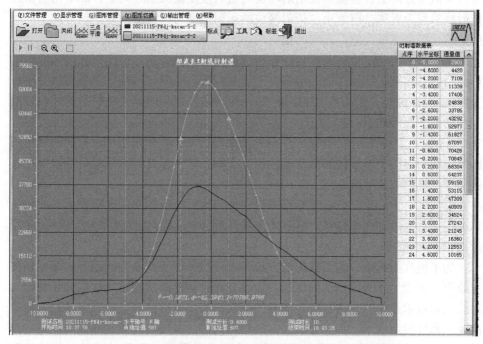

图 6-12　第 5 次和第 6 次步进扫描测得的单晶叶片 κ/φ 衍射谱

6.4 各向异性材料衍射峰位准确测量的判定准则

6.3 节基于 5.7 节所述的极密度极大值法，通过顺序进行 2θ、Ψ、φ 的迭代测试，最终原位准确测定了单晶叶片内部的 $\gamma'(200)$ 晶面取向(Ψ, φ)，内部晶面取向的方位角测试精度可优于 0.005°，但是迭代测试过程非常烦琐，有时耗时长达数小时，虽然测试精度远优于广为采用测试精度约为 0.5° 的劳厄法，但难以满足极强取向的单晶叶片晶面间距的测试精度要求(如测定残余应力需要优于 10^{-3} 的应变测试精度要求)。

上述的晶面取向迭代测试过程表明：决定(hkl)晶面取向的两个方位角 Ψ、φ 测量值与衍射角 $2\theta_{hkl}$ 测量值相互关联，即提高(hkl)晶面衍射角 $2\theta_{hkl}$ 测量值之准确性就必须提高(hkl)晶面取向角(Ψ, φ)测量值的准确性，实际上反映了：①$2\theta$、Ψ、φ 与衍射强度 I 之间相互关联，即 2θ、Ψ、φ 等三个角度是衍射强度 I 的三个自变量，2θ、Ψ、φ、I 等四维空间的准确测量是晶体衍射精确测试分析的关键；②各角度扫描测量的衍射峰位的准确性与衍射峰形的对称性为正相关关系。

由 5.6 节讨论强织构多晶材料的"反常衍射峰"可知：在{hkl}极图中的极密度极大值点方向上，也就是在衍射峰位的衍射强度极大值方向上，2θ-I 衍射谱的衍射峰形最为对称，衍射角、衍射峰位的衍射强度为极大值，即其他方向上的衍射角均比极密度极大值点方向的衍射角小。

基于以上实验结果，无论是存在择优取向的多晶材料，还是存在极强取向的单晶材料，在被测样品的被测部位位于衍射仪圆圆心时，不难得到采用极密度极大值法测量衍射晶面(hkl)信息准确性的判定准则，即各向异性材料衍射峰位准确测量的判定准则如下：

(1) 在衍射角 2θ、衍射强度 I 与晶面取向的两个方位角 Ψ 和 φ 构成的测量值四维空间中，四个参量的测量准确性相互关联，任一参量的测量准确性取决于其他三个参量的测量准确性。

(2) 2θ-I、Ψ-I、φ-I 衍射谱峰形的对称性与衍射峰位的测量准确性为正相关关系，即衍射峰形对称性越好，衍射峰位就测量得越准确，也就是 2θ、Ψ、φ、I 测量得越准确。

为了提高衍射角、晶面取向的方位角、衍射强度及其晶面间距等的测试精度和效率，减少上述迭代测试的烦琐，作者正在带领团队研制第二代短波长特征 X 射线衍射技术及仪器，并基于各向异性材料衍射峰位准确测量的判定准则，研究高效、精准检测技术，提升强织构多晶材料内部的晶面取向及其晶面间距等的测试精度和效率，解决单晶体内部的晶面取向及其晶面间距等的高效、精准检测难题。

第7章 晶体材料/工件内部残余应力的
原位无损测定

包括 SWXRD 在内的晶体衍射法无损测定(残余)应力，均是通过测量被测部位的应变，并基于弹性力学的广义胡克定律计算得到该部位的(残余)应力。本章主要按照残余应力及其产生、内应力模型及分类表征、应变与应力关系、无损测定内部残余应力的常用方法以及极密度极大值法、无应力标样制备、内部残余应力的无损测定典型事例等顺序，讲解晶体材料/工件内部(残余)应力的原位无损测定。

7.1 残余应力及其产生

7.1.1 残余应力的内涵

物质和能量是客观世界的两个基本属性，能量改变物质的状态。

对于包括晶体在内的固体，其内能包括分子动能和分子势能(通常称为应变能)两部分，热力学温度直接表征了固体内能中的分子动能，而内应力是固体内能中的分子势能梯度，并以二阶张量(second-order tensor)的形式表征。

内应力就是在固体内部一个截面单位面积上的力，常用 σ 表示，常用单位为 MPa，即 MN/m^2。例如，作用于横截面积为 S 的拉伸样品的外力为 F，则在拉伸样品横截面上产生应力 σ，该应力 $\sigma = F/S$，F 的单位为 N，S 的单位为 m^2。

按照弹性力学理论，内应力均是通过测量应变并基于广义胡克定律计算得到的，且规定拉伸应力为正，压缩应力为负。因此，应变是测量值，内应力是计算值。

残余应力是一种没有外力作用而在物体内部存在并保持自平衡的内应力。从静力学理论可知，固体处于平衡状态的必要条件是合力等于零以及合力矩等于零，因此处于平衡状态的固体，其残余应力的合力等于零，合力矩等于零。

包括残余应力在内的内应力与固体内能中的分子势能梯度直接相关，因此包括残余应力在内的内应力直接影响材料/工件的状态及性能，在工程上常常表现为：①在材料制备及其加工零部件的过程中，存在残余应力，均因物体的自身平衡而变形，即工程上通常所说的加工变形。②当存在的残余应力分布不当时，叠加后的拉应力将会促进裂纹的萌生和扩展，将会降低零部件的承力特性，容易发生疲劳断裂或由应力腐蚀、腐蚀疲劳而产生断裂等；相反，若存在压应力时，将会抑制裂纹的萌生和扩展，可以提高零部件的疲劳强度等。③航空发动机或燃气轮机的高温合金单晶叶片需要进行均匀化处理, 若某一部位存在较大残余应力, 将会在均匀化处理中诱发该部位产生再结晶缺陷, 埋下重大安全隐患, 导致服役叶片早期失效断裂。

需要说明的是, 包括残余应力在内的内应力是固体内能中的分子势能梯度并以二阶张量形式的表征, 分子势能存在涨落, 因此固体材料各部位的(残余)应力及其分布必然存在涨落, 不是定值, 而是在定值附近的涨落, 当且仅当热力学温度为零时, 固体材料的(残余)应力才会是定值。

综上所述, 残余应力是固体在卸载外力作用后, 依据固体平衡条件而划分的一种内应力。残余应力直接影响材料/工件的性能, 残余应力是固体内能中的分子势能梯度并以张量的形式表征, 具有方向性, 且存在拉应力和压应力之分, 应力值前的 "+" 表示拉应力, 应力值前的 "−" 表示压应力。

备注: 一定体积固体内能中的应变能正比于应变的平方 ε^2 对该体积的积分。

7.1.2　残余应力的产生

残余应力产生于材料的不均匀塑性变形, 其原因及过程是多种多样的, 其主要原因有: ①冷热变形时沿截面弹塑性变形不均匀; ②工件加热、冷却时不同区域的温度分布不均匀, 导致热胀冷缩不均匀; ③热处理时不均匀的温度分布引起相变过程的不同时性等。

根据相互作用的尺度范围可将残余应力分为宏观应力和微观应力。对于多晶体物质, 常常将在晶粒尺寸范围内的残余应力称为微观应力, 若其应力涉及的尺度范围更大, 则称为宏观应力。

究其实质, 实际工程材料的非连续性、各向异性、缺陷等是在物体中产生残余应力的内因, 外界输入物体的能量及其分布(如温度场、应力场等的不均匀或不同时等)是在物体中产生残余应力的外因。显然, 弹性力学中的理想弹性体内不存在残余应力。

机械加工和强化工艺都能引起残余应力, 如冷拉、弯曲、切削加工、滚压、喷丸、铸造、锻压、焊接和金属热处理等, 因不均匀塑性变形或相变都可能引起残余应力。残余应力一般是有害的, 如零件在不适当的热处理、焊接或切削加工后, 残余应力会引起零件发生翘曲或扭曲变形, 甚至开裂, 或经淬火、磨削后表面会出现裂纹。残余应力的存在有时不会立即显现, 而当零件在工作中因工作应力与残余应力的叠加而使总应力超过强度极限时, 便会出现裂纹和断裂。零件的残余应力大部分都可通过适当的热处理消除。残余应力有时是有益的, 如预制拉应力的钢筋混凝土, 预制的拉应力可以显著提高抗压性能, 节约钢筋的使用量; 再如, 预制表面压应力场的表面强化处理, 预制的表面压应力场可以显著抑制表面裂纹的萌生和扩展等。

7.2　内应力模型及晶体衍射表征

7.2.1　Macherauch 内应力模型及其分类

1973 年，德国 Macherauch 基于早期的研究成果和当时的晶体衍射技术，提出了被多数人认可的内应力模型，并按涵盖尺度范围将内应力分为三类，如图 7-1 所示。

第一类内应力(记为 σ_r^{I})：在材料的较大区域(很多个晶粒范围)内几乎是均匀的，与第一类内应力相关的内力在横贯整个物体的每个截面上处于平衡，与 σ_r^{I} 相关的内应力力矩也处于平衡，当存在 σ_r^{I} 的物体的内力平衡和内力矩平衡遭到破坏时会产生宏观的尺寸变化，致使衍射峰偏移，可以通过衍射角的位移测算应变，进而基于弹性力学的广义胡克定律计算得到第一类内应力 σ_r^{I}，它是一个二阶张量，其量纲为 $ML^{-1}T^{-2}$，常用单位为 MPa。

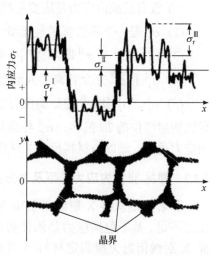

图 7-1　Macherauch 内应力模型及其分类示意图

第二类内应力(记为 σ_r^{II})：在材料的较小范围(一个晶粒或几个晶粒内的区域)内近乎均匀。与 σ_r^{II} 相联系的内力或内力矩在足够多的晶粒中是平衡的。当这种平衡遭到破坏时也会出现尺寸变化，致使衍射峰宽化，可以通过衍射峰线性分析测算第二类内应力，该模型的第二类内应力表达为 $\bar{\varepsilon}^2$。显然，该模型的第二类内应力 σ_r^{II} 完全不同于第一类内应力 σ_r^{I}，是一个零阶张量，且无量纲。

第三类内应力(记为 σ_r^{III})：在极小的材料区域(数十个或数百个原子)内近乎均匀，与 σ_r^{III} 相关的内力或内力矩在小范围(一个晶粒内的足够大部分)是平衡的，当这种平衡破坏时，不会产生宏观尺寸的变化，致使衍射峰的衍射强度降低。第三类内应力 σ_r^{III} 无表达式，也无量纲。

一般文献中，把第一类内应力称为宏观应力(macrostress)，第二类内应力和第三类内应力统称为微观应力(microstress)。下列式子可以把这些概念对应起来。

$$\sigma_r^{\mathrm{macro}} = \sigma_r^{\mathrm{I}} \tag{7-1}$$

$$\sigma_r^{micro} = \sigma_r^{II} \text{ 或 } \sigma_r^{III} \tag{7-2}$$

$$\sum \sigma_r^{micro} = \sigma_r^{II} + \sigma_r^{III} \tag{7-3}$$

在 Macherauch 的内应力模型中，σ_r^{I}、σ_r^{II} 和 σ_r^{III} 之间的关系明确，借助晶体衍射将 σ_r^{I}、σ_r^{II} 和 σ_r^{III} 与多晶材料的晶粒组织建立了联系，但是也存在明显的系统性问题：

(1) 没有反映内应力是应变能梯度的物理内涵。

(2) σ_r^{II} 是一个零阶张量且无量纲，σ_r^{III} 无表达式，且未给出量纲。

(3) σ_r^{I}、σ_r^{II} 和 σ_r^{III} 既不适用于单晶材料，也不适用于晶粒粗大的多晶材料。

(4) σ_r^{II} 和 σ_r^{III} 完全背离了人们对于应力是固体势能梯度的认知。

(5) σ_r^{I}、σ_r^{II} 和 σ_r^{III} 的分类没有明确的尺度范围，仅以晶体衍射的特征，即 σ_r^{I} 导致衍射峰位的 2θ 偏移、σ_r^{II} 导致衍射峰宽化、σ_r^{III} 导致衍射峰强度下降来划分内应力类型，难以与材料尺寸、性能等变化建立明确关系。

7.2.2　郑林-张津内应力模型及其分类

作者长期从事 X 射线衍射应力分析研究，针对 Macherauch 内应力模型存在的不足，基于包括应力是固体势能梯度的弹性力学理论以及发明的短波长特征 X 射线衍射无损测定材料/工件内部应力的技术，按照可视为应力均匀的体积尺度进行内应力分类，即可视为固体势能均匀变化的体积尺度进行内应力分类，以热力学温度所决定平衡状态的晶格点阵常数作为测量应变和计算内应力

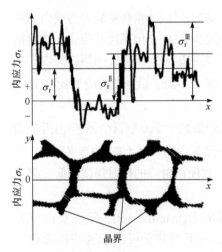

图 7-2　对于多晶材料的郑林-张津内应力模型及其分类示意图

的基准，提出如下内应力模型，如图 7-2 所示。

郑林-张津内应力模型的要点如下。

(1) 将各类内应力统一为与固体内能中的应变能梯度关联。

(2) 按照可视为应力均匀的体积尺度分类，将内应力划分为四类，即 σ_r^{I}、σ_r^{II}、σ_r^{III} 和 σ_r^{IV}，也就是宏观应力记为 σ_r^{I}，介观应力(mesoscrostress)记为 σ_r^{II}，微观应力记为 σ_r^{III}，晶格微区应力(C-microstress)记为 σ^{IV}。

(3) 将测量应变 ε_r^{I}、ε_r^{II}、ε_r^{III} 的基准均统一到热力学温度所决定平衡状态的晶格点阵常数，即晶体衍射法可以测得

的无应力标样晶面间距 d_0，按照弹性力学的应变定义测量应变。

（4）σ_r^{I}、σ_r^{II} 和 σ_r^{III} 统一表征为二阶张量，由测得的应变并按照弹性力学的广义胡克定律计算得到。它们的量纲均为 $\mathrm{ML}^{-1}\mathrm{T}^{-2}$，常用单位为 MPa。

（5）σ_r^{IV} 为晶粒中晶格点阵的点、线错配度导致固体在数个或数十个原子尺度范围内微区应变能的梯度，其显著特征是衍射技术所不能量化测定的微小尺度范围的晶格应变。换言之，因为待测体积尺度太小以至于晶面层数太少(即干涉函数的 N 太小)而导致现有晶体衍射技术无法测量应变的微区应力称为 σ^{IV}。

关于 σ_r^{I}、σ_r^{II} 和 σ_r^{III} 的郑林-张津内应力模型概要见图 7-2，详述见表 7-1。

表 7-1　按照视为应力均匀的体积尺度进行的内应力分类及其晶体衍射表征

内应力类别	应力视为均匀的组织结构范围	视为均匀应力的体积尺度	晶体衍射表征	备注
第一类 σ_r^{I}	多晶材料中含有很多晶粒的宏观尺度区域，通常不少于 10000 个晶粒	通常大于 $1\mathrm{mm}^3$	(1) 通过衍射角的位移测算应变，并基于弹性力学的广义胡克定律计算得到的内应力 σ_r^{I}、σ_r^{II}、σ_r^{III}。(2) 将测量应变 $\varepsilon_r^{\mathrm{I}}$、$\varepsilon_r^{\mathrm{II}}$ 的基准统一到宏观残余应力平衡对应的晶面间距 d_0，即由热力学温度决定的平衡态晶面间距	(1) 与 σ_r^{I}、σ_r^{II}、σ_r^{III} 相联系的内力及其力矩在固体中是平衡的，当这种平衡破坏时，将产生尺寸的变化。(2) σ_r^{I}、σ_r^{II} 为通常所称的残余应力。(3) σ_r^{III} 为通常所称的晶间应力
	单晶材料的宏观尺度区域			
第二类 σ_r^{II}	多晶材料中含有较多个晶粒的介观尺度区域，通常不少于 1000 个晶粒	通常小于 $1\mathrm{mm}^3$ 且大于 $10^{-2}\mathrm{mm}^3$		
	单晶材料的介观尺度区域			
第三类 σ_r^{III}	多晶材料中晶界/亚晶界微观区域，通常不少于数十个晶粒	通常小于 $10^{-2}\mathrm{mm}^3$ 且大于 $10^{-3}\mathrm{mm}^3$		
	单晶材料的微观尺度区域			
第四类 σ^{IV}	点/线/面/体型的晶体缺陷及其附近微区内的微小尺度范围	通常小于 $10^{-3}\mathrm{mm}^3$	现有晶体衍射技术难以表征	与晶格点阵中的点缺陷、线缺陷等相关

关于郑林-张津内应力模型中的 σ_r^{I}、σ_r^{II}、σ_r^{III} 和 σ_r^{IV} 及其关系补充说明如下：

（1）第一类内应力(记为 σ_r^{I})：σ_r^{I} 在较大的材料区域(其体积通常大于 $1\mathrm{mm}^3$)内视为均匀，与第一类内应力相关的内力在横贯整个物体的每个截面上处于平衡，与 σ_r^{I} 相关的内力矩也处于平衡，当存在 σ_r^{I} 的物体内力平衡和内力矩平衡遭到破坏时会产生宏观的尺寸变化，并通过晶面衍射角的位移测量应变进而基于弹性力学的广义胡克定律计算得到第一类内应力 σ_r^{I}，是一个二阶张量，其量纲为 $\mathrm{ML}^{-1}\mathrm{T}^{-2}$，常用单位为 MPa。

(2) 第二类内应力(记为 σ_r^{II})：在材料的较小范围(其体积通常小于 $1\mathrm{mm}^3$ 且大于 $10^{-2}\mathrm{mm}^3$)内视为均匀，与 σ_r^{II} 相联系的内力或内力矩也在横贯整个物体的每个截面上处于平衡。当这种平衡遭到破坏时也会出现宏观尺寸变化，也是通过晶面衍射角的位移测量应变进而基于弹性力学的广义胡克定律计算得到第二类内应力 σ_r^{II}，是一个二阶张量，其量纲为 $\mathrm{ML}^{-1}\mathrm{T}^{-2}$，常用单位为 MPa。

(3) 第三类内应力(记为 σ_r^{III})：在材料的微区范围(其体积通常小于 $10^{-2}\mathrm{mm}^3$ 且大于 $10^{-3}\mathrm{mm}^3$)内视为均匀。与 σ_r^{III} 相联系的内力或内力矩也在横贯整个物体的每个截面上处于平衡。当这种平衡遭到破坏时也会出现精细尺寸变化，也是通过晶面衍射角的位移测量应变进而基于弹性力学的广义胡克定律计算得到第三类内应力 σ_r^{III}，是一个二阶张量，其量纲为 $\mathrm{ML}^{-1}\mathrm{T}^{-2}$，常用单位为 MPa。

(4) 第四类内应力(记为 σ_r^{IV})：在很小的材料区域范围(其体积通常小于 $10^{-3}\mathrm{mm}^3$)内视为均匀，与 σ_r^{IV} 相联系的内力或内力矩也在横贯整个物体的每个截面上处于平衡。当这种平衡破坏时，不但产生的尺寸变化难以测量，而且难以通过晶面衍射角的位移测量应变和计算得到第四类内应力 σ_r^{IV}，即现有晶体衍射技术难以测量表征该类应力。

对于单晶材料内应力，关于内应力模型中的 σ_r^{I}、σ_r^{II}、σ_r^{III} 和 σ_r^{IV} 及其关系简要总结如下：

(1) 体积范围大于 $10^{-3}\mathrm{mm}^3$ 的 σ_r^{I}、σ_r^{II}、σ_r^{III} 均可以通过晶体衍射法测定，与之相联系的内力或内力矩也在横贯整个物体的每个截面上处于平衡，并且当这种平衡遭到破坏时也会出现尺寸变化，它们均可以通过晶体衍射法测量应变并基于弹性力学的广义胡克定律计算得到，σ_r^{I}、σ_r^{II}、σ_r^{III} 均是二阶张量，其量纲为 $\mathrm{ML}^{-1}\mathrm{T}^{-2}$，常用单位为 MPa。

(2) 体积范围小于 $10^{-3}\mathrm{mm}^3$ 的 σ_r^{IV} 难以通过晶体衍射法测定，与之相联系的内力或内力矩也在横贯整个物体的每个截面上处于平衡，并且当这种平衡遭到破坏时难以测量宏观尺寸的变化。

关于内应力需要强调的是：内应力是固体内能中的势能梯度，也就是势能对空间各方向的导数，是一个二阶张量，而固体内能中的势能为标量，所求区域的势能可以表达为区域内各部位的势能在该区域内对空间的积分，因此所求区域的内应力是不可以由该区域内各部位的内应力在该区域内对空间的积分而得到的。

综上所述，改进的郑林-张津内应力模型按照可视为应力均匀的体积尺度对内应力进行分类，在本书的内应力模型中，需要进行以下说明。

(1) 大于 $1\mathrm{mm}^3$ 的体积内可视为应力均匀时的 σ_r^{I}，小于 $1\mathrm{mm}^3$ 且大于 $10^{-2}\mathrm{mm}^3$

的体积内可视为应力均匀时的 σ_r^{II}，小于 $10^{-2}mm^3$ 且大于 $10^{-3}mm^3$ 的体积内可视为应力均匀时的 σ_r^{III}，均可以通过晶体衍射法测定，σ_r^{I}、σ_r^{II}、σ_r^{III} 均为二价张量，其量纲为 $ML^{-1}T^{-2}$，常用单位为 MPa，σ_r^{I}、σ_r^{II}、σ_r^{III} 的变化将导致物体性能和尺寸发生程度不同的变化。

(2) 而小于 $10^{-3}mm^3$ 体积内可视为应力均匀时的 σ_r^{IV}，难以通过晶体衍射法测定，且 σ_r^{IV} 变化导致的物体宏观尺寸变化也难以测量。

7.3　晶体衍射测定应力的应变与应力关系

7.3.1　材料应变与晶格应变

一个拉伸样品在单轴拉伸应力 σ_x 的作用下将被拉长，从该样品中取出如图 7-3 所示的小体积元。

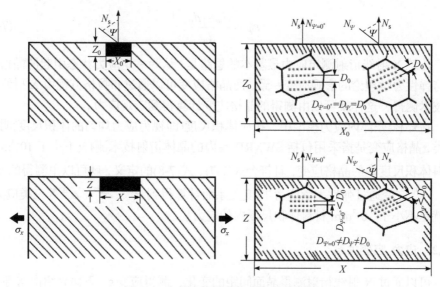

图 7-3　宏观应变和晶格应变的示意图

该体积元在平行于作用应力 σ_x 方向的 X 轴方向宏观应变为

$$\varepsilon_x = \frac{Z - Z_0}{x_0} = \frac{\sigma_x}{E} = \varepsilon_{\Psi=90°} \tag{7-4}$$

与应力 σ_x 垂直的横向(Z 方向)应变为

$$\varepsilon_z = \frac{Z - Z_0}{Z_0} = -\frac{\nu\sigma_x}{E} = \varepsilon_{\Psi=0°} \tag{7-5}$$

与表面法线 N_s 成 Ψ 角方向的应变为

$$\varepsilon_\Psi = \left(\frac{1+\nu}{E} \cdot \sin^2\Psi - \frac{\nu}{E} \right) \sigma_x \tag{7-6}$$

式中，E 为弹性模量；ν 为泊松比。两者均是描述宏观均匀各向同性材料弹性的特性参数。

多晶体中各个晶粒的某一晶面间距的变化是与宏观应变联系在一起的。在图 7-3 右图中以两个晶粒来示意地说明。其中，一个晶粒(hkl)晶面的法向 $N(hkl)$ 与样品表面法线 N_s 平行(即 $\Psi = 0°$)，另一个晶粒(hkl)晶面的法向 N_Ψ 则与表面法线成 Ψ 角。若材料在无应力状态下的晶面间距为 d_0，在应力 σ_x 的作用下晶面间距为 d_Ψ，和上述定义应变的方法相似，这两个晶粒的晶格应变 ε^J 为

$$\varepsilon_{\Psi = 0°}^{J} = \frac{d_{\Psi = 0°} - d_0}{d_0} \tag{7-7}$$

$$\varepsilon_\Psi^J = \frac{d_\Psi - d_0}{d_0} \tag{7-8}$$

传统 X 射线衍射测定应力最基本的思路是：认为一定应力状态引起的晶格应变与弹性力学理论的宏观应变一致，而晶格应变可以通过布拉格方程由 X 射线衍射技术测得，这样就可以由测得的晶格应变计算得到宏观应力。

在郑林-张津内应力模型中，按照体积尺度(即视为应力均匀的体积尺度)明确分类，晶格应变是指采用包括 SWXRD 在内的晶体衍射技术测得(不小于 10^{-3}mm) 材料体积尺度内的晶格应变，且符合式(7-7)、式(7-8)的定义，就可以由测得的 ε_r^I、ε_r^{II}、ε_r^{III} 应变通过弹性力学应力-应变关系而计算得到 σ_r^I、σ_r^{II}、σ_r^{III} 等三类应力，也就是不小于 10^{-3}mm 材料体积尺度内的应力。

7.3.2　应力-应变关系

可以通过 X 射线衍射测得晶面间距的变化，测得应变 ε。下面介绍由 X 射线衍射测得的应变计算得到应力的弹性力学应力-应变关系。

如图 7-4 所示，在样品坐标系(X,Y,Z)中，显示了测试部位坐标为(x,y,z)的应力和应变分量，方位角(φ,Ψ)的方向是被测(hkl)晶面的法线方向，也就是所测的正应变 $\varepsilon_{\varphi\Psi}$ 的方向。对均匀连续且各向同性的材料来说，各主应力的方向与各主应变的方向是一致的。本书受限于篇幅，应力-应变的相关定义可参见弹性力学书籍。

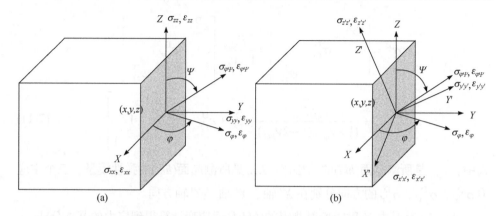

图 7-4　测试部位坐标为(x,y,z)的应力和应变分量

(a) 已知主应变/主应力的方向为 X、Y、Z 轴方向的示意图；(b) 未知主应变/主应力的方向，求解后得到主应变/
主应力方向为 X′、Y′、Z′ 轴方向的示意图

由布拉格公式微分可以得到的所测(hkl)晶面任意一个方向的正应变 $\varepsilon_{\varphi\Psi}$：

$$\varepsilon_{\varphi\Psi} = \frac{d_{hkl} - d_{0,hkl}}{d_{0,hkl}} = \frac{\Delta d_{hkl}}{d_{0,hkl}} = \frac{\sin\theta_{0,hkl}}{\sin\theta_{hkl}} - 1 \approx -\Delta\theta\cot\theta \tag{7-9}$$

式中，θ_{hkl}、d_{hkl} 分别是所测部位物相(hkl)晶面的半衍射角、晶面间距；$\theta_{0,hkl}$、$d_{0,hkl}$ 分别是相应无应力标样相应物相(hkl)晶面的半衍射角、晶面间距。

另外，根据弹性力学，测试部位的任意方向应变为

$$\varepsilon_{\varphi\Psi} = l^2\varepsilon_{xx} + m^2\varepsilon_{yy} + n^2\varepsilon_{zz} + 2lm\varepsilon_{xy} + 2mn\varepsilon_{yz} + 2ln\varepsilon_{xz} \tag{7-10}$$

式中，l、m、n 是应变 $\varepsilon_{\varphi\Psi}$ 的方向余弦，$l = \sin\Psi\cos\varphi$，$m = \sin\Psi\sin\varphi$，$n = \cos\Psi$。

将测得的 6 个方向(φ,Ψ)的应变 $\varepsilon_{\varphi\Psi}$ 代入式(7-10)，加之 $\varepsilon_{ij} = \varepsilon_{ji}$ ($i \neq j$ 时)，联立求解，可求得 6 个应变 ε_{ij} ($i = x,y,z; j = x,y,z$)，就可求得所测部位的应变张量 $\boldsymbol{\varepsilon}$；再通过求解特征根和特征向量的途径，求得所测部位的三个相互垂直主应变 $\varepsilon_{x'x'}^{D}$、$\varepsilon_{y'y'}^{D}$、$\varepsilon_{z'z'}^{D}$，即应变张量 $\boldsymbol{\varepsilon}^{D} = \begin{bmatrix} \varepsilon_{x'x'}^{D} & & \\ & \varepsilon_{y'y'}^{D} & \\ & & \varepsilon_{z'z'}^{D} \end{bmatrix}$，三个主应变的方

向分别为新坐标系中 X′轴、Y′轴、Z′轴的方向。由测得的应变求解主应变见 7.4 节。

由求得的应变张量 $\boldsymbol{\varepsilon}^{D}$，基于广义胡克定律，计算得到应力张量 $\boldsymbol{\sigma}^{D}$。

$$\boldsymbol{\sigma}^{D} = \begin{bmatrix} \sigma_{x'x'}^{D} & & \\ & \sigma_{y'y'}^{D} & \\ & & \sigma_{z'z'}^{D} \end{bmatrix} = \frac{E_{hkl}}{1+\nu_{hkl}} \begin{bmatrix} \varepsilon_{x'x'}^{D} & & \\ & \varepsilon_{y'y'}^{D} & \\ & & \varepsilon_{z'z'}^{D} \end{bmatrix}$$

$$+ \frac{\nu_{hkl} E_{hkl}}{(1+\nu_{hkl})(1-2\nu_{hkl})} (\varepsilon_{x'x'}^{D} + \varepsilon_{y'y'}^{D} + \varepsilon_{z'z'}^{D}) \begin{bmatrix} 1 & & \\ & 1 & \\ & & 1 \end{bmatrix} \tag{7-11}$$

式中，ν_{hkl} 是所测晶面(hkl)的泊松比；E_{hkl} 是所测晶面(hkl)的弹性模量。三个主应力 $\sigma_{x'x'}^{D}$、$\sigma_{y'y'}^{D}$、$\sigma_{z'z'}^{D}$ 的方向分别在 X' 轴、Y' 轴、Z' 轴方向。

式(7-11)就是由 X 射线衍射测得的(hkl)晶面应变计算得到应力的基本公式。

需要强调的是：①晶格的正应变可以通过晶体衍射法测量，再由式(7-9)计算得到，如式(7-11)中的 $\varepsilon_{x'x'}^{D}$、$\varepsilon_{y'y'}^{D}$、$\varepsilon_{z'z'}^{D}$ 可以由晶体衍射法测得，而弹性力学中的剪应变不可以通过晶体衍射法测得；②严格来说，式(7-11)中(hkl)晶面的泊松比 ν_{hkl}、弹性模量 E_{hkl} 与材料宏观的泊松比 ν、弹性模量 E 并不相等，这是由于 X 射线衍射测得的是晶体某个(hkl)面垂直方向的晶格应变 $\varepsilon_{\varphi\psi}$，即体现了晶体的弹性各向异性，在工程上，仅在被测材料(hkl)面的 ν_{hkl}、E_{hkl} 难以得到的情况下，可以用材料宏观的 ν、E 分别替代 ν_{hkl}、E_{hkl}，利用式(7-11)计算应力。

7.4　主应变的求解方法

本节介绍由测得的应变张量求解主应变的一般方法，需要强调的是：晶体衍射法测得的应变只是正应变，剪应变是导出量。

应力和应变张量的坐标系如图 7-4 所示。下面以已知三维应变张量(即 7.3 节测得的三维应变张量)$\boldsymbol{\varepsilon}$ 为例，简述解算三维主应变大小和方向的方法。

设在坐标系 XYZ 中，已知的三维应变张量为

$$\boldsymbol{\varepsilon} = \begin{bmatrix} \varepsilon_{xx} & \varepsilon_{xy} & \varepsilon_{xz} \\ \varepsilon_{yx} & \varepsilon_{yy} & \varepsilon_{yz} \\ \varepsilon_{zx} & \varepsilon_{zy} & \varepsilon_{zz} \end{bmatrix} \tag{7-12}$$

式中，各剪应变的关系为 $\varepsilon_{yx} = \varepsilon_{xy}$，$\varepsilon_{zx} = \varepsilon_{xz}$，$\varepsilon_{zy} = \varepsilon_{yz}$。

通过求式(7-12)的三个特征根及其特征向量，并经过线性变换求得与式(7-12)相似的对角矩阵，从而解算得到在新坐标系 $X'Y'Z'$ 中的三维张量 $\boldsymbol{\varepsilon}^{D}$，即主应变 $\varepsilon_{x'x'}^{D}$、$\varepsilon_{y'y'}^{D}$、$\varepsilon_{z'z'}^{D}$。需要说明的是，三个特征根分别是三个主应变之值，相应三个

特征向量的方向分别是三个主应变的方向。

设特征根为 λ，则式(7-12)的特征多项式为

$$F(\lambda) = \begin{vmatrix} \lambda - \varepsilon_{xx} & -\varepsilon_{xy} & -\varepsilon_{xz} \\ -\varepsilon_{yx} & \lambda - \varepsilon_{yy} & -\varepsilon_{yz} \\ -\varepsilon_{zx} & -\varepsilon_{zy} & \lambda - \varepsilon_{zz} \end{vmatrix} \tag{7-13}$$

令 $F(\lambda) = 0$ ，则

$$\begin{vmatrix} \lambda - \varepsilon_{xx} & -\varepsilon_{xy} & -\varepsilon_{xz} \\ -\varepsilon_{yx} & \lambda - \varepsilon_{yy} & -\varepsilon_{yz} \\ -\varepsilon_{zx} & -\varepsilon_{zy} & \lambda - \varepsilon_{zz} \end{vmatrix} = 0 \tag{7-14}$$

求解三次方程(7-14)，可求得三个特征根 λ_i ，三个特征根 λ_i 分别为三个主应变 $\varepsilon_{x'x'}^{D}$ 、$\varepsilon_{y'y'}^{D}$ 和 $\varepsilon_{z'z'}^{D}$ 之值。将所求得的特征根 λ_i 分别代入齐次线性方程组：

$$\begin{cases} (\lambda_1 - \varepsilon_{xx})x - \varepsilon_{xy}y - \varepsilon_{xz}z = 0 \\ -\varepsilon_{xy}x + (\lambda_2 - \varepsilon_{yy})y - \varepsilon_{yz}z = 0 \\ -\varepsilon_{xz}x - \varepsilon_{yz}y + (\lambda_3 - \varepsilon_{zz})z = 0 \end{cases} \tag{7-15}$$

求解齐次线性方程组(7-15)，可求得三个相互垂直的特征向量，即三个主应变的方向向量；将求得的三个相互垂直的特征向量归一化后作为基矢(或称为标准基)，建立新的 $X'Y'Z'$ 坐标系，通过线性变换，将式(7-12)变换为对角矩阵，得到应变张量 ε 在 $X'Y'Z'$ 坐标系下的主应变 $\boldsymbol{\varepsilon}^{D}$ ，即

$$\boldsymbol{\varepsilon}^{D} = \begin{bmatrix} \varepsilon_{x'x'}^{D} & 0 & 0 \\ 0 & \varepsilon_{y'y'}^{D} & 0 \\ 0 & 0 & \varepsilon_{z'z'}^{D} \end{bmatrix} \tag{7-16}$$

主应变/主应力的方向分别为 X' 轴、Y' 轴、Z' 轴的方向。

可以将式(7-16)形式的应变张量 $\boldsymbol{\varepsilon}^{D}$ 代入广义胡克定律的公式(7-11)，计算得到三维应力张量 $\boldsymbol{\sigma}^{D}$ 。

同理，可以由已知二维应变张量 $\boldsymbol{\varepsilon}$ ，求得二维主应变 $\varepsilon_{x'x'}^{D}$ 、$\varepsilon_{y'y'}^{D}$ ，计算得到二维应力张量 $\boldsymbol{\sigma}^{D}$ 。

7.5　无损测定(残余)应力的常用方法

本节介绍适用于测定各向同性材料或弱织构材料及制品(残余)应力的常用方法，这些常用方法分别是 $\sin^2\Psi$ 法、$\cos\alpha$ 法、d_0 法。其中，仅 d_0 法是直接通过测

量正应变 ε 计算得到应力 σ。

7.5.1　$\sin^2\Psi$ 法

$\sin^2\Psi$ 法自 20 世纪 60 年代出现后,随着测角仪的发明和计算机技术在仪器控制与数据处理方面的应用,该方法在材料的研究、开发及质量控制等方面成为一种重要的手段。

材料中晶面间距变化与材料的应变量有关,而应变与应力之间存在胡克定律关系,因此晶面间距的变化可以反映材料中的内应力大小和方向。由于普通靶材(除钨靶、铀靶以外)的特征 X 射线穿透深度都非常有限,材料的表面应力通常表现为二维平面应力状态,其法线方向应力可视为零。

如图 7-4 所示,当材料处于或近似处于平面应力状态时,可以使用 $\sin^2\Psi$ 法进行残余应力的测试。此时,被测样品 Z 方向的主应力 $\sigma_{zz}=0$,切应力 $\sigma_{xz}=\sigma_{yz}=0$,计算 XY 平面内给定方向的应力 σ_φ。

$$\varepsilon_{\varphi\Psi} = \frac{1+\nu_{HKL}}{E_{HKL}}\sigma_\varphi\sin^2\Psi - \frac{\nu_{HKL}}{E_{HKL}}(\sigma_{xx}+\sigma_{yy}) \tag{7-17}$$

式中,

$$\sigma_\varphi = \sigma_{xx}\cos^2\varphi + \sigma_{yy}\sin^2\varphi + \sigma_{xy}\sin 2\varphi \tag{7-18}$$

式(7-17)中 σ_φ 和 $\sin^2\Psi$ 为线性关系,很容易看出 φ 方向的残余应力 σ_φ 的值就是 $\varepsilon_{\varphi\Psi}$ -$\sin^2\Psi$ 直线的斜率:

$$\sigma_\varphi = \frac{E_{HKL}}{1+\nu_{HKL}}\frac{\partial\varepsilon_{\varphi\Psi}}{\partial\sin^2\Psi} \tag{7-19}$$

普通 X 射线表面应力仪测试残余应力所用的方法均为 $\sin^2\Psi$ 法,由于普通 X 射线的穿透能力有限,通常情况下都满足 $\sigma_{zz}=0$ 的条件。此时,Ψ 角定义为参与衍射的晶面的法向与材料表面法向之间的夹角。如果工件中存在残余应力,则工件材料内部的晶面间距将会改变;而且对于多晶材料,不同 Ψ 角下的晶面间距的改变量不同。在材料满足连续、各向同性的前提下,测试不同 Ψ 角的 $\varepsilon_{\varphi\Psi}$ 与 σ_φ -$\sin^2\Psi$ 的线性关系,从而实现残余应力 σ_φ 的测量。将式(7-9)中角度的单位换算成弧度,可得

$$\varepsilon_{\varphi\Psi} = \frac{\pi}{360}\cot\theta_0\cdot(2\theta-2\theta_0) \tag{7-20}$$

代入式(7-19)可得

$$\sigma_\varphi = \frac{\pi}{360}\left(\frac{E_{HKL}}{1+\nu_{HKL}}\right)\cot\theta_0\left(\frac{\partial 2\theta_{\varphi\Psi}}{\partial\sin^2\Psi}\right) = K\cdot M \tag{7-21}$$

式中，

$$K = \frac{\pi}{360}\left(\frac{E_{HKL}}{1+\nu_{HKL}}\right)\cot\theta_0 \tag{7-22}$$

$$M = \frac{\partial 2\theta_{\varphi\Psi}}{\partial\sin^2\Psi} \tag{7-23}$$

K 称为 X 射线应力常数，单位为 MPa/(°)；M 为在不同 Ψ 角下测定的衍射角位置 $2\theta_{\varphi\Psi}$ 与 $\sin^2\Psi$ 关系直线的斜率。

　　通过使用 X 射线衍射测定一系列 Ψ 角下被测材料同一晶面的一系列衍射角位置 2θ，拟合出 $2\theta_{\varphi\Psi}$-$\sin^2\Psi$ 关系直线，求出斜率 M，就可以计算出残余应力的值。$\sin^2\Psi$ 分析方法中，不同入射 Ψ 角的 X 射线可以探测到不同的晶格面间距，基于 $\sin^2\Psi$ 分析方法的 XRD 残余应力测量方法要求用若干个不同 Ψ 角度的 X 射线入射光，Ψ 角度的改变可以通过倾斜 X 射线管和探测器来实现，也可以通过倾斜样品来实现。

　　目前，X 射线测量表面应力大多数使用 $\sin^2\Psi$ 法，这种测试方法假设材料是各向同性的，若材料中经过塑性加工，存在较强的织构，就会导致 $\sin^2\Psi$ 法测试结果严重偏离实际状况，而且测试结果也会受到材料表面粗糙度、曲率的影响。

7.5.2　$\cos\alpha$ 法

　　日本学者提出了借助德拜环上的衍射信息进行残余应力计算的 $\cos\alpha$ 方法，其原理示意图如图 7-5 所示。理想的无应力材料的德拜环应该是一个完美的圆形，

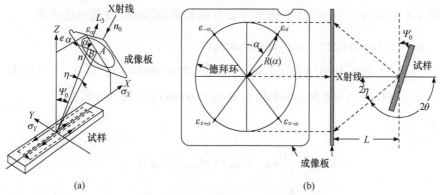

$$(a) \qquad\qquad\qquad\qquad\qquad (b)$$

图 7-5　$\cos\alpha$ 法测试表面应力原理示意图

(a) 德拜环衍射光路；(b) 德拜环四个应力分量的位置

当材料受到残余应力作用后，晶格发生畸变，导致衍射面间距发生改变，反映在德拜环上就是圆环发生了变形，cosα 法就是通过德拜环的畸变(本质上仍是晶格畸变)来计算残余应力的。cosα 法与 sin²Ψ 法类似，使用的前提也是弹性力学中的各向同性假设，同时必须满足平面应力状态假设。

对于特殊形状的工件和存在织构的材料，即使不能获得完整德拜环也可以计算出残余应力。采用二维面探测器，通过分析样品表面的德拜环信息(图 7-5)，将测得的完整德拜环上的 500 个衍射数据点用于 cosα 法拟合残余应力数值，将基于这 500 个衍射数据获得的 $\varepsilon\alpha_1$ 和 $\cos\alpha$ 线性拟合，将其线性拟合的斜率代入 σ_x 的公式便可得出残余应力数值。单角度入射一次测量即可获取最多 500 个数据点，并用于高精度拟合计算残余应力，测试过程中 X 射线管和二维探测器位置固定，无须转动 X 射线管和探测器，无须转动样品，因此无须测角仪，克服了探测器对形状不规则样品的测试限制，较传统的点探测器 $\sin^2\Psi$ 法能够更快地收集更多的信息，较为快速便捷。但该方法目前还没有国际标准，仅在最近公布了一个标准，即 JSMS-SD-14-20。

下面是该方法的计算原理。

根据图 7-5 的测试原理，使用 cosα 法计算的是入射线与样品表面法线所确定的衍射平面与 XY 平面(平面应力状态的两个主应力方向确定的平面)交线方向上的应力，σ_x 的正方向在德拜环上的投影为 $\alpha=\pi$ 时的半径矢量的方向，同时 σ_y 的正方向在德拜环上的投影为 $\alpha=\pi/2$ 时的半径矢量的方向。其测试计算原理如下。

对于任意方向上的应变：

$$
\begin{aligned}
\varepsilon_{\varphi\Psi} &= [\varepsilon_{xx}\cos^2\varphi + \varepsilon_{yy}\sin^2\varphi + \varepsilon_{xy}\sin2\varphi]\sin^2\Psi \\
&\quad + (\varepsilon_{xz}\cos\varphi + \varepsilon_{yz}\sin\varphi)\sin2\Psi + \varepsilon_{zz}\cos^2\Psi
\end{aligned}
\tag{7-24}
$$

在图 7-5 中所示的在德拜环上偏角为 α 方向对应的晶面应变的表达式为

$$
\begin{aligned}
\varepsilon_\alpha &= \varepsilon_x(\cos\eta\sin\Psi_0 - \sin\eta\cos\alpha\cos\Psi_0)^2 \\
&\quad + \varepsilon_y(\sin^2\eta\sin^2\alpha) + \varepsilon_3(\cos\eta\cos\Psi_0 + \sin\eta\cos\alpha\sin\Psi_0)^2 \\
&\quad + (\varepsilon_1 - \varepsilon_2)\sin2\varphi_0\sin\alpha\sin\eta(\sin\eta\cos\alpha\cos\Psi_0 - \cos\eta\sin\Psi_0)^2
\end{aligned}
\tag{7-25}
$$

定义

$$
A_1(\alpha) = \frac{1}{2}\big[(\varepsilon_\alpha - \varepsilon_{\pi+\alpha}) + (\varepsilon_{-\alpha} - \varepsilon_{\pi-\alpha})\big]
\tag{7-26}
$$

$$
B_1(\alpha) = \frac{1}{2}\big[(\varepsilon_\alpha - \varepsilon_{\pi+\alpha}) - (\varepsilon_{-\alpha} - \varepsilon_{\pi-\alpha})\big]
\tag{7-27}
$$

$$A_2(\alpha) = \frac{1}{2}\left[(\varepsilon_\alpha + \varepsilon_{\pi+\alpha}) + (\varepsilon_{-\alpha} + \varepsilon_{\pi-\alpha})\right] \tag{7-28}$$

$$B_2(\alpha) = \frac{1}{2}\left[(\varepsilon_\alpha + \varepsilon_{\pi+\alpha}) - (\varepsilon_{-\alpha} + \varepsilon_{\pi-\alpha})\right] \tag{7-29}$$

这里的 $A_1(\alpha)$、$B_1(\alpha)$、$A_2(\alpha)$ 和 $B_2(\alpha)$ 均为应变的计算分量，具有应变的量纲而没有实际的物理意义。由于受照射参与衍射的部位可以视为平面应力状态，且可以认为 $\varepsilon_3 \approx \varepsilon_z$，应力-应变的关系式为

$$\varepsilon_x = \frac{\sigma_x - \nu\sigma_y}{E} \tag{7-30}$$

$$\varepsilon_y = \frac{\sigma_y - \nu\sigma_x}{E} \tag{7-31}$$

$$\varepsilon_3 \approx \varepsilon_z = -\frac{\sigma_x + \sigma_y}{E} \tag{7-32}$$

$$(\varepsilon_1 - \varepsilon_2)\sin 2\varphi_0 = \gamma_{xy} = \frac{\tau_{xy}}{G} = \frac{2(1+\nu)}{E} \tag{7-33}$$

将上述关系式代入应变计算分量的表达式中，得到被测方向的正应力和切应力的计算公式为

$$\sigma_x = -\frac{E}{1+\nu}\frac{1}{\sin 2\eta \sin 2\Psi_0}\frac{\partial A_1(\alpha)}{\partial \cos\alpha} \tag{7-34}$$

$$\tau_{xy} = -\frac{E}{2(1+\nu)}\frac{1}{\sin 2\eta \sin\Psi_0}\frac{\partial B_1(\alpha)}{\partial \sin\alpha} \tag{7-35}$$

$$\sigma_y = \sigma_x\cos^2\Psi_0 - \frac{E}{1+\nu}\frac{1}{\sin^2\eta}\frac{\partial A_2(\alpha)}{\partial \cos 2\alpha} \tag{7-36}$$

$$\tau_{xy} = -\frac{E}{2(1+\nu)}\frac{1}{\sin^2\eta \cos\Psi_0}\frac{\partial B_2(\alpha)}{\partial \sin 2\alpha} \tag{7-37}$$

根据德拜环上的各 α 角对应衍射峰的偏移，代入式(7-38)计算就可以计算得到相应的应变：

$$\varepsilon_\alpha = -\cot\theta_0(\theta_\alpha - \theta_0)\frac{\pi}{180} \tag{7-38}$$

从而就可以计算各应变的分量与相应 α 的三角函数关系曲线，通过最小二乘法线性拟合得到各偏导项的值，代入公式计算得到相应的正应力和切应力的值。

7.5.3　d_0 法

样品材料处于各向同性或弱织构时，对于所选定的(hkl)晶面，可采用 d_0 法进行应力张量 $\boldsymbol{\sigma}$ 的无损测定。

1. 平面应力

若样品内部一个方向(如厚度方向)的主应力远远小于其他两个方向的主应力，且不存在强织构时，可采用 d_0 法进行平面应力测试。以下设应力均处于 XY 平面。

1) 已知两个主应力的方向为 X、Y 轴方向，无损测定 σ_{xx}、σ_{yy} 的数值

利用式(7-9)，分别测量 X 轴方向的应变 ε_{xx} 和 Y 轴方向的应变 ε_{yy}，再根据式(7-11)的二维应力计算公式得到：

$$\sigma_{xx} = \frac{E_{hkl}}{1-v_{hkl}{}^2}(\varepsilon_{xx} + v_{hkl}\varepsilon_{yy})$$

$$\sigma_{yy} = \frac{E_{hkl}}{1-v_{hkl}{}^2}(\varepsilon_{yy} + v_{hkl}\varepsilon_{xx}) \tag{7-39}$$

计算得到两个主应力方向的应力 σ_{xx} 和 σ_{yy}。

2) 两个主应力方向、数值均未知的一般情况下，无损测定两个主应力数值及其方向

利用式(7-9)测量应力平面内 3 个方向的应变，如 X 轴方向应变 ε_{xx}、Y 轴方向应变 ε_{yy} 以及 45°方向应变 $\varepsilon_{45°}$，利用式(7-10)，加之 $\varepsilon_{ij} = \varepsilon_{ji}(i \neq j$ 时)，联立求解，可求得 3 个应变 $\varepsilon_{ij}(i = x,y；j=x,y)$；再按照 7.4 节的方法求得两个主应变方向分别为新坐标系中 X'、Y' 轴方向的应变张量 $\boldsymbol{\varepsilon}^D$；利用式(7-11)，最终求得在新坐标系 $X'Y'$ 中的应力张量 $\boldsymbol{\sigma}^D$ 或两个主应力 $\sigma_{x'x'}^D$、$\sigma_{y'y'}^D$。

两个主应力 $\sigma_{x'x'}^D$、$\sigma_{y'y'}^D$ 的方向分别为 X' 轴方向和 Y' 轴方向。

需要说明的是：若测得多于 3 个方向的应变，可采用最小二乘法求得更精准的应变张量 $\boldsymbol{\varepsilon}^D$，可得更精准的应力张量 $\boldsymbol{\sigma}^D$。

2. 三维应力

1) 已知三个主应力方向为 X、Y、Z 轴方向，无损测定三个主应力数值，测得应力张量 $\boldsymbol{\sigma}$

利用式(7-9)分别测量 X 轴方向的应变 ε_{xx} 和 Y 轴方向的应变 ε_{yy}，以及方位角 (φ, Ψ) 方向的应变 $\varepsilon_{\varphi\Psi}$，由式(7-10)计算得到 Z 轴方向的应变：

$$\varepsilon_{zz} = \frac{\varepsilon_{\varphi\Psi} - \left(l^2\varepsilon_{xx} + m^2\varepsilon_{yy}\right)}{n^2} \tag{7-40}$$

将得到的三个主应变 ε_{xx}、ε_{yy}、ε_{zz} 代入式(7-11)，计算得到三个主应力为

$$\sigma_{xx} = \frac{E_{hkl}}{\left(1+\nu_{hkl}\right)\left(1-2\nu_{hkl}\right)}\left[\left(1-\nu_{hkl}\right)\varepsilon_{xx} + \nu_{hkl}\left(\varepsilon_{yy} + \varepsilon_{zz}\right)\right]$$

$$\sigma_{yy} = \frac{E_{hkl}}{\left(1+\nu_{hkl}\right)\left(1-2\nu_{hkl}\right)}\left[\left(1-\nu_{hkl}\right)\varepsilon_{yy} + \nu_{hkl}\left(\varepsilon_{zz} + \varepsilon_{xx}\right)\right] \tag{7-41}$$

$$\sigma_{zz} = \frac{E_{hkl}}{\left(1+\nu_{hkl}\right)\left(1-2\nu_{hkl}\right)}\left[\left(1-\nu_{hkl}\right)\varepsilon_{zz} + \nu_{hkl}\left(\varepsilon_{xx} + \varepsilon_{yy}\right)\right]$$

由式(7-41)可以计算得到三个主应力 σ_{xx}、σ_{yy}、σ_{zz}，测得应力张量 $\boldsymbol{\sigma}$。

2) 三个主应力方向、数值未知的一般情况下，无损测定三个主应力的方向和数值，测得应力张量 $\boldsymbol{\sigma}$

利用式(7-9)测量不在同一平面的六个方向 (φ, Ψ) 应变 $\varepsilon_{\varphi\Psi}$，利用式(7-10)，加之 $\varepsilon_{ij} = \varepsilon_{ji}(i \neq j$ 时$)$，得到 6 个线性方程并联立求解，可求得 6 个应变 $\varepsilon_{ij}(i=x,y,z; j=x,y,z)$；再按照 7.4 节方法求得三个主应变方向分别为新坐标系中 X'、Y'、Z' 轴方向的应变张量 $\boldsymbol{\varepsilon}^{\mathrm{D}}$；利用式(7-11)，最终求得在新的 $X'Y'Z'$ 坐标系中的应力张量 $\boldsymbol{\sigma}^{\mathrm{D}}$ 或三个主应力 $\sigma_{x'x'}^{\mathrm{D}}$、$\sigma_{y'y'}^{\mathrm{D}}$、$\sigma_{z'z'}^{\mathrm{D}}$。

三个主应力 $\sigma_{x'x'}^{\mathrm{D}}$、$\sigma_{y'y'}^{\mathrm{D}}$、$\sigma_{z'z'}^{\mathrm{D}}$ 的方向分别为 X'、Y' 和 Z' 轴方向。

需要说明的是：若测得多于 6 个主应力方向的应变，可采用最小二乘法求得更精准的应变张量 $\boldsymbol{\varepsilon}^{\mathrm{D}}$，则可得更精准的应力张量 $\boldsymbol{\sigma}^{\mathrm{D}}$。

d_0 法是目前测量应力比较成熟和可靠的方法。在利用中子衍射无损测定内部残余应力的国际标准和国家标准中，对于一般样品，多采用 d_0 法作为中子衍射测试材料内部残余应力的标准测试方法。

7.6　无损测定各向异性材料内部应力的新方法——极密度极大值法

在 5.7 节阐述了制定的各向异性材料衍射谱的准确测量方法，只有在取向强的有限个方向，即极密度极大值点方向上，才能够准确测量衍射谱，才能够准确测定晶面间的距离及其变化，即应变。

为此，针对存在强织构的多晶材料、单晶材料及其工件，制定了无损测定各向异性材料/工件内部应力的极密度极大值法。其原理是：对于存在强织构的多晶

材料或单晶材料及其工件,即强取向材料/工件,在衍射晶面的极密度极大值点方向准确测量该方向的应变,再利用弹性力学的应力-应变关系计算(残余)应力。

7.6.1 平面应力的极密度极大值法

当样品内部一个方向(如厚度方向)的主应力远远小于其他两个方向的主应力,且存在强取向时,可采用极密度极大值法进行平面应力测试。

1) 已知两个主应力 σ_{xx}、σ_{yy} 的方向为 X、Y 轴方向,无损测定 σ_{xx}、σ_{yy} 的数值

在 XY 平面,根据强取向的情况选取两个极密度极大值方向测量应变,设 α 角为一个极密度极大值点方向偏转 X 轴的角度,β 角为另一个极密度极大值点方向偏转 Y 轴的角度。基于式(7-9)分别测得应变 ε_α、ε_β。当且仅当选取的 α、β 使得 $\cos^2\alpha\cos^2\beta - \sin^2\alpha\sin^2\beta$ 不等于零时,根据式(7-10),计算得到两个主应力方向的应变:

$$\varepsilon_{xx} = \frac{\varepsilon_\alpha \cos^2\beta - \varepsilon_\beta \sin^2\alpha}{\cos^2\alpha\cos^2\beta - \sin^2\alpha\sin^2\beta}$$

$$\varepsilon_{yy} = \frac{\varepsilon_\beta \cos^2\alpha - \varepsilon_\alpha \sin^2\beta}{\cos^2\alpha\cos^2\beta - \sin^2\alpha\sin^2\beta}$$

$$(7\text{-}42)$$

将计算得到的应变 ε_{xx}、ε_{yy} 代入式(7-39),计算得到两个主应力 σ_{xx}、σ_{yy}。

2) 两个主应力方向、数值均未知的一般情况下,无损测定两个主应力的方向和数值

利用式(7-9)测量应力平面 XY 内(hkl)晶面的三个极密度极大值点方向应变,利用式(7-10),加之 $\varepsilon_{ij} = \varepsilon_{ji}(i \neq j$ 时),联立求解,可求得 3 个应变 $\varepsilon_{ij}(i = x, y; \ j = x, y)$;再按照 7.4 节的方法求得两个主应变方向分别为新坐标系中 X'、Y' 轴方向的应变张量 ε^D;利用式(7-39),最终求得在新坐标系 $X'Y'$ 中的应力张量 σ^D 或两个主应力 $\sigma_{x'x'}^D$、$\sigma_{y'y'}^D$。

两个主应力 $\sigma_{x'x'}^D$、$\sigma_{y'y'}^D$ 的方向分别为 X' 轴方向和 Y' 轴方向。

需要说明的是:若测得多于 3 个极密度极大值点方向的应变,可采用最小二乘法求得更精准的应变张量 ε^D,则可得更精准的应力张量 σ^D。

7.6.2 三维应力的极密度极大值法

1) 已知强取向材料内部的 3 个主应力方向为 X、Y、Z 轴方向,无损测定 σ_{xx}、σ_{yy}、σ_{zz} 的数值

在强取向材料不在同一平面的 3 个极密度极大值点方向 (φ, Ψ) 上,利用式(7-9)

测量相应 3 个方向的应变 $\varepsilon_{\varphi\Psi}$ ，利用式(7-10)以及 $\varepsilon_{ij} = \varepsilon_{ji} = 0(i \neq j, i = x, y, z, j = x, y, z)$ 得到 3 个线性方程，联立求解，可求得 3 个主应变 ε_{xx}、ε_{yy}、ε_{zz}，将 3 个主应变 ε_{xx}、ε_{yy}、ε_{zz} 代入式(7-41)，计算得到 3 个主应力 σ_{xx}、σ_{yy}、σ_{zz}，求得应力张量 $\boldsymbol{\sigma}$。

2) 3 个主应力方向、数值均未知的一般情况下，无损测定 3 个主应力的方向和数值，即应力张量 $\boldsymbol{\sigma}$

在强取向材料不共面的 6 个极密度极大值点方向 (φ, Ψ) 上，利用式(7-9)测量相应 6 个方向的应变 $\varepsilon_{\varphi\Psi}$，加之 $\varepsilon_{ij} = \varepsilon_{ji}(i \neq j$ 时)，利用式(7-10)得到 6 个线性方程并联立求解，可求得 6 个应变 $\varepsilon_{ij}(i = x, y, z; j = x, y, z)$；再按照 7.4 节的方法求得 3 个主应变方向分别为新坐标系中 X'、Y'、Z' 轴方向的应变张量 $\boldsymbol{\varepsilon}^{\mathrm{D}}$；利用式 (7-41) 最终求得在新坐标系 $X'Y'Z'$ 中的应力张量 $\boldsymbol{\sigma}^{\mathrm{D}}$ 或 3 个主应力 $\sigma_{x'x'}^{\mathrm{D}}$、$\sigma_{y'y'}^{\mathrm{D}}$、$\sigma_{z'z'}^{\mathrm{D}}$，3 个主应力 $\sigma_{x'x'}^{\mathrm{D}}$、$\sigma_{y'y'}^{\mathrm{D}}$、$\sigma_{z'z'}^{\mathrm{D}}$ 的方向分别为 X' 轴方向、Y' 轴方向和 Z' 轴方向。

需要说明的是：若测得多于 6 个极密度极大值点方向的应变，可采用最小二乘法求得更精准的应变张量 $\boldsymbol{\varepsilon}^{\mathrm{D}}$，则可得更精准的应力张量 $\boldsymbol{\sigma}^{\mathrm{D}}$。

备注：6 个应变测量方向不能在同一平面内。

7.7　无应力标样制备

7.7.1　概述

晶体衍射法测定残余应力是通过测量晶面间距的变化得到应变，然后再根据胡克定律计算得到的。

从 7.5 节和 7.6 节可知：仅对于无织构或无择优取向的各向同性多晶材料，在假定其处于平面应力状态时，无须测量无应力的晶面间距 d_0，即无须制备无应力标样，可以采用 $\sin^2\Psi$ 法或 $\cos\alpha$ 法直接测算残余应力；然而，要检测三维应力以及存在织构或择优取向的各向异性多晶材料和单晶材料的应力，就必须测量无应力标样的晶面间距 d_0，即需要制备无应力标样，才能够采用 7.5 节介绍的 d_0 法(中子衍射测应力的常用方法)，以及 7.6 节介绍的极密度极大值法(SWXRD 测量应力的常用方法)测得应变，从而计算应力。

目前，采用以下几种方法制备无应力标样获得无应力晶面间距 d_0。

(1) 无应力的粉末：粉末或锉屑。

(2) 线切割：通过机械加工方式释放残余应力，加工成梳齿状、小方块状或马赛克状的无应力标样。

(3) 热处理退火：通过加热释放残余应力。值得注意的是：退火温度需要尽量低，避免合金元素的析出而较为显著地改变晶面间距；在退火冷却时应尽可能以极慢的速度降温，且最好到 50℃以下出加热炉，避免因急冷导致产生新的热应力。

(4) 将样品远端已知残余应力比较小的区域的晶面间距作为 d_0。

另外，近年来还发展了一种通过高能声束释放材料内部残余应力进行无应力标样制备的新技术。

一般最常用的无应力标样都采用线切割或热处理退火的方法，几种常用的无应力参考标样如图 7-6 所示。

图 7-6　无应力参考标样

7.7.2　无应力标样晶面间距 d_0 的影响因素

如何制备无应力标样获得准确的参考晶面间距是非常关键的。不同方法制备的标样得到的晶面间距有所不同，温度、合金成分、加工方式等对无应力标样各部位晶面间距 d_0 都有一定的影响。d_0 法的关键就是准确地获得无应力标样参考晶面间距 d_0。

1. 成分的影响

合金元素及其含量直接影响晶格常数。以 Al-Cu 合金为例，Cu 含量 0.5%(质量分数)的增加，将产生 $-1000\times10^{-6}(-1000\mu\varepsilon)$ 应变的假象，Cu 含量对点阵常数的影响见图 7-7。另外，掺杂不同合金元素会对晶面间距产生影响，将产生很大应变的假象，如图 7-8 所示。因此，无应力标样应采用与被测样品同样合金元素及其含量的材料制备，避免因合金元素及其含量的变化而干扰被测样品应变的准确测量。

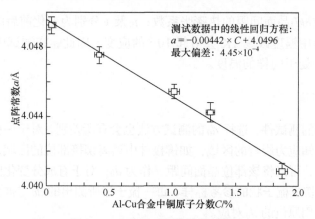

图 7-7　Cu 含量对点阵常数的影响

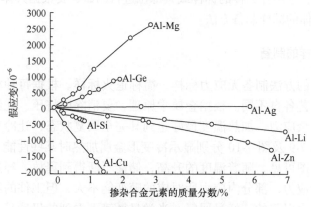

图 7-8　合金元素成分变化所产生的假应变

2. 相变和成分偏析的影响

由热处理引起的第二相析出和溶解、焊接带来的熔化区及热影响区、铸造时的成分偏析都会引起成分的变化。在铝合金中通常发生的相变就是第二相溶解和析出，相变会改变基体固溶体的成分，同时也会产生相变应力，这两方面的因素都会影响其晶面间距的变化。因此，无应力标样不仅要采用与被测样品具有同样合金元素及含量的材料制备，而且处理状态也要相同，避免因状态不同而干扰被测样品应变的准确测量。

3. 温度

温度变化可引起点阵常数的变化，晶面间距的热膨胀公式为

$$D_{hkl,t} = d_{hkl,t_0}\left[1 + \alpha_{hkl,t_0}(t - t_0)\right]$$

式中，α_{hkl} 为 (hkl) 晶面间距的热膨胀系数；t_0 及 t 分别为变化前后的温度，通常来讲金属材料中温度改变 1K 会引起 10^{-5} 的应变。因此，在测试中无应力标样要与被测样品处于同样的温度。

4. 测试部位

针对不同的测试件，选择 d_0 的测试方法也会有所差别，对于一些无成分变化且不受工件已知应力影响的区域，如铆接件中远离铆接部位的区域，可以认为相对无宏观应力，可以将该部位晶面间距 d 作为 d_0；对于有成分变化的焊接件等工件，可以选用切成梳子状的参考标样，每一梳子齿所测出的 d_0 与被测样品同一部位对应，即采用原位的 d_0 对应。

由此可见，选用什么样的标样或其部位进行测试，要根据具体情况而定，下面介绍几种具体的标样制备方法。

7.7.3　退火标样的制备

加热退火的方法制备无应力标样，简称退火标样。根据每种材料的特性不同，其退火工艺各自不同。根据金属学原理，要消除因挤压、轧制等冷加工变形而造成的残余应力，加热温度最好达到其完全回复状态，让冷加工的储存能全部释放。图 7-9 及图 7-10 分别显示冷变形金属加热时某些性能和显微组织的变化过程。由图可见，随着温度的升高，储能不断得到释放，经过回复可基本消除宏观残余应力，部分内应力所对应的畸变能不大，但工件的不均匀变形是由这种宏观应力引起的。经过回复，光学显微镜下看到的仍然是被拉长变形的晶粒，低温回复时主要涉及点缺陷空位的变化，原子的活动能力低，空位通过迁移至晶界、表面和位错处，或与间隙原子相遇而消失，从而使空位浓度力求处于平衡以降低能量。低温回复的退火温度 $0.1T_{熔} < T < 0.3T_{熔}$ 时，除点缺陷运动外，位错会发生运动和重新分布，主要通过滑移而不是攀移，位错的密度略有下降。经过大于等于 $0.3T_{熔}$ 高温回复，不仅有位错的滑移，同时位错发生攀移导致其组态变化，在电子显微镜下可以观察到胞状位错缠结转变，因此退火标样处理的温度要根据构件材料的成分、变形大小等具体情况进行确定，根据构件大小确定退火时间。温度过低，宏观残余应力消除不够；温度过高，虽然会完全去掉应力，但会导致再结晶，使晶粒的大小发生巨大变化，反而导致测试的误差。

在制备退火标样时值得注意的是，尽可能控制退火冷却时间以及最后出炉时间。

对于 13.5mm 的 AA7075 铝合金预拉伸板焊接而成的搅拌摩擦焊(friction stir

welding，FSW)样品，选用以下退火工艺：①35℃直接升温至 200℃；②200℃保温 4h；③200℃随炉冷却 10h 至 40℃；④40℃空冷 0.5h 至 35℃。

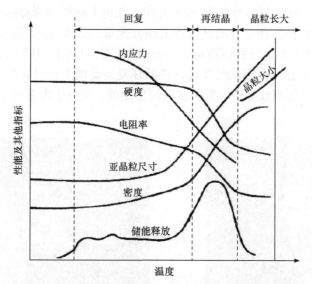

图 7-9　冷变形金属加热时某些性能和显微组织的变化过程

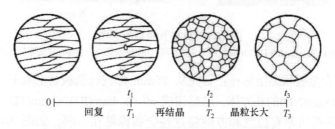

图 7-10　冷变形金属加热时显微组织的变化过程

7.7.4　方块状、梳状标样的制备

为了获得存在织构梯度、应变梯度、成分梯度构件的无应力标样，往往将与测试部位具有相同状态的另一工件切成小方块、火柴棍(match-like)或梳状(comb-like)作为无应力标样，这是由于应力是连续变化的，当样品体积不断减小时，应力也随之会减小。在切割时要尽量避免引入附加应力或者破坏原有组织状态，通常采用慢走丝线切割机进行切割加工。

1. 方块状

对于铝合金板在 ND 方向可能存在较强的织构梯度、应力梯度，以及可能由热轧、偏析等带来的合金元素梯度，为了维持这种材料的本征状态不发生改变而只释放宏观残余应力，对于铝合金板的标样制作将采用切小块的方法。

2024 铝合金预拉伸板块状标样：由于铝合金板材晶粒粗大，且薄板在 ND 方向应力较小，在切割时可保留 ND 方向。理论上标样切割得越小越好，但是标样太小会导致样品在应力测试仪器上摆放困难，造成人为误差，根据实际情况在 TD 及 RD 方向上分别切割至 3～6mm，见图 7-11(a)，切割后的小块认为处于无宏观应力状态。在测试时要进行样品往复运动增大衍射体积，根据往复振幅的大小将标样切割成多块，重新按原位置摆放，避免了肉眼可见的间隙存在，见图 7-11(b)。

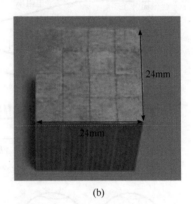

(a) (b)

图 7-11 2024 预拉伸板标样

(a) 6mm(RD×6mm×(TD)25mm(ND)无应力标样；(b) 16 块无应力参考标样按原位置堆垛

7075 铝合金板状黏结标样：首先从 20mm 厚的待测板材上取下 24mm(RD)×30mm(TD)×20mm(ND)的长方体，随后切成 60 个 4mm(RD)×3mm(TD)×20mm(ND)金属棒，最后按照原有位置和方向将这些金属棒粘在一起，如图 7-12 所示，避免了线切割间隙的存在，特别要注意的是切割下的每一个小块必须原位粘贴，要防止切割后小块的混淆和方向的错放。

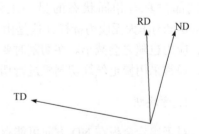

图 7-12 60 个 4mm(RD)×3mm(TD)×20mm(ND)无应力标样堆垛而成的无应力参考标样

2. 梳状

小块样或火柴棍样体积小，释放应力较为充分，但由于晶粒粗大而使得一个小方块参与衍射的晶粒数有限，衍射结果不具有统计性，为此需要大块的标样。然而，上述黏结的标样容易出现小块放错的问题，同时黏结剂对衍射也会有一定的影响，所以可加工成梳齿状。相比于块状标样，梳状标样制备简单，且有效地保证了无应力标样上测试点的位置和方向保持不变。该方法的不足之处是总有极小部分连在一起，靠近这部分的应力释放会不完全。

7075 铝合金预拉伸板梳状标样：板材测试制备两件梳状无应力标样的尺寸均为 28mm(RD)×30mm(TD)×20mm(ND)，每个梳齿的尺寸为 4mm(RD)×3mm(TD)×17mm(ND)，两个标样分别在靠近板的 *A*、*B* 表面附近留有 3mm 的厚度不切透，见图 7-13。

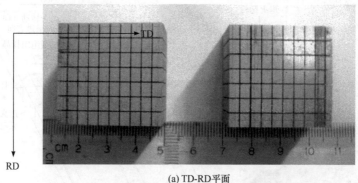

(a) TD-RD平面

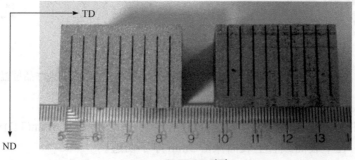

(b) TD-ND平面

图 7-13　切梳法制作的梳状无应力标样

2024 铝合金预拉伸板 FSW 标样：测试 FSW 焊件时采用梳状标样，每个梳齿的尺寸为 6mm(LD)×5mm(TD)×10mm(ND)，其中根部没有切透，有 3mm 连在一起，见图 7-14。

图 7-14   测试 FSW 用的梳状无应力标样

7.7.5   不同标样对残余应力测试结果的比较

不同方法制备的标样将导致应力的测试计算结果存在一定的差异。本节通过退火标样和梳状标样同时安装在短波长 X 射线衍射仪上进行应变测试，如图 7-15 所示，比较不同标样对 2024 铝合金 FSW 接头残余应力的测试结果。

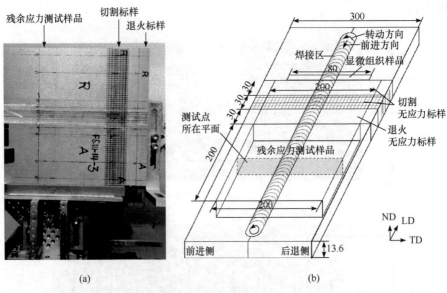

图 7-15   FSW-75 焊接样品的残余应力测试样品与标样(a)，以及其他样品位置示意图
(单位：mm)(b)

(1) 切割标样：标样沿上/下表面切成梳状，每个梳齿为 3mm(TD)×4mm(LD) 立方体柱，在下表面或者上表面保留 3mm 厚不切透。

(2) 退火标样：样品大小同梳状标样，从室温直接升温至 200℃保温 4h，然后随炉冷却 10h 至 40℃，然后取出空冷到室温。

测试采用二维平面应力状态假定,将法线方向(ND 方向)的主应力视为 0MPa。采用 d_0 法进行测试，选取铝的(111)晶面作为衍射晶面，使用去应力参考标样测得的晶面间距作为无应力参考晶面间距，进行残余应力的计算，得到三种不同摩擦焊转速的样品内部板厚中心层 TD 和 LD 方向的残余应力分布如图 7-16 所示。

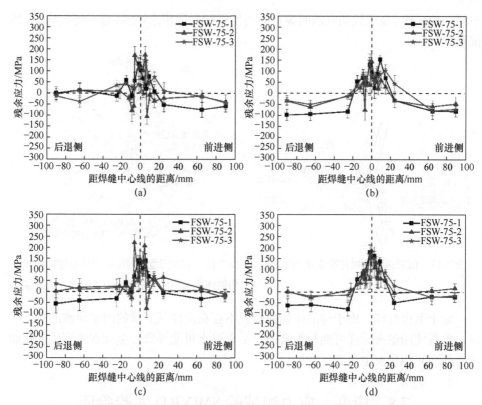

图 7-16　采用两种无应力标样测定三种焊接转速样品内部板厚中心层的残余应力分布
切割标样 TD 方向(a)和 LD 方向(b)；退火标样 TD 方向(c)和 LD 方向(d)

　　首先，对于这三种不同焊接工艺制备的焊接件，焊核区的残余应力均为正应力，热机械影响区的应力变化梯度最大且存在负应力趋势，在热影响区(距焊缝中心±9mm 左右)的边界位置出现应力的极大值，随着向母材区过渡，应力值逐渐减小，应力的变化也趋于平缓；TD 方向残余应力的绝对值整体都小于 LD 方向残余应力。

　　其次，根据测试结果可以看出，使用退火标样测试计算残余应力的结果比使用切割标样的结果偏正，但应力的变化区间(最大正应力和最小负应力之差)较小。可能的原因如下。

　　对于切割标样，每一个小块的体积较小，小块内的应力释放较为彻底。但是，切割成梳状的标样，每个梳齿小块之间的间隙可能会造成X射线的折射，如图 7-17 所示；而且，由于衍射体积不能完全填充，有可能会造成衍射峰的"赝偏移"现象(是指衍射体积没有被填满时，实际测量衍射体积的质心与装置理论衍射体积的几何中心偏差造成的衍射峰的偏移)，对测得的无应力参考晶面间距 d_0 值造成一定误差，如图 7-18 所示。为此，应先线切割得到方块状或梳状小块，再拼接成很小间隙的标样,避免线切割的间隙存在而使得衍射体积未填满,造成衍射峰的"赝偏移"。

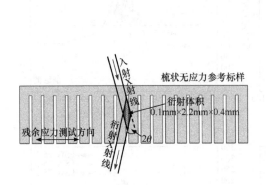

图 7-17　切割标样衍射体积未填满示意图　　图 7-18　实际测量衍射体积的质心与装置理论
　　　　　　　　　　　　　　　　　　　　衍射体积的几何中心偏差而造成的"赝偏移"

对于退火标样,由于样品体积完整,不存在由样品形状的因素导致的测试误差,此时使用退火标样可能较为合适,尽管退火可能导致合金元素固溶度变化而使得晶面间距也发生改变。

7.8　应变、应力测试的 SWXRD 实验验证

4.2 节介绍了 SWXRD-1000 型短波长 X 射线衍射仪测试无应力铝粉 Al(111) 晶面间距的重复测试误差优于±0.00006nm。下面分别介绍 SWXRD 测试应变、应力的实验验证。

7.8.1　应变测试的对比实验

从 25mm 厚的 5083 轧制铝板上,沿 TD 方向线切割 3mm 厚的拉伸样品(样品厚度方向为 RD 方向,宽度方向为 ND 方向),经 140℃的 1h 保温后随电热烘箱冷却到 30℃取出。然后,分别在拉伸样品标距中心附近的两个表面粘贴应变片,短波长特征 X 射线衍射法的测试部位为样品标距中心,测试应变的方向均为拉伸方向。

短波长 X 射线衍射仪的测试参数:衍射晶面 Al(111),钨靶的短波长特征 X 射线 $WK\alpha_1$,管电压 200kV,管电流 12mA,入射准直器、接收准直器发散度均为 0.11°,能量分辨率为 4%的碲锌镉探测系统,2θ 步长 0.01°,测试时间 60s。

短波长 X 射线衍射仪、应变仪开机预热 1h 后,利用应力加载装置给拉伸样品预制一定应力,将应变仪读数置零,由短波长 X 射线衍射仪测量分析 Al(111)

面间距 d_0；在弹性范围内，分别在拉伸样品加载不同应力时，由短波长 X 射线衍射仪测得 Al(111)晶面间距 d_i，算得 $\varepsilon_i = \dfrac{d_i - d_0}{d_0}$，同时，记录应变仪的应变读数 ε_i。

短波长 X 射线衍射仪、应变仪的应变对比测试结果见图 7-19。在两组单向拉伸应力加载对比实验中，均从小到大给予 5083 铝合金拉伸样品加载应力，在每加载到预设应力左右即进行两种仪器的应变对比测试，考虑到铝合金的比例极限较小，该对比实验的最大加载应力只加载到 120MPa 左右。第一组实验的应力加载到 120MPa 左右，并完成短波长 X 射线衍射仪、应变仪的应变对比测试，然后卸载应力；对同一 5083 铝合金拉伸样品，又从小到大地给予 5083 铝合金拉伸样品加载应力，进行第二组两种仪器的应变对比测试实验。从图 7-19(a)可看出，在每个加载应力，短波长 X 射线衍射仪测得的应变略大于应变仪测得的应变。

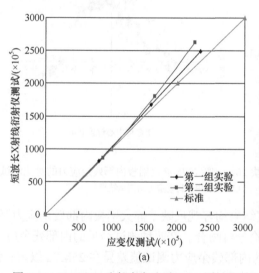

(a)　　　　　　　　　　　　　　　　(b)

图 7-19　SWXRD 法与应变法对 3mm 厚 5083 铝合金轧制板拉伸样品的应变对比测试

(a) 两组对比测试数据；(b) 应力加载装置及对比测试仪器

对比测试结果表明：当外加应力小于 120MPa 时，两种方法的应变测试结果差异小于 6%。

7.8.2　淬火铝板内部残余应力测试的对比实验

中子衍射具有无损测定材料/工件内部残余应力的 ISO、ASTM、GB 等标准，得到广泛认同，为此，作者进行了 SWXRD 与中子衍射的内部残余应力对比测试实验。2011 年，对尺寸为 200mm(RD) × 200mm(TD) × 20mm(ND)的同一块轧制后的 7075 淬火铝板，先采用短波长 X 射线衍射仪，基于极密度极大值法，无损测定其中心不同深度的残余应力；然后在法国莱昂-布里渊实验室(Laboratoire Léon Brillouin，LLB) G4.2 中子衍射应力站，无损测定其中心不同深度的残余应力，进行对比实验。

短波长 X 射线衍射仪的方法及测试参数：采用极密度极大值法检测内部残余应力，衍射晶面为 Al(111)，钨靶的短波长特征 X 射线 WKα$_1$，管电压 200kV，管电流 12mA，入射准直器、接收准直器发散度均为 0.11°，能量分辨率为 4%的碲锌镉探测系统，2θ 步长 0.01°，测试时间 90s，摇摆振幅±5mm。

采用 SWXRD、中子衍射先后测得的淬火铝板中心不同深度残余应力及其分布分别见图 7-20(a)和(b)。图 7-20 横坐标为淬火铝板不同深度坐标，淬火铝板厚度中心的横坐标为零，两个轧制面的横坐标分别为–10mm 和 10mm。

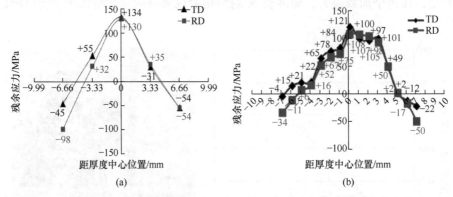

图 7-20　SWXRD 与中子衍射法对同一块 20mm 厚 7075 淬火铝板内部残余应力的对比测试
(a) SWXRD 测试结果；(b) LLB G4.2 中子衍射应力站测试结果

对比测试结果表明：①两种测试结果均客观反映了淬火铝板内部残余应力"外压内拉"的抛物线分布规律，与理论分析吻合。②两种测试结果的内部残余应力测试值差异较小，大部分测试部位的内部残余应力测试值差异在 25MPa 以内；后测的中子衍射内部残余应力测试值比先测的 SWXRD 测试值小 20MPa 左右，应该是淬火铝板内部残余应力的时效反映。

7.9　铝合金搅拌摩擦焊接件内部残余应力的两种无损测定方法综合运用

本节以铝合金 FSW 焊接件内部残余应力的无损测定为例，详细介绍短波长特征 X 射线衍射常用的极密度极大值法、sin$^2\Psi$ 法等两种无损测定方法的应用，包括测试分析过程及其结果。

7.9.1　样品和测试条件

1. 样品及无应力标样

6mm 厚 2024 预拉伸铝板，存在强的轧制织构；将两块尺寸为 300mm(RD 方向)×100mm(TD 方向)×6mm(ND 方向)的预拉伸铝板采用 FSW 焊接制备焊接件样品，焊缝中心区域为等轴晶。无损测定焊缝中心层焊缝长度方向(LD 方向)的残余应力及其沿焊缝的分布，以及中心层距焊接起始处 97mm 部位的残余应力及其沿垂直于焊缝的分布。所制备 FSW 焊接板的焊缝 LD 方向与铝板的 RD 方向平行。

鉴于长和宽远远大于板厚，均按照平面应力进行焊接铝板残余应力的测试。

因为焊接板焊缝中心部位为弱织构，首先，采用不需要无应力标样的 $\sin^2\Psi$ 法无损测定焊缝中心层 LD 方向残余应力及其沿焊缝长度的分布；然后，采用极密度极大值法测定其余部位的残余应力。极密度极大值法所需的无应力标样，是在采用 $\sin^2\Psi$ 法完成焊缝中心层残余应力及其沿焊缝长度分布的无损测定后，再从焊接板上采用线切割方式截取，并制备各自焊接板的梳状无应力标样。

三块 FSW 焊接件工艺参数如下。FSW1 号样品：转速 800r/min，焊速 80mm/min；FSW2 号样品：转速 400r/min，焊速 80mm/min；FSW3 号样品：转速 800r/min，焊速 150mm/min。

FSW1、FSW2、FSW3 号样品及其无应力标样的照片见图 7-21。

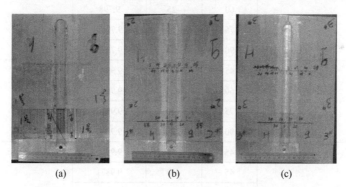

图 7-21　FSW1、FSW2、FSW3 号样品及其无应力标样
(a) FSW1；(b) FSW2；(c) FSW3

2. 测试条件

仪器：SWXRD-1000 型短波长 X 射线衍射仪。测试参数：入射准直器、接收准直器的发散角均为 0.1°，其缝宽均为 0.1mm，衍射晶面 Al(311)，特征 X 射线 WKα_1 的波长 $\lambda = 0.208992$Å，管电压 200kV，管电流 3.5mA，焦点尺寸 0.4mm × 0.4mm，摇摆幅度±10mm。

计算残余应力所采用的弹性模量 E_{311}=73000MPa，泊松比 ν_{311}=0.33。

7.9.2　sin² Ψ 法无损测定焊缝中间层的纵向残余应力

将各部位测得的 2θ 及相应的 Ψ 代入应力计算式(7-21)，就可以计算得到相应部位平行于焊缝长度方向的残余应力。

FSW1 号样品焊缝中间层 LD 方向残余应力及其分布测试结果见表 7-2。

表 7-2　sin² Ψ 法无损测定的 FSW1 号样品焊缝中间层 LD 方向残余应力及其分布

测试序号	测试点距 FSW 起点的圆弧边缘距离/mm	Ψ/(°)	θ/(°)	Al(311)衍射角 2θ/(°)	残余应力/MPa	备注
1	20	45	−40	9.9892	+141	线性差
		60	−25	9.9908		
		75	−10	9.9811		
		90	5	9.9923		
2	40	45	−40	9.9948	+93	
		45	−40	9.9978		
		60	−25	9.9860		
		75	−10	9.9842		
		90	5	9.9837		
3	60	45	−40	9.9970	+142	
		60	−25	9.798		
		75	−10	9.7955		
		90	5	9.7898		
4	100	45	−40	9.9940	+163	
		60	−25	9.9836		
		75	−10	9.9770		
		90	5	9.9807		
5	150	45	−40	9.9910	+145	
		45	−40	9.9871		
		45	−40	9.9939		
		60	−25	9.9843		
		60	−25	9.9822		
		75	−10	9.9790		
		75	−10	9.9764		
		90	5	9.9772		
		90	5	9.9780		
		90	5	9.9786		

测试序号	测试点距FSW起点的圆弧边缘距离/mm	$\Psi/(°)$	$\theta/(°)$	Al(311)衍射角 $2\theta/(°)$	残余应力 /MPa	备注
6	150	45	−40	9.9913	+155	
		45	−40	9.9875		
		60	−25	9.9779		
		60	−25	9.9829		
		75	−10	9.9744		
		90	5	9.9785		
		90	5	9.9740		
7	190	45	−40	9.9914	+121	
		45	−40	9.9937		
		60	−25	9.9883		
		75	−10	9.9809		
		75	−10	9.9801		
		90	5	9.9821		
		90	5	9.9838		
8	200	45	−40	9.9915	+86	
		45	−40	9.9875		
		60	−25	9.9828		
		75	−10	9.9820		
		90	5	9.9819		
		90	5	9.9806		
9	230	45	−40	9.9892	+122	
		60	−25	9.9846		
		75	−10	9.9777		
		90	5	9.9792		
10	240	45	−40	9.9944	+120	
		45	−40	9.9946		
		60	−25	9.9858		
		75	−10	9.9816		
		75	−10	9.9796		
		90	5	9.9851		
		90	5	9.9858		

FSW2 号样品焊缝中间层 LD 方向残余应力及其分布测试结果见表 7-3。

表 7-3　$\sin^2\Psi$ 法无损测定的 FSW2 号样品焊缝中间层 LD 方向残余应力及其分布

测试序号	测试点距 FSW 起点的圆弧边缘距离/mm	Ψ/(°)	θ/(°)	Al(311)衍射角 2θ/(°)	残余应力/MPa	备注
1	10	45	−40	9.8149	+119	线性差
		60	−25	9.8079		
		75	−10	9.7995		
		90	5	9.8073		
2	30	45	−40	9.8078	+134	
		60	−25	9.7996		
		75	−10	9.7936		
		90	5	9.7971		
3	60	45	−40	9.8043	+138	
		60	−25	9.798		
		75	−10	9.7955		
		90	5	9.7898		
4	90	45	−40	9.8026	+171	
		60	−25	9.7966		
		75	−10	9.7873		
		90	5	9.7880		
5	110	45	−40	9.8037	+156	
		60	−25	9.7928		
		75	−10	9.7890		
		90	5	9.7897		
6	124	45	−40	9.7994	+129	
		60	−25	9.7943		
		75	−10	9.7866		
		90	5	9.7892		
7	130	45	−40	9.8023	+138	
		60	−25	9.798		
		75	−10	9.7906		
		90	5	9.7903		
8	150	45	−40	9.8031	+113	
		60	−25	9.802		
		75	−10	9.7923		
		90	5	9.7946		

续表

测试序号	测试点距 FSW 起点的圆弧边缘距离/mm	$\Psi/(°)$	$\theta/(°)$	Al(311)衍射角 $2\theta/(°)$	残余应力 /MPa	备注
9	180	45	−40	9.8051	+128	
		60	−25	9.8041		
		75	−10	9.7982		
		90	5	9.7919		
10	210	45	−40	9.805	+81	
		60	−25	9.8045		
		75	−10	9.7994		
		90	5	9.7975		
11	230	45	−40	9.8081	+78	
		60	−25	9.802		
		75	−10	9.8032		
		90	5	9.7993		

FSW3 号样品焊缝中间层 LD 方向残余应力及其分布测试结果见表 7-4。

表 7-4　$\sin^2\Psi$ 法无损测定的 FSW3 号样品焊缝中间层 LD 方向残余应力及其分布

测试序号	测试点距 FSW 起点的圆弧边缘距离/mm	$\Psi/(°)$	$\theta/(°)$	Al(311)衍射角 $2\theta/(°)$	残余应力 /MPa	备注
1	10	45	−40	9.8033	+66	线性差
		60	−25	9.8086		
		75	−10	9.8042		
		90	5	9.7948		
2	30	45	−40	9.8092	+151	
		60	−25	9.8042		
		75	−10	9.7973		
		90	5	9.7953		
3	60	45	−40	9.8093	+217	
		60	−25	9.7979		
		75	−10	9.7918		
		90	5	9.7887		
4	90	45	−40	9.8093	+224	
		60	−25	9.7983		
		75	−10	9.7909		
		90	5	9.7885		

续表

测试序号	测试点距 FSW 起点的圆弧边缘距离/mm	$\Psi/(°)$	$\theta/(°)$	Al(311)衍射角 $2\theta/(°)$	残余应力/MPa	备注
5	110	45	−40	9.8044	+221	
		60	−25	9.7957		
		75	−10	9.7868		
		90	5	9.7839		
6	120	45	−40	9.827	+192	
		60	−25	9.8004		
		75	−10	9.8097		
		90	5	9.8063		
7	130	45	−40	9.8234	+177	
		60	−25	9.8126		
		75	−10	9.809		
		90	5	9.8063		
8	150	45	−40	9.8254	+144	
		60	−25	9.8108		
		75	−10	9.8065		
		90	5	9.8151		
9	180	45	−40	9.8185	+88	
		60	−25	9.8131		
		75	−10	9.8105		
		90	5	9.8106		
10	210	45	−40	9.8196	+175	
		60	−25	9.8128		
		75	−10	9.8102		
		90	5	9.8004		
11	230	45	−40	9.8186	+45	
		60	−25	9.8174		
		75	−10	9.8134		
		90	5	9.8156		

$\sin^2\Psi$ 法无损测定的三种 FSW 焊接件焊缝中间层 LD 方向残余应力及其沿焊缝长度的分布测试结果见图 7-22。

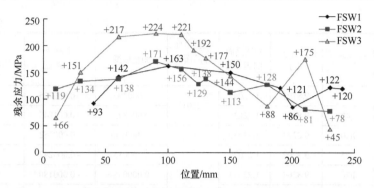

图 7-22　三种 FSW 工艺制备的焊接件焊缝中间层 LD 方向残余应力及其沿焊缝长度的分布

7.9.3　采用极密度极大值法无损测定中间层垂直焊缝的残余应力及其分布

该铝板在 TD 方向和偏离 LD 方向 26°为极密度极大值点方向。基于式(7-9)分别测得各部位的 TD 方向应变 ε_{TD}、偏离 LD 方向 26°应变 $\varepsilon_{LD+26°}$；然后利用式(7-42)计算得到两个主应变 ε_{TD} 和 ε_{LD}；将计算得到的两个主应变 ε_{TD} 和 ε_{LD} 代入式(7-39)，就可以计算得到两个方向分别为 TD、RD 的主应力 σ_{TD} 和 σ_{RD}。

关于位置编号的说明：测试位置编号为 0 的部位是焊缝中心；h 表示测试部位位于 FSW 的后退侧，如测试位置编号为 h5 的部位是 FSW 后退侧距焊缝中心5mm 处；q 表示测试部位位于 FSW 的前进侧，如测试位置编号为 q20 的部位是FSW 前进侧距焊缝中心 20mm 处。

FSW1 号样品中间层垂直焊缝的残余应力及其分布测试结果见表 7-5。

表 7-5　极密度极大值法无损测定的 FSW1 号样品中间层垂直焊缝的残余应力及其分布

测试方向	位置编号	Al(311)2θ/(°)	测试晶面间距 d/Å	无应力标样晶面间距 d_0/Å	测量应变	主应变 ε_{TD} 或 ε_{RD}	主应力 σ_{TD} 或 σ_{RD}/MPa
TD	h40	9.8189	1.22102		0.000725	+0.000725	+50
	h25	9.8149	1.22151		0.001132	+0.001132	+86
	h20	9.8161	1.22136		0.001010	+0.001010	+78
	h15	9.8254	1.22021		0.000065	+0.000065	+14
	h10	9.8237	1.22042		0.000238	+0.000238	+78
	h5	9.8222	1.22061	1.22013	0.000390	+0.000390	+86
	0	9.8186	1.22105		0.000756	+0.000756	+108
	q5	9.8272	1.21999		−0.000118	−0.000118	+54
	q10	9.8301	1.21963		−0.000412	−0.000412	+2
	q15	9.8203	1.22084		0.000583	+0.000583	+66
	q20	9.828	1.21989		−0.000199	−0.000199	−27

测试方向	位置编号	Al(311)2θ /(°)	测试晶面间距 d/Å	无应力标样晶面间距 d_0/Å	测量应变	主应变 ε_{TD} 或 ε_{RD}	主应力 σ_{TD} 或 σ_{RD} /MPa
TD	q25	9.8191	1.22099	1.22013	0.000705	+0.000705	+57
	q40	9.8079	1.22238		0.001845	+0.001845	+144
LD+26°	h40	9.8223	1.22059	1.22077	−0.000145	−0.000352	−9
	h25	9.8207	1.22079		0.000018	−0.000247	+10
	h20	9.8204	1.22083		0.000048	−0.000180	+13
	h15	9.8183	1.22109		0.000262	+0.000309	+27
	h10	9.8031	1.22298		0.001809	+0.002183	+185
	h5	9.8042	1.22284		0.001697	+0.002008	+175
	0	9.8059	1.22263		0.001524	+0.001706	+160
	q5	9.8025	1.22305		0.001870	+0.002343	+189
	q10	9.8111	1.22198		0.000994	+0.001328	+98
	q15	9.8145	1.22156		0.000648	+0.000664	+70
	q20	9.8243	1.22035		−0.000348	−0.000383	−37
	q25	9.8199	1.22089		0.000099	−0.000045	+15
	q40	9.8194	1.22095		0.000150	−0.000253	+29

FSW2 号样品中间层垂直焊缝的残余应力及其分布测试结果见表 7-6。

表 7-6　极密度极大值法无损测定的 FSW2 号样品中间层垂直焊缝的残余应力及其分布

测试方向	位置编号	Al(311)2θ /(°)	测试晶面间距 d/Å	无应力标样晶面间距 d_0/Å	测量应变	主应变 ε_{TD} 或 ε_{RD}	主应力 σ_{TD} 或 σ_{RD} /MPa
TD	h55	9.8089	1.22226	1.22109	0.000956	+0.000956	+57
	h40	9.8104	1.22207		0.000803	+0.000803	+42
	h30	9.8141	1.22161		0.000427	+0.000427	+25
	h20	9.8134	1.22170		0.000498	+0.000498	+40
	h10	9.8287	1.21980		−0.001056	−0.001056	−46
	h7	9.8256	1.22018		−0.000742	−0.000742	+23
	h5	9.8233	1.22047		−0.000508	−0.000508	+20
	h3	9.8253	1.22022		−0.000711	−0.000711	+1
	0	9.8187	1.22104		−0.000041	−0.000041	+60
	q3	9.8319	1.21940		−0.001380	−0.001380	−37
	q5	9.827	1.22001		−0.000884	−0.000884	−4

续表

测试方向	位置编号	Al(311)2θ/(°)	测试晶面间距 d/Å	无应力标样晶面间距 d/Å	测量应变	主应变 ε_{TD} 或 ε_{RD}	主应力 σ_{TD} 或 σ_{RD} /MPa
TD	q7	9.8252	1.22023	1.22109	−0.000701	−0.000701	+21
	q10	9.833	1.21927		−0.001492	−0.001492	−81
	q20	9.8158	1.22140		0.000254	+0.000254	+18
	q30	9.8197	1.22092		−0.000143	−0.000143	−6
	q40	9.8184	1.22108		−0.000011	−0.000011	+4
	q55	9.8171	1.22124		0.000122	+0.000122	+21
LD+26°	h55	9.8327	1.21931	1.21986	−0.000454	−0.000790	−39
	h40	9.8338	1.21917		−0.000566	−0.000892	−51
	h30	9.8302	1.21961		−0.000201	−0.000350	−17
	h20	9.8275	1.21995		0.000073	−0.000028	+11
	h10	9.8184	1.22108		0.000998	+0.001486	+93
	h7	9.8049	1.22275		0.002373	+0.003113	+235
	h5	9.8112	1.22197		0.001731	+0.002263	+172
	h3	9.8121	1.22186		0.001639	+0.002198	+161
	0	9.8096	1.22217		0.001894	+0.002354	+192
	q3	9.8086	1.22229		0.001995	+0.002798	+192
	q5	9.8098	1.22214		0.001873	+0.002529	+183
	q7	9.8064	1.22257		0.002220	+0.002914	+220
	q10	9.8188	1.22103		0.000957	+0.001540	+86
	q20	9.8287	1.21980		−0.000049	−0.000121	−3
	q30	9.8268	1.22004		0.000144	+0.000212	+14
	q40	9.8267	1.22005		0.000154	+0.000194	+16
	q55	9.8246	1.22031		0.000368	+0.000426	+38

　　FSW3 号样品中间层垂直焊缝的残余应力及其分布测试结果见表 7-7。

表 7-7　极密度极大值法无损测定的 FSW3 号样品中间层垂直焊缝的残余应力及其分布

测试方向	位置编号	Al(311)2θ/(°)	测试晶面间距 d/Å	无应力标样晶面间距 d/Å	测量应变	主应变 ε_{TD} 或 ε_{RD}	主应力 σ_{TD} 或 σ_{RD} /MPa
TD	h55	9.8179	1.22114	1.22038	0.000622	+0.000622	+28
	h40	9.8085	1.22231		0.001579	+0.001579	+117
	h30	9.8114	1.22195		0.001283	+0.001283	+91

测试方向	位置编号	Al(311)2θ /(°)	测试晶面间距 d/Å	无应力标样晶面间距 d/Å	测量应变	主应变 ε_{TD} 或 ε_{RD}	主应力 σ_{TD} 或 σ_{RD} /MPa
TD	h20	9.8101	1.22211		0.001416	+0.001416	+87
	h10	9.8283	1.21985		−0.000434	−0.000434	−22
	h7	9.8189	1.22102		0.000520	+0.000520	+127
	h5	9.8194	1.22095		0.000470	+0.000470	+101
	h3	9.8219	1.22064		0.000216	+0.000216	+86
	0	9.8209	1.22077		0.000317	+0.000317	+86
	q3	9.8202	1.22085	1.22038	0.000388	+0.000388	+103
	q5	9.8238	1.22041		0.000023	+0.000023	+82
	q7	9.8280	1.21989		−0.000404	−0.000404	+46
	q10	9.8271	1.22000		−0.000312	−0.000312	+13
	q20	9.8194	1.22095		0.000470	+0.000470	+32
	q30	9.812	1.22187		0.001222	+0.001222	+89
	q40	9.8162	1.22135		0.000795	+0.000795	+49
	q55	9.8234	1.22046		0.000063	+0.000063	−11
LD+26°	h55	9.8339	1.21916	1.21986	−0.000576	−0.000861	−54
	h40	9.8290	1.21976		−0.000079	−0.000473	+4
	h30	9.8300	1.21964		−0.000181	−0.000529	−9
	h20	9.8354	1.21897		−0.000597	−0.001076	−50
	h10	9.8264	1.22009		0.000316	+0.000494	+29
	h7	9.8037	1.22290		0.002627	+0.003128	+270
	h5	9.8103	1.22208		0.001954	+0.002307	+202
	h3	9.8089	1.22226		0.002096	+0.002544	+214
	0	9.8113	1.22196	1.21970	0.001852	+0.002217	+190
	q3	9.8080	1.22237		0.002188	+0.002616	+225
	q5	9.8058	1.22264		0.002412	+0.002981	+245
	q7	9.8071	1.22248		0.002280	+0.002918	+228
	q10	9.8188	1.22103		0.001088	+0.001422	+108
	q20	9.8305	1.21958		−0.000100	−0.000236	−7
	q30	9.8306	1.21957		−0.000110	−0.000427	−2
	q40	9.8328	1.21929		−0.000333	−0.000602	−28
	q55	9.8343	1.21911		−0.000486	−0.000616	−49

　　测得的 FSW1、FSW2、FSW3 号样品中间层垂直于焊缝的横向(TD)残余应力、纵向(LD+26°)残余应力及其分布分别见图 7-23 和图 7-24。

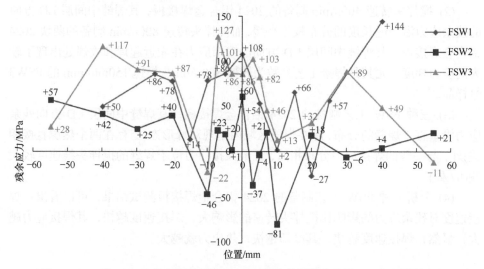

图 7-23　三种 FSW 工艺制备的铝合金 2024 焊接件焊缝中间层 TD 方向残余应力及其沿垂直于焊缝的分布

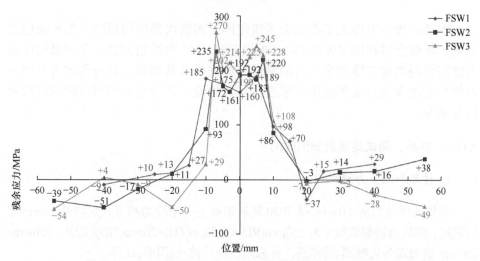

图 7-24　三种 FSW 工艺制备的铝合金 2024 焊接件焊缝中间层 LD+26°方向残余应力及其沿垂直于焊缝的分布

7.9.4　测试结果分析与讨论

　　(1) 三种 FSW 工艺制备的 2024 铝合金焊接板，其焊缝中间层 LD 方向的残余应力均为拉应力，其沿焊缝长度的分布，呈现起焊和收焊部位的残余应力小、中间部位大的特征，且最大拉应力出现在靠近起焊处约 1/3 焊缝长度处。

(2) 搅拌头转速 400r/min 制备的 2024 铝合金焊接板，其焊缝中间层 LD 方向的残余应力沿焊缝长度的分布较为平缓，而搅拌头转速 800r/min 制备的两块 2024 铝合金焊接板，其焊缝中间层 LD 方向的残余应力在靠近起焊和收焊处出现了较大的应力梯度，尤其是焊接工艺参数为转速 800r/min、焊速 150mm/min 的 FSW3 号样品。

(3) 三种 FSW 工艺制备的 2024 铝合金焊接板，其焊缝中间层 LD 方向残余应力沿垂直于焊缝的分布，除在焊缝区域内呈现双峰形态(与存在两个热源直接相关)外，与一般的焊接应力分布相似，且最大拉应力位于焊缝的搅拌头线速度较大侧(h7 处)。

(4) 分析三种 FSW 工艺制备的 2024 铝合金焊接板测试结果，可以看出：焊接速度对残余应力的影响比搅拌头转速的影响大，焊接速度越快，其焊接应力越大，显然，焊接速度越快，其冷却越快，热应力就越大。

7.10   淬火铝板内部三维残余应力无损测定

本节以接受中南大学委托无损测定淬火铝板内部中间层的三维残余应力为例，详细介绍利用 SWXRD-1000 型短波长 X 射线衍射仪，采用极密度极大值法无损测定三维残余应力的测试分析过程及其结果，且与假定为平面应力的二维残余应力无损测定结果进行对比讨论，并分析不同时效时间的残余应力演变。

7.10.1   样品、测试要求及测试时间

1. 样品和无应力标样

提供的样品为从 110mm 厚 7050 轧制铝板上采用线切割方式切割的 20mm 厚的表层，然后再切割成尺寸为 250mm(RD)×250mm(TD)×20mm(ND)(其中，250mm×250mm 的表面为轧制面)的样品，并采用浸没式淬火(固溶)处理。

从提供的样品上采用线切割方式切取被测试样品，尺寸为 200mm(RD)×200mm(TD)×20mm(ND)；从剩余部分采用线切割切取 40mm(RD)×40mm(TD)×20mm(ND)的材料，再采用线切割方式制作梳状无应力标样。

被测样品照片见图 7-25，其中，A 面为线切割面，B 面为轧制面。

图 7-25　淬火的 7075 被测铝板样品

A 面为线切割面，B 面为轧制面

测试部位位于被测样品的中心处，即距轧制表面 10mm 处。鉴于被测样品长度、宽度均为其厚度的 10 倍，从工程上可以忽略尺寸效应，即被测试部位所测残余应力即为淬火铝板厚度中心层的残余应力。

2. 测试条件

检测分析仪器：SWXRD-1000 型短波长 X 射线衍射仪；采用平行光束法，衍射晶面为 Al(111) 等，特征 X 射线 WKα₁ 的波长 $\lambda = 0.208992$Å，管电压 200kV，管电流 8mA，焦点尺寸 1.0mm×1.0mm，入射准直器和接收准直器的发散度均为 0.11°，摇摆振幅 10mm。

3. 测试分析方法

根据已知的被测淬火铝板样品为轧制织构，而且可以认为该淬火铝板样品内部残余应力的三个主应力方向分别为 TD、RD、ND 方向。

为此，采用极密度极大值法，测量被测部位三个不共面方向的应变，无损检测分析位于被测试样品轧面中心、厚度中心处的三维残余应力。

除采用 7.6.2 节的方法可以测算强织构材料/工件内部残余应力以外，还可以采用以下另外一种形式的方法测算强织构材料/工件内部残余应力。以测算强织构的淬火铝板内部残余应力为例，介绍该方法如下。

参见图 3-12 所示的仪器坐标、图 7-4 的样品坐标，对于所述淬火铝板样品，其 TD 方向的方位角 $\varphi = 0°$，$\Psi = 90°$，与 X 轴平行；其 RD 方向的方位角 $\varphi = 90°$，$\Psi = 90°$，与 Y 轴平行；其法向(ND 方向)的方位角 $\Psi = 0°$，与 Z 轴平行。

通过分别测量极密度极大值点方向的应变 ε_{TD}、$\varepsilon_{RD+22.25°}$ 以及 $\varepsilon_{\varphi\Psi}$，其中 $\varepsilon_{\varphi\Psi}$ 的方位角 $\varphi = 90°$，$\Psi = 64.80°$。然后，再按照式(7-9)测量各方向的正应变，基于已知 3 个主应力 σ_{xx}、σ_{yy}、σ_{zz} 方向分别平行于 X 轴、Y 轴、Z 轴，则由应力-应变关系，有

$$E_{hkl}\varepsilon_{\varphi\Psi} = (1+\nu_{hkl})\left[(\sigma_{xx}\cos^2\varphi + \sigma_{yy}\sin^2\varphi)\sin^2\Psi + \sigma_{zz}\cos^2\Psi \right] - \nu_{hkl}(\sigma_{xx} + \sigma_{yy} + \sigma_{zz})$$

(7-43)

将测得的 3 个极密度极大值点方向应变 ε_{TD}、$\varepsilon_{RD+22.25°}$ 以及 $\varepsilon_{\varphi\Psi}$ 分别代入式 (7-43)，得到三个线性方程，联立求解，就可以计算得到三个主应力 σ_{xx}、σ_{yy}、σ_{zz}，即 σ_{TD}、σ_{RD}、σ_{ND}。

鉴于 ε_{TD}、$\varepsilon_{RD+22.25°}$ 采用 Al(111)晶面为测试的衍射晶面，$\varepsilon_{\varphi\Psi}$ 采用 Al(220)晶面为测试的衍射晶面，计算应力所用的材料常数为：弹性模量 $E = 72650\text{MPa}$，泊松比 $\nu = 0.34$。

当然，将求得的三个主应力 σ_{xx}、σ_{yy}、σ_{zz} 代入式(7-41)，就可以计算得到在已知三个主应力方向的应变 ε_{xx}、ε_{yy}、ε_{zz}，即 ε_{TD}、ε_{RD}、ε_{ND}。

4. 测试时间

分别在 2018 年 7 月、10 月对所述淬火铝板样品的同一部位进行淬火并时效处理 1 个月、4 个月，对两次三维残余应力进行无损测定，表征不同时效时间的残余应力演变，同时测算该部位的二维残余应力。

7.10.2 二维/三维残余应力的无损测定及比较

1. 二维/三维残余应力的无损检测分析结果

1) 时效处理 1 个月的淬火铝板中心部位的三维残余应力

时效处理 1 个月的淬火铝板内部三维残余应力测算及结果见表 7-8，与平面应力假定条件(二维)下第一次测算应力结果的对比见表 7-9。

表 7-8 时效处理 1 个月的淬火铝板中心部位的三维残余应力

衍射晶面	方位角		$\Delta 2\theta/(°)$	应变	主应力/MPa		
	$\varphi/(°)$	$\Psi/(°)$			σ_{TD}	σ_{RD}	σ_{ND}
Al(111)	0.00	90.00	0.0146	0.002284	+236	+166	+40
	67.75	90.00	0.0088	0.001171			
Al(220)	90.00	64.80	0.0022	0.000430			

表 7-9 二维/三维残余应力的第一次测算结果对比

应力及方向	二维模式	三维模式
σ_{TD} / MPa	+229	+236
σ_{RD} / MPa	+151	+166
σ_{ND} / MPa	—	+40

2) 时效处理 4 个月的淬火铝板中心部位的三维残余应力

时效处理 4 个月的淬火铝板内部三维残余应力测算及结果见表 7-10，与平面应力假定条件(二维)下第二次测算应力结果对比见表 7-11。

表 7-10　时效处理 4 个月的淬火铝板中心部位的三维残余应力

衍射晶面	方位角		$\Delta 2\theta$ /(°)	应变	主应力/MPa		
	φ /(°)	Ψ /(°)			σ_{TD}	σ_{RD}	σ_{ND}
Al(111)	0.00	90.00	−0.0093	0.001814	+199	+130	+66
	67.75	90.00	−0.00375	0.000727			
Al(220)	90.00	64.80	−0.0009	0.000011			

表 7-11　二维/三维残余应力的第二次测算结果对比

应力及方向	二维模式	三维模式
σ_{TD} / MPa	+165	+199
σ_{RD} / MPa	+91	+130
σ_{ND} / MPa		+66

2. 二维/三维残余应力的无损检测分析结果讨论

从表 7-9 和表 7-11 中可以得出以下结论：

(1) 所测结果符合淬火板内部为残余拉应力的规律。

(2) 二维模式测算得到的 σ_{TD}、σ_{RD} 与三维模式测算得到的 σ_{TD}、σ_{RD} 相差在 40MPa 以内。

(3) 时效处理 4 个月第二次测得的残余应力与时效处理 1 个月第一次测得的残余应力相比，二维模式测算得到的 σ_{TD}、σ_{RD} 减小 60～64MPa，三维模式测算得到的 σ_{TD}、σ_{RD} 减小 36～37MPa。

(4) 总体来说，时效处理 4 个月第二次测得的残余应力比时效处理 1 个月第一次测得的残余应力小，符合自然时效的应力松弛规律。

需要说明的是：SWXRD-1000 型短波长 X 射线衍射仪测试应力的误差小于 ±25MPa；由于被测试的淬火铝板存在粗晶、强的轧制织构，不能完全满足弹性力学的"各向同性、连续介质"等假定，从而导致在由测得的应变计算应力中，计算得到的应力误差增大，而且对三维应力计算及其结果的影响更大一些。

根据以前 SWXRD 与法国 LLB 中子衍射对同一块淬火铝板进行的内部残余应力对比测试结果，即采用二维模式与三维模式测算的 σ_{TD}、σ_{RD} 仅相差 20~30MPa(除仪器本身的测试误差外，还有采用的测试晶面不同等引入的误差)以及 σ_{ND} 仅为数十兆帕的残余应力。按照我们的认知，σ_{ND} 测算结果是合理的，三维残余应力的测算结果是合理的。

无论按照二维模式还是三维模式，SWXRD 技术及其仪器均能够较好地表征淬火轧制铝板的内部残余应力及其演变。

7.11　部分典型零部件内部残余应力无损测定

本节简单介绍 SWXRD-1000 型短波长 X 射线衍射仪自 2008 年 11 月中旬投入使用以来，完成的淬火铝板、孔挤压钢件、钛合金件、3D 打印钢件等其他内部残余应力无损测定的典型案例。

7.11.1　30mm 厚 7075 淬火铝板内部残余应力及其分布的无损测定

在 2008 年 11 月中旬，利用提供的 30mm 厚 7075 淬火铝板和按照技术要求制备的无应力标样，尝试采用极密度极大值法进行了内部残余应力无损测定。这是第一次利用 SWXRD-1000 型短波长 X 射线衍射仪完成的材料工件内部残余应力无损测定，在国内首先实现了内部残余应力的晶体衍射法无损测定，无损测定的 7075 淬火铝板内部残余应力及其沿厚度方向的分布，与理论分析的"内拉外压"结果符合，基本呈现抛物线分布。30mm 厚 7075 淬火铝板样品见图 7-26。

测试仪器：SWXRD-1000 型短波长 X 射线衍射仪。测试参数：钨靶 X 射线管的焦斑尺寸 5.5mm，管电压 200kV，管电流 12mA，入射准直器和接收准直器通光孔宽度和发散度分别为 0.1mm、0.11°，衍射晶面 Al(111)，WKα能量分析单色化，往复摇摆振幅±10mm。

计算残余应力所采用的弹性模量 $E_{111} = 73000\text{MPa}$，泊松比 $\nu_{311} = 0.33$。

主应变采用式(7-42)计算，再将计算得到的两个主应变 ε_{xx} 和 ε_{yy} 代入式(7-39)，就可以计算得到两个主应力 σ_{xx} 和 σ_{yy}，30mm

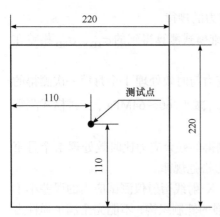

图 7-26　30mm 厚 7075 淬火铝板
(单位：mm)

厚 7075 淬火铝板内部残余应力无损测定的计算过程及结果见表 7-12。

表 7-12　30mm 厚 7075 淬火铝板内部残余应力无损测定结果

距 1 面表面的深度/mm	测试方向	3 次测试的平均应变	计算得到的主应变(TD/RD)	计算得到的残余应力(TD/RD)/MPa
3.0	TD	−0.00043	−0.000430/−0.000318	−46/−39
	RD+22°	−0.00034		
7.5	TD	−0.00047	−0.00047/0.00180	+10/+142
	RD+22°	0.001923		
15.0	TD	0.001154	0.001154/0.001399	+139/153
	RD+22°	0.001497		
22.5	TD	−0.00047	−0.00047/−0.00024	−47/−34
	RD+22°	−0.00026		

7.11.2　A100 高强钢孔挤压强化件内部残余应力及其分布的无损测定

在 2011 年，采用 $\sin^2 \Psi$ 法首次无损测定了 A100 高强钢孔挤压强化件内部残余应力及其分布，其径向最大残余压应力 $\sigma_{r/max}$ 在距内孔表面 4.6mm 处，超过 300MPa，内孔附近形成了残余压应力场，深度 Z_0 达 30mm。

测试仪器：SWXRD-1000 型短波长 X 射线衍射仪。测试参数：钨靶 X 射线管的焦斑尺寸 1.0mm，管电压 200kV，管电流 3mA，入射准直器和接收准直器通光孔宽度和发散度分别为 0.1mm 和 0.11°，衍射晶面 α-Fe(211)，WKα 能量分析单色化，往复摇摆振幅±10mm。

A100 高强钢孔挤压强化件及其测试部位如图 7-27 所示，测定结果如图 7-28 所示。

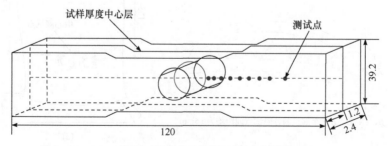

图 7-27　A100 高强钢孔挤压强化件及其测试部位(单位：mm)

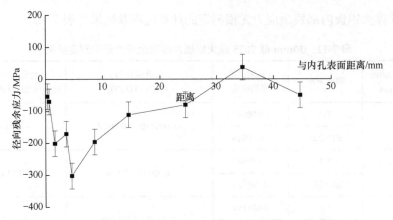

图 7-28　A100 高强钢孔挤压强化件内部径向残余应力及其分布

7.11.3　钛合金 TC4 焊接空心叶片内部残余应力及其分布的无损测定

钛合金 TC4 焊接空心叶片由两块厚度均为 2mm 的异形钛合金板加筋焊接而成，A、B、C、D、E 点位于叶背且均距叶片尖部 153mm，并对应叶片内部的焊接部位，测试部位分别距叶背外表面 0.5mm、1.0mm、1.5mm，即距焊接处 1.5mm、1.0mm、0.5mm，如图 7-29 所示。

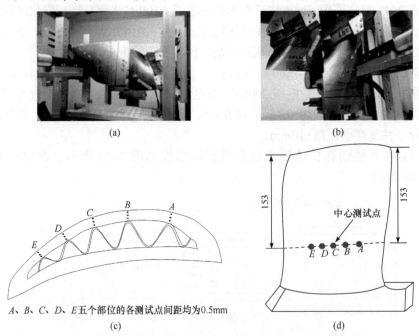

图 7-29　钛合金 TC4 焊接空心叶片及其测试部位(单位：mm)
(a) 测径向应变；(b) 测宽度方向应变；(c) 横截面示意图；(d) 测试部位示意图

测试仪器：SWXRD-1000 型短波长 X 射线衍射仪。测试参数：衍射晶面 α-Ti(101)，特征 X 射线 WKα_1 的波长 λ=0.208992Å，管电压 200kV，管电流 4mA，焦点尺寸 1.0mm×1.0mm，入射准直器和接收准直器的发散度均为 0.11°，往复摇摆振幅±1.0mm。

采用 d_0 法无损测定了钛合金 TC4 焊接叶片内部残余应力及其分布，部分测试部位测定结果见表 7-13。

表 7-13　钛合金 TC4 焊接叶片内部距焊接处 0.5mm 的残余应力及其分布

测试部位	残余应力/ MPa	
	宽度方向	径向
A	−213	−60
B	−152	−84
C	−190	+5
D	+35	+12
E	+164	+173

无损测定结果表明，叶片腹板内壁与加强筋焊接处的残余拉应力较大，有待优化工艺减小焊接处的残余拉应力，提高叶片的疲劳性能。

7.11.4　3D 打印钛合金 TC4 平板内部残余应力及其分布的无损测定

3D 打印的钛合金 TC4 平板如图 7-30 所示，在基座上 3D 打印的平板件厚 5mm，内部残余应力的测试部位在图 7-30 所示的各点处厚度中心。其中，1 点、2 点、4 点、5 点分别距边缘 8mm，3 点位于平板样品的几何中心。

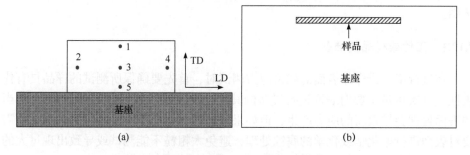

图 7-30　3D 打印钛合金 TC4 平板及其测试部位示意图
(a) 正视示意图；(b) 俯视示意图

测试仪器：SWXRD-1000 型短波长 X 射线衍射仪。测试参数：衍射晶面为 α-Ti(101)，特征 X 射线 WKα_1 的波长 λ=0.208992Å，管电压 200kV，管电流 8mA，

焦点尺寸 1.0mm×1.0mm，入射准直器和接收准直器的发散度均为 0.11°，往复摇摆振幅±0.5mm。

采用 d_0 法无损测定了 3D 打印的钛合金 TC4 平板厚度中心层残余应力及其分布，测定结果见表 7-14。

表 7-14　3D 打印的钛合金 TC4 平板厚度中心层残余应力及其分布

测试点	残余应力/MPa	
	LD 方向	TD 方向
1	−56	−307
2	−188	−243
3	−179	−448
4	−256	−373
5	−169	−379

7.12　无损测定(残余)应力中的常见问题

晶体衍射法测定残余应力，是通过测定应变，然后根据弹性力学理论的应力-应变关系计算得到的。因此，精准无损测定(残余)应力主要取决于应变的精准测量，以及计算应力的应力-应变模型的正确选用。

除前述的择优取向或织构、晶粒大小、无应力标样的制备以及仪器精度以外，本节主要介绍工件或样品的准备、晶粒大小和晶面等涉及应变精准测量的选择对残余应力测定的影响，以及涉及计算应力的应力-应变模型和材料系数的正确选用。

7.12.1　工件或样品的准备

在进行工件或样品表面的残余应力测试时，首先要确保所测试的样品具有代表性，其次尽量不要对表面进行过多的其他处理(无论是机械的或化学的)，不当的表面处理会导致新的应力产生，但如果表面粗糙将测不准实际应力，那么就需要对表面进行电化学或化学的腐蚀处理，避免太粗糙不能测试或导致出现过大的测试误差。当进行内部应力的测试时，表面状态就不会有较大的影响。

此外，每个样品都有一定的几何形状，测试点的选择应尽量避开尖角、边缘部位，除非有意对这些特殊部位进行测试；对内部应力部位的选择，不能太靠表面，避免部分衍射体积不在样品中，使得衍射峰容易产生"赝偏移"而导致测试误差。

7.12.2　测试晶面的选择

通常，在测试应力时，一般均选择较高角度衍射的晶面，较大衍射角度的应变测试误差相对较小。

对于表面残余应力的测试，X 射线管和探测器相对更紧凑一些，表 7-15 列出了检测材料表面残余应力常用的靶材及衍射晶面。

表 7-15　检测表面残余应力常用的靶材及衍射晶面选择

阳极靶材	被测材料	衍射晶面	衍射角/(°)	相对强度	穿透深度/μm
Cr	Al	311	140	24	11
Cr	Al	222	157	7	11.5
Co	Al	331	149	8	23
Co	Al	420	162	8	23.6
Cu	Al	422	137	8	35.5
Cu	Ti	213	139	4.2	5.1
Cu	Ti	302	149	2.7	5.3
Ti	Ti	110	137	11	9.2
V	Ti	103	140	11	2.7
Mn	Ni	311	155	—	4.5
Cu	Ni	331	140	—	10.5

对于内部残余应力的短波长特征 X 射线衍射测试，所用的 X 射线波长短，致使衍射效应较弱，因此就要避免选用弱衍射晶面，并且存在织构时，为了提高测试效率，测试内部残余应力时就要尽量选择强织构晶面。此外，还要考虑晶面对弹性模量的敏感性，有些材料不同晶面的弹性模量有较大的差异，所以对晶面的选择非常重要。

下面以铝合金件的内部残余应力测定为例，说明铝合金衍射晶面的选择对内部残余应力测试的影响。

影响测试晶面选择的首先是衍射强度，无织构时 Al(111)、(200)、(220)和(311)的理论衍射强度接近 4 : 2 : 1 : 1，当存在织构时，尤其是在轧制铝合金中上述比值会发生较大变化。短波长特征 X 射线衍射测得轧制铝板内部横向不同指数晶面的衍射谱见图 7-31。

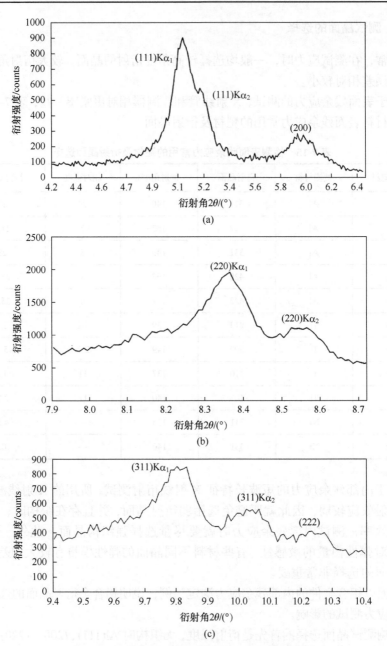

图 7-31　SWXRD 测得轧制铝板在横向的衍射峰

(a) (111)晶面；(b) (220)晶面；(c) (311)晶面

从图 7-31 可看出，虽然 Al(220)晶面、Al(311)晶面在横向可以获得衍射谱，如图 7-31(b)、(c)所示，但是测试时间还不够长，衍射峰形不佳。

选择高角度的晶面进行测量可以降低测量误差，由式(7-9)可知，如果仪器的测试定峰误差 $\Delta 2\theta_{hkl} = \pm 0.001°$，选用(111)晶面 $(2\theta \approx 5.12°)$ 造成的应变测试误差为 $\pm 1.8 \times 10^{-4}$，导致应力测试误差约为 $\pm 15\text{MPa}$；选用(220)晶面 $(2\theta \approx 8.36°)$ 的应变测试误差为 $\pm 1.2 \times 10^{-4}$，导致应力测试误差约为 $\pm 8.7\text{MPa}$；选用(311)晶面 $(2\theta \approx 9.82°)$ 的应变测试误差为 $\pm 1.0 \times 10^{-4}$，导致应力测试误差约为 $\pm 7.3\text{MPa}$)。

考虑到 Al(111)晶面具有最大的衍射强度，对于轧制铝板，一般选用 Al(111)晶面作为首选测试晶面，可以采用极密度极大值法无损检测分析轧制铝板内部残余应力；若为了高精度无损检测分析轧制铝板内部残余应力，可以忍受长时间测试的代价，则选用 Al(311)晶面作为首选测试晶面，采用极密度极大值法无损检测分析轧制铝板内部残余应力。

7.12.3　材料系数及应力模型

采用晶体衍射法测试应力，有时候会出现测得的应力大于屈服强度或抗拉强度的现象，除前述关于应变的测量存在问题以外，还可能是材料系数的非线性所致，或者所选用应力模型不当所致。

如前所述，应力是基于应变的测量，利用线性弹性力学的应力-应变关系计算得到的。

1. 材料系数的影响

从本章前面几节的应变测量过程可知，晶体衍射法测得的应变 ε 与晶面间距 d 是线性关系，换言之，晶体衍射法测得的应变是晶格的纯线性应变；从前述由应变计算应力的过程可知，所采用的弹性模量 E_{hkl}、泊松比 ν_{hkl} 均为常数，晶体衍射法测得的应变 ε 与应力 σ 亦是线性关系。

图 7-32 示意了以低碳钢为代表的实际材料单向拉伸的应力-应变关系，即仅当应力较小时，应变 ε 与应力 σ 可以认为是线性关系，而当应力较大时，应变 ε 与应力 σ 往往是非线性关系。一般而言，实际应力比按照线性的应力-应变关系计算得到的应力偏小。

2. 应力模型的影响

7.10 节介绍了淬火铝板内部中间层三维残余应力的无损测定，并与假定为平面应力的二维残余应力无损测定结果进行了对比，可得出以下结论：

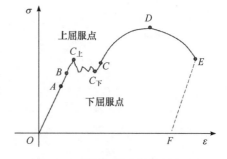

图 7-32　低碳钢单向拉伸的应力-
应变关系

(1) 铝板厚度方向的法向应力 σ_{ND} 为+40～+67MPa，法向应力较小，为轧向应力、横向应力的 17%～51%。

(2) 按照二维应力模型和三维应力模型测定的铝板轧向应力、横向应力均为拉应力，且二维应力模型测定的铝板轧向应力、横向应力比三维应力模型测定值小 7～39MPa。

因此，将 200mm(RD)×200mm(TD)×20mm(ND)淬火铝板的应力状态假定为平面应力，在工程上具有合理性。

由于无损测定材料/工件内部三维应力状态较为烦琐、耗时，在工程上常常简化为平面应力进行残余应力无损测定，然而，如果简化不当，将出现谬误。

不难发现，本章测量应变时考虑了材料的各向异性，但是根据测得的应变计算应力时，仍然按照各向同性的应变-应力关系计算应力，测试分析得到的结果也能够客观反映工程实际问题。当采用各向异性胡克定律计算应力后，将使得力学计算及其反映的现象十分复杂，因为各向异性弹性力学与各向同性弹性力学仅本构方程存在差异，而其他平衡方程、几何方程及协调方程等完全相同，需要引入更多的假定。有兴趣的读者可参考相关文献。

第8章　预拉伸铝板内部织构对内部残余应力状态影响及消减对策研究

预拉伸铝板是一种小应力的高强铝合金轧制板，因其采用了预拉伸处理方式消减残余应力而得名。预拉伸处理既不会引起固溶处理后铝板的强韧性降低，又能减小铝板内部残余应力而保证加工变形小和尺寸稳定性。因此，预拉伸铝板材成为涉及精密加工的航空、航天等行业的主要结构材料，广泛用于整体加工制造航天、航空飞行器的承力部件，不仅显著降低了加工制造成本，而且大大提高了生产效率。如何充分消减内部残余应力，生产合格的小应力预拉伸铝板，抑制加工变形，就成为制造业关注的重点。

基于作者在长期工程实践中对于应力与织构往往存在相伴相随的认识，利用自主研发完成的 SWXRD-1000 型短波长 X 射线衍射仪，率先在国内进行了预拉伸铝板内部应力、内部织构等的无损测定，并研究其相互关系，找出了某公司产预拉伸铝内部残余应力过大的主要原因；另外，本章还将讨论织构均匀性等对残余应力状态及加工变形的影响。

8.1　预拉伸铝板及其相关研究

预拉伸铝板的常用材料牌号包括 2024、7075、7050 等，是一种多晶材料，属于面心立方晶系，如第 2 章所述，其滑移系是 $\{111\}\langle110\rangle$。

预拉伸铝板生产的主要工艺流程是：铸锭→轧制→固溶处理(淬火)→预拉伸→时效。鉴于预拉伸铝板加工变形超差问题困扰我国航空、航天等领域的精密加工，相关部门投入了大量人力、物力用于消减残余应力，抑制加工变形超差。

国内学者按照平面应力模型，采用裂纹柔度法开展了预拉伸铝板内部残余应力测试技术研究，以及预拉伸工艺和淬火工艺等工艺方面的研究，试图减小预拉伸铝板内部残余应力。

在预拉伸铝板内部织构与性能方面，张新明等通过破坏性取样方式，研究了7075 预拉伸铝板织构不均匀性对性能的影响。研究结果表明，轧制过程中表层受摩擦力作用处于剪应变状态，中心层处于平面应变状态，织构呈不均匀分布；沿板材厚度方向，合金的组织、织构、强度及断裂韧性呈不均匀分布；在同一厚度处，合金的强度和断裂韧性具有明显的各向异性。

陈军洲等通过破坏性取样研究了 AA7055 铝合金板材不同厚度层屈服强度的演变规律。研究结果表明，板厚方向上织构的分布呈现不均匀性；晶粒形貌沿板厚方向也极不均匀；屈服强度沿厚度方向呈梯度分布。

然而，以上研究均忽略了预拉伸铝板内部织构对以消减残余应力为目的的预拉伸处理效果的主要影响。在后面的 8.2～8.5 节，以 X 公司产的 25mm 厚 2024 预拉伸铝板，以及 A 公司产的 20mm 厚 7075 预拉伸铝板作为研究对象，无损测定其内部织构和残余应力，提出了消减预拉伸铝板内部残余应力的对策，并在 8.6 节讨论控制加工变形。

8.2　两种预拉伸铝板内部残余应力和织构及其分布的无损测定

25mm 厚 2024 预拉伸铝板是由 X 公司老工艺生产的，在预拉伸铝板的中段采用线切割切取样品，测试样品的尺寸为 198mm(RD)×204mm(TD)×25mm(ND)；无应力标样由切割的火柴棍状标样拼接成 25mm(RD)×25mm(TD)×25mm(ND)的尺寸。

20mm 厚 7075 预拉伸铝板采用线切割切取样品，测试样品的尺寸为 200mm(RD)×200mm(TD)×20mm(ND)；无应力标样由切割的火柴棍状标样拼接成 25mm(RD)×25mm(TD)×20mm(ND)的尺寸。

以上无应力标样参照 ISO 21432: 2019 国际标准推荐方法制备。

测试仪器：SWXRD-1000 型短波长 X 射线衍射仪。测试参数为：辐射的钨靶 X 射线管特征 X 射线 $WK\alpha_1$ 波长为 0.0208992nm，管电压为 200kV，管电流为 12mA，衍射晶面为 Al(111)，摇摆振幅为±5mm，采用透射的衍射法。

8.2.1　预拉伸铝板内部织构及其沿厚度方向分布的无损测定

图 8-1 是铝合金轧制板典型织构的{111}极图。可以看出，在极图外圈的 TD 方向上，存在{110}⟨112⟩织构的极密度极大值；在极图外圈上偏离 RD 方向约 20°，存在{110}⟨112⟩+{123}⟨634⟩织构的极密度极大值。

1. 内部织构及其沿厚度方向分布的无损测定方法

为了研究预拉伸板内部织构沿板厚的变化情况，采用 Al{111}极图最外圈的 RD、TD 方向附近衍射强度分布作为表征变量，如图 8-1 中的虚线框所示，也就是利用 SWXRD 原位无损测量预拉伸铝板 Al(111)晶面在极图最外圈(Ψ = 90°)的 RD 方向附近(±30°范围)和 TD 方向附近(±15°范围)的衍射强度分布，表征两种预拉伸板内部织构沿板厚分布的形态和均匀性。在极图中，RD 方向方位角 Ψ = 90°、φ = 90°，TD 方向方位角 Ψ = 90°、φ = 0°。

2. 内部织构及其沿厚度方向分布的无损测定结果

图 8-2 是无损测定 25mm 厚 2024 预拉伸铝板的测试样品对角线中心处沿厚度的衍射强度分布。其中，板厚中心层为厚度坐标零点，测试部位分别位于厚度坐标的 0mm、±2.5mm、±5mm、±7.5mm、±10mm 厚度处；图 8-2(a)中的 RD 方向为 κ = 30°(对应方位角为 Ψ = 90°、φ = 90°的 RD 方向)，κ 在 60°范围内步进扫描测量极图最外圈 RD 方向附近的衍射强度分布；

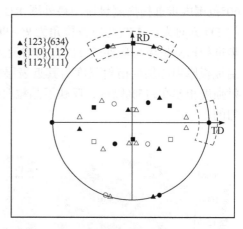

图 8-1　铝合金轧制板典型织构的{111}极图

图 8-2(b)中的 TD 方向为 κ=15°(对应方位角为 Ψ = 90°、φ = 0°的 TD 方向)，κ 在 30°范围内步进扫描测量极图最外圈 TD 方向附近的衍射强度分布。25mm 厚 2024 预拉伸铝板板厚中心层的衍射强度远远大于其近表层的衍射强度，反映了晶粒取向程度在板厚中心层最强，越靠近表面越弱，其(111)晶面沿厚度的分布很不均匀，存在显著的差异。

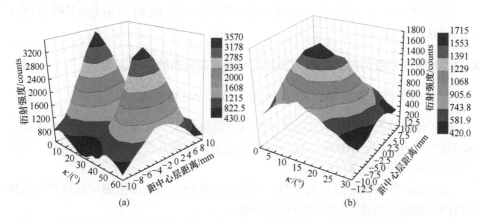

图 8-2　25mm 厚 2024 预拉伸铝板的测试样品对角线中心处沿厚度的衍射强度分布
(a) RD+18°方向(κ=30°)，κ 角扫描 0°~60°；(b) TD 方向(κ=15°)，κ 角扫描 0°~30°

　　图 8-3 是无损测定 20mm 厚 7075 预拉伸铝板的测试样品对角线中心处沿厚度的衍射强度分布。其中，板厚中心层为厚度坐标零点，测试部位分别位于厚度坐标的 0mm、±1.67mm、±3.33mm、±5.00mm、±6.67mm、±8.33mm 厚度处；图 8-3(a)中的 RD 方向为 $\kappa=30°$(对应方位角为 $\Psi=90°$、$\varphi=90°$ 的 RD 方向)，κ 在 60°范围内步进扫描测量极图最外圈 RD 方向附近的衍射强度分布；图 8-3(b)中的 TD 方向为 $\kappa=15°$(对应方位角为 $\Psi=90°$、$\varphi=0°$的 TD 方向)，κ 在 30°范围内步进扫描测量极图最外圈 TD 方向附近的衍射强度分布。20mm 厚 7075 预拉伸铝板板厚中心层的衍射强度与其近表层的衍射强度相差较小，不同深度处的衍射强度相差在±15%以内，反映了晶粒取向程度在绝大部分厚度范围内是基本均匀的。

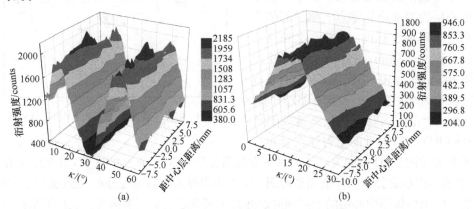

图 8-3　20mm 厚 7075 预拉伸铝板测试样品对角线中心处沿厚度的衍射强度分布
(a) RD 方向($\kappa=30°$)，κ 角扫描 0°～60°；(b) TD 方向($\kappa=15°$)，κ 角扫描 0°～30°

　　结合图 8-1 可以判定，上述两种预拉伸铝板织构组分以 {110}⟨112⟩+{123}⟨634⟩ 为主。

8.2.2　预拉伸铝板内部残余应力及其沿厚度方向分布的无损测定

　　1. 内部残余应力及其沿厚度方向分布的无损测定方法

　　由于预拉伸铝板 RD 和 TD 方向的尺寸远远大于 ND 方向的尺寸，其 ND 方向的残余应力远小于 RD 和 TD 方向残余应力，故将其视为平面应力问题，且两个主应力方向分别为 RD 和 TD。

　　鉴于预拉伸铝板是强织构材料，采用极密度极大值法无损测定这两种预拉伸铝板内部残余应力及其沿厚度方向的分布。

　　基于 8.2.1 节的测试结果，确定各测试部位的 Al(111)晶面衍射强度极大值方向，即极密度极大值点方向，也就是极图外圈的 TD 方向和极图外圈上偏离 RD

方向 18°的方向，然后测量极密度极大值点方向的应变 ε_{TD} 和 $\varepsilon_{RD+\alpha}$，由式(7-42)可得

$$\varepsilon_{RD} = \frac{\varepsilon_{RD+\alpha} - \varepsilon_{TD}\sin^2\alpha}{\cos^2\alpha} \tag{8-1}$$

根据测算得到的 RD 方向应变 ε_{RD}、TD 方向应变 ε_{TD}，就可以计算得到主应力 σ_{TD} 和 σ_{RD}：

$$\sigma_{TD} = \frac{E_{HKL}}{1 - v_{HKL}^2}(\varepsilon_{TD} + v_{HKL}\varepsilon_{RD}) \tag{8-2}$$

$$\sigma_{RD} = \frac{E_{HKL}}{1 - v_{HKL}^2}(\varepsilon_{RD} + v_{HKL}\varepsilon_{TD}) \tag{8-3}$$

衍射晶面 Al(111)的泊松比 $v_{111} = 0.33$，弹性模量 $E_{111} = 77000\text{MPa}$。

为了测得应变 ε，首先测量无应力标样各厚度部位两个方向的衍射谱，定峰得到的 Al(111)晶面间距作为无应力晶面间距的标准值 d_0；然后，测量待测样品相应厚度部位两个测试方向的衍射谱，定峰得到 Al(111)晶面间距 d，由此计算得到相应厚度部位被测试方向的应变 ε_{TD}^D 和 $\varepsilon_{RD}^D(\varepsilon = (d - d_0)/d_0)$；根据式(8-1)~式(8-3)计算得到待测样品相应部位的 TD 方向应力 σ_{TD}^D 和 RD 方向应力 σ_{RD}^D。

通过平移和转动被测工件，就可以测得任意部位的应变，最终计算获得被测样品内部残余应力及其分布。

2. 两种预拉伸铝板内部残余应力及其沿厚度方向分布的无损测定结果

无损测定的 25mm 厚 2024 预拉伸铝板内部不同深度残余应力及其沿厚度方向分布见图 8-4。20mm 厚 7075 预拉伸铝板内部不同深度的残余应力及其沿厚度方向分布见图 8-5，厚度坐标零点位于板厚中心。

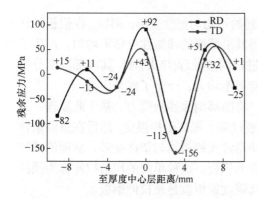
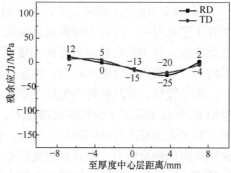
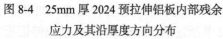

图 8-4　25mm 厚 2024 预拉伸铝板内部残余　　图 8-5　20mm 厚 7075 预拉伸铝板内部残余
　　　　应力及其沿厚度方向分布　　　　　　　　　　　应力及其沿厚度方向分布

　　从 25mm 厚 2024 预拉伸铝板的测试结果表明，残余应力沿厚度呈现"波浪"状分布；最大拉应力处位于厚度中心部位，RD 方向残余应力达+92MPa；最大压应力位于距厚度中心 3mm 处，TD 方向残余应力达−156MPa；2024 预拉伸铝板内部残余应力大，其残余拉应力和残余压应力远远大于 25MPa。

　　从 20mm 厚 7075 预拉伸铝板测试结果可以看出，各深度部位残余应力均很小，不大于 25MPa；其最大拉应力和最大压应力均在 RD 方向，最大拉应力仅为 12MPa，最大压应力仅为 25MPa。

　　两种预拉伸铝板内部织构和残余应力的无损测定结果对比见表 8-1。

表 8-1　两种预拉伸铝板内部织构和残余应力的无损测定结果对比

预拉伸铝板	内部残余应力	内部织构及其沿板厚分布		
		主要织构组分	分布的类型	分布的均匀性
2024 预拉伸铝板	残余应力大 最大拉应力达 92MPa，最大压应力达 156MPa	{110}⟨112⟩ + {123}⟨634⟩	山峰形	极端不均匀
7075 预拉伸铝板	残余应力大 最大拉应力仅 12MPa，最大压应力仅 25MPa		平台形	基本均匀

　　表 8-1 的测试结果对比，不能不让人联想：预拉伸铝板内部织构的不均匀性可能是其内部残余应力过大的主要原因。

8.3　残余应力与均匀塑性变形

　　如 7.1.2 节所述，残余应力产生于材料的不均匀塑性变形。例如，在铝板的轧制等工艺流程中，内应力的重新平衡使得其沿截面的弹塑性变形不均匀，产生了残余应力；在为提高轧制铝板的强度而进行固溶处理(淬火)时，其内部温度分布不均匀，导致热胀冷缩不均匀，弹塑性变形不均匀，产生了残余应力。

　　不难理解，若使材料均匀塑性变形，将能够消除残余应力。基于此原理，20世纪 60 年代末发明了预拉伸处理技术。通过淬火提高铝板强度，然后在室温条件下，对淬火铝板进行单向的均匀拉伸，使得淬火铝板均匀塑性变形，从而消减淬火铝板内部残余应力，得到高强度的小应力铝板。这种单向的均匀拉伸称为预拉伸处理，这种采用预拉伸处理的小应力高强度铝板就是预拉伸铝板。

　　但是，在固溶处理后，进行以消减残余应力为目的的预拉伸处理，如果塑性变形不均匀，就会产生残余应力，正如 8.2 节所述的 25mm 厚 2024 预拉伸铝板，即使在施加了单向的均匀外力拉伸淬火铝板的条件下,也未能使其均匀塑性变形,未能消减淬火铝板的残余应力。

如前所述,晶体具有各向异性的特点、各晶系具有相应的滑移系、各晶系材料在塑性变形中具有相应的择优取向,以及织构分布的均匀性决定了弹性模量分布的均匀性。

因此,预拉伸处理的核心关键在于塑性变形均匀,才能达到消减残余应力的目的,而实现塑性变形均匀的外因在于施加了单向的均匀外力,实现塑性变形均匀的内因在于均匀的织构。

8.4　不均匀织构的产生

8.4.1　预拉伸铝板的滑移系与内部织构

晶体材料塑性变形的晶粒取向,取决于其滑移系。无论是 2024 铝合金还是 7075 铝合金,其晶胞结构均为面心立方晶系,具有同样的滑移系 $\{111\}\langle110\rangle$,即滑移面为 $\{111\}$ 晶面,滑移方向为 $\langle110\rangle$,因此铝板轧制时,在同样的外力作用下产生塑性变形过程中,铝材晶粒的原子密排面 $\{111\}$ 沿着原子密排方向 $\langle110\rangle$ 滑移,各晶粒的晶体取向形成强烈的择优取向,它们将形成同类型的轧制织构。

由于铝合金层错能较高,经过大变形量轧制后的铝合金板形成织构 $\{110\}\langle112\rangle$,在随后的固溶处理(淬火)以及 2%～3% 的预拉伸变形条件下,均对轧制形成的原始织构影响较小,其织构状态不变。换言之,8.2 节测得的两种预拉伸铝板织构状态,可以视为固溶处理(淬火)以及预拉伸处理前的轧制织构状态。

8.4.2　织构分布的均匀性、塑性变形的均匀性与残余应力

25mm 厚 2024 预拉伸铝板的轧制织构沿 ND 方向呈现山峰形分布,为极端不均匀分布,导致在固溶处理(淬火)后的预拉伸处理中,产生了不均匀塑性变形,未能消减残余应力,与实际测得高达 100MPa 以上的残余应力结果相对应。

而 20mm 厚 7075 预拉伸铝板的轧制织构沿厚度的分布呈现平台形分布,为基本均匀分布,使得在固溶处理(淬火)后的预拉伸处理中,产生了基本均匀的塑性变形,消减残余应力效果优异,与实际测得仅 25MPa 的残余应力结果相对应。

可以认为,正是织构沿板厚的不均匀分布,使得 25mm 厚 2024 预拉伸铝板在预拉伸处理中的塑性变形不均匀,消减残余应力的效果差,是该产品内部残余应力过大的内在原因。

8.5　预拉伸铝板内部残余应力的消减对策

　　20mm 厚 7075 预拉伸铝板织构在 ND 方向上的分布基本均匀，而 25mm 厚 2024 预拉伸铝板织构在 ND 方向上的分布存在很大的差异，表明 25mm 厚 2024 预拉伸铝板在 ND 方向上的织构类型、取向密度均存在变化。而预拉伸铝板织构以轧制形成的原始织构为主，不能不对轧制形成的原始织构予以关注。

　　毛卫民从金属多晶体材料塑性变形理论和实验出发分析了轧制时生成织构的不均匀性问题。轧制中，铝板的织构可大致分为三部分：在中心层，只受到在板厚方向的正压力，使其变薄，形成如图 8-1 所示的正常轧制织构；在表层和次表层，受到轧辊的压力，该压力分解为两个分力，除在 ND 方向的分力(该分力与金属流动方向垂直)使其变薄以外，还在 RD 方向受到另一个分力(该分力与金属流动方向平行)，在其表层和次表层产生了强剪切织构；在中心层与表层和次表层之间的部分，为过渡混合区域，越靠近中心层，织构中的剪切织构组分越少。为了抑制剪切织构的产生，可以减小轧辊和轧板间的接触长度、减小压下量与轧板厚度之比以及优化润滑系统等，使得前滑区和后滑区的摩擦力对轧板的正、负剪切作用基本抵消，就可以大大减小剪切力，显著减弱剪切织构的产生，在整个板材的绝大部分厚度范围内得到均匀织构分布。可以认为，25mm 厚 2024 预拉伸铝板织构沿 ND 方向的不均匀分布源自轧制工艺不当，导致剪切力大，在铝板表层和次表层产生了较强的剪切织构。

　　因此，为了获得良好的残余应力消减效果，在 X 公司预拉伸铝板生产中，除继续关注预拉伸、淬火等工艺优化外，还需要重点关注轧制工艺，重点关注铝板内部织构沿 ND 方向分布的均匀性，特别是需要优化轧制工艺、改变压下量与轧板厚度之比以及优化润滑系统等，抑制强剪切织构的产生，提升铝板内部织构在 ND 方向上分布的均匀性。

8.6　织构和残余应力对加工变形的影响

　　前面通过两种预拉伸铝板内部织构和残余应力的对比测试分析，从导致预拉伸铝板内部残余应力过大的诸多生产环节中，找出了 X 公司预拉伸铝板生产存在主要问题的轧制环节，内部织构分布不均匀是预拉伸铝板内部残余应力过大的主要原因，并指出抑制剪切织构的轧制工艺改进方向。从中可知，内部织构分布的均匀性直接影响了预拉伸铝板内部残余应力的消减效果，并将影响预拉伸铝板的加工变形和尺寸的稳定性；换言之，材料内部织构的均匀性是预拉伸处理消减内部残余应力的内因。另外，单向压缩等整形处理也是一种常规的内部残余应力消减方式。不难理解，内部织构的均匀性亦是消减内部残余应力的内因，故材料内部织构的均匀性是拉伸、压缩等机械处理方式消减内部残余应力的内因。

　　为了高效生产高性能产品，往往采用存在强织构的预拉伸铝板、锻件等成形件整体加工零部件，如飞机的机翼和机身框架、雷达的构件等。控制这些零部件的加工变形以及服役的尺寸稳定性始终是制造业面临的最大挑战，因为即使铣削等机械加工机床的精度再高、加工工艺再优，如果作为原材料的这些成形件内部残余应力过大，被加工的零部件因为其内部残余应力及其力矩再平衡而导致的加工变形，将远远大于铣削等机械加工精度，即控制材料内部残余应力是保障加工精度的主要前提。

　　综上所述，在采用存在强织构的塑性成形件加工精密零部件，尤其是大尺寸、薄壁零部件时，为保证加工精度，宜采用加工与检测相互结合的方式，以均匀化加工为主，辅以对称化加工，以实现控制加工变形的目标。在从原材料到成品的流程中，建议做到以下几点：

　　(1) 在设计环节，在满足功能的前提下，尽量对称地设计零部件。

　　(2) 在塑性成形环节，重点关注塑性成形件内部织构的均匀性，抑制不均匀织构。

　　(3) 在机械加工环节，重点关注加工的对称性，抑制不对称变形。

　　(4) 在消减内部残余应力环节，重点关注外部输入能量(包括施加外力、温度等)分布的均匀性。

第 9 章　铝合金板搅拌摩擦焊残余应力与性能研究

搅拌摩擦焊(FSW)是一种固态焊接过程，由高速旋转非损耗的特殊形状的搅拌头(由搅拌针和轴肩组成)扎入工件后沿焊接方向运动，在搅拌头与工件的接触部位产生摩擦热，使其周围金属形成塑性软化层，软化层金属在搅拌头旋转的作用下填充搅拌针后形成的空腔，并在搅拌头轴肩与搅拌针的搅拌及挤压作用下实现材料连接。FSW 过程中产生的热量仅能使被焊金属达到塑性状态，而未能达到金属熔点，属于固相连接技术，它可以用来焊接一些熔焊方法难以焊接的金属材料，如铝、镁等合金材料。

铝合金难以用其他熔焊方法进行焊接，但特别适合用 FSW，它无须填料却伴随有强烈的塑性变形。高强铝合金 FSW 焊接件中的残余应力分布是机械摩擦、材料塑性变形、组织的回复再结晶、原子扩散、热力耦合等多因素综合作用的结果，而残余应力实质是一种外力去除后由于不均匀的塑性变形(包括由温度及相变等引起的不均匀体积变化)而致使材料自身保持平衡的弹性应力，因此宏观残余应力与微观组织结构和其他性能是紧密相关的。只有使用精确测量和评定残余应力的方法来获得真实的残余应力分布，并进行多因素的关联研究，才能揭示高强铝合金 FSW 焊接件不同区域内部残余应力产生的机理以及其分布规律，实现 FSW 焊接工艺的改进和焊件质量的提高。

热应力产生的塑性变形、相变或沉淀析出引起的体积变化等不均匀塑性变形导致的不当残余应力状态，直接影响工件的强度、疲劳、耐蚀性以及其他性能。FSW 焊接件内部的残余应力的大小及分布直接关系到焊件的服役寿命，不当的焊接应力会加速疲劳裂纹的扩展，降低焊接件的疲劳寿命；此外，在工件的服役过程中，焊接残余应力还会与其所受载荷引起的工作应力相互叠加，从而产生二次变形和残余应力的重新分布，导致工件变形。因此，如何控制残余应力的大小和分布是改进 FSW 焊接工艺和提高 FSW 焊接件质量的关键，前提是准确测量 FSW 焊接区残余应力的大小和分布。

为此，本章借助短波长特征 X 射线衍射，采用 7.6 节所述的密度极大值法，针对高强度铝合金 FSW 焊接件应力梯度大、不同区域之间组织变化较大及织构较强的特点，获得一种将微观的材料组织结构分析和宏观的物理测试新方法有机统一的评价体系，进行铝合金 FSW 焊接件内部残余应力分布的研究，以找到微观组织结构、宏观力学性能和残余应力之间的关系，下面就具体的研究方法及研究成果进行介绍。

9.1　研　究　方　法

9.1.1　搅拌摩擦焊

针对 12.3mm 和 13.5mm 厚的 7075-T651 铝合金预拉伸板和 6.5mm 厚的 7050-T7451 铝合金预拉伸板，分别采用 FSW 焊接，其焊接工艺见 9.4.1 节。

选取厚度为 13.5mm 的 AA7075-T651 铝合金预拉伸板，对其在不同转速下的焊接接头残余应力分布进行测试。焊接工艺为：①对接面为线切割加工后表面，经 SiC 砂纸打磨至 400#。②先用 ϕ12mm、长 2.4mm 的小搅拌针对样品进行 FSW 预焊接，加工参数为 800r/min 和 200mm/min。③再用 ϕ20mm、长 13.4mm 的锥形螺纹搅拌头进行正式焊接，3 组样品的转速和前进速度列于表 9-1。焊接后的原始样品如图 9-1 所示。

表 9-1　13.5mm 的 AA7075-T651 铝合金焊接样品编号及其焊接工艺参数

样品编号	FSW-75-1	FSW-75-2	FSW-75-3
转速/(r/min)	400	600	800
前进速度/(mm/min)	100	100	100

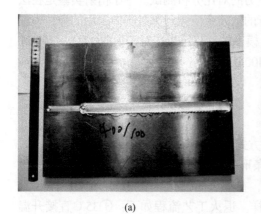
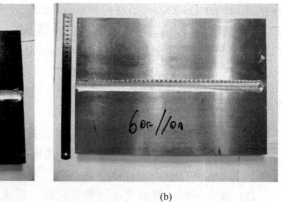

(a)　　　　　　　　　　　　　　　　(b)

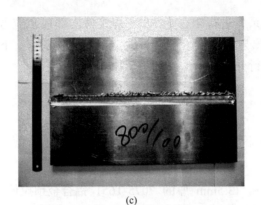
(c)

图 9-1　FSW 样品焊接后宏观形貌
(a) FSW-75-1；(b) FSW-75-2；(c) FSW-75-3

9.1.2　组织结构分析

主要通过光学显微镜、扫描电子显微镜、透射电子显微镜(加速电压为 200kV JEM 2100 高分辨透射电子显微镜)等对铝合金的组织结构展开系统观察和分析，一方面结合残余应力测试分析原理的研究，制定可行的残余应力测试参数；另一方面根据研究对象的微观组织，分析其组织结构、拉伸性能和残余应力之间的关联性。

9.1.3　残余应力的测试

使用 SWXRD 对 FSW 样品进行残余应力测试，并结合 SWXRD 测试的具体情况，开展不同应力释放方法、极密度极大值法和 $\sin^2 \Psi$ 法以及不同的残余应力计算模型的残余应力测试，以研究这些因素对残余应力测试分析的影响。同时，还使用中子衍射法进行 FSW 焊接件内部残余应力的对比分析测试。中子衍射实验是在法国的 LLB 的 G4.2 中子衍射应力站进行的。残余应力计算过程中采用的弹性模量 E_{hkl} 和泊松比 ν_{hkl} 的值，取文献中 Kröner 模型的计算结果，对于铝的(111)、(200)和(311)三个晶面，弹性常数如下：$E_{111} = 73400\text{MPa}$，$\nu_{111} = 0.34$；$E_{200} = 67600\text{MPa}$，$\nu_{200} = 0.35$；$E_{311} = 70200\text{MPa}$，$\nu_{311} = 0.35$。

9.1.4　无应力标样制备

无应力标样采用线切割、退火两种方式制备。

(1) 切割标样：在板的边缘切割一条形块，然后沿其上/下表面切成梳状，每个梳齿为 3mm(TD)×4mm(LD)立方体柱，在下表面/上表面留 3mm 不切透。

(2) 退火标样：样品大小同梳状标样。退火工艺流程如下：①35℃直接升温至 200℃；②200℃保温 4h；③200℃随炉冷却 10h 至 40℃；④40℃空冷 0.5h 至 35℃。

将两种方法制得的无应力标样与待测板原位拼装成一个整体,夹持在 SWXRD-1000 型短波长 X 射线衍射仪的样品台上。按照二维平面应力状态假设,采用 d_0 法进行测试,选取铝的(111)晶面作为衍射晶面,使用无应力标样测得的晶面间距作为无应力参考晶面间距,进行残余应力的计算。

9.2　7075 铝合金 FSW 焊接接头组织及内部残余应力

9.2.1　FSW 焊接接头的微观组织及显微硬度

三种转速样品焊核区和母材区的微观组织结构如图 9-2 所示。

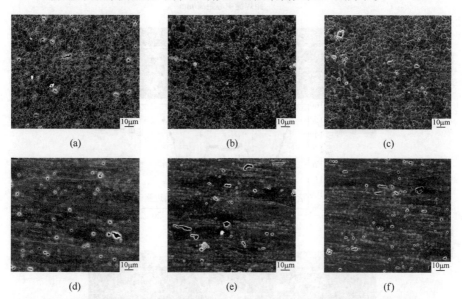

图 9-2　FSW-75 样品焊核区(a)(b)(c)和后退侧母材区(d)(e)(f)的 SEM 微观形貌

焊核区受热输入和强烈的机械搅拌作用,主要为再结晶的细小等轴晶组织,与母材区晶粒粗大的轧制组织相差很大。对比三种转速样品焊核区的组织可以发现,从 FSW-75-1 样品到 FSW-75-3 样品随着转速的增大和热输入量的增大,其再结晶晶粒的尺寸增大。而母材区由于距离焊缝较远,受到搅拌摩擦热的作用较弱,组织相差不大。

使用 HXD-1000TMC/LCD 维氏显微硬度仪,测试三种不同转速焊接的 FSW 样品垂直于焊缝截面板厚中心层的显微硬度。其焊接接头宏观形貌及显微硬度分布分别见图 9-3 和图 9-4。

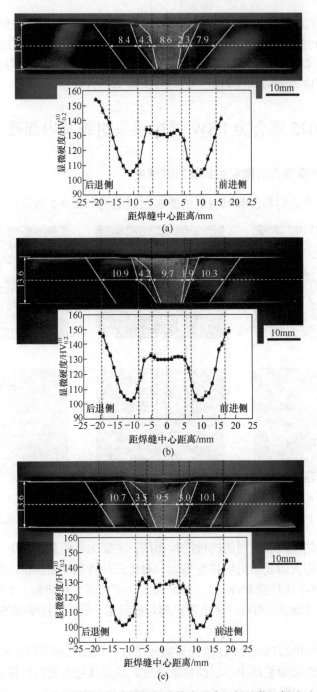

图 9-3　三种不同转速焊接样品焊接接头垂直于焊缝截面侵蚀后的
宏观形貌及厚度中心层的显微硬度分布
(a) FSW-75-1 样品；(b) FSW-75-2 样品；(c) FSW-75-3 样品

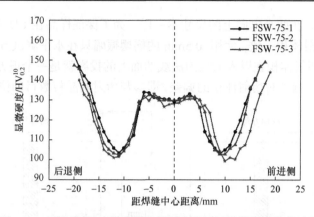

图 9-4　三种不同转速焊接样品板厚中心层的显微硬度分布对比

对比三个样品在板厚中心层上的显微硬度可以发现，三种转速样品垂直于焊缝截面上的显微硬度均呈 W 形分布，即焊核区的显微硬度高于其两侧的热机械影响区和热影响区，但低于母材区的硬度；硬度的最小值出现在热机械影响区和热影响区的交界处。原因是：在焊核区，由于搅拌头的直接搅拌作用，原有铝合金母材的组织被完全破坏，新生成的再结晶组织晶粒细小，存在一定的细晶强化作用，同时原有组织里的第二相在机械搅拌作用下被打碎，并在焊接热的作用下重熔，最后随着样品的冷却重新析出，使得焊核区的强度提高，其显微硬度高于属于过渡型的混合组织的热机械影响区。在热机械影响区以及热机械影响区与热影响区的交界处，一方面受到强烈的搅拌作用，原有的轧制组织发生较大的变形，并混杂有许多再结晶晶粒；另一方面，这个区域受到的摩擦热输入量最大，材料受热软化明显，因而表现为显微硬度在一个很小的范围内(距离焊缝中心 7～15mm)先急剧下降至最小值，然后逐渐恢复到母材水平。FSW 的转速越大，样品的显微硬度的最小值越小，低硬度区的影响范围越大。这是由于随着转速的增加，热输入量越大，材料软化的效果越明显，软化区的范围越大。

9.2.2　FSW 样品内部残余应力分析

根据前面的假设讨论，忽略板面法线方向(ND 方向)的主应力和切应力，测试焊接件 TD 和 LD 方向的残余应变，采用二维平面应力状态假设计算残余应力。

由于铝合金轧制板材晶粒较为粗大，在测试过程中参与衍射的晶粒数量往往不够而造成测试的统计性不足，使测得的结果存在一定的误差。因此，在测试过程中，为了消除粗晶的影响，采用样品台带动样品做机械往复运动的方法，人为地使更多的晶粒参与衍射，相当于增大了实际衍射体积。

短波长 X 射线衍射仪的照射光斑面积为 1mm×0.1mm，如图 9-5 中阴影所示。在测试 Al(111)晶面时，衍射体积在另一个方向上的尺寸为 2.2mm。由于光斑形状为一个长方形，在两个方向上的尺寸不一样，为了保证样品在 LD 和 TD 两个方向测试时的衍射体积一致，使用±0.5mm 的摇摆振幅只在水平测试方向(X轴)上进行摇摆。这样衍射体积在以入射线为法线的面上的投影就是一个正方形，减小 LD 和 TD 两个方向测试时衍射体积的偏差，即参与衍射的晶粒数目和位置大致相同。

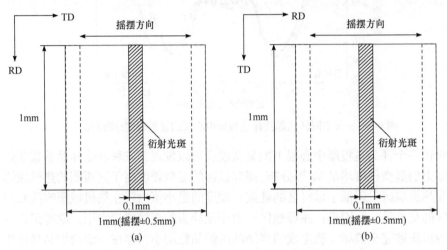

图 9-5　摇摆方式及衍射体积在以入射线为法线的面上的投影
(a) 测 TD 方向应力；(b) 测 RD 方向应力

如图 9-6 所示，摇摆振幅为±0.5mm，都沿水平方向摇摆。这样实际的衍射体积在以入射线为法线的面上的投影就是一个 1mm×1mm 的正方形，实际衍射体积可以近似地看为 1mm(TD)×1mm(RD)×2.2mm(ND)。其中，ND 方向 2.2mm 是按

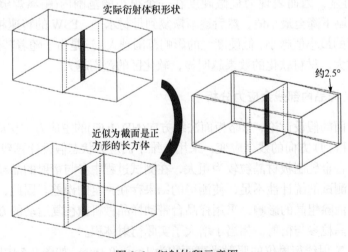

图 9-6　衍射体积示意图

Al(111)晶面为衍射面通过计算得到的，可以认为 TD 和 RD 方向的衍射体积相等且位置相同。在测 TD 和 RD 方向的应力时，同一个测试位置参与衍射的晶粒范围可以保证有最大的重合度。

　　三种不同转速焊接 FSW 样品残余应力的测试点位于垂直于焊缝的截面上，沿板厚中心层分布，见表 9-2 和图 9-7。

表 9-2　三种不同转速焊接 FSW 样品残余应力测试点分布

样品区域		测试部位编号及其至焊缝中心的距离/mm			
		测试残余应力样品		退火的无应力标样	
后退侧	母材区	R7	−90	AR5	−65
		R6	−65		
	热影响区	R5	−25	AR4	−15
		R4	−15		
	热机影响区	R3	−9	AR3	−9
		R2	−6	AR2	−6
焊缝	焊接区	R1	−2	AR1	−2
		C	0	AC	0
		A1	3	AA1	3
前进侧	热机影响区	A2	6	AA2	6
		A3	9	AA3	9
	热影响区	A4	15	AA4	15
		A5	25		
	母材区	A6	65	AA5	65
		A7	90		

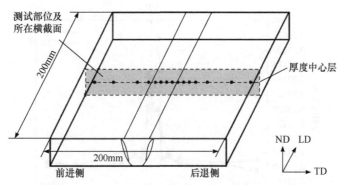

图 9-7　残余应力测试点分布示意图

测试点从左到右依次为 A7、A6、A5、A3、A2、A1、C、R1、R2、R3、R4、R5、R6、R7

　　使用 SWXRD 测得的三种不同转速焊接的 FSW 样品在 LD 和 TD 方向上的晶面间距分布如图 9-8 所示。

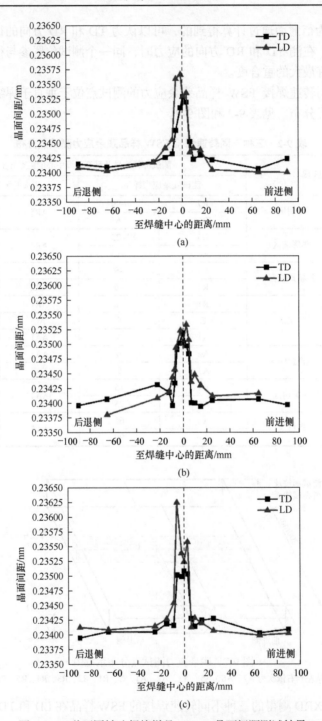

图 9-8　三种不同转速焊接样品 Al(111)晶面间距测试结果

(a) FSW-75-1 样品；(b) FSW-75-2 样品；(c) FSW-75-3 样品

　　从图 9-8 可以看出，母材区的平均晶面间距小于焊核区，且两者相差较大；热机械影响区样品的晶面间距急剧减小，变化梯度较大；热影响区的晶面间距变化较为平缓，且与母材区相差不大。除残余应力造成的晶面间距的变化之外，引起这种变化的原因还可能是合金成分及微观组织结构的差异。

　　使用退火标样计算得到的三种不同转速焊接的 FSW 样品 TD 和 LD 方向的残余应力分布如图 9-9 所示。

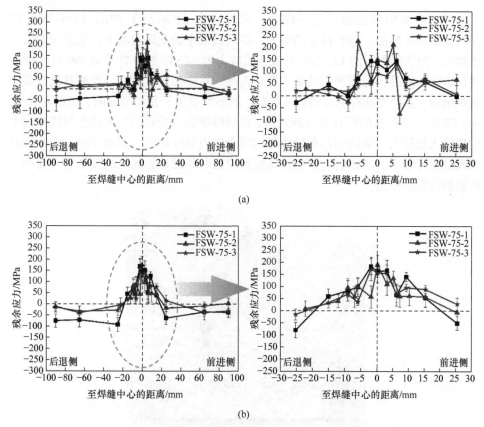

图 9-9　三种不同转速焊接样品内部板厚中心层的残余应力分布
(a) TD；(b) LD

　　对于这三块样品，焊核区的残余应力均为正应力，热机械影响区的应力变化梯度最大且存在负应力趋势，在热影响区(距焊缝中心±9mm 左右)的边界位置出现应力的极大值，随着向母材区过渡应力值逐渐减小，应力的变化也趋于平缓；TD 方向残余应力的绝对值在整体上要比 LD 方向偏小。三种不同转速焊接样品残余应力测试结果对比列于表 9-3。

表 9-3　　三种不同转速焊接样品残余应力测试结果对比　　　　（单位：MPa）

测试方向	应力	FSW-75-1	FSW-75-2	FSW-75-3
LD	最大拉应力	183	189	173
	最小压应力	−78	−25	−24
TD	最大拉应力	140	222	127
	最小压应力	−55	−76	−26

　　三块样品的前进速度是一样的，而转速为 FSW-75-1 样品>FSW-75-2 样品>FSW-75-3 样品。随着转速的增大，焊接过程中的发热量增大，残余应力值应该增加，但实际测得的 LD 方向的最大拉应力为：FSW-75-3 样品<FSW-75-1 样品<FSW-75-2 样品，与预测的结果不符。为此，对样品进行破坏，观察其横截面的微观组织，意外发现有明显的焊接缺陷，缺陷类型属于孔洞型缺陷，如图 9-10 所示。FSW-75-3 样品的搅拌头转速较高，造成焊接缺陷的原因很可能是焊接过程中的热输入量过大。缺陷的存在导致局部残余应力部分释放，使得 FSW-75-3 样品的残余应力较小，且在前进侧的热机械影响区和邻近热影响区的残余应力要小于后退侧的残余应力。

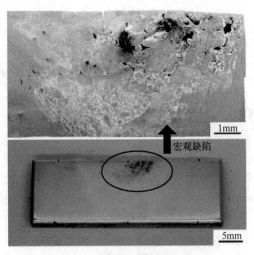

图 9-10　FSW-75-3 样品宏观缺陷

9.3　时效对 FSW 焊接接头组织及内部残余应力分布的影响

9.3.1　时效前后焊接接头的微观组织

　　图 9-11(a)为焊接接头不同区域之间微观组织的对比。如图 9-11(b)和(c)所示，焊核区和母材区的组织结构有较大差异。焊核区为再结晶组织，晶粒较小，在晶

界上有部分第二相析出；母材区为条带状组织，晶粒较大，晶粒内部和晶界处有部分较大的第二相析出；热机械影响区和热影响区为这两种组织的过渡。这种微观组织的差异造成了不同区域之间晶面间距相差较大，同时也导致了不同区域之间材料显微硬度的差异。

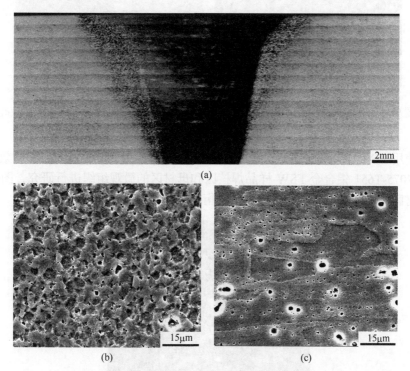

图 9-11　FSW 时效样品的接头宏观组织(a)及焊核区(b)和母材区(c)的显微组织

图 9-12 是焊核区和母材区在焊后和自然时效 1 年后的微观组织对比。自然时效 1 年之后，焊核区中一些较大的沉淀相颗粒有所增多，母材区的第二相颗粒大小和数量变化不大。

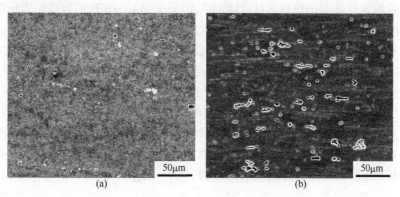

图 9-12　FSW 样品焊后的焊核区(a)和母材区(b)，以及自然时效 1 年后的焊核区(c)
和母材区(d)的显微组织

使用 JEM 2100 高分辨透射电子显微镜(加速电压为 200kV)，对自然时效 1 年
后的 7075-T651 铝合金 FSW 样品焊核区和母材区的微观组织进行研究，图 9-13
是母材区 7075-T651 铝合金基体的电子衍射花样，晶带轴为[011]方向。

图 9-13　7075-T651 铝合金 FSW 样品母材区基体的电子衍射花样

通过标定计算得出母材区(111)晶面间距为 2.30Å，小于 X 射线粉末衍射得到
的纯铝(111)晶面间距 2.3380Å。通过 SWXRD 方法对 FSW 焊接接头母材区的晶面
间距进行测试，得到 Al(111)晶面的平均晶面间距约为 2.3349Å，也小于粉末衍射
数据。SWXRD 方法和电子衍射得到的晶面间距是对铝合金基体进行测试的结果，
铝合金受到固溶元素的影响，晶面间距与纯铝的晶面间距不同，且不同的固溶元
素造成 Al 晶面间距的变化不同，因而与纯铝粉末衍射的结果存在较大差异。

自然时效 1 年后 FSW 时效样品焊核区和母材区的晶内析出相形貌如图 9-14
所示。焊核区和母材区的晶粒内部存在大量弥散分布的析出相，母材区存在部分
粗化的析出相，是基体充分时效后的产物。7075 铝合金属于 Al-Zn-Mg-Cu 系的高

强铝合金，其主要的强化机制为析出强化；靠弥散均匀分布的沉淀相为基体提供强化；同时，该铝合金的时效硬化现象就是析出强化的重要体现之一。通常沉淀相按照以下顺序先后析出：α(过饱和固溶体)→GP 区→亚稳态的 η' 相(Mg(Zn,Al,Cu)$_2$)→稳定的 η 相(MgZn$_2$)。图 9-15 为焊核区析出相的形貌及其高分辨像。经过标定，自然时效 1 年之后的样品，焊核区存在六方结构的 MgZn$_2$ 相，如图 9-15(d)所示。

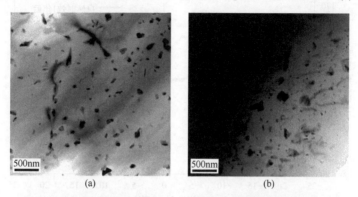

图 9-14　FSW 时效样品自然时效 1 年后焊核区(a)和母材区(b)的晶内析出相形貌

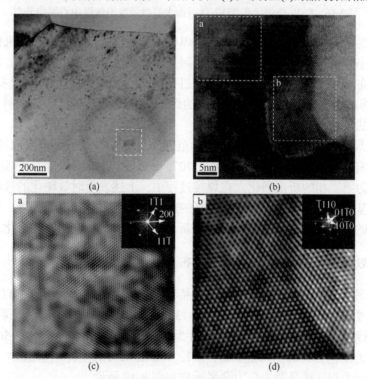

图 9-15　自然时效一年 FSW 样品的析出相形貌(a)、高分辨像(b)及基体(c)
和析出相(d)快速傅里叶变换过滤像

9.3.2　时效后焊接接头的显微硬度

　　FSW 焊接接头及焊后自然时效 1 年后在 TD-ND 截面上显微硬度沿板厚中心层的分布如图 9-16 所示。

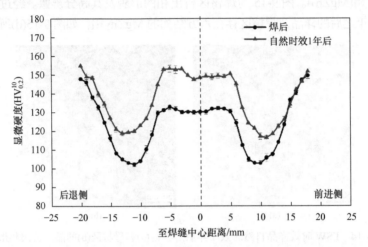

图 9-16　FSW 焊接接头 TD-ND 截面上显微硬度沿板厚中心层的分布

　　硬度曲线关于焊缝中心对称分布。焊核区的硬度为恒定值，在热机械影响区降低到最小并在热影响区和母材区有所回升。焊核区的硬度小于母材。焊后一年的硬度分布与焊接完成时进行对比，焊核区和热机械影响区的硬度明显提升(15～20HV)。焊核区的硬度从原来为母材区的约 80% 提升到与母材区基本相等，热机械影响区的硬度也增加了约 20%。

　　FSW 焊接接头发生自然时效硬化的范围为焊缝中心±15mm 范围内的焊核区、热机械影响区和一部分热影响区。由于 7075 是一种可时效硬化的铝合金，主要的强化机制为第二相的析出强化。在焊接过程中，上述发生时效硬化的区域，由于搅拌头和基体的机械摩擦，产生足够高的热使得沉淀强化相重新固溶，在冷却和自然时效的过程中发生弥散析出相的重新长大，造成铝合金的时效强化。

9.3.3　时效前后焊接接头的残余应力分布

　　时效残余应力测试样品为焊接样品在沿焊缝方向(LD)、横向(TD)和法向(ND)的尺寸为 200mm(LD)×200mm(TD)×13.5mm(ND)，残余应力测试时采用 d_0 法，使用退火标样制备去应力参考标样，尺寸为 30mm(LD)×200mm(TD)×13.5mm(ND)，退火去应力工艺为：200℃保温 4h，炉冷 10h 至 40℃后空冷至室温。

　　残余应力测试样品及去应力参考标样如图 9-17 所示。

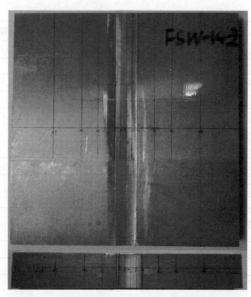

图 9-17　残余应力测试样品及去应力参考标样

　　残余应力测试采用两种方法：中子衍射法和 SWXRD 法。为了保证最大衍射强度和内部残余应力的测试效率，采用 Al(111)晶面作为衍射晶面。

　　考虑 7075-T651 铝合金母材的粗晶对衍射结果的影响，通过摇摆法将 SWXRD 法的衍射体积调整为 1mm×1mm×2.2mm。中子衍射实验在法国 LLB G4.2 中子衍射应力站上进行。该中子衍射应力站采用 Al(200)晶面作为中子衍射测试晶面，衍射体积为 1mm×40mm×1mm。

　　为研究自然时效对铝合金 FSW 样品内部残余应力分布的影响，在焊接后自然放置 1 个月、15 个月和 22 个月后对同一块 FSW 样品进行残余应力测试，受测试手段和时间的影响，第一次和第三次测试采用了 SWXRD，第二次实验采用中子衍射法，分别记为 SWXRD-1、NEUTRON 和 SWXRD-2。

　　去应力参考标样和残余应力测试样品的测试点在位置上一一对应。三次测试的测试点列于表 9-4。残余应力测试点位于焊接接头 TD-ND 截面的板厚中心层处，如图 9-18 所示。

表 9-4　三次残余应力测试的测试点分布

样品区域		测试部位编号	至焊缝中心的距离/mm		
			SWXRD-1	NEUTRON	SWXRD-2
后退侧	母材区	R8	−65	−65	−65
		R7	×*	−40	×
	热影响区	R6	−22	−25	−25
		R5	−12	−15	×

续表

样品区域		测试部位编号	至焊缝中心的距离/mm		
			SWXRD-1	NEUTRON	SWXRD-2
后退侧	热机械影响区	R4	−9	−9	−10
		R3	−7	−7	×
		R2	−5	−5	−5
焊缝	焊接区	R1	−3	−3	×
		C	0	0	0
		A1	3	3	×
前进侧	热机械影响区	A2	5	5	5
		A3	7	7	×
		A4	10	9	10
	热影响区	A5	15	15	×
		A6	25	25	25
	母材区	A7	×	40	×
		A8	65	65	65

注：×表示该次测试没有测该测试点。

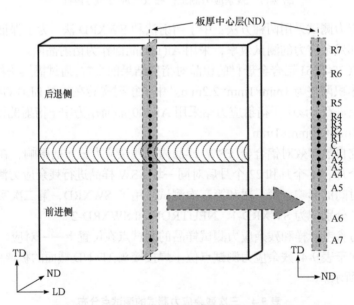

图 9-18　自然时效样品残余应力测试点分布示意图

采用中子衍射和 SWXRD 法，分别测得焊后不同时期的 FSW 焊板板厚中心层在垂直于焊缝方向的残余应力分布对比，见图 9-19，焊后不同时期的残余应力分布相似。在 FSW 焊件的不同区域，焊核区、热影响区和母材区主要为拉应力，残余压应力只存在于热机械影响区和部分母材区。焊核区和热机械影响区的 TD

方向残余应力的绝对值小于 LD 方向，而在热影响区和母材区 TD 方向残余应力大于 LD 方向。LD 和 TD 方向最大应力值均出现在焊核区距焊缝中心±5mm 处。

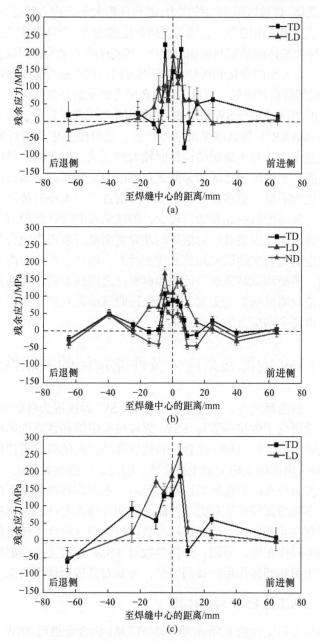

图 9-19　自然时效不同阶段的残余应力及其分布
(a) SWXRD-1；(b) NEUTRON；(c) SWXRD-2

对经三个阶段自然时效后的残余应力测试结果进行对比，发现残余应力的分布和大小相差不大。7075 是可时效硬化的铝合金，自然时效过程中的第二相析出造成了铝合金的强化。焊核区原来为拉应力，晶面间距大于无应力状态下的晶面间距。经过时效后，第二相析出增多，表现为显微硬度的增大，即时效硬化现象。同时，析出相的增多导致基体的晶面间距相对变化，其统计的结果为在焊接接头部分区域的宏观残余拉应力大小的变化和再分布。本实验中 7075 铝合金 FSW 样品经过 22 个月相对较长时间的自然时效，可以认为残余应力的重新分布和调整已经完成。

中子衍射的测试结果与 SWXRD 结果的不同之一表现为中子的应力分布测试结果更平滑而 SWXRD 测试结果波动性较强，这可能是中子衍射的衍射体积比 SWXRD 更大造成的。对于组织结构梯度较大的区域，较大的衍射体积使得参与衍射的晶粒更多，不同区域之间相邻测试点的组织变化相对不那么剧烈，表现为应力分布曲线更为平滑，更多地反映了测试点附近应力大小的统计结果。而当衍射体积较小时，参与衍射的晶粒数目较少，测试结果的统计性相对不足，相邻测试点之间由于组织变化而造成衍射结果的差异更明显，表现为应力分布曲线的波动性较强，但也能更真实地反映局部的应力状态。因此，在进行内部应力检测时需要综合考虑，平衡测试结果的统计性和典型性之间的矛盾，确保测试结果不因统计性不足而造成测试结果的失真，而又保证测试结果对测试点所在具体位置的代表性，避免得到平均应力的测试结果。

9.4　FSW 内部残余应力及性能指标的关联性研究

除焊接材料的选择之外，焊接参数是影响 FSW 焊接接头性能最主要的因素，因此国内外大量研究了焊接参数对 FSW 焊接接头组织和性能的影响。同时，对于 FSW 焊接样品，焊接过程中搅拌头和被焊样品之间的机械搅拌作用和摩擦热是 FSW 焊接接头内部残余应力的主要来源。因此，焊接参数就成了对 FSW 焊接接头内部残余应力分布的直接影响因素。同时，不同焊接参数加工的 FSW 焊接接头也呈现出不同的微观组织和力学性能，这些性能也与 FSW 焊接接头内部的残余应力之间存在互相影响，因而焊接参数通过影响这些性能还对接头内部残余应力的分布产生间接影响。所以，焊接参数对 FSW 焊接接头内部残余应力分布的影响是直接作用和间接作用的共同结果，需要对其进行详细研究。

9.4.1　不同工艺加工的 FSW 焊接样品

实验采用某公司生产的 6.5mm 厚 7050-T7451 铝合金进行 FSW 焊接，焊后经 X 射线探伤检验，焊缝质量满足焊缝技术要求。样品焊接后的宏观形貌如图 9-20 所示。

图 9-20　6.5mm 厚 7050-T7451 铝合金样品焊接后的宏观形貌

焊接工艺如下：焊前原始板材尺寸为 610mm(TD)×100mm(RD)×6.5mm(ND)，沿 TD 方向对接焊，焊后尺寸为 610mm(LD)×200mm(TD)×6.5mm(ND)，焊缝长度为 600mm。焊接时采用双圆环形螺纹搅拌头，搅拌头锥角约 20°，搅拌针长 6mm，轴肩直径 15mm；焊接时轴肩的压入量为 0.2mm，搅拌针向后倾斜 2.5°角；焊接时上下表面施加约束，侧面约束位置为距焊缝起始端约 0mm、300mm 和 600mm，样品焊接过程及其外加约束如图 9-21 所示。焊接时的焊接参数选择前先经过试参数，然后在焊缝外观完好、没有缺陷的参数范围内选择最大的参数间隔，五块样品的焊接参数列于表 9-5。

(a)　　　　　　　　　　　　　　　　　(b)

图 9-21　FSW-50 样品

(a) 焊接过程；(b) 外加约束

表 9-5　6.5mm 厚 7050-T7451 铝合金焊接样品编号及其焊接工艺参数

样品编号	FSW-50-1	FSW-50-2	FSW-50-3	FSW-50-4	FSW-50-5
转速/(r/min)	400	500	600	500	500
前进速度/(mm/min)	150	150	150	100	200

9.4.2　焊接参数对焊接接头微观组织的影响

五种参数焊接的 7050-T7451 铝合金 FSW 样品的宏观显微组织形貌如图 9-22 所示。焊接接头 TD-ND 截面的焊接区域分为四个清晰的区域：a 为焊核区，位于焊缝中心位置，可以清楚地看到焊核区的"洋葱环"组织，它是在 FSW 焊接过程中塑性变形和受热的综合作用下，原母材的带状晶粒组织完全被破坏，生成细小尺寸的再结晶晶粒形成的独特组织；b 为热机械影响区，紧邻焊核区，为再结晶组织和变形组织的混合区域，既有机械搅拌作用而产生塑性变形的变形组织，又有搅拌摩擦热生成的再结晶组织；c 为热影响区，仅受焊接热作用的影响，组织与母材基本相似；d 为母材区，主要是由带状晶粒组成的轧制组织。

　　对比图 9-22(a)～(c)中的热机械影响区可以看出，FSW-50-1/2/3 样品焊接接头的热机械影响区随着焊接转速的增大而增大。这是由于随着转速的增大，焊接过程中输入的能量增大，热机械影响区的变形组织和再结晶组织混合区域的范围增大。FSW-50-4/2/5 样品焊接接头的微观组织结构差别不大。

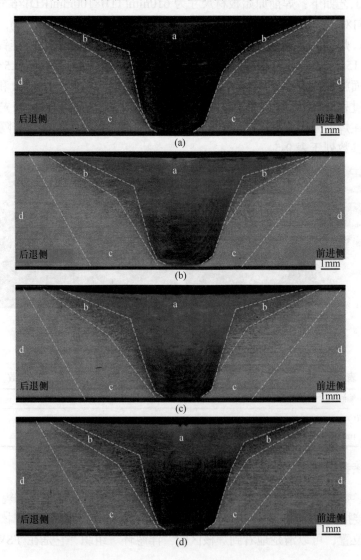

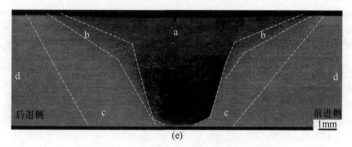

图 9-22 样品接头的宏观显微组织形貌

(a) FSW-50-1；(b) FSW-50-2；(c) FSW-50-3；(d) FSW-50-4；(e) FSW-50-5

五种参数样品焊核区、热机械影响区和母材区的微观组织结构如图 9-23 所示。

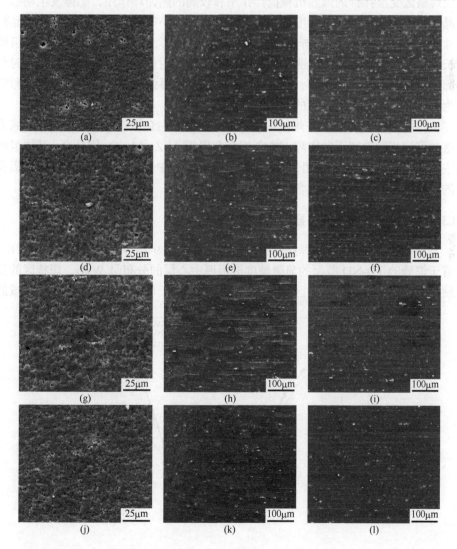

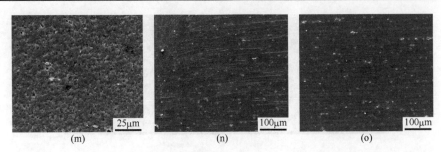

图 9-23　FSW-50-1/2/3/4/5 样品的焊核区(a)(d)(g)(j)(m)、热机械影响区(b)(e)(h)(k)(n)
和母材区(c)(f)(i)(l)(o)的微观组织

焊核区受搅拌针的强烈机械搅拌作用和较高的热循环作用,晶体发生动态再
结晶,主要为形状饱满、粒度细小、晶界明显的细小等轴再结晶结构,平均晶粒
尺寸为 5~7μm。热机械影响区发生较大的塑性变形,将母材原始的带状晶组织
拉长、偏转,晶粒取向可以明显地反映邻近焊核区附近组织的流动方向。同时在
局部区域发生回复和再结晶,存在一定的细小等轴再结晶晶粒,因此热机械影响
区为再结晶组织和变形组织的混合区域。

从图 9-23 还可以看出,焊接接头存在一定量的白色沉淀相颗粒,黑色区域为
脱落的沉淀相颗粒留下的空隙。7050 铝合金属于 Al-Zn-Mg-Cu 铝合金,基体组织
的主要强化相是 η (MgZn$_2$)相,均匀弥散分布在基体中,它的存在可增强高强铝合
金的时效强化效果,提高铝合金的硬度和强度。

9.4.3　焊接参数对焊接接头显微硬度的影响

五种参数焊接的 FSW 焊接接头的显微硬度如图 9-24 所示。从图中可以看出,
垂直于焊缝的 TD-ND 截面的显微硬度沿板厚中心层的分布呈 W 形,焊核区的显
微硬度明显高于热机械影响区和热影响区,但都小于母材区,这也与焊接区域的

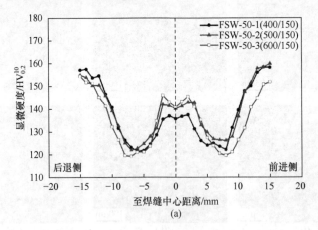

(a)

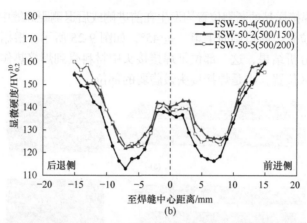

图 9-24　五种参数焊接不同转速(a)和不同前进速度(b)样品接头显微硬度对比

强度小于母材区的规律是一致的。热机械影响区和热影响区交界处的显微硬度最小。从图 9-24(a)可知，随着转速的增大，显微硬度的最小值减小，且软化区的范围增大。这是由于随着转速的增加，热输入量增大，焊接接头组织的软化作用越明显，软化区的范围越大。从图 9-24(b)可知，随着前进速度的增大，FSW-50-2/5样品显微硬度的最小值相差不大，但明显大于 FSW-50-4 样品。这是由于 FSW-50-4样品的前进速度偏低，在前进速度较低时，单位时间内焊接接头的旋转转数较多，单位时间内的热输入量更大，导致 FSW-50-4 样品焊接接头组织的软化作用更加明显，软化区域的范围更大。

9.4.4　焊接参数对接头拉伸性能的影响

五种参数焊接样品的拉伸性能列于表 9-6。对比某公司的出厂标准，所采用的 6.5mm 厚 7050-T7451 预拉伸铝板母材的抗拉强度为 510MPa，屈服强度为441MPa，断后伸长率为 9%。五种参数焊接样品的抗拉强度均低于母材的抗拉强度，除 FSW-50-2 号样品以外，其余样品断后伸长率均稍优于焊接母材。

表 9-6　FSW-50 样品拉伸性能汇总

样品编号	抗拉强度 R_m/MPa	规定塑性延伸强度 $R_{p0.2}$/MPa	断后伸长率 A/%
FSW-50-1	479	363	9.8
FSW-50-2	474	352	8.5
FSW-50-3	473	352	10.0
FSW-50-4	460	336	9.0
FSW-50-5	478	366	9.9

五种参数焊接样品的断裂位置均发生在前进侧或后退侧距焊缝中心 13～15mm 处的热影响区位置，断口侧面平坦，呈 45°，如图 9-25 所示。根据前面对焊接接头显微硬度的分析结果，这一部位是焊接接头中材料受到焊接热作用的影响而发生软化的软化区位置，也是焊接接头最脆弱的部位。

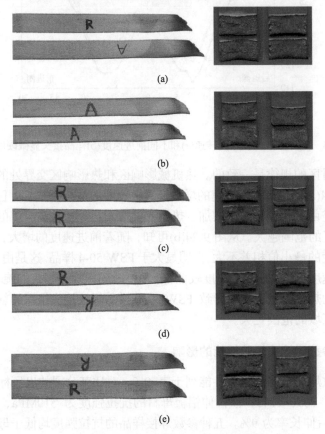

图 9-25　样品拉伸断裂位置及断口形貌
(a) FSW-50-1；(b) FSW-50-2；(c) FSW-50-3；(d) FSW-50-4；(e) FSW-50-5

前进速度一定时，FSW-50-1/2/3 样品随着转速的增大，焊接件的抗拉强度减小；转速一定时，FSW-50-4/2/5 样品随着前进速度的增大，焊接件的抗拉强度增大；但整体的强度差别不大。这是由于 FSW 过程中主要的输入能量由搅拌头的机械搅拌作用以及搅拌头和被焊接材料的摩擦热构成，FSW 的过程除能量输入外，还涉及被焊材料内部的热传导、塑性流动、再结晶和析出相变等组织转变以及应力、应变等多方面变化的耦合过程，各方面的具体作用随工艺参数的不同而不同。在前进速度相同的情况下，当转速过低时，单位时间内搅拌头和被焊材料之间摩擦产生的摩擦热较少，且机械搅拌作用不够强烈，被焊材料的塑性流动困难，难以形成致密的组织，会使焊接接头的强度不够；而当转速过高时，机械搅拌作用强烈，单位时间内的摩擦热过多，会使焊接温度过高，造成再结晶晶粒长大和弥散强化相的析出，降低焊接接头的性能。因此，过高和过低的转速均会造成焊接接头性能的下降。在转速不变的情况下，当前进速度过低时，搅拌头焊接单位长度的焊缝所需要的时间就会延长，单位长度的焊缝组织受到的搅拌次数也相应增加，产生的摩擦热过多，导致再结晶晶粒组织因过热而继续长大，细晶强化效果减弱，从而使焊接接头的强度下降；而当前进速度过快时，单位长度的焊缝组织的热输入量不足，降低焊接接头材料的组织致密度和再结晶晶粒的均匀性，使得焊接接头的性能有所降低。因此，过高和过低的前进速度都会造成焊接接头性能的下降。在工艺参数相差较大时，转速和前进速度过大或者过小都会造成焊接接头性能的下降，但工艺参数相差不大时，焊接参数导致的焊接接头力学性能变化以及不同样品之间力学性能的差异并不明显。

9.4.5　焊接参数对焊接残余应力分布的影响

首先，对焊接样品板厚中心层 LD 方向上的残余应力沿焊缝中心线的分布进行测试，测试点沿焊缝的分布如图 9-26 所示，样品中的测试点位置列于表 9-7。使用 SWXRD 进行测试，测试采用 $\sin^2\Psi$ 法，使用 Al(111)晶面作为衍射晶面。由于焊核区属于再结晶组织，晶粒尺寸较小，测试过程中样品不需往复摇摆。

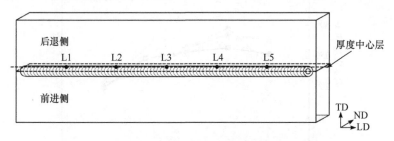

图 9-26　FSW-50 样品残余应力测试点沿焊缝的分布

表 9-7　FSW-50 样品残余应力测试点沿焊缝的位置

测试点编号	L1	L2	L3	L4	L5
与样品焊缝起始端边缘的距离/mm	100	200	300	400	500

五种参数焊接样品(表 9-5)板厚中心层 LD 方向上的残余应力沿焊缝中心线的分布如图 9-27 所示。由图可知，沿焊缝中心线 FSW 板材的残余应力均为拉应力，大小均小于铝合金母材的屈服强度 441MPa。残余应力呈现先增大后减小的趋势，但并不是关于焊缝长度方向上的几何中心对称分布：焊缝起始端和结束端的残余

应力较小，距焊缝起始端约 1/3 长度处的残余应力最大。除了焊接前样品母材加工状况所带来的应力和焊接过程中组织变化产生的应力，焊接残余应力产生的主要影响因素之一，是焊缝区域温度的不均匀变化。LD 方向的残余应力沿焊缝的分布，可以反映不同工艺造成的焊缝温度变化和焊接热最大位置。

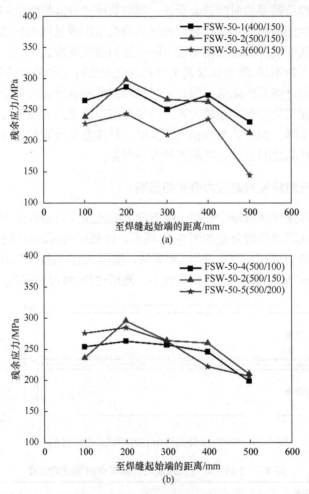

图 9-27　五种参数焊接的不同转速(a)和不同前进速度(b)样品
LD 方向上的残余应力沿焊缝中心线的分布对比

在进行完整体焊接样品 LD 方向残余应力沿焊缝的分布测试之后，在样品中部 1/3 处切下残余应力测试样品及无应力参考标样，样品的取样位置如图 9-28 所示。残余应力测试样品尺寸为 200mm(LD)×200mm(TD)×6.5mm(ND)，无应力参考标样的尺寸为 30mm(LD)×200mm(TD)×6.5mm(ND)。

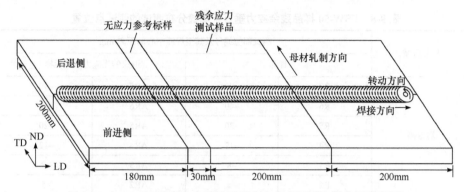

图 9-28　FSW-50 残余应力样品及无应力参考标样取样位置示意图

　　无应力参考标样采用退火处理消除残余应力，去应力退火工艺如下，工艺曲线如图 9-29 所示。

　　(1) 25℃升温 30min 至 200℃。

　　(2) 200℃保温 240min。

　　(3) 200℃降温 705min 至 25℃(热处理炉不能控制降温速度，因此采用以下降温方式：从 200℃降至 150℃，每 30min 降 5℃；从 150℃降至 90℃，每 20min 降 5℃；从 90℃降至 25℃，每 15min 降 5℃)。

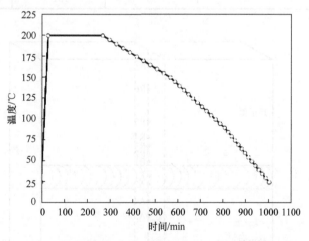

图 9-29　FSW-50 样品无应力参考标样去应力退火工艺曲线

　　使用 SWXRD，将 Al(111)晶面作为衍射晶面，采用 d_0 法对板厚中心层 LD 和 TD 方向残余应力垂直于焊缝的分布进行测试，残余应力样品及无应力参考标样中测试点的位置列于表 9-8，样品测试点垂直于焊缝的分布如图 9-30 所示。

表 9-8 FSW-50 样品残余应力垂直于焊缝分布测试的测试点位置

样品区域	测试部位编号及其至焊缝中心的距离/mm			
	样品		退火的无应力参考标样	
后退侧	R7	−90	AR7	−90
	R6	−40	AR6	−40
	R5	−20	AR5	−20
	R4	−12	AR4	−12
	R3	−8	AR3	−8
	R2	−5	AR2	−5
焊缝	R1	−2	AR1	−2
	C	0	AC	0
	A1	2	AA1	2
前进侧	A2	5	AA2	5
	A3	8	AA3	8
	A4	12	AA4	12
	A5	20	AA5	20
	A6	40	AA6	40
	A7	90	AA7	90

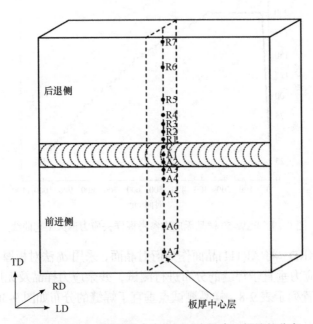

图 9-30 FSW-50 样品残余应力测试点垂直于焊缝的分布

　　五种参数焊接样品板厚中心层 LD 和 TD 方向残余应力垂直于焊缝的分布如图 9-31 所示。可以看出残余应力呈 "单峰" 分布：焊核区为拉应力；热机械影响区和热影响区的残余应力急剧减小；到母材区转变为压应力，且基本符合某公司铝合金预拉伸板残余应力在±50MPa 范围的标准。两个方向上的最大拉应力均位于焊核区，其中 LD 方向残余应力大于 TD 方向残余应力，LD 方向比 TD 方向的最大拉应力值高出约 60%。五种参数焊接的样品其残余应力的分布均相似，且 LD 方向残余应力差异较小，TD 方向残余应力差别较明显。对比图 9-24 中焊接接头显微硬度分布还可以看出，在距焊缝中心 3～12mm 的接头软化区范围内，显微硬度出现一个波谷，而这个范围正是残余应力急剧下降且梯度最大的区域。这是由于该区域紧邻焊核区的边界，而这个界面正是搅拌针侧表面和被焊材料的接触面，也就是搅拌摩擦产热最剧烈的位置。在这个区域内材料发生大量的软化，组织类型为再结晶组织和变形组织的混合组织，硬度最小。同时，该区域为温度的梯度范围，热输入量不均匀导致的热膨胀不均匀产生的残余应力的梯度也最大。

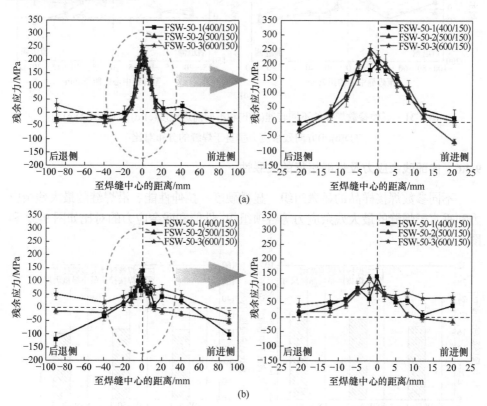

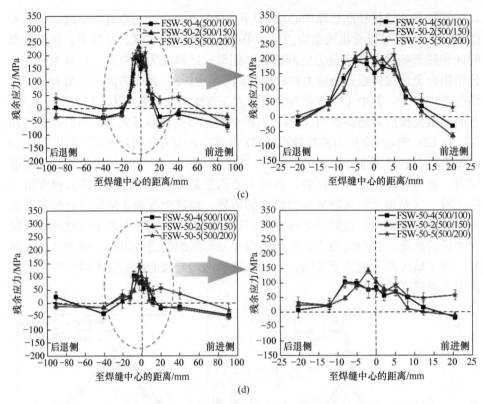

图 9-31　五种参数焊接的不同转速(a)(b)和不同前进速度(c)(d)样品 LD(a)(c)和
TD(b)(d)方向残余应力垂直于焊缝的分布对比

9.4.6　内部残余应力及性能指标的关联性

　　不同参数焊接样品的显微组织、显微硬度、拉伸性能、沿焊缝的最大残余应力和垂直于焊缝的最大残余应力等各项组织、性能和残余应力的对比如图 9-32 和图 9-33 所示。

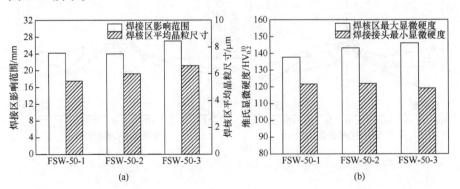

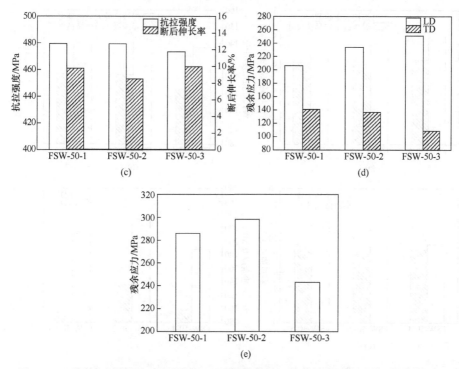

图 9-32　不同转速样品的显微组织(a)、显微硬度(b)、拉伸性能(c)、垂直于焊缝分布的最大
LD/TD 方向残余应力(d)和沿焊缝分布的最大 LD 方向残余应力(e)的对比

从图 9-32 可以看出，随着转速的增加，焊接区影响范围和焊核区平均晶粒尺寸呈增大趋势，焊接接头最小显微硬度和抗拉强度减小，最大残余应力增大，可以根据这些指标综合评判转速最低的 FSW-50-1 样品的各项性能指标比其他转速参数焊接的样品好。从图 9-33 可以看出，随着样品前进速度的增大，焊接区影响范围和焊核区平均晶粒尺寸呈减小趋势，焊接接头最小显微硬度和抗拉强度增大，最大残余应力先增大后减小，可以根据这些指标综合评判前进速度最高的 FSW-50-5 样品的各项性能指标比其他前进速度焊接的样品好。通常情况下，在更大的焊接参数取值范围内，当转速较高、前进速度较低时，由于焊缝处的材料得到充分的搅拌而发生塑性变形，且有足够的时间填充入前进侧材料转移后留下的空隙，从而使得焊缝组织结合致密，不容易出现焊接缺陷。但是本章采用的焊接参数范围区间，是在 FSW 样品焊接质量完好，不产生缺陷的范围之内，故不讨论焊接缺陷对焊缝质量造成的影响。因此可以说，在合理的焊接参数范围内，采用较低的转速和较高的前进速度可以获得性能较好的 FSW 样品。

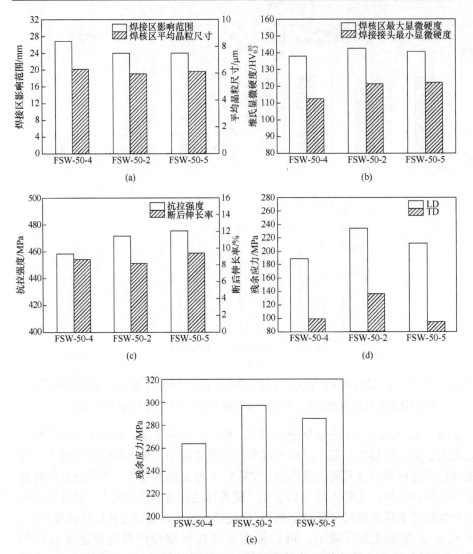

图 9-33　不同前进速度样品的显微组织(a)、显微硬度(b)、拉伸性能(c)、垂直于焊缝分布的最大 LD/TD 方向残余应力(d)和沿焊缝分布的最大 LD 方向残余应力(e)的对比

　　在 FSW 焊接过程中，搅拌头的旋转速度和前进速度是直接影响焊接过程中能量输入的焊接参数，旋转速度越大，搅拌头与被焊材料的相对转动越剧烈，焊接过程产生的摩擦热越大；而焊接速度越大，单位长度焊缝所输入的能量就越小。当不考虑塑性变形热时，FSW 焊接过程中摩擦热输入能量 E 的计算公式为

$$E = \frac{\pi \omega \mu F (r_o^2 + r_o r_i + r_i^2)}{45(r_{o+} r_i) v}\qquad(9\text{-}1)$$

式中，ω 为搅拌头的转速；μ 为摩擦系数；F 为加工压力；r_o 为搅拌头的轴肩半径；r_i 为搅拌针的半径；v 为前进速度。通过式(9-1)可知，被焊材料的摩擦系数、加工压力、轴肩和搅拌针的半径以及转速和前进速度的比值这几个因素，是决定 FSW 焊接过程中热输入量大小的因素。对于一个稳态的焊接过程，搅拌头尺寸为确定值，摩擦系数和下压力也是稳定值，此时，热输入量就与焊接转速和前进速度的比值 $n=\omega/v$ 成正比，可以用 n 值的大小来表征焊接热输入量。对于本章讨论的不同焊接参数加工的 7050-T7451 铝合金 FSW 样品，其转速-前进速度比值列于表 9-9。

表 9-9　FSW 样品的转速-前进速度比

样品编号	转速-前进速度比/(r/mm)
FSW-50-1	2.7
FSW-50-2	3.3
FSW-50-3	4
FSW-50-4	5
FSW-50-5	2.5

根据五种工艺参数加工的 FSW-50 样品的显微组织、显微硬度、拉伸性能和残余应力等评价指标，与其转速-前进速度比值之间的关系(图 9-34)可以看出，转速-前进速度比值最小的 FSW-50-1 和 FSW-50-5 样品的焊核区平均晶粒尺寸、焊接区影响范围较小，焊接接头的最小显微硬度较大，抗拉强度和断后伸长率较大，最大残余应力较小，其综合性能指标较好。也说明了在合理的焊接参数范围内，采用较低的转速和较高的前进速度可以获得性能较好的 FSW 焊接样品。

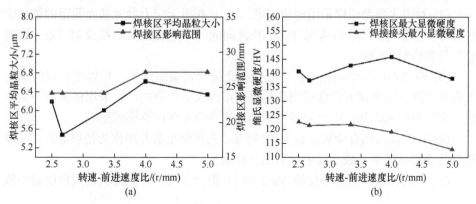

(a)　　　　　　　　　　　　　　(b)

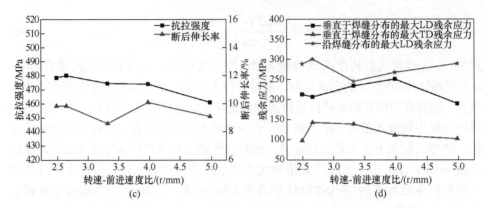

图 9-34　FSW-50 样品的转速/前进速度比与显微组织(a)、显微硬度(b)、拉伸性能(c)和
残余应力(d)的关系

综上所述，FSW 样品中残余应力的大小和分布，受到焊接参数的直接影响，并通过组织结构等其他因素受到焊接参数的间接影响。在对不同参数焊接的 7050-T7451 铝合金 FSW 样品的焊接工艺参数评定过程中，残余应力的大小与分布，与 FSW 焊接接头的组织结构和力学性能对焊接参数的响应规律存在一致性，因此可以作为一种反映焊接参数合理性的评价指标。同时，使用 SWXRD 方法可以实现 FSW 内部残余应力的无损检测分析，这使得内部残余应力可以作为一项通过无损检测手段获得的指标，能够在不对样品进行破坏的情况下实现焊接参数的评定。

9.4.7　关联性研究结论

(1) 在使用 SWXRD 方法进行残余应力测试时，平面应力和三维应力计算结果的差别与 σ_{zz} 的值成正比。对于 FSW 样品，除热机械影响区的部分测试点外，ND 方向的残余应力值不大，使用二维应力模型进行 FSW 铝合金板内部残余应力的测试和计算是合理的。

(2) 对退火参考标样采用原位 d_0 测试，是获得无应力参考晶面间距的最优途径，可以避免切割梳状参考标样由小块之间的间隙造成的 X 射线反射以及"赝偏移"导致的测试误差。

(3) 使用不同晶面测试时，存在衍射角的异常偏离现象，与焊接材料的织构具有相关性。将测试方向偏转到织构极密度极大值点方向，并采用极密度极大值法，可以有效地消除衍射角的异常偏离对残余应力测试结果的影响。

(4) 针对高强铝合金轧制板 FSW 样品，选择低指数晶面作为衍射晶面，可以有效提高测试效率，减小残余应力测试误差。

(5) 不同转速焊接的预拉伸 7075-T651 铝合金板，焊接接头显微硬度最小值与残余应力梯度最大的位置重合，位于热机械影响区和热影响区的交界处；转速越大，焊核区再结晶晶粒尺寸越大，焊接接头显微硬度的最小值越小，低硬度区的范围越大，残余应力的最大值越大。

(6) 经自然时效，焊核区的再结晶晶粒有所长大，焊核区和母材区的第二相颗粒大小和数量变化不大。焊核区和热机械影响区的显微硬度明显变大，但硬度较小区域的范围没有变化，残余应力分布变化不大。

(7) 采用不同 FSW 工艺参数焊接的预拉伸 7050-T7451 铝合金板，转速越大，焊接区范围和焊核区平均晶粒尺寸越大，焊接接头最小显微硬度和抗拉强度越小，最大残余应力越大；前进速度越大，焊接区影响范围和焊核区平均晶粒尺寸越小，焊接接头最小显微硬度和抗拉强度越大，最大残余应力先增大后减小。较低的转速和较高前进速度加工的 FSW 样品性能更好。

第 10 章 镁合金板成形残余应力及其消减研究

从 20 世纪 90 年代开始，日益凸显的资源、环境以及能源问题，促使汽车、航空航天、电子通信等方面的轻量化呼声越来越高。镁合金作为最轻的金属结构材料，其密度最低达 1.74g/cm³，仅为钢铁材料密度的 22%，其比强度和比刚度较高，尺寸稳定性高，阻尼减震性能好，具有极强的电池屏蔽作用，相对于密度低的塑料更易于回收利用，具有环保特性，被誉为"21 世纪绿色工程材料"，其开发和应用已经受到全球的重视。然而，镁合金也有不足的地方，由于是密排六方结构，成型特性远不如面心立方的铝合金，在挤压、轧制等成型过程中容易产生边裂，其电极电位低，容易腐蚀，因此镁合金的大规模应用受到一定的限制。为了拓宽镁合金的应用范围，前期人们致力于高强韧镁合金的研发，以及成型工艺的开发优化、镁合金耐蚀特性及防护的研究。近年来，随着镁合金大型构件的开发，发现在铸造、加工等过程中，内部应力的作用导致镁合金构件出现变形和开裂问题，为此科技部在"十三五"期间第一批重大科技专项"大规格高性能镁合金变形加工材料制造关键技术"中，开展"镁合金产品残余应力消减与表面防护"课题研究，就镁合金大厚板材的残余应力消减提出了重点攻关。其核心是通过对镁合金产品残余应力进行定量的测量及获得残余应力的分布，得到轧制工艺、挤压工艺等对产品残余应力的影响，通过对残余应力分布的实测优化加工工艺，同时采取热时效、机械振动、电脉冲等方式进一步消减产品的残余应力，使其在随后的机械加工或服役过程中保持更好的尺寸稳定性，同时通过对残余应力的控制，减少残余应力对服役过程中应力腐蚀开裂的影响。

本章首先对镁合金残余应力的研究现状进行总结，然后以 AZ31 镁合金为对象，研究不同成形工艺对挤压板、轧制板组织结构和残余应力的影响，同时对表面残余应力、内部残余应力的测试方法进行介绍，最后对挤压、轧制板采用不同工艺进行消减，对消减前后的残余应力进行测试分析。

10.1 镁合金残余应力的研究现状

镁合金的研发在我国开始于 20 世纪 90 年代末 21 世纪初，二十余年主要集中在新型镁合金、镁合金的成型性以及耐腐蚀特性方面，对其残余应力少有关注。但在实际生产过程中，发现镁合金铸造、挤压或轧制后容易出现变形及开裂：一方面认为是镁合金的密排六方结构难以加工变形导致开裂；另一方面认为其内部存在极大的残余应力，特别是铸造镁合金，由于其导热系数低，内部和外表面的受热不均而导致残余应力，若不及时消除就容易出现开裂的问题。因此，镁合金的残余应力才逐渐引起重视。近年来开始对镁合金残余应力的测试方法、残余应力模拟与实验比较等方法进行研究，同时针对镁合金的淬火、焊接、挤压产生的残余应力进行了研究；此外，采用预拉伸、振动时效、电脉冲失效、热时效对残余应力进行了消减。

西安交通大学的徐可为教授率先研究了镁合金残余应力测试的可行性。采用 $\sin^2\Psi$ 法，分别对镁合金(211)和(114)晶面进行了 X 射线弹性常数的试验标定。结果表明，镁合金的弹性各向异性程度低，不同晶面的弹性模量和宏观数值相差较小。

廖洪彬等展望了镁合金中残余应力的研究和发展方向，并采用实验和数值模拟相结合的方法对稀土镁合金的淬火残余应力进行了研究，主要分析了残余应力产生的原因、分布状态、影响因素，确定了合适的消除残余应力的工艺技术方案。预拉伸后最大等效应力为 12MPa，材料失效区域主要分布在表面和心部靠近断面处，棱边等效应力小，通过预拉伸后，材料边部失效的概率大大减小，材料性能更加稳定。

向月等利用有限元软件对焊接过程进行数值模拟，探索焊前预热对镁合金残余应力的影响规律，认为焊接前在 100℃预热，能够有效降低焊间的残余应力。

初雅杰等采用不同的去应力退火工艺对 AZ31B 镁合金焊接接头进行真空热压去应力处理，采用盲孔法研究镁合金焊接接头退火前后的残余应力变化值。结果表明，经真空热压去应力退火后，镁合金焊接接头残余应力消除效果显著，且退火温度越高，残余应力越低，应力松弛效果越好。在退火温度为 350℃时，残余应力由 200MPa 减小为 25MPa 左右，接头应力松弛率达到 85%以上，保温时间对接头残余应力的松弛影响并不显著。

李兴成等利用激光冲击和塑性变形理论推导出激光冲击 AZ31 镁合金表面最大残余压应力公式，并采用有限元软件分析了激光冲击后的残余应力场。结果表明，获得较大残余压应力场的激光冲击波载荷范围为 1.2～1.7GPa。随着载荷的增加，残余应力增大，当载荷为 1.4～1.6GPa 时，最大残余压应力为 125MPa 左右。

Wang 等采用 $\cos\alpha$ 法对 AZ31 镁合金表面进行残余应力的测量，并通过振动时效进行残余应力的消减，通过观察振动时效后的德拜环，发现振动时效起到了匀化织构的作用。

张津等在国内外首先采用 SWXRD 测量了 AZ31B 挤压和轧制镁合金内部残余应力的分布，发现正常工艺轧制或挤压后的板无论是表面还是内部残余应力都不超过 120MPa，绝大部分残余应力仅仅只有几十兆帕，相对于钢结构件的残余应力极小，但表面和内部残余应力存在外压内拉的分布。采用热时效以及振动时效可以对板材残余应力进行消减。

10.2　不同挤压工艺的镁合金板残余应力及其消减

AZ31 镁合金是目前国内外应用最为广泛的一种变形镁合金，因其质轻抗电磁屏蔽可以用于电子产品的外壳，如汽车上飞轮壳、阀盖、变速箱体气缸盖、空调机外壳等，适于制造发动机齿轮机匣、油泵和油管，又因在旋转和往复运动中产生的惯性力较小而用来制造摇臂、舱门和舵面等活动零件。调研中发现，镁合金挤压板的变形非常普遍，影响了企业的经济效益。因此，对镁合金内部组织结构和残余应力的研究能够对挤压工艺、热处理工艺起指导性作用。同时，残余应力消减工艺的探索也可以达到消减和均化残余应力的目的，避免应力集中所带来的变形和开裂。

10.2.1　挤压板残余应力测试

要研究镁合金的残余应力以及消减残余应力的方法，首先要能准确测定不同状态下的残余应力，以及表面和内部各方向的残余应力，镁合金是一种密排六方晶体结构材料，成形过程中产生的织构等也会对残余应力的测试及分布产生一定的影响。

挤压板的表面和内部存在不同的应力，对于表面残余应力，可以采用国际公认的 X 射线衍射方法进行测定，对于内部无损检测，可以采用中子衍射或同步辐射测定，但这两种大型装置难以有足够的机时进行深入系统的测试研究，采用自主研发的短波长特征 X 射线进行了内部应力的测试。无论是表面残余应力还是内部残余应力，只有在其组织均匀、无织构的情况下才能采用常规的应力测试计算方法，当晶粒粗大、存在织构时必须针对具体情况，采用相应的应对措施才能得到比较准确的应力。因此本节对镁合金挤压板的残余应力测试进行深入系统的研究。

1. 表面织构及表面应力的测试

以 AZ31 镁合金板为测试对象，极图测试部位为板材中心部位，用电火花线切割手段将板材沿中心厚度切开，测试前需用砂纸磨到 2000#且抛光，为了保证实验结果的准确性，采用棉球蘸取 20%硝酸乙醇溶液进行表面擦拭，去除砂纸摩擦造成的应力层。测试仪器为 D8 Advance X 射线衍射仪，铜靶，测试晶面为(002)、(100)、(101)以及(102)晶面。

表面残余应力测试使用 μ-X360n 二维面探表面残余应力仪，利用 $\cos\alpha$ 进行快速测量。采用铬靶，管电压为 30kV，管电流为 1mA，X 射线入射角度为 25°，探测器距离样品表面 39mm。样品测试之前需要进行表面处理，减小测试结果的误差。首先用 2000#砂纸轻轻将样品表面磨平，随后用 20%硝酸乙醇溶液对表面进行化学抛光，从而得到板材表面本身的残余应力数值。

2. 内部织构及内部残余应力的测试

内部织构线扫描和内部残余应力测定均采用 SWXRD-1000 型短波长 X 射线衍射仪进行。采用钨靶的特征 X 射线 $K\alpha_1$，波长 0.0208992nm(对应射线光子能量 59.3keV)，管电压 200kV，管电流 8mA，实验环境温度恒定在(25±1)℃。

1) 标样的制备

依照国际公认惯例，进行平面应力测试时样品的边长不能小于其厚度的 10 倍。根据实际情况，AZ31B 镁合金的应力测试样品尺寸为 200mm(ED(挤压方向))×120mm(TD)×9mm(ND)。在测试过程中，采用 d_0 法进行测试。标样的尺寸为 22mm(ED 或 TD)×40mm(TD 或 ED)×9mm(ND)，将标样沿着与所测试方向相反的方向每隔 2mm 进行线切割，使样品的残余应力得到充分释放，具体形状如图 10-1 所示。

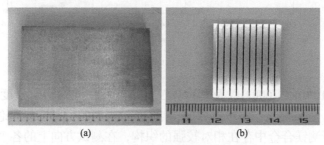

(a)　　　　　　　(b)

10-1　测试样品与内部残余应力标样

(a) 测试样品；(b) 内部残余应力标样

测试样品的内部残余应力时，在 ND 方向测定三个测试点：距挤压板上表面的 1.5mm 的 C1 点、板厚中心层的 C2 点(距离上下表面的距离均为 4.5mm)以及距离下表面 1.5mm 的 C3 点，如图 10-2 所示。

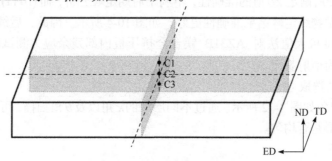

图 10-2　测试位置示意图

2) 衍射晶面的选取

首先对 AZ31B 镁合金淬火板的内部几何中心 C2 点衍射谱进行扫描，主要测试 AZ31B 镁合金 $(10\overline{1}0)$、(0002) 和 $(10\overline{1}1)$ 三个晶面的衍射谱，扫描的角度范围为 $3.8° \sim 5.2°$，测试步长为 $0.02°$，测试时间为 30s，其 ED 和 TD 两个方向的衍射谱如图 10-3 所示。

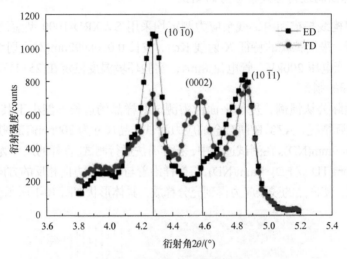

图 10-3　样品中心层衍射谱

理论上 $(10\overline{1}0)$、(0002) 以及 $(10\overline{1}1)$ 三个衍射峰的相对衍射强度之比应该为 $100 : 36 : 25$。但从测试结果可以看出，实际测试得到的衍射谱与理论衍射谱差异较大，说明所测镁合金中存在相对较强的织构，在测试方向上的各个晶面取向分布状态偏离了随机分布状态，尤其是 $(10\overline{1}0)$ 晶面 ED 方向上不同晶面的衍射强度之比与理论衍射谱差距较大。

在使用 SWXRD-1000 型短波长 X 射线衍射仪对样品进行实际测试的过程中，发现 $(10\overline{1}0)$ 晶面衍射峰存在"双峰"现象，即平滑处理后在峰的底部出现下凹现象，影响定峰所确定 2θ 值的准确性，不利于后期定峰分析，而 $(10\overline{1}1)$ 晶面衍射峰峰形较好，抛物线定峰结果准确性更好，如图 10-4 所示。因此，后续采用 7.6 节所述的极密度极大值法对 AZ31B 镁合金挤压板内部残余应力测试时，选定以 $(10\overline{1}1)$ 晶面为衍射晶面。

3) κ 角的选取

κ 角与 θ 角如图 3-12 所示。通过不同层深的 κ 角以及 θ 角扫描，可以评价该板材各部分变形是否均匀。

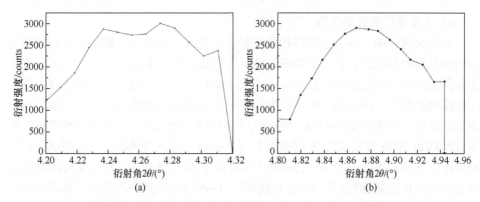

图 10-4　测得的 $(10\overline{1}0)$ 晶面衍射峰(a)和 $(10\overline{1}1)$ 晶面衍射峰(b)

样品水平放置时定义其所对应的 κ 角为 0°，顺时针方向定义为正角度，逆时针方向定义为负角度。κ 角的选取主要对测试过程中衍射强度，即探测器接收到的光子个数(衍射强度)有较大影响。

测试织构时水平方向为 0°，逆时针方向 κ 角为负角度，顺时针方向 κ 角为正。由图 10-5(a)和(b)可以看出，样品中心层的衍射强度要高于其他厚度层的衍射强度。样品水平放置，即 $\kappa=0°$时，样品的衍射强度较低，但 0°附近强度变化较小，变化趋于平稳。因此，为了样品装夹方便以及测试效果的稳定，选择 $\kappa=0°$方向进行测试。

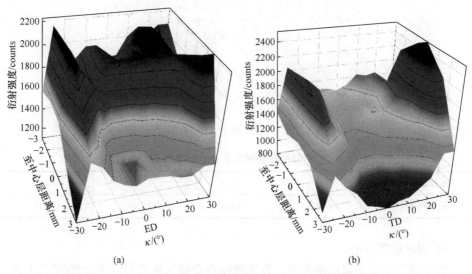

图 10-5　不同厚度的 κ 角扫描
(a) ED；(b) TD

4) 往复摇摆参数的选取

在测试过程中，镁合金挤压板的晶粒相对粗大，导致在一定衍射体积内参与衍射的晶粒数目较少，这将影响测试统计性和准确性。根据中子衍射相关标准，实际测试中参与衍射的晶粒数目应不小于 1000 个。中子衍射通常采取改变入射狭缝和接收狭缝尺寸的方法，增大衍射体积从而提高测试的统计性。同步辐射装置则是通过样品台在特定方向按一定振幅往复摇摆来增加参与衍射的晶粒数目。根据 SWXRD-1000 型短波长 X 射线衍射仪的特点，测试时将样品台沿测试方向往复摇摆，使测试方向上更多的晶粒参与衍射从而提高统计性，所以实际测试的残余应力是根据往复摇摆过程中所扫过的整个体积内参与衍射的晶粒计算出来的平均值。

通过对样品金相组织(图 10-6)的观察评估，晶粒尺寸约为 50μm×50μm×50μm，计算得出振幅至少为 4.5mm。表 10-1 为采用不同摇摆幅度对样品中心层中心点衍射角的影响。由表 10-1 可以看出，当摇摆幅度为±5mm 时所测得的衍射角较其他摇摆幅度所测得的结果偏差大，而当摇摆幅度为±7.5mm、±9mm、±11.5mm 时所得结果基本一致，因此选取往复摇摆幅度±7.5mm。

图 10-6　AZ31 镁合金金相组织

表 10-1　不同摇摆幅度情况下 $(10\bar{1}1)$ 晶面衍射角对比

摇摆幅度/mm	±5	±7.5	±9	±11.5
衍射角 $2\theta/(°)$	4.8645	4.8567	4.8566	4.8575

5) 测试误差分析

为了确定测试结果的准确性，首先将镁合金挤压板进行淬火处理(淬火工艺：380℃保温 10h，60℃温水水淬，然后空冷)，然后对两块淬火板进行残余应力的测试，具体结果详见图 10-7。

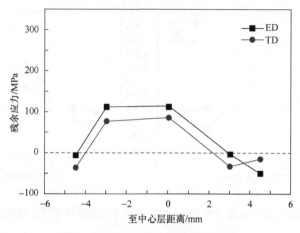

图 10-7　板厚不同层的残余应力分布

从测试结果可以看出，淬火板的应力符合公认的外压内拉淬火残余应力分布状态。但是可以发现，拉应力的分布区域明显大于压应力的分布区域，根据板材力的连续分布原理，沿板厚方向力是要平衡的，即拉应力和压应力的积分应相同才能使板保持平衡，因此要对测试结果进行误差分析和修正。

6) 修正计算

标样的应力并不可能完全释放为零、温度波动等的变化也会导致测试的结果出现波动，这些因素都可能使应力测试结果发生偏差。因此，为了使测试结果更加准确，进行归零处理使每个方向的合应力为零。此类处理方法可有两种。

(1) 曲线整体平移。

归零处理使每个方向的合应力为零，即将曲线整体平移使曲线与 X 轴的积分为零。以编号为 Z1 的 AZ31B 镁合金淬火板为例，图 10-8(a)为淬火板实际测出的应力结果，图 10-8(b)为淬火板的应力数据处理后的结果。图 10-9 为挤压温度为 380℃时，各个挤压速度 AZ31B 镁合金板 ED 方向的应力实测结果与处理后的结果(3801、

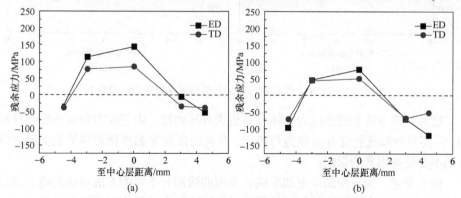

图 10-8　Z1 淬火板实测结果(a)与整体平移处理后的结果(b)

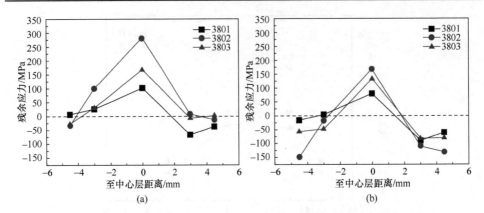

图 10-9　380℃镁合金挤压板 ED 方向实测结果(a)与整体平移处理后的结果(b)

3802、3803 分别表示挤压温度为 380℃，挤压速度为 1m/min、2m/min、3m/min)。

　　但这种处理有一弊端，内部残余应力与表面残余应力的测试方法、设备和条件都不同，表面残余应力的测试也不受标样制备的影响。因此，这种方法的处理过程不太符合真实情况。

　　(2) 曲线部分平移。

　　对图 10-7 测试结果中的 3 个不同深度的内部残余应力进行平移处理，表面两点的残余应力不变，使整体曲线与 X 轴的积分代数和为零。图 10-10 为编号为 Z1 的淬火板处理结果。

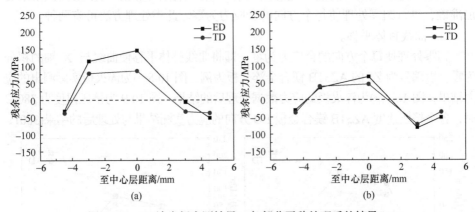

图 10-10　Z1 淬火板实测结果(a)与部分平移处理后的结果(b)

　　这种处理方法下残余应力整体分布也为外压内拉，内部应力测试将受标样影响，需要对内部残余应力 d_0 法进行校正，而利用普通 X 射线衍射测量表面残余应力则不受这些因素的影响。

　　综上所述，为了使结果更加准确，采用曲线部分平移的方法对残余应力测试数值进行校正，本章给出的测试结果都是经过这种方法处理后所得的结果。

10.2.2　挤压工艺对其残余应力分布的影响

1. 挤压工艺

为了探究残余应力与镁合金挤压工艺之间的联系，开展了挤压温度、挤压速度的不同挤压工艺研究。样品尺寸为 1000mm×120mm×9mm(长×宽×高)，见图 10-11。挤压温度分别为 360℃、380℃、400℃，挤压速度分别为 1m/min、2m/min、3m/min。每种样品编号所代表的工艺见表 10-2。

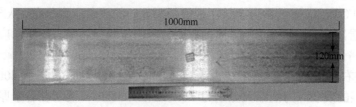

图 10-11　挤压成型后的 AZ31B 镁合金板材

表 10-2　每种样品编号所代表的样品的挤压工艺

编号	3601	3602	3603	3801	3802	3803	4001	4002	4003
挤压温度/℃	360	360	360	380	380	380	400	400	400
挤压速度/(m/min)	1	2	3	1	2	3	1	2	3

2. 挤压工艺对残余应力分布的影响

如图 10-12 所示，纵坐标是主应力方向的残余应力分量，横坐标是测试点距离样品板厚中心层的距离。从图 10-12(a)和(b)可以看出，当挤压温度为 380℃、挤压速度不同(1m/min、2m/min、3m/mim)时，残余应力也不相同。其中，挤压温

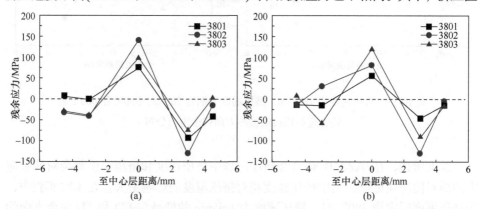

图 10-12　挤压温度为 380℃，挤压速度分别为 1m/min、2m/min 和 3m/min 的
镁合金挤压板沿板厚方向残余应力分布
(a) ED；(b) TD

度 380℃，挤压速度 1m/min 样品的 ED 和 TD 两个方向的残余应力值都最小，挤压速度为 2m/min、3m/min 的样品残余应力明显大于挤压速度为 1m/min 的样品，并且所有挤压板都呈现出外压内拉的应力分布。由同一挤压温度、不同挤压速度的 AZ31B 镁合金残余应力的测试结果可以看出，当挤压温度为 380℃时，挤压速度 1m/min 的 AZ31B 镁合金样品残余应力峰值较小。

由上可知，挤压速度对残余应力有一定的影响，那么挤压温度又是如何影响其残余应力的分布呢？图 10-13 显示了挤压速度为 1m/min，挤压温度分别为360℃、380℃和 400℃的镁合金挤压板沿板厚方向的残余应力分布。从图 10-13(a)和(b)可以看出，三个样品 ED 方向的拉应力峰值，即样品中心层所对应的残余应力值随着挤压温度的升高逐渐增大；此外，380℃和 400℃压应力峰值都达到–90MPa 左右，而 360℃样品压应力为–45MPa。在 TD 方向 360℃和 400℃处理后样品中心层的残余应力值最大分别为 90MPa 和 97MPa，两者在各个厚度的应力分布也较为接近。挤压后的 AZ31B 采用空冷的方式进行冷却，400℃样品所产生的不均匀温度变化较大，因此其残余应力峰值较大。

从 3601、3801 和 4001 三个不同工艺的样品残余应力测试结果来看，挤压温度为 380℃、挤压速度为 1m/min 的 AZ31B 挤压板的残余应力沿板厚方向分布相对较为平缓。

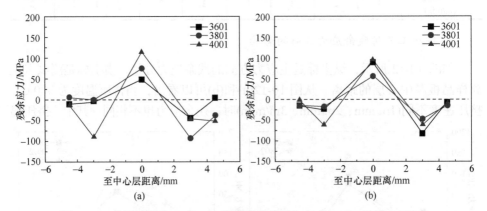

图 10-13　挤压速度为 1m/min，挤压温度分别为 360℃、380℃和 400℃的
镁合金挤压板沿板厚方向残余应力分布
(a) ED；(b) TD

综上所述，在 AZ31B 镁合金挤压过程中挤压速度和挤压温度都会对残余应力的绝对值产生影响，其中挤压速度相对挤压温度的影响更大。在本次实验中，当挤压温度固定为 380℃时，挤压速度为 1m/min 的样品在 ED 和 TD 两个方向的残余应力相对较小，可以认为基于残余应力分布考虑的最优挤压工艺是 380℃时，挤压速度为 1m/min。

10.2.3 挤压板残余应力的消减

1. 热时效消减工艺

因为镁合金挤压板表面残余应力相对较小，为了方便观察残余应力的消减效果，本节所用应力较为均匀的挤压温度 380℃、挤压速度 1m/min 的 AZ31B 镁合金挤压板重新在 400℃保温 2h，水淬至室温得到淬火板。对镁合金企业的实际调研发现，各个企业对镁合金去应力退火所采用的温度和时间不尽相同，但热时效温度基本都在 260~300℃，保温时间为 1~4h，因此制定了如表 10-3 所示的热时效工艺，R1、R2 和 R3 样品都经过 0.5h 从室温加热到 260℃，然后分别保温 0.5h、2h 和 4h，最后经过 2h 随炉冷却到室温。

对不同时效温度以及不同时效时间的应力消减效果进行对比，优选出热时效工艺。

表 10-3　不同编号样品所对应的热时效工艺

样品编号	时效温度/℃	时效时间/h
R1	260	0.5
R2	260	2
R3	260	4
R4	280	2
R5	300	2

针对每块样品选取五个特征点进行测试，每个点测试 ED 和 TD 两个方向，测试位置示意图如图 10-14 所示。

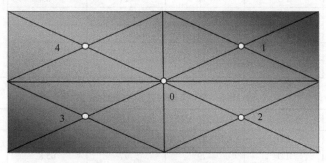

图 10-14　残余应力测试点位置示意图

对镁合金样品热时效前后的表面残余应力进行测试，残余应力的消减率计算公式为

$$\eta = \frac{|x| - |y|}{|x|} \times 100\% \tag{10-1}$$

式中，x 为热时效前的残余应力；y 为热时效后的残余应力；η 为消减率。平均消减率为 N 个测试点不同方向消减率的算术平均数 $\eta_{平均}$，$\eta_{平均} = \dfrac{\sum \eta}{N}$。

R1、R2 和 R3 样品热时效前后残余应力测试结果如表 10-4～表 10-6 所示。

表 10-4　R1 样品时效前后残余应力

测试位置	测试方向	热时效前/MPa	热时效后/MPa	消减率/%	平均消减率/%
0	ED	−58	−15	74.1	
	TD	−54	−5	90.7	
1	ED	−74	−22	70.2	
	TD	−75	−21	72.0	
2	ED	−42	−12	71.4	71.5
	TD	−28	−19	32.1	
3	ED	−62	−19	69.4	
	TD	−81	−30	63.0	
4	ED	−82	−7	91.5	
	TD	−67	−13	80.6	

表 10-5　R2 样品时效前后残余应力

测试位置	测试方向	热时效前/MPa	热时效后/MPa	消减率/%	平均消减率/%
0	ED	−35	−6	82.9	
	TD	−69	−13	81.2	
1	ED	−37	−9	75.7	
	TD	−53	−18	66.0	
2	ED	−45	−11	75.6	76.2
	TD	−71	−21	70.4	
3	ED	−41	−18	56.1	
	TD	−75	−9	88.0	
4	ED	−16	−1	93.8	
	TD	−78	−21	73.1	

表 10-6　R3 样品时效前后残余应力

测试位置	测试方向	热时效前/MPa	热时效后/MPa	消减率/%	平均消减率/%
0	ED	−27	30	11.1	
	TD	−79	−27	65.8	
1	ED	−27	10	63.0	
	TD	−56	12	78.6	
2	ED	−54	−10	81.5	68.7
	TD	−91	−11	87.9	
3	ED	−36	−7	80.6	
	TD	−80	−14	82.5	

续表

测试位置	测试方向	热时效前/MPa	热时效后/MPa	消减率/%	平均消减率/%
4	ED	−63	−5	92.1	71.1
	TD	−74	−24	67.6	

从表 10-4～表 10-6 可以看出，热时效效果比较明显，大部分测试点两个方向的应力值都明显减小。值得注意的是，R3 样品中心位置 ED 方向热时效后残余应力从压应力变为拉应力，但可以发现残余应力的绝对值变小，各点的应力值差别更小，说明应力分布更均匀。280℃和 300℃热时效前后残余应力的测试结果见表 10-7 和表 10-8。

表 10-7　R4 样品时效前后残余应力实测数值对比

测试位置	测试方向	热时效前/MPa	热时效后/MPa	消减率/%	平均消减率/%
0	ED	−54	−2	96.3	76.9
	TD	−84	6	92.9	
1	ED	−63	21	66.7	
	TD	−75	−16	78.7	
2	ED	−57	3	94.7	
	TD	−53	−11	79.2	
3	ED	−49	−23	53.1	
	TD	−54	−16	70.4	
4	ED	−16	8	50.0	
	TD	−68	9	86.8	

表 10-8　R5 样品时效前后残余应力实测数值对比

测试位置	测试方向	热时效前/MPa	热时效后/MPa	消减率/%	平均消减率/%
0	ED	−23	5	78.3	85.7
	TD	−51	−25	51.0	
1	ED	−61	−1	98.4	
	TD	−53	−7	86.8	
2	ED	−36	4	88.9	
	TD	−64	−9	85.9	
3	ED	−48	−1	97.9	
	TD	−61	3	95.1	
4	ED	−82	−4	95.1	
	TD	−54	11	79.6	

随着时效温度的提高残余应力的消减率逐渐升高，消减效果越来越好。同时，

热时效也会对材料的晶粒取向产生影响。

为了了解热时效消减残余应力的微观机理，对不同温度热时效去除残余应力的样品进行显微组织观察。为热时效前、260℃热时效 2h、280℃热时效 2h 和 300℃热时效 2h 样品的扫描电子显微镜照片见图 10-15。

从图 10-15 可以看出，经热时效处理的 AZ31B 镁合金的第二相粒子相对于挤压板减少，这是由于在保温阶段，非平衡结晶所产生的 β-$Mg_{17}Al_{12}$ 第二相固溶到基体中形成 α-Mg 过饱和固溶体。

热时效后第二相($Mg_{17}Al_{12}$)明显增多，并且随着时效温度的提高，第二相数量增多且尺寸逐渐增大，第二相的析出降低了镁合金基体的畸变，其晶面间距越来越趋于接近平衡组织或无应力状态下的晶面间距 d_0，因此残余应力随着时效温度的提高逐渐降低。

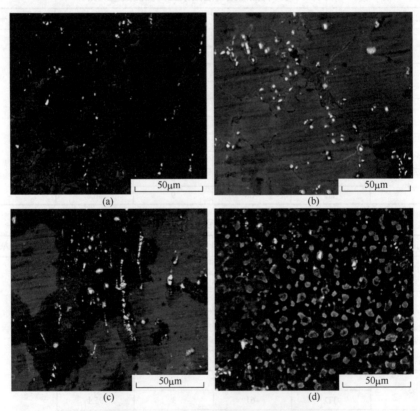

图 10-15　热时效前后扫描电子显微镜照片
(a) 热时效前；(b) 260℃热时效 2h；(c) 280℃热时效 2h；(d) 300℃热时效 2h

2. 振动对残余应力的影响

振动相当于给构件一个力，当与其之前的残余应力叠加后局部区域超过其屈服强度时，该区域发生微观塑性变形，局部残余应力得到释放降低。振动时效装置示意图见图 10-16。振动时效使用 ASR 2000-7 型振动仪，其最大额定激振力为 20kN，额定转速为 10000r/min。样品为挤压温度 380℃、挤压速度为 1m/min 生产的挤压板，振动时间为 28min。

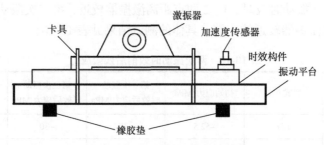

图 10-16　振动时效装置示意图

　　测试点的位置如图 10-14 所示，振动时效前后的残余应力见表 10-9。由此可见，振动后各点的残余应力发生了一定程度的变化，1 点和 2 点的 ED 方向，3 点的 ED 和 TD 两个方向的应力消减效果较好，而有些点应力值反而增大，导致其消减率成为负值，相对于前面的热时效，振动时效的残余应力消减效果要差一些。这与振动平台太小从而导致共振频率较高有关，当样品质量和体积较大时，振动频率低，效果稳定，而频率较高会导致整个系统稳定性欠佳，影响振动时效的效果。这种偏心式振动时效方法对于小型工件的振动需要配备平台。此外，发现在振动时效过程中，靠近激振器的样品部分振动较为剧烈，而远离激振器一端的样品振动相对较弱。为此进行了两次振动时效的研究。

表 10-9　振动时效前后残余应力

测试位置	测试方向	初始应力/MPa	振动后应力/MPa	消减率/%
0	ED	−22	−32	−45.4
	TD	−92	−91	1.1
1	ED	−71	−45	36.6
	TD	−60	−67	−11.7
2	ED	−69	−57	17.4
	TD	−84	−79	6.0
3	ED	−70	−56	20.0
	TD	−84	−56	33.3
4	ED	−81	−77	4.9
	TD	−54	−56	−3.7

在一次振动时效处理后将样品水平旋转 180°再做振动时效,试图使样品前后两次离激振器距离一致,共振区域更加均匀。

为了对样品的残余应力消减效果进行评定,并更加直观和定量地评定残余应力的消减效果,对样品时效前后的残余应力进行测试,测试位置和图 10-14 的位置一致。第一次振动时效时,1、2 两点距离激振器较近,第二次振动时效将 3、4 两点移至距离激振器较近的一端。具体的测试结果见表 10-10。

表 10-10　两次振动时效前后残余应力

测试位置	测试方向	初始应力/MPa	第一次振动 时效后应力/MPa	第二次振动 时效后应力/MPa	消减率/%
0	ED	−52.5	−37	−30	42.9
	TD	−65	−38	−43	33.8
1	ED	−43	−30	−36	16.2
	TD	−47	−28	−32	31.9
2	ED	−42	−27	−29	31.0
	TD	−45	−36	−40	11.1
3	ED	−53	−49	−64	−20.8
	TD	−62	−55	−46	25.8
4	ED	−30	−19	−9	70.0
	TD	−43	−32	−39	9.3

从表 10-10 可以看出,与样品位置固定不动的一次振动时效相比,在经过换位激振的两次振动时效后,残余应力消减效果和残余应力均化明显好一些。在第一次振动时效时,靠近激振器一端的 1 点和 2 点残余应力下降较多,而远离激振器一端的 3 点和 4 点残余应力变化不大。在调换位置第二次振动时效时,1 点和 2 点残余应力值变化不大,3 点和 4 点残余应力值变化较大,这说明靠近激振器一端样品振动频率大并且与共振频率接近,残余应力消减效果明显要好一些。在振动时效消减残余应力的测试过程中还发现,振动时效对改善材料晶粒取向均匀性有较好的效果。图 10-17 为样品振动时效前后 1 点和 3 点的德拜环。当 AZ31 镁合金在合适的激振频率进行振动时效后,随着振动时间延长,德拜环上凸显的衍射峰变得不再趋近一个或几个方向,而是更加趋于平均、随机。

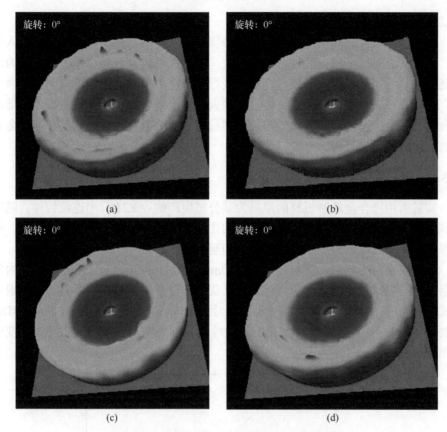

图 10-17　振动时效前后不同测试点的德拜环
(a) 测试点 1 时效前；(b) 测试点 1 时效后；(c) 测试点 3 时效前；(d) 测试点 3 时效后

10.3　不同轧制工艺的镁合金板残余应力及其消减

　　镁合金板材在轧制过程中，由于板材的翘曲而受到轧辊不均匀的作用力，导致板材内的组织不均匀，以及板材和轧辊的不均匀热传导，这些因素都导致了镁合金板材残余应力的产生。若板材的残余应力分布不均匀或者过大，那么在其服役过程极有可能出现失稳，造成不可估计的损失。为了降低残余应力的风险及危害，一方面需要在板材的制作过程进行调控，尽量减少残余应力的产生或者使其分布均匀；另一方面在板材制造完成之后，使用一定的消减技术来减弱和均化残余应力，或者使其分布尽量均匀。本节采用不同轧制工艺制造的镁合金板材，研究不同轧制工艺对镁合金板材各种性能指标的影响，其特色为采用 SWXRD 方法来测试板材内部的残余应力，发现了不同轧制工艺对板材残余应力分布的影响规律，能够一定程度地指导镁合金轧制板材的生产，积累了一定的镁合金残余应力测试经验。

　　若镁合金板材的残余应力较大，则必须经过一定的消减技术才能使其投入使用。传统的热时效消减方法虽然效果显著，但是能耗较大，且会降低材料的力学性能。本节使用上坡淬火对镁合金板材进行残余应力消减。上坡淬火消减残余应力广泛应用在航空铝合金领域，但上坡淬火应用于镁合金领域却鲜有报道，随着镁合金的广泛应用，上坡淬火的应用必然具有一定的意义，为未来其在镁合金领域的应用提供指导经验。

10.3.1　AZ31B 镁合金轧制

　　实验所用镁合金轧制板材的原料为某公司生产的 AZ31B 半连续铸棒。随后将其切成一定厚度的铸板，随后进行均匀化处理，将样品置于 420℃环境中，持续保温 12h 之后取出，在空气中自然冷却至室温。

　　用于残余应力测试的板材尺寸为 110mm(RD)×100mm(TD)×9mm(ND)。内部残余应力的测试需要制作无应力标样，以获得镁合金原始晶面间距 d_0。采用退火方式制备无应力标样，无应力退火标样尺寸为 25mm(RD)×30mm(TD)×9mm(ND)。其制作工艺为：190℃保温 6h，随后随炉冷却 12h 至室温，其退火工艺温度变化如图 10-18 所示。

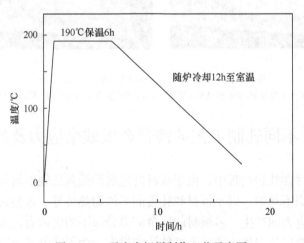

图 10-18　无应力标样制作工艺示意图

　　根据 AZ31B 镁合金镁铝二元相图，当温度降至 566℃时，液相几乎就会转变为固相，即 Al 原子完全固溶在 Mg 中形成了固溶体，名称为 α-Mg。当温度继续下降至 210℃左右时，Al 就会开始从 α-Mg 中脱溶，析出 $Mg_{17}Al_{12}$。因此，为了提高该轧制实验的成材率，轧制的温度在 210～566℃选取，为 310℃、340℃、370℃以及 400℃。本次实验设置 7 个轧制工艺，轧制在上海应用技术大学完成，轧机如图 10-19 所示，具体轧机工艺参数见表 10-11。

图 10-19　非对称压延实验轧机

表 10-11　轧机主要工艺参数

轧辊直径/mm	轧辊长度/mm	轧辊转速/(r/min)	轧辊温度/℃
180	300	5	100

由于最终的轧制板材的成型厚度需要控制在 9mm，所以原始铸板的尺寸为 130mm×120mm×15mm(40%变形量)、130mm×120mm×18mm(50%变形量)、120mm×120mm×23mm(60%变形量)以及 120mm×120mm×30mm(70%变形量)四种，以达到实现不同的轧制总变形量的要求。在上述四个温度初次保温 1h，道次间保温时间为 5min，不同厚度的板坯通过多道次轧制，最终厚度都为 9mm，具体每道次轧制工艺见表 10-12。

表 10-12　AZ31B 镁合金板材轧制工艺参数

样品编号	轧制温度/℃	总变形量/%	道次数及单道次变形量
31050	310	50	5 个道次，依次为 3.3%、13.8%、18.7%、9.8%以及 18.2%
34050	340	50	5 个道次，依次为 3.3%、13.8%、18.7%、9.8%以及 18.2%
37050	370	50	5 个道次，依次为 3.3%、13.8%、18.7%、9.8%以及 18.2%
40050	400	50	5 个道次，依次为 3.3%、13.8%、18.7%、9.8%以及 18.2%
37040	370	40	3 个道次，依次为 18.7%、9.8%和 18.2%
37060	370	60	7 个道次，依次为 7.8%、9.0%、9.8%、13.8%、18.7%、9.8%以及 18.2%
37070	370	70	9 个道次，依次为 0.7%、11.5%、9.0%、8.6%、9.0%、9.8%、13.8%、18.7%以及 9.8%

10.3.2　轧制工艺对镁合金板材显微组织的影响

残余应力的测试与其微观组织有极大的关联，当晶粒过大时，衍射体积内参与衍射的晶粒个数相对较少，影响测试结果的统计性，将导致测试误差增大，需要对样品进行平移或摇摆，目的是增加参与衍射的晶粒个数。因此，应该首先观察其微观组织，统计其晶粒大小，计算摇摆后平移的角度或距离。

1. 轧制温度对轧制板材显微组织的影响

图 10-20(a)、(b)、(c)以及(d)分别为轧制温度 310℃、340℃、370℃以及 400℃，总变形量为 50%的镁合金板材中心层的金相组织照片。图 10-20(e)为轧制前的组织。黑色箭头为轧制方向。

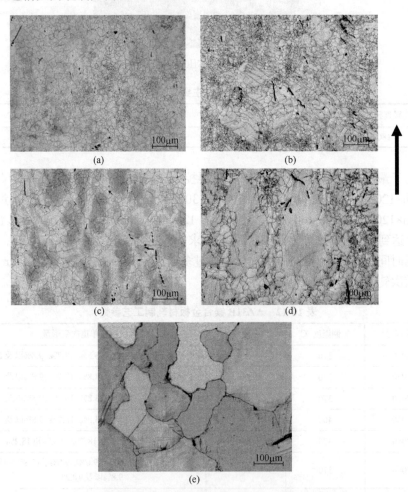

图 10-20　不同轧制温度的镁合金板材中心层金相组织
(a) 310℃；(b) 340℃；(c) 370℃；(d) 400℃；(e) 轧制前组织

轧制温度决定了板材在轧制过程中的塑性变形方式以及动态再结晶过程，本次实验的轧制温度均在再结晶温度(230℃左右)以上。通过图 10-20 可知，当轧制温度在 310℃以上时，板材金相照片中未出现孪晶，说明塑性变形方式为滑移。当轧制温度为 310℃以及 340℃时，温度较低，动态再结晶进行得不够充分，晶粒的尺寸较为细小。随着轧制温度提高到 370℃以及 400℃，动态再结晶进行得较为充分，部分晶粒异常长大。当轧制温度是 310℃时，最大晶粒尺寸是 35μm，最小晶粒尺寸是 5μm；当轧制温度是 340℃时，最大晶粒尺寸是 80μm，最小晶粒尺寸在 5μm 左右；当轧制温度是 370℃时，最大晶粒尺寸在 110μm 左右，最小晶粒为5μm；当轧制温度是 400℃时，最大晶粒尺寸比较大，达到 300μm 左右，最小晶粒尺寸还是 5μm 左右；当轧制温度为 310℃、340℃、370℃以及 400℃时，其晶粒平均尺寸为 15μm、25μm、40μm 以及 70μm。可以得出结论，随着轧制温度的提高，板材的平均晶粒尺寸也会增大，而最小晶粒尺寸变化不大，但是由于温度的提高，再结晶的程度也会提高，晶粒随之长大，所以最大晶粒尺寸也会不断地增大。

2. 变形量对镁合金轧制板材显微组织的影响

图 10-21(a)、(b)、(c)以及(d)分别为轧制总变形量为 40%、50%、60%以及 70%，轧制温度为 370℃的镁合金板材中心层的金相组织照片。黑色箭头为轧制方向。

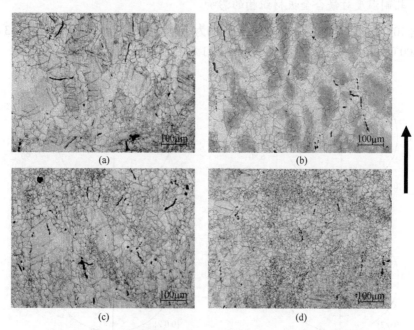

图 10-21　不同轧制总变形量的镁合金板材中心层金相组织
(a) 40%；(b) 50%；(c) 60%；(d) 70%

从图 10-21 可知，在轧制总变形量为 40% 以上时，镁合金轧制过程中基本没有出现孪晶，说明在总变形量为 40% 以上时，镁合金塑性变形方式均为滑移。随着轧制变形量的增加，板材内的位错密度不断上升，晶格畸变越发严重，为再结晶形核提供了驱动力，板材中动态再结晶新增加的晶粒越来越多，致使板材中的晶粒越来越小，起到了晶粒细化的作用，当轧制总变形量达到 70% 时，动态再结晶组织晶粒达到了 80% 以上。当轧制总变形量为 40% 时，最大晶粒尺寸是 150μm，最小晶粒尺寸在 5μm 左右；当轧制总变形量为 50% 时，最大晶粒尺寸是 100μm，最小晶粒尺寸是 5μm；当轧制总变形量为 60% 时，最大晶粒尺寸在 100μm 左右，最小晶粒尺寸是 5μm；当轧制的总变形量是 70% 时，最大晶粒尺寸突然变小，在 50μm 左右，最小晶粒尺寸在 5μm 左右；当轧制变形量为 40%、50%、60% 以及 70% 时，晶粒平均尺寸为 60μm、40μm、25μm 以及 10μm 左右。由上面的观察分析可知，当轧制的变形量越来越大时，由于组织之间的变形程度会越发不均匀，晶粒之间受到更加强烈的载荷作用，为动态再结晶提供了越来越多的能量，新的晶粒越来越多，平均晶粒尺寸自然也就减小了；但是各种变形量板材的最小晶粒尺寸却变化不大，最大晶粒不断碎裂，所以当总变形量提高时，最大晶粒尺寸也会减小。

10.3.3 轧制工艺对镁合金板材织构的影响

1. 轧制温度对镁合金板材织构的影响

图 10-22～图 10-25(a)、(b)、(c) 以及 (d) 为轧制温度分别为 310℃、340℃、370℃以及 400℃，轧制总变形量为 50% 的 AZ31 板材中心层各晶面极图。

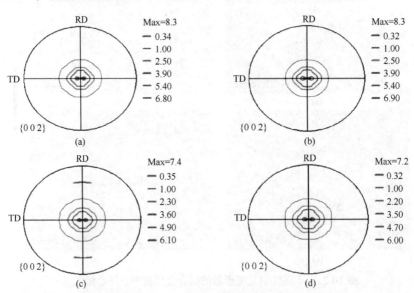

图 10-22 轧制总变形量为 50%，不同轧制温度的 AZ31 板材 {002} 晶面极图
(a) 310℃；(b) 340℃；(c) 370℃；(d) 400℃

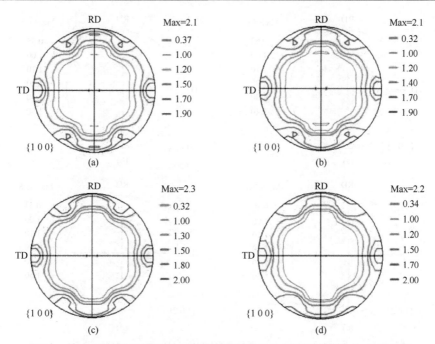

图 10-23 轧制总变形量为 50%，不同轧制温度的 AZ31 板材{100}晶面极图

(a) 310℃；(b) 340℃；(c) 370℃；(d) 400℃

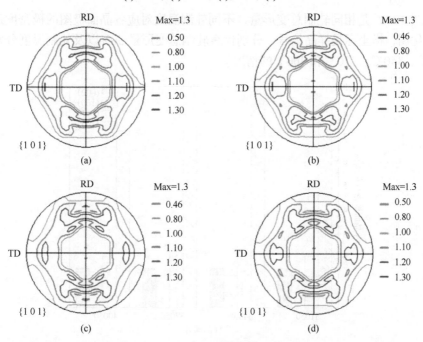

图 10-24 轧制总变形量为 50%，不同轧制温度的 AZ31 板材{101}晶面极图

(a) 310℃；(b) 340℃；(c) 370℃；(d) 400℃

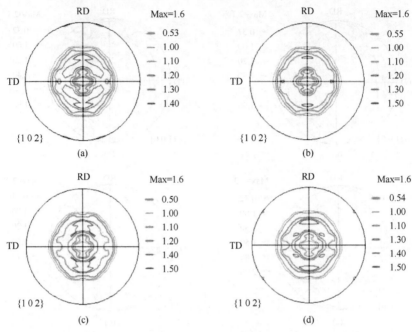

图 10-25　轧制总变形量为 50%，不同轧制温度的 AZ31 板材{102}晶面极图
(a) 310℃；(b) 340℃；(c) 370℃；(d) 400℃

图 10-26 是相同轧制总变形量，不同轧制温度对应各晶面极图的极密度最大值变化图，横坐标是样品编号，分别代表轧制总变形量 50%以及轧制温度分别是 310℃、340℃、370℃和 400℃的情况。

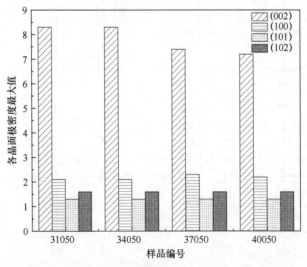

图 10-26　轧制总变形量为 50%,不同轧制温度的 AZ31B 板材各晶面极图的极密度最大值变化

从图 10-22～图 10-25 可以看出，整体的择优取向程度较低，原因是轧制温度均在 AZ31B 镁合金再结晶温度以上(250℃)，不同程度地发生了再结晶的现象，其中基面织构的极密度最大值为最大，棱柱面织构以及锥面织构的极密度最大值较小，说明在 310～400℃的温度范围内，AZ31 板材变形过程以基面滑移为主，柱面滑移以及锥面滑移虽然都已经启动，但是对镁合金塑性变形能力贡献较弱。随着轧制温度的升高(轧制温度均在再结晶温度以上)，棱柱面以及锥面这些滑移系被激活的数目有所上升，不同滑移系的临界剪应力差距也逐渐缩小，导致轧制过程中各滑移系的参与程度发生了变化，表现为镁合金织构的锋锐程度有所下降。从图 10-26 可以看出，(002)晶面面极图的极密度最大值随着轧制温度的提高而下降，其他晶面变化不明显，可知在 310～400℃的温度范围内，镁合金板材均不同程度地发生了再结晶现象，导致择优取向程度对温度的变化不敏感。

2. 变形量对镁合金板材织构的影响

图 10-27～图 10-30(a)、(b)、(c)以及(d)为轧制温度为 370℃，轧制总变形量分别为 40%、50%、60%以及 70%的 AZ31 板材中心层各晶面极图。

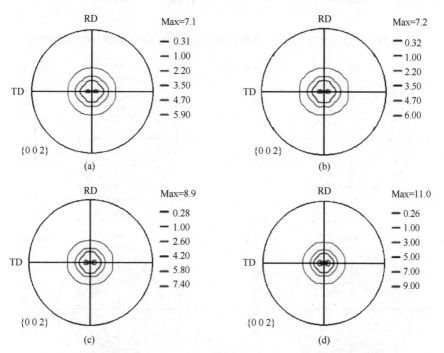

图 10-27　轧制温度为 370℃，不同轧制总变形量的 AZ31 板材{002}晶面极图

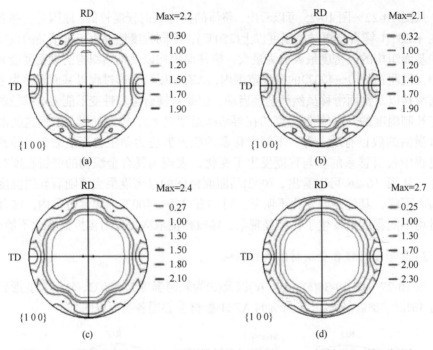

图 10-28　轧制温度为 370℃，不同轧制总变形量的 AZ31 板材 {100} 晶面极图

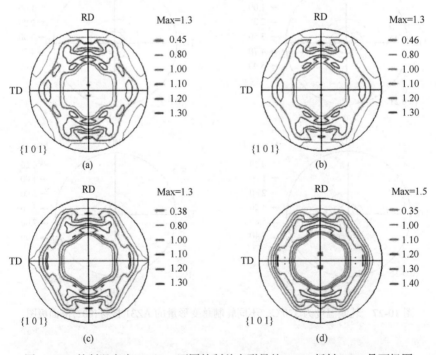

图 10-29　轧制温度为 370℃，不同轧制总变形量的 AZ31 板材 {101} 晶面极图

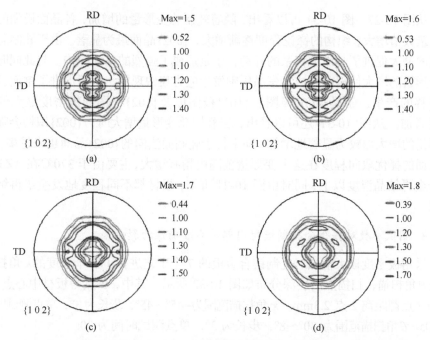

图 10-30　轧制温度为 370℃，不同轧制总变形量的 AZ31 板材{102}晶面极图

　　图 10-31 是轧制温度为 370℃，不同的轧制总变形量对应各晶面极图的极密度最大值变化图，横坐标是样品的编号，分别代表轧制温度为 370℃，轧制总变形量分别为 40%、50%、60%和 70%的情况。

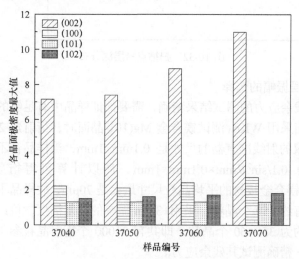

图 10-31　轧制温度为 370℃，不同轧制总变形量的 AZ31 板材各晶面极密度最大值变化图

从图 10-27～图 10-31 可以看出，随着轧制总变形量的增加，各晶面极图的极密度最大值增大，织构的锋锐程度逐渐增大，{002}晶面最为显著。由于轧制总变形量的增大促进了基面滑移系的开动，于是形成了强烈的基面织构。与此同时，总变形量的增大使得晶界或者孪晶周围发生应力集中现象，从而促进了锥面及柱面滑移的产生，于是{100}极图、{101}极图以及{102}极图的极密度最大值都有所增加。从图 10-31 还可以看出，当轧制总变形量增大时，{002}织构会随着变形量的增大而较为显著地增加，即平行于轧制面法向的{002}晶面越来越多，其他晶面的择优取向程度在这个变形量范围内稍有增大，主要由于 370℃在 AZ31B 镁合金再结晶温度以上，同时由图 10-21 可知，板材都不同程度地发生了再结晶现象。

3. 测试参数对镁合金轧制板材内部应力准确性的影响

采用极密度极大值法对轧制镁合金板的 7 个工艺进行了 3 个厚度的 κ 角扫描以及 θ 角扫描，扫描点沿层深分布如图 10-32 所示。其中，2 点为板材中心点，1 点和 3 点都距离 2 点 2.3mm，κ 角扫描范围为–45°～45°，步长为 3°，单点测试时间为 30s。θ 角扫描范围为–30°～8°，步长为 3°，单点测试时间为 30s。

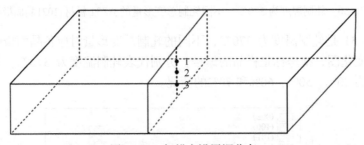

图 10-32　扫描点沿层深分布

1) 往复摇摆振幅的选择

为了保证残余应力的测试结果精确，需要保证样品中有足够的晶粒参与到衍射实验当中。当采用 WKα_1 测试镁合金 Mg(101)晶面时，衍射角 2θ 约为 4.88°，SWXRD 衍射仪的射线准直器的尺寸是 0.1mm×1mm，当样品台不往复摇摆时，其衍射体积为 $0.1/\sin^2\theta$ mm×0.1mm×1mm，所以计算可得衍射体积大约为 0.12mm³，轧制镁合金板材的平均晶粒尺寸最大是 70μm，故样品不往复摇摆时的衍射体积内共有约 350 个晶粒。采用±3mm 振幅的往复摇摆，可以估算参与衍射体积的晶粒数约为 350×60 个晶粒，即共有 21000 个衍射晶粒参与衍射，可以满足统计性要求，精确测试其残余应力。

2) κ 角的选取

本次实验对 7 个工艺的板材进行了 3 个厚度的 κ 角扫描，扫描点沿层深的分布如图 10-32 所示，测试的 κ 角变化范围是 $-45°\sim45°$。

图 10-33(a)～图 10-39(a)为各工艺 AZ31 轧制板材 RD 方向沿层深随 κ 角变化的衍射强度变化图，图 10-33(b)～图 10-39(b)为各工艺 AZ31 轧制板材 TD 方向沿层深随 κ 角变化的衍射强度变化图。

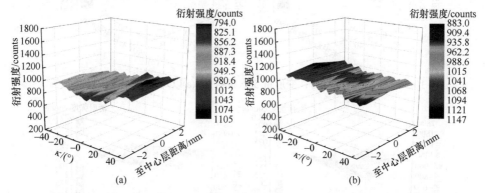

图 10-33　轧制温度 310℃，变形量 50%板材 RD(a)以及 TD(b)方向的 κ 角扫描

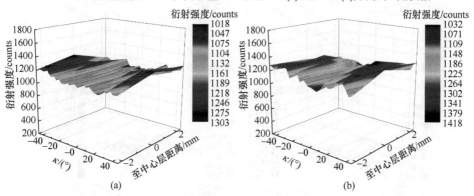

图 10-34　轧制温度 340℃，变形量 50%板材 RD(a)以及 TD(b)方向的 κ 角扫描

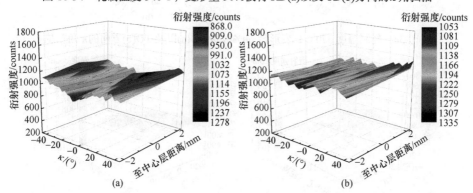

图 10-35　轧制温度 370℃，变形量 50%板材 RD(a)以及 TD(b)方向的 κ 角扫描

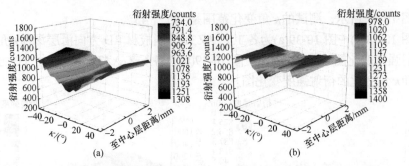

图 10-36　轧制温度 400℃，变形量 50%板材 RD(a)以及 TD(b)方向的 κ 角扫描

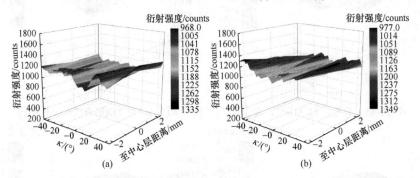

图 10-37　轧制温度 370℃，变形量 40%板材 RD(a)以及 TD(b)方向的 κ 角扫描

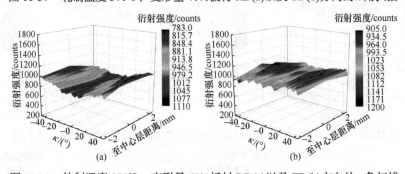

图 10-38　轧制温度 370℃，变形量 60%板材 RD(a)以及 TD(b)方向的 κ 角扫描

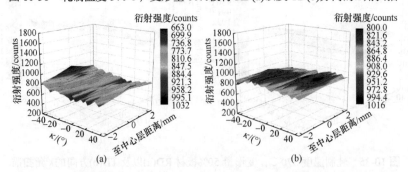

图 10-39　轧制温度 370℃，变形量 70%板材 RD(a)以及 TD(b)方向的 κ 角扫描

从以上各工艺制备板材沿层深的 κ 角衍射图可以看出织构分布信息，即极图最外圈的织构变化情况，板材沿极图最外圈的衍射强度变化不大，说明其最外圈织构分布较为均匀随机，各工艺板材沿层深变形程度较为均匀。其中，相对而言，轧制温度为 370℃、总变形量为 40%的板材沿层深的变形程度较不均匀。

3) θ 角的选取

实验测试了各种工艺板材不同层深、不同 θ 取向的衍射强度分布扫描图，根据沿不同层深的 θ 角扫描图平滑与否，可以判断板材各部分变形的均匀性。图 10-40(a)～图 10-45(a)为各工艺 AZ31 轧制板材 RD 方向沿层深随 θ 角变化的衍射强度变化图，图 10-40(b)～图 10-45(b)为各工艺 AZ31 轧制板材 TD 方向沿层深随 θ 角变化的衍射强度变化图。θ 角变化范围是–30°～8°，步长为 3°，每个测试点的测试时间为 30s。

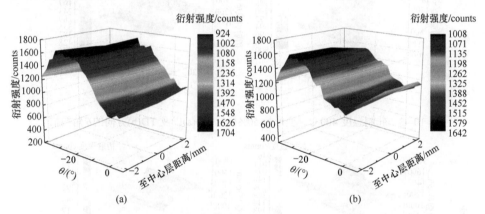

图 10-40　轧制温度 310℃，变形量 50%板材 RD(a)以及 TD(b)方向的 θ 角扫描

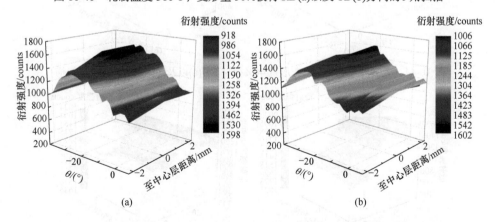

图 10-41　轧制温度 340℃，变形量 50%板材 RD(a)以及 TD(b)方向的 θ 角扫描

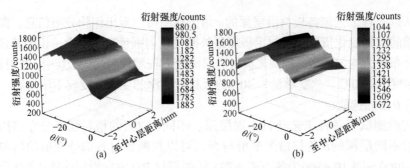

图 10-42　轧制温度 370℃，变形量 50%板材 RD(a)以及 TD(b)方向的 θ 角扫描

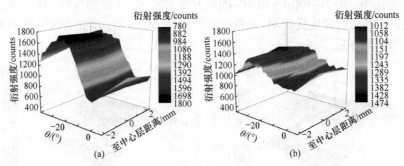

图 10-43　轧制温度 400℃，变形量 50%板材 RD(a)以及 TD(b)方向的 θ 角扫描

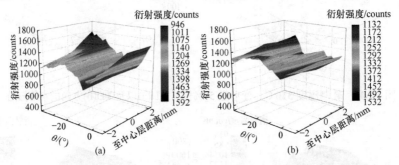

图 10-44　轧制温度 370℃，变形量 40%板材 RD(a)以及 TD(b)方向的 θ 角扫描

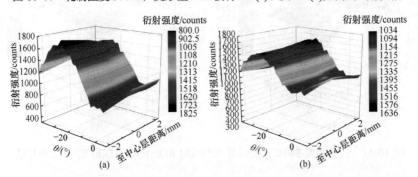

图 10-45　轧制温度 370℃，变形量 60%板材 RD(a)以及 TD(b)方向的 θ 角扫描

从以上各工艺制备板材沿层深的 θ 角衍射图可以看出织构分布信息，即极图中心点到极图最外圈的织构变化情况，其随着 θ 角变化衍射强度变化较大，说明沿 θ 角取向变化比较强烈。在 $\theta=-20°$ 时，衍射强度最大，但是内部残余应力测量计算时，θ 角应该是衍射角 2θ 的 $1/2$，这样实际测量的应变和材料本身的应变是一致的。若 θ 偏转 $-20°$，则计算应力时需要知道法向(ND 方向)应变，而受仪器本身条件约束，ND 方向应变是无法测量的，于是选取 $\theta=2.43°$ 作为测试方向，但此时衍射强度较低，且衍射强度的变化较为平缓，只是需要在应变测试时增加单点衍射时间，提高测试精度。以上 θ 角衍射图还可以看出不同层深的织构分布是否均匀，若随层深衍射强度变化较大，则说明板材沿层深的变形程度不均匀。测试结果表明，各工艺制备的板材沿层深变形程度较为均匀，相对而言，只有轧制温度为 370℃、总变形量为 40%以及 50%工艺制备的板材沿层深变形程度较不均匀。

10.3.4　轧制工艺对镁合金板材残余应力的影响

通过以上测试实验，确定测试镁合金板材残余应力的参数：测试晶面是(101)晶面，样品的往复摇摆振幅是 $\pm3\mathrm{mm}$，测试角度是 κ 角($0°$)。测得板材沿 ND 方向的残余应力分布状态和结果分析如下。

1. 轧制温度对镁合金板材残余应力的影响

图 10-46 为不同轧制温度的镁合金板材残余应力随厚度的分布，图 10-46(a)为 RD 方向残余应力变化，图 10-46 (b)为 TD 方向残余应力的变化。

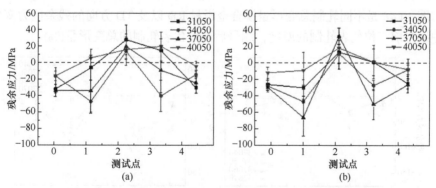

图 10-46　不同轧制温度的镁合金板材残余应力随厚度的分布
(a) RD；(b) TD

由图 10-46 可知，内部残余应力的分布呈 W 形的趋势。评估板材使用过程中的变形风险性是根据板材残余应力分布是否均匀，这里引入了残余应力极差的概

念，极差是指沿板材厚度的最大残余应力和最小残余应力的差值，图 10-47(a)和
(b)是不同轧制温度的板材在 RD 和 TD 方向上的极差比较，横坐标是样品编号，
编号 40050 板材的应力沿着板厚变化较为缓慢，应力分布较为均匀，RD 和 TD 方
向上的极差都不超过 40MPa，因此当轧制温度上升到 400℃时，残余应力沿 ND
方向分布比较均匀，这个工艺生产的板材在以后的加工过程中，存在的变形风险
相对来说较小；相反，编号 31050 和 34050 板材的应力分布较不均匀，编号 31050
板材的 RD 方向的极差超过了 60MPa，TD 方向上的极差超过了 50MPa；编号 37050
的板材在 RD 方向上的极差也接近 60MPa，在 TD 方向上的极差甚至达到了
100MPa，在后续加工过程中的变形风险会比较大。

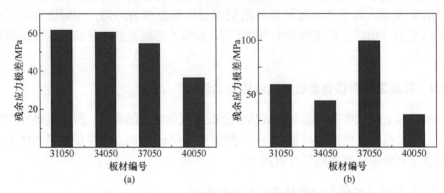

图 10-47　不同轧制温度的镁合金板材沿厚度残余应力极差比较
(a) RD；(b) TD

2. 变形量对镁合金板材残余应力的影响

图 10-48 是不同轧制总变形量镁合金板材 RD 以及 TD 方向的残余应力变化。
图中编号前三位代表轧制的温度，编号后两位代表轧制的总变形量(%)。

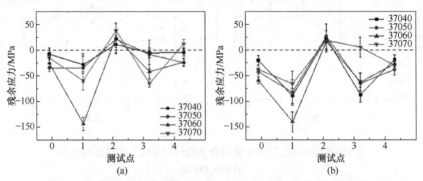

图 10-48　不同轧制总变形量镁合金板材 RD 以及 TD 方向的残余应力变化
(a) RD；(b) TD

从图 10-48 可以看出，四种工艺的板材应力分布皆呈"外压内拉"的分布趋

势。从图 10-49 可以知道，编号 37040 板材的内部残余应力分布变化最小，RD 方向上残余应力分布的极差不超过 50MPa，TD 方向上残余应力分布的极差分布也没有超过 100MPa，应力分布均匀且很小，说明 370℃变形量 40%轧制板材在后续的加工使用过程中变形的可能性相对较小。与此同时，编号 37060 板材的内部残余应力分布变化最大，其中 1 点应力较大，接近屈服强度，而且不管在 RD 方向还是 TD 方向上，其残余应力分布的极差也都是最大的，那么相比于其他三个工艺的板材，它在后面的加工使用流程中变形的可能性最大。

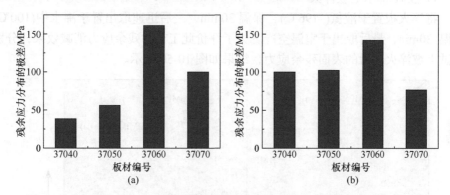

图 10-49　不同轧制总变形量的镁合金板材内部残余应力沿厚度分布的极差比较
(a) RD；(b) TD

10.3.5　上坡淬火消减镁合金残余应力

根据 10.3.4 节板材沿 ND 方向的残余应力分布可以知道，部分工艺的内部残余应力数值会比较接近材料的屈服强度，那么为了降低板材在后续过程中的变形风险，有必要对板材残余应力进行消减。本节采用上坡淬火，即深冷后加热的方式进行应力的消减及测试，具体采用三种不同的上坡淬火进行对比，分别为液氮-沸水、液氮-热空气以及液氮-室温水三种。

实验测试材料为 AZ31B 镁合金挤压板材(挤压温度为 360℃，挤压速度为 1m/s)，ED 方向为 100mm，TD 方向为 120mm，厚度为 9mm，表面残余应力测试点分布如图 10-14 所示。

为了更明显地评价消减效果，有意先将板材加热至 350℃，保温 2h，随后迅速取出室温水淬。上坡淬火为将板材置于液氮中保温一段时间，随后马上放入上坡淬火介质中，循环上述工艺若干次，最终达到消减残余应力的效果。消减效果采用消减率 p 这一指标来评价，具体公式如下：

$$p=\frac{|x_1|-|x_2|}{|x_1|}\times100\% \tag{10-2}$$

式中，x_1 为消减之前残余应力数值；x_2 为消减之后残余应力数值，每个测试点测试之前都需要用 10%的硝酸乙醇溶液进行表面擦拭，以去除表面附加应力层来获得准确的表面残余应力数值。每个测试点都测试了 5 次表面残余应力数值，最终取 5 次平均值作为最后的实验结果。

1. 不同上坡淬火工艺的残余应力消减效果对比

1) 液氮-沸水上坡淬火

将淬火板置于液氮(−196℃)，保温 30min，之后迅速取出置于沸水中(100℃)保温 30min，最后取出于室温空冷。为了评价此工艺的残余应力消减效果，分别测试上坡淬火前后的表面残余应力，结果如图 10-50 所示。

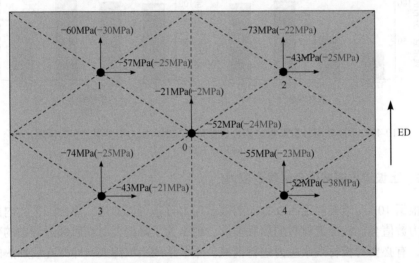

图 10-50　液氮-沸水上坡淬火前后残余应力分布
黑色数字为消减前残余应力；灰色数字为消减后残余应力

从图 10-50 和图 10-51 可以看出，中心点 O 点 ED 方向消减率最高，消减效果最好，达到 90%。测试点 4 的 TD 方向效果较差，为 27%。5 个测试点 ED 方向的平均消减率为 67%，TD 方向上的平均消减率为 46%，总体消减效果较为良好。

2) 液氮-热空气上坡淬火

将淬火板置于液氮(−196℃)，保温 30min 之后，迅速取出置于电热鼓风干燥箱中(160℃)，保温 30min，最后取出空冷。消减前后各点的残余应力及其消减率如图 10-52 和图 10-53 所示。

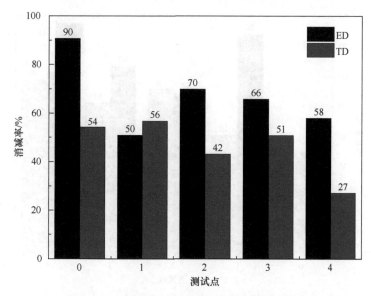

图 10-51　液氮-沸水上坡淬火的残余应力消减率

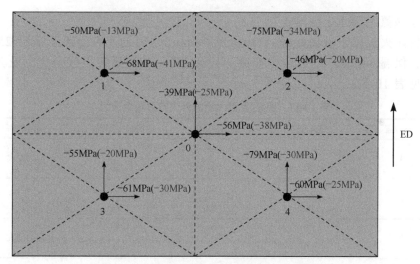

图 10-52　液氮-热空气上坡淬火前后残余应力

黑色数字为消减前残余应力；灰色数字为消减后残余应力

　　从图 10-52 和图 10-53 可以看出，测试点 1 点 ED 方向残余应力消减率最高，消减效果最好，达到 74%。测试点 0 的 TD 方向效果较差，为 32%。5 个测试点 ED 方向上的平均消减率为 58%，TD 方向上的平均消减率为 48%，总体消减效果较为良好，但较之液氮-沸水上坡淬火方案，ED 方向上消减效果较差，TD 方向上消减效果和它相差不大。

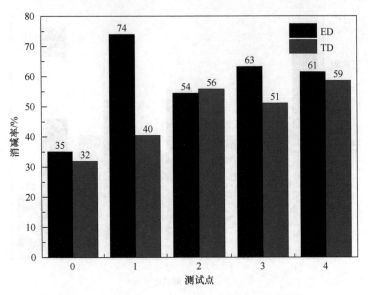

图 10-53　液氮-热空气上坡淬火的残余应力消减率

3) 液氮-室温水上坡淬火

将淬火板置于液氮(−196℃),保温 30min,之后迅速取出置于室温(25℃)水中,保温 30min,最后取出空冷。残余应力消减前后各点残余应力及其消减率见表 10-13。

表 10-13　液氮-室温水上坡淬火前后残余应力

测试位置	测试方向	消减前/MPa	消减后/MPa	消减率/%
0	ED	−44	−47	应力变大
	TD	−43	−54	
1	ED	−65	−37	43
	TD	−75	−67	11
2	ED	−49	−72	应力变大
	TD	−64	−64	
3	ED	−41	−34	17
	TD	−58	−47	19
4	ED	−56	−73	应力变大
	TD	−58	−70	

从表 10-13 可以看出,此方案消减效果较差,部分点甚至出现了残余应力数值上升的情况,其余点的残余应力消减率较低,均不超过 50%,说明这种方法不仅不能对残余应力有消减作用,反而会增加表面的残余应力。

2. 上坡淬火消减残余应力的机理分析

图 10-54(a)、(b)、(c)和(d)分别为未深冷处理、液氮-沸水处理、液氮-热空气处理以及液氮-室温水处理的 AZ31B 镁合金板材表面的扫描电子显微镜照片。

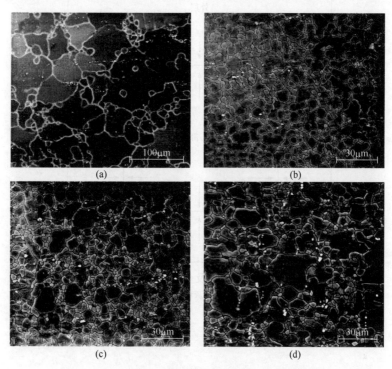

图 10-54　四种状态的样品表面扫描电子显微镜照片
(a) 未深冷处理；(b) 液氮-沸水处理；(c) 液氮-热空气处理；(d) 液氮-室温水处理

从图 10-54 可以计算出各种状态的 AZ31B 板材表面的晶粒尺寸，未深冷处理的板材平均晶粒尺寸较大，达到 36μm。经过液氮-沸水处理之后，晶粒出现了细化现象，平均晶粒尺寸减小到了5μm。经过液氮-热空气处理的板材表面平均晶粒尺寸为7μm。液氮-室温水的平均晶粒尺寸与前两个工艺相比较大，为10μm。

液氮-沸水工艺的淬火温差约为 296℃，液氮-热空气工艺的淬火温差约为356℃，液氮-室温水工艺的淬火温差约为 220℃，从宏观上来看，镁合金在淬火的过程中，外层相对于心部冷却较快，所以外层是压应力，心部为拉应力(图 10-55黑色箭头所示)，而在随后的上坡淬火的过程，会产生和淬火过程相反的应力场(图 10-55 灰色箭头所示)，于是在上坡淬火的过程中，温差越大，且温度变化越快，其上坡淬火产生的应力场相对较大，其残余应力消减效果就会越好。从微观上来看，温差以及温度变化速率越大，晶粒细化的现象越显著，原因是温度越大，各组织晶粒之间的应力场越大。这为再结晶的形核提供了越多的驱动力，从而形成了更多的晶粒，再结晶进行得越完全，残余应力消减效果就越好。

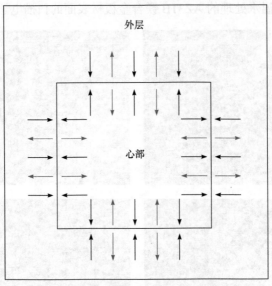

图 10-55　板材在淬火以及上坡淬火过程中的应力场

黑色箭头为淬火导致的应力场，灰色箭头为上坡淬火导致的应力场

第 11 章　铝合金装配件内部应力及其分布研究

　　一般而言，装备的构件是由若干个零部件紧固装配而成的，而构件装配应力直接影响构件的服役性能，不当的应力状态易于应力腐蚀开裂(stress corrosion cracking，SCC)、腐蚀疲劳开裂(corrosion fatigue cracking，CFC)等发生。本章以存在应力腐蚀开裂、腐蚀疲劳开裂问题的飞机机身高强铝合金螺栓连接件为研究对象，通过不同装配控制条件的模拟装配件内部应力的无损测定，研究铝合金装配件内部应力及其分布，并提出减小装配应力、抑制服役机身构件裂纹的对策。

11.1　装配应力的产生及危害

　　高强铝合金螺栓连接广泛应用于飞机的装配制造过程，一架飞机机身平均由约 5 万个连接结构组成，鉴于生产的连接件存在加工公差、加工变形，大量的连接结构中不可避免地存在装配累进公差，形成装配间隙，各连接件紧固后会产生装配应力，增大连接处及其附近的应力，再加上装配应力与连接件原有的残余应力叠加，使得铝合金装配件的海洋大气应力和腐蚀疲劳倾向大大增强，易发生 SCC、CFC 和裂纹扩展，严重影响连接件服役性能和安全服役寿命。在我国现役飞机中，由于装配应力不当而导致主承力框出现裂纹的问题突出，如图 11-1 所示，虽然裂纹方向平行于主承力方向，不直接影响主承力方向的承受载荷能力，但是

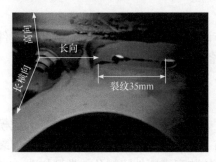
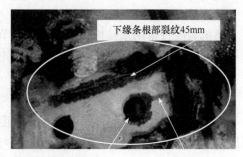

图 11-1　装配件应力腐蚀开裂

裂纹的存在严重影响机体结构的安全稳定性，亟须避免和控制这种非典型裂纹的产生。

目前，采用结构修理方法解决主承力框的非典型裂纹问题，但对被修理构件的强度和刚度有一定影响，影响正常飞行和使用寿命。飞机机身结构安全在很大程度上取决于连接件的抗应力腐蚀和疲劳的性能。据统计，飞机机体疲劳失效事故中有 70%皆起因于结构的连接部位，因此检测和控制装配连接件应力状态既是基础研究面对的重要课题，也是保障飞机结构服役性能和安全服役寿命的必要支撑。

目前，应力的测量方法主要有 X 射线衍射法、中子衍射法、SWXRD 法、应变片法、光弹法、超声波法等。其中，衍射法为主流的应力测量方法。国内外利用中子衍射、高能同步辐射开展了大量的内部残余应力无损检测分析研究。由于装配应力测试难度较大，其检测分析也鲜有报道，大多采用理论分析、模拟计算等方式计算装配应力。谢方琳建立了装配应力的工程估算方法和相关计算公式，用于装配应力的工程估算。张宏伟等利用有限元分析开展了螺栓连接多钉载荷的分配研究，结果表明了连接件钉载的分布规律，端头螺栓承载比例最大，其他依次减小。王兴远等利用超声波法检测了三种过盈量过盈配合的应力分布，并实现了连接力的可靠预测，具有较好的精度。

本章聚焦于检测和控制装配连接件应力状态，利用 SWXRD，无损测定了高强铝合金模拟装配件的不同装配间隙大小、间隙类型与应力状态，试图找出装配应力状态与螺栓紧固前的这两种间隙条件之间的关系，验证由于装配间隙较大而在装配件根部产生了较大的拉应力，容易导致 SCC 和 CFC 的发生，并结合前期的研究，就减小装配应力和抑制服役机身构件裂纹的产生，提出从加工高强铝合金装配件所采用的预拉伸铝板生产工艺上解决问题的对策。

11.2　铝合金装配模拟件应力的实验研究

飞机装配件采用预拉伸铝板制备，本节设计、加工的高强铝合金模拟装配件采用 40mm 厚的预拉伸 7B04-T7451 铝板制备。

11.2.1　实验设计

由于在力学性能最差的预拉伸铝板厚度方向上受力最容易产生裂纹，为此模拟服役中的裂纹产生于下缘条、裂纹走向与 RD 方向平行且与 ND 方向垂直、裂纹位于下缘条的 ND-RD 平面的场景，设计的装配模拟件间隙及其类型如图 11-2所示。当墙缘条和壁板间存在间隙时，用螺栓将两者紧固连接到一起时的夹紧力对缘条根部形成弯矩作用，使得在缘条根部上表面 ND 方向产生较大的拉应力、下表面产生较大压应力的应力分布。本节的 RD、TD、ND 分别表示预拉伸铝板的轧制方向、横向和板面法线方向，也就是飞机零部件加工时所标识的长向、长横向和高向。

　　装配模拟件的装配间隙可以根据需要设置，装配间隙类型为矩形间隙和楔形间隙，用以考察装配间隙大小和装配间隙类型对装配应力的影响。图 11-2 为设计的矩形装配间隙模拟件及其在缘条根部产生装配拉应力的示意图，图 11-3 为设计的楔形装配间隙模拟件及其在缘条根部产生装配拉应力的示意图。

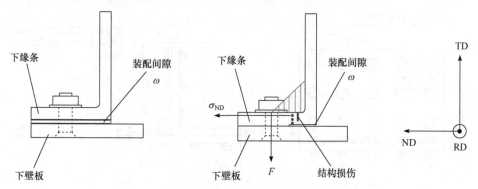

图 11-2　矩形装配间隙及产生的装配拉应力示意图

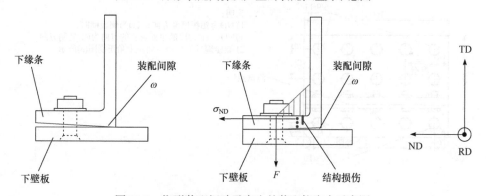

图 11-3　楔形装配间隙及产生的装配拉应力示意图

11.2.2　装配模拟件及其测试部位

　　在用螺栓紧固前,装配模拟件的间隙及其类型分别为 0.5mm 矩形间隙、0.3mm 矩形间隙、0.5mm 楔形间隙等三种情况。

　　装配模拟件编号规则为：第一位数字为样品编组，后两位数字代表组内样品编号，横线后第一位数字为测试点编号，第二位数字为与表面不同距离编号。测试点 1 为第 3 螺栓对应靠近 R 角(铝板的折弯处)的位置,以下缘条上表面为基准，距该上表面 0.5mm 处的测试点编号为 0，距该上表面 1.5mm 处的测试点编号为 1(中心层)，距该上表面 2.5mm 处的测试点编号为 2。例如，测试点 401#-10 表示测试部位位于第 4 组 01#样品的测试点 1 距上缘条上表面 0.5mm 深度处。

装配模拟件共计 5 件，紧固螺栓为 5 排，试验件示意图见图 11-4。其中，101#、102#、201#均为矩形间隙的装配模拟件，101#和 102#装配模拟件装配间隙 ω 为 0.5mm，201#装配模拟件装配间隙 ω 为 0.3mm；401#和 402#均为楔形间隙的装配模拟件，装配间隙最大处 ω 为 0.5mm。测试点位置如图 11-4(b)所示，被测部位中心点距根部圆弧段 1.5mm，布置在距上表面 0.5mm、1.5mm 和 2.5mm 处。

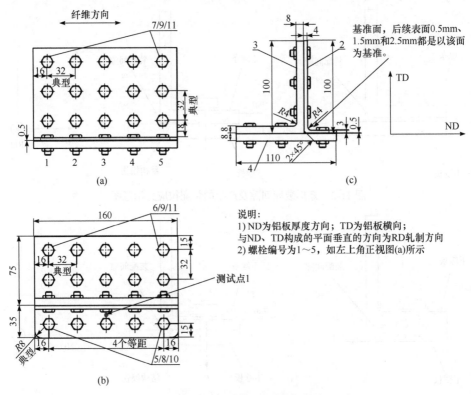

图 11-4　样品及测试点位置示意图(单位：mm)

11.2.3　装配应力的无损测定

利用 SWXRD-1000 型短波长 X 射线衍射仪和极密度极大值法进行装配应力的无损测定。管电压 200kV，管电流 8mA，采用波长为 0.0208992nm 的 WKα_1 辐射，衍射晶面为 Al(311)晶面。

装配件下缘条 ND、RD 方向应变的测试照片见图 11-5。

图 11-5　下缘条 ND、RD 方向应变的测试照片

11.2.4　装配应力的无损测定结果

1. 0.5mm 矩形间隙的内部应力无损测定结果

0.5mm 矩形间隙的 101#、102#装配模拟件各测试部位内部应力测试结果见表 11-1。

表 11-1　0.5mm 矩形间隙的装配模拟件的内部应力测定结果

装配模拟件及测试部位	与表面距离/mm	ND 方向应力/MPa	RD 方向应力/MPa
101#-10	0.5	+133.8	+82.8
101#-11	1.5	+60.7	+92.9
101#-12	2.5	−70.0	+33.7
102#-10	0.5	+113.7	+36.4
102#-11	1.5	+20.9	+49.4
102#-12	2.5	−61.3	+19.5

2. 0.3mm 矩形间隙的内部应力无损测定结果

0.3mm 矩形间隙的 201#装配模拟件距表面 0.5mm 处的内部应力测定结果见表 11-2。

表 11-2　0.3mm 矩形间隙装配模拟件距表面 0.5mm 处的内部应力测定结果

装配模拟件及其测试部位	与表面距离/mm	ND 方向应力/MPa	RD 方向应力/MPa
201#-10	0.5	+80.8	+61.3

3. 0.5mm 楔形间隙的内部应力无损测定结果

0.5mm 楔形间隙的 401#、402#装配模拟件距表面 0.5mm 处的内部应力测定结果见表 11-3。

表 11-3　　0.5mm 楔形间隙的装配模拟件距表面 0.5mm 处的内部应力测定结果

装配模拟件及其测试部位	与表面距离/mm	ND 方向应力/MPa	RD 方向应力/MPa
401#-10	0.5	+68.8	−28.6
402#-10	0.5	+39.5	+44.8

11.2.5　分析与讨论

1. 无损测定的内部应力与设计的装配应力

本实验装配模拟件是通过设计装配间隙大小和类型来控制加载装配应力及其分布的,加载的实际装配应力还受到各部件的加工误差、加工变形、预设的螺钉拧紧力矩差异、紧固到位的螺母实际位置、铝合金材料的弹塑性等影响,且短波长 X 射线衍射仪无损测定的内部应力是加载的实际装配应力与下缘条自身残余应力的叠加效应,因此实际测得的内部应力与设计的装配应力存在一定的差异。而且,短波长 X 射线衍射仪无损测定的内部应力存在±25MPa 的测试误差,加之采用平面应力状态模型计算装配应力将引入计算误差,因此短波长 X 射线衍射仪无损测定的内部应力是加载实际装配应力与下缘条自身残余应力的叠加结果,本实验无损测定的内部应力与设计的装配应力之间差异源自装配的实际加载误差、仪器测试误差和计算模型以及下缘条自身的残余应力。

需要说明的是:即使设计为同样装配间隙大小和同样类型的不同装配模拟件,无损测定的内部应力亦存在一定的差异。

2. 矩形间隙装配模拟件近根部 ND 方向内部应力及其沿下缘条厚度的分布

测得的 101#和 102#装配模拟件近根部 ND 方向内部应力及其沿下缘条厚度的分布见图 11-6 和图 11-7。内部应力分别从距上表面 0.5mm 处 133.8MPa 和 113.7MPa 的拉应力变化到中间厚度处 60.7MPa 和 20.97MPa 的拉应力、距上表面 2.5mm 处 70.0MPa 和 61.3MPa 的压应力,接近线性分布,考虑到仪器应力测试误差不大于±25MPa,可以认为是线性分布。与装配应力仿真计算结果对比,无损测定的近根部 ND 方向内部装配应力及其沿下缘条厚度分布与仿真计算分布趋势吻合,可以认为:利用 SWXRD 技术能够无损测定和表征铝合金装配件内部应力及其分布。

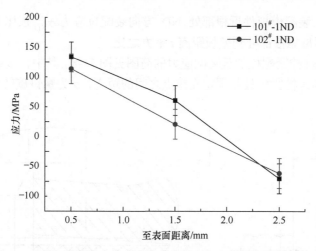

图 11-6　101#和 102#样品 1 点 ND 方向内部应力及其沿下缘条厚度的分布

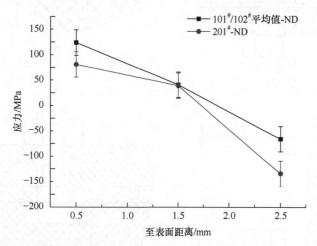

图 11-7　101#和 102#样品 1 点 ND 方向内部应力平均值与 201#样品 ND 方向内部应力的对比

3. 三种不同装配模拟件拉应力 σ_{ND} 的大小排序及分析讨论

由三种不同装配模拟件拉应力 σ_{ND} 的无损测定结果可知无损测定装配模拟件近根部处下缘条距其上表面 0.5mm 处拉应力 σ_{ND} 的大小排序为：0.5mm 矩形间隙装配模拟件>0.3mm 矩形间隙装配模拟件>0.5mm 楔形间隙装配模拟件。

设计的装配模拟件近根部 ND 方向装配拉应力 σ_{ND} 与装配间隙 ω 之间的关系为

$$\sigma_{ND} = \frac{3yE\omega}{t^2} = \frac{k\omega}{t^2} \tag{11-1}$$

式中，对于设计的装配模拟件，k 是常数，t 是加载螺母靠根部处到壁板的距离。

式(11-1)表明，装配模拟件近根部处 ND 方向装配拉应力 σ_{ND} 正比于加载时的间隙 ω 与加载螺母靠根部到壁板距离 t 平方之比。

　　装配模拟件拧紧螺栓加载装配应力的简图见图 11-8。其中，$\omega_{螺母}$ 为实际加载时的间隙，t 为螺栓紧固处与固定支撑点之间的距离，α 为螺钉旋转角度，逆时针为正。

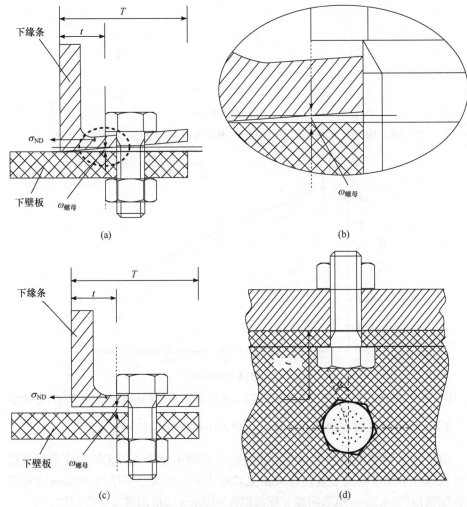

图 11-8　装配模拟件螺栓加载装配应力简图

(a) 楔形间隙示意图；(b) 实际间隙 $\omega_{螺母}$ 的局部放大图；(c) 矩形间隙示意图；
(d) 装配模拟件俯视图的螺母附近局部放大图

　　装配模拟件近根部处 ND 方向装配拉应力 σ_{ND} 正比于实际装配间隙 $\omega_{螺母}$ 与加载螺母靠根部处到壁板距离 t 平方之比，故三种不同装配模拟件该装配应力亦正

比于实际装配间隙 $\omega_{螺母}$ 与加载螺母靠根部处到壁板距离 t 平方之比。根据应力加载几何和式(11-1)，以及表 11-1～表 11-3，三种不同装配模拟件测试点装配应力的理论计算比例与实际无损测定的 σ_{ND} 比值见表 11-4。

表 11-4　不同装配模拟件测试点装配应力的理论计算比例与实际无损测定的 σ_{ND} 比值

样品编号	间隙类型/大小/mm	α/(°)	t/mm	T/mm	实际间隙 $\omega_{螺母}$/mm	$\omega_{螺母}/t^2$ /mm^{-1}	装配应力计算的相对比值	无损测定的 σ_{ND}/MPa /相对比值
101#	矩形/0.5	0.25	12.04		0.5	0.003449	1.000	+133.8/1.000
102#		−10.3	12.20			0.003359	0.974	+113.7/0.850
201#	矩形/0.3	6.45	12.00	35.00	0.3	0.002083	0.604	+80.8/0.604
401#	楔形/0.5	2.85	11.80		0.1686（计算值）	0.001211	0.351	+68.8/0.514
402#		0.4	11.70		0.1671（计算值）	0.001221	0.354	+39.5/0.295

对于矩形间隙的 101#、102# 和 201# 装配模拟件，101# 和 102# 的实际间隙 $\omega_{螺母}$ 均为 0.5mm，螺栓紧固处与固定支撑点之间的距离 t 分别为 12.04mm、12.20mm，测得 101# 和 102# 下缘条与上表面距离 0.5mm 近根部处 ND 方向应力 σ_{ND} 分别是 133.8MPa、113.7MPa 的拉应力，它们的平均拉应力为 123.8MPa；201# 的实际间隙 $\omega_{螺母}$ 为 0.3mm，螺栓紧固处与固定支撑点之间的距离 t 为 12.00mm，测得的 201# 下缘条与上表面距离 0.5mm 近根部处 ND 方向应力 σ_{ND} 为 80.8MPa 的拉应力。在下缘条与上表面距离 0.5mm 近根部处 ND 方向，无损测得 201# 拉应力与 101# 和 102# 平均拉应力的比值为 0.653，按照式(11-1)理论计算的装配拉应力比值为 0.612，两者比值相差 0.041。

对于楔形间隙的 401# 和 402# 装配模拟件，401# 和 402# 件的实际间隙 $\omega_{螺母}$ 计算值分别为 0.1686mm、0.1671mm，螺栓紧固处与固定支撑点之间的距离 t 分别为 11.80mm、11.70mm，测得的 401# 和 402# 下缘条与上表面距离 0.5mm 近根部处 ND 方向应力 σ_{ND} 分别是 68.8MPa、39.5MPa 的拉应力，它们的平均拉应力为 54.2MPa。在下缘条与上表面距离 0.5mm 近根部处 ND 方向，无损测得的 401# 和 402# 平均拉应力与 101# 和 102# 平均拉应力的比值为 0.44，按照式(11-1)理论计算的装配拉应力比值为 0.36，不同装配间隙件测定装配应力的比值与理论比值相差 0.08。

由以上分析可知，三种不同装配模拟件的装配拉应力大小排序与无损测定的拉应力 σ_{ND} 大小排序一致。

从上述计算结果还可以看出，实际装配间隙 $\omega_{螺母}$ 越小，不同装配间隙件测定装配应力的比值与理论比值相差越大。究其原因在于：作为试验件的下缘条存在残余应力，测得的是叠加了下缘条残余应力的总应力，而式(11-1)中计算的应力不包括下缘条的残余应力，当螺栓紧固处产生的装配应力越小时，受到下缘条自身存在残余应力的影响越小。

考虑到装配模拟件实际装配应力与设计的理想加载应力存在一定的差异，以及仪器的应力测试误差为±25MPa，可以认为无损测定的装配模拟件近根部 ND 方向内部应力反映了客观实际，再次佐证了利用短波长特征 X 射线衍射技术能够无损测定和表征铝合金装配件内部应力。

4. 高强铝合金装配件 SCC 和 CFC 的装配应力影响

敏感材料、敏感介质及一定应力三个要素同时存在，将发生环境应力开裂(environment stress cracking，ESC)。高强铝合金在腐蚀介质 Cl⁻ 和拉应力同时作用下，易于发生 SCC 和 CFC。

服役的飞机机身，在高强铝合金机加连接件的缘条根部处发现了较多非典型裂纹。定义为非典型裂纹的原因在于：该类裂纹方向平行于主受力方向，正常使用情况下，在垂直裂纹的方向上拉应力很小，不应该发生应力腐蚀开裂和腐蚀疲劳开裂，不应该较多出现该类裂纹。

飞机设计方溯源于飞机机身的制造与装配，发现高强铝合金机械加工连接件的加工变形较大，存在较大装配间隙，在随后的机身装配过程中，在螺栓拧紧力矩作用下产生了较大装配应力，进而发生 SCC 和 CFC。通过裂纹断口分析，该类裂纹断口呈沿晶特征，断口面吸附了该材料 SCC 和 CFC 的敏感介质 Cl⁻。可以认为，这种出现非典型裂纹的高强铝合金装配件发生了 SCC 和 CFC。

本实验的装配应力无损测定结果表明，装配间隙的存在将产生较大的拉应力，0.5mm 矩形装配间隙将使得下缘条根部上表层产生 110MPa 以上的拉应力，与服役飞机机身螺栓连接件出现较多非典型裂纹的部位吻合，而且产生拉应力的大小与装配间隙的大小成正比。为了避免缘条根部 SCC 和 CFC 发生而导致非典型裂纹的产生，减小装配间隙是关键。而且无论是矩形间隙还是楔形间隙的螺栓连接件，在拧紧螺栓到位后，产生拉应力的大小取决于其螺母靠根部处在加载前的装配间隙与螺母靠根部处到壁板的距离之比，比值越小，则产生的拉应力就越小。

综上所述，减小螺母靠根部处的装配间隙 $\omega_{螺母}$ 与螺母靠根部处到壁板距离 t 的比值，将减小拉应力，减少或避免 SCC 和 CFC 的发生，减少或避免非典型裂纹的发生。

11.2.6 结论

(1) 利用短波长特征 X 射线衍射技术能够无损测定和表征铝合金装配件内部应力及其分布。

(2) 0.5mm 矩形装配间隙将使得下缘条根部上表层产生 110MPa 以上的拉应力，与服役飞机机身螺接件出现较多非典型裂纹的部位吻合。

(3) 矩形间隙装配件下缘条根部上表层的拉应力大于相同间隙的楔形间隙装配件下缘条根部上表层的拉应力，而且装配间隙越小，产生的拉应力越小。

(4) 减小螺母靠根部处的装配间隙与螺母靠根部处到壁板距离的比值，将减小装配件的拉应力，减少或避免 SCC 和 CFC 的发生，减少或避免非典型裂纹的发生。

11.3 抑制装配应力的对策研究

11.2 节的研究就铝合金装配应力得出了以下结论：减小螺母靠根部处的装配间隙与螺母靠根部处到壁板距离的比值，将减小装配件的拉应力，减少或避免 SCC 和 CFC 的发生，以及非典型裂纹的发生，那么如何减小装配间隙？

就装配应力控制而言，在装配飞机机身的螺栓连接紧固中，虽然通过加垫片等方式，可以减小装配间隙，减小装配应力，但是也引入以下问题：①增加了机身重量；②增多了腐蚀间隙，更容易吸附腐蚀介质，如存在于海洋大气中的 Cl⁻，加大了环境严酷度等问题。显然，这种抑制装配应力的装配工艺不可取，虽然不失为一种工程解决方式。

预拉伸铝板内部残余应力状态是保障加工精度，控制铝合金装配件加工变形的根本，即采用小应力预拉伸铝板加工才是减小装配应力的根本。而铝合金装配件采用预拉伸铝板加工制成，参见本书第 8 章的研究分析结论：预拉伸铝板内部残余应力过大，主要在于生产预拉伸铝板的轧制工艺不当，造成内部织构不均匀，致使预拉伸处理时未能均匀塑性变形，导致消减残余应力的效果差，生产的预拉伸铝板内部残余应力较大，进而导致铝合金装配件加工变形较大。可以认为较大的装配间隙和较大的装配应力主要源自生产预拉伸铝板的轧制工艺不当。

因此，减小装配应力，抑制 SCC 和 CFC 裂纹产生的更优解决对策是：改进预拉伸铝板的轧制工艺，使得预拉伸铝板内部织构均匀，生产出小应力的预拉伸铝板供给飞机制造公司加工装配件，减小加工变形，进而减小装配应力。

结　束　语

1. 几种晶体衍射技术的比较

其他典型的晶体衍射技术及其仪器、装置见图 1～图 3。

图 1　Bruker 公司 D8 型 X 射线衍射仪

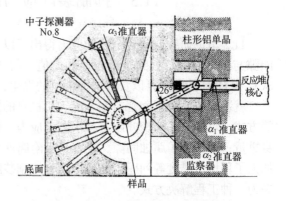

图 2　英国 VANESSA 中子衍射装置

图 3　美国 APS 及其硬 X 射线衍射装置

短波长 X 射线衍射技术与上述其他晶体衍射技术差异及特点见表 1。

表 1　短波长 X 射线衍射技术与其他晶体衍射技术的差异及特点

技术	X 射线衍射	中子衍射技术	高能同步辐射的硬 X 射线衍射	短波长特征 X 射线衍射
典型仪器	Bruker 公司 D8 ADVANCE 型 X 射线衍射仪	英国 VANESSA 中子衍射站	美国 APS 的硬 X 射线衍射站	西南技术工程研究所 SWXRD-1000 型短波长 X 射线衍射仪
衍射分析范围	约 5μm 厚表面层	200mm 左右铝当量厚	120mm 左右铝当量厚	60mm 左右铝当量厚
空间分辨率	空间分辨率较好	空间分辨率较差	空间分辨率好	空间分辨率较好
无损分析项目	样品表面各部位的物相、应力、织构、晶体取向等	样品内部各部位的物相、应力、织构、晶体取向等		
仪器占地规模	小	超大	巨大	小
测试效率	快	慢	超快	较快
单色技术	滤波片或晶体衍射单色器	晶体衍射单色器	晶体衍射单色器	光子能量分析器
辐射光源	X 射线管，小型实验室光源	核反应堆或散裂源，超级光源	高能同步辐射装置，超级光源	重金属靶 X 射线管，小型实验室光源
商品仪器	已商品化	不能	不能	已商品化
仪器造价	100 万元人民币左右	数十亿元人民币	数十亿元人民币	数百万元人民币
使用维护费用	低廉	使用、维护费用高昂	使用、维护费用高昂	低廉
使用场景	企业、研究机构等实验室、车间、生产线	极少数国家级实验室	极少数国家级实验室	企业、研究机构等实验室、车间、生产线

从表 1 的对比可看出：①在已商品化生产的晶体衍射分析技术及其仪器中，只有短波长特征 X 射线衍射技术及其仪器能够在企业、科研机构的实验室/车间/生产线等场景无损检测分析材料/工件内部的各部位物质晶体结构、结构变化及其分布；②具有相类似功能的中子衍射和高能辐射的硬 X 射线衍射，规模庞大，建造费用、使用、维护费用高昂，不能在生产现场使用，也不能工业化、商品化。因此，到目前为止，短波长特征 X 射线衍射技术是唯一一种可在工业界大量使用的内部衍射方法和技术。

2. 短波长特征 X 射线衍射的主要研发进程

设想的提出：2000 年，郑林提出了基于光的波粒二象性原理发明短波长特征 X 射线衍射的设想，并在周上祺教授的支持下，采用 200kV 钨靶 X 射线机辐射 10mm 厚铝块等，开展了内部衍射的拍片验证实验。

　　短波长特征 X 射线衍射原理样机及设想的验证：在时任西南技术工程研究所所长喻奇的举荐项目支持下，2003～2004 年，以郑林、何长光、彭正坤、封先河等为主的研发团队，采用能量分辨率为 25%的 NaI(Tl)探测器+多道分析器构成的探测分析系统、平行光路、单轴测角仪以及伺服测控系统等，利用 200kV 钨靶 X 射线机辐射的 K 系短波长特征 X 射线，研发了短波长特征 X 射线衍射原理样机，验证了设想的合理性和可行性。2004 年 4 月 24 日研制完成的原理样机见图 4。利用短波长特征 X 射线衍射原理样机测得 25mm 厚铝粉内部的衍射谱见图 5，主要是 WKα$_1$、WKα$_2$、WKβ$_1$、WKβ$_2$ 和 WKγ 等五条特征谱线衍射叠加而得到的衍射谱。短波长特征 X 射线衍射的设想得到了实验验证。

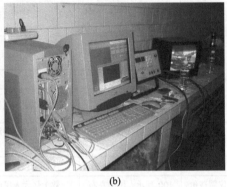

(a)　　　　　　　　　　　　　　　　　(b)

图 4　短波长特征 X 射线衍射原理样机

(a) 主机；(b) 测控系统

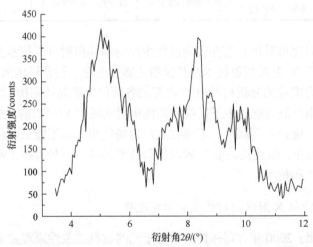

测试名称：200404024AL-5　　水平轴号：2θ轴　　测试步长：0.05°　　测试时长：10s

图 5　25mm 厚铝粉样品距表面 10mm 处的内部衍射谱

SWXRD-1000 型短波长 X 射线衍射仪的研究和应用：2005～2008 年，郑林、何长光、彭正坤、李迪凡、封先河等为主的研发团队，采用能量分辨率 5%的碲锌镉探测器+多道分析器探测分析系统、准聚焦平行光路、配给精密光栅的 θ/θ 测角仪、恒压恒流的 225kV 钨靶 X 射线源以及精密测控分析系统等，于 2008 年 11 月研制完成了 SWXRD-1000 型短波长 X 射线衍射仪，仪器图片及其衍射谱见本书相关章节，SWXRD-1000 型短波长 X 射线衍射仪列入了国务院国资委 2020 年自主创新产品目录。

短波长特征 X 射线衍射测试分析技术及其应用：2008～2016 年，郑林、张津、何长光、彭正坤、封先河、高振桓、牟建雷、窦世涛、车路长、张鹏程等为主的研发团队，利用 SWXRD-1000 型短波长 X 射线衍射仪，开展了无损检测分析材料/工件内部应力、织构、物相方法、技术等的研究以及工程应用推广，并研发了极密度极大值法无损测定织构材料/工件内部衍射谱、残余应力/应变等技术。

二维短波长特征 X 射线衍射测试分析技术的研发及应用：2016～2019 年，郑林、窦世涛、张津、何长光、彭正坤、计鹏飞、陈新、车路长、封先河等为主的研发团队，采用高能量分辨的碲化镉一维阵列探测分析系统、平行阵列光路定位系统、立式精密 θ/θ 测角仪以及精密测控分析系统等，研发了 SWXRD-1000 型短波长 X 射线衍射仪改进型，见本书相关章节(如 4.1 节、6.2 节)。

正在研发的三维短波长特征 X 射线衍射测试分析技术：2020 年至今，郑林、张津、窦世涛、陈新、计鹏飞、车路长、周启武、伍太宾、何长光、刘青林、谢兰川、封先河、吴林阳等为主的研发团队，采用高能量分辨的碲化镉二维阵列探测系统、锥形光路定位系统、精密测角仪、225kV 射线源以及精密测控分析系统等，于 2022 年 11 月研制完成了 SWXRD-2000 型短波长 X 射线衍射仪以及三维短波长特征 X 射线衍射技术，正在开展材料/工件内部应力、织构、物相、单晶取向、单晶缺陷等的快速无损检测分析技术研究和推广应用。

3. 短波长特征 X 射线衍射技术发展方向

SWXRD 技术发展方向："更快、更厚、更准"＋ 智能化 ＋ 网络化。

(1) 更快：多维阵列探测的短波长特征 X 射线衍射等，测试效率提升 1 个数量级以上。

(2) 更厚：U 靶 X 射线管等新器件和新方法，可测工件的最大厚度提升 0.5～3 倍。

(3) 更准：新算法、新器件等，测试误差减小 50%以上。

(4) 智能化：测试方法和参数自适应确定。

(5) 网络化：基于互联网的智能化监控和逻辑判断，测试过程无人值守。

4. 短波长特征 X 射线衍射技术应用展望

短波长特征 X 射线衍射技术可以解决基础研究、工程应用领域中无损测定工件内部晶体结构及其变化等的共性难题，量化表征物质世界原子的排列、原子间距离以及内部势能，不仅可以量化评价材料制备过程、机械加工过程中的性能及其演变，量化指导工艺及工艺流程优化和质量控制，还可以量化评价工件服役过程中的性能演变规律，揭示演变的内在本质；该技术仪器的成本较低，能够为企业、研究机构等拥有，可以在实验室、车间、生产线上方便使用，将支撑先进材料、先进制造的发展，提升产品性能和精密制造能力。

主要应用展望如下。

(1) 基础研究领域。

从固体内部原子的排列(物质)、固体内部势能(能量)揭示客观世界的奥妙。

(2) 工程应用领域。

物质及状态：实验室内的样品单晶完整性、多晶织构、物相等无损检测分析，生产线上的制品单晶完整性、多晶织构、物相等在线式无损检测分析。

内部势能：单晶/多晶体内部应力、内部势能及其分布的无损检测分析，支撑和指导精密制造过程中实为控能的控性控形加工，探究和利用晶体物质的演变规律等。

主要参考文献

常铁军, 祁欣. 2005. 材料近代分析测试方法[M]. 哈尔滨: 哈尔滨工业大学出版社

范雄. 1981. X 射线金属学[M]. 北京: 机械工业出版社

李树棠. 1980. 金属 X 射线衍射与电子显微分析技术[M]. 北京: 冶金工业出版社

梁敬魁. 2011. 粉末衍射法测定晶体结构[M]. 北京: 科学出版社

马礼敦. 2004. 近代 X 射线多晶衍射[M]. 北京: 化学工业出版社

毛卫明. 2002. 金属材料的晶体学织构与各向异性[M]. 北京: 科学出版社

培根 G E. 1980. 中子衍射[M]. 谈洪, 乐英, 译. 北京: 科学出版社

周上祺. 1991. X 射线衍射分析原理、方法、应用[M]. 重庆: 重庆大学出版社

周玉. 2011. 材料分析方法[M]. 北京: 机械工业出版社

Bertin E P. 1983. X 射线光谱分析的原理和应用[M]. 李瑞城, 鲍永夫, 吴效林, 等译. 北京: 国防工业出版社

Haliday D, Resnic R, Walker J. 2005. 物理学基础[M]. 张三惠, 李椿, 滕小瑛, 等译. 北京: 机械工业出版社

Korsunsky A M, Zhang S Y, Dini D, et al. 2006. Oxford HEXameter: Laboratory high energy X-ray diffractometer for bulk residual stress analysis[J]. Materials Science Forum, 524-525: 743-748

附　录

附录 1　元素的物理性质

化学符号	元素	原子序数	原子量	熔点/℃	沸点/℃	点阵类型	空间群	结构类型**	点阵参数 a/Å	b/Å	c/Å	晶轴间夹角	常数所适用的温度/℃
Ag	银	47	107.868	960.80	2210	面心立方	O_h^5	A1	4.0856	—	—	—	20
Al	铝	13	26.98	660	2450	面心立方	O_h^5	A1	4.0491	—	—	—	20
As	砷	33	74.92	817(28大气压)	613(升华)	菱形	D_{3d}^5	A7	4.159	—	—	α=53°49'	20
Au	金	79	196.97	1063.0±0.0	2970	面心立方	O_h^5	A1	4.0783	—	—	—	20
B	硼	5	10.81	2030(大约)	—	正交	—	—	17.89	8.95	10.15	—	—
Ba	钡	56	137.34	714	1640	体心立方	O_h^9	A2	5.025	—	—	—	20
Be	铍(α)	4	9.012	1277	2770	六角*	D_{6h}^4	A3	2.2858	—	3.5842	—	20
Bi	铋	83	208.98	271.3	1560	菱形	D_{3d}^5	A7	4.7457	—	—	α=57°14.2'	20
C	碳(石墨)	6	12.011	3727	4830	六角*	D_{6h}^4	A9	2.4614	—	6.7014	—	20
Ca	钙(α)	20	40.08	838	1440	面心立方*	O_h^5	A1	5.582	—	—	—	20
Cd	镉	48	112.40	320.9	765	六角*	D_{6h}^4	A3	2.9787	—	5.617	—	20
Ce	铈	58	140.12	804	3470	面心立方*	O_h^5	A1	5.16	—	—	—	室温
Co	钴(α)	27	58.93	1495±1	2900	六角*	D_{6h}^4	A3	2.5071	—	4.0686	—	20

续表

化学符号	元素	原子序数	原子量	熔点/℃	沸点/℃	点阵类型	空间群	结构类型**	点阵参数 a/Å	b/Å	c/Å	晶轴间夹角	常数所适用的温度/℃
Cr	铬	24	51.996	1875	2665	体心立方	O_h^9	A2	2.8845	—	—	—	-173
Cs	铯	55	132.91	28.7	690	体心立方	O_h^9	A2	6.06	—	—	—	20
Cu	铜	29	63.54	1083.0±0.1	2595	面心立方	O_h^5	A1	3.6153	—	—	—	20
Fe	铁(α)	26	55.85	1536.5±1	3000±150	体心立方*	O_h^9	A2	2.8664	—	—	—	—
Ga	镓	31	69.72	29.78	2237	正交	V_h^{18}	A11	3.526	4.520	7.660	—	20
Ge	锗	32	72.59	937.4±1.5	2830	面心立方	O_h^7	A4	5.658	—	—	—	20
H	氢	1	1.0080	-259.19	-252.7	六角	—	—	3.76	—	6.13	—	-271
Hf	铪	72	178.49	2222±30	5400	六角	D_{6h}^4	A3	3.1883	—	5.0422	—	20
Hg	汞	80	200.59	-38.36	357	菱形	D_{3d}^5	A11	3.005	—	—	$\alpha=70°31.7'$	-46
I	碘	53	126.90	113.7	183	正交	V_h^{18}	A14	4.787	7.266	9.793	—	20
In	铟	49	114.82	156.2	2000	面心四方	V_{4h}^{17}	A6	4.594	—	4.951	—	20
Ir	铱	77	192.2	2454±3	5300	面心立方	O_h^5	A1	3.8389	—	—	—	20
K	钾	19	39.102	63.7	760	体心立方	O_h^9	A2	5.334	—	—	—	20
La	镧(α)	57	138.90	920	3470	六角*	D_{6h}^4	A3	3.762	—	6.075	—	20
Li	锂	3	6.941	180.54	1330	体心立方	O_h^9	A2	3.5089	—	—	—	20
Mg	镁	12	24.305	650±2	1107±10	六角	D_{6h}^4	A3	3.2088	—	5.2095	—	25
Mn	锰(α)	25	54.938	1245	2150	立方*	T_d^3	A12	8.912	—	—	—	20
Mo	钼	42	95.94	2610	5560	体心立方	O_h^9	A2	3.1466	—	—	—	20

续表

化学符号	元素	原子序数	原子量	熔点/℃	沸点/℃	点阵类型	空间群	结构类型**	点阵参数				常数所适用的温度/℃
									a/Å	b/Å	c/Å	晶轴间夹角	
N	氮(α)	7	14.007	-209.97	-195.8	立方*	T^4	—	5.67	—	—	—	-252
Na	钠	11	22.990	97.82	892	体心立方	O_h^9	A2	4.2906	—	—	—	20
Nb	铌	41	92.91	2468±10	4927	体心立方	O_h^9	A2	3.3007	—	—	—	20
Nd	钕(α)	60	144.24	1019	3180	六角*	D_{6h}^4	A3	3.657	—	5.880	—	20
Ni	镍	28	58.71	1453	2730	面心立方*	O_h^5	A1	3.5238	—	—	—	20
O	氧(α)	8	15.9994	-218.83	-183.0	正交*	—	—	5.51	3.83	3.45	—	-252
Os	锇	76	190.2	2700±200	5500	六角	D_{6h}^4	A3	2.7341	—	4.3197	—	26
P	磷(黑)	15	30.974	44.25	111.65	正交*	V_h^{18}	A16	3.32	4.39	10.52	—	室温
Pb	铅	82	207.2	327.4258	1725	面心立方	O_h^5	A1	4.9495	—	—	—	20
Pd	钯	46	106.4	1552	3980	面心立方	O_h^5	A1	3.8902	—	—	—	20
Pr	镨(α)	59	140.91	919	3020	六角*	D_{6h}^4	A3	3.669	—	5.920	—	20
Pt	铂	78	195.09	1769	4530	面心立方	O_h^5	A1	3.9237	—	—	—	20
Rb	铷	37	85.468	38.9	688	体心立方	O_h^9	A2	5.63	—	—	—	-173
Re	铼	75	186.2	3180±20	5900	六角	D_{6h}^4	A3	2.7609	—	4.4583	—	20
Rh	铑(β)	45	102.91	1966±3	4500	面心立方*	O_h^5	A1	3.8034	—	—	—	20
Ru	钌(α)	44	101.07	2500±100	4900	六角*	D_{6h}^4	A3	2.7038	—	4.2816	—	20
S	硫(α,黄)	16	32.06	119.0±0.5	444.6	正交*	V_h^{24}	A17	10.50	12.95	24.60	—	20
Sb	锑	51	121.75	630.5±0.1	1380	菱形	D_{3d}^5	A7	4.5064	—	—	57°6.5'	20

续表

化学符号	元素	原子序数	原子量	熔点/℃	沸点/℃	点阵类型	空间群	结构类型**	点阵参数			晶轴间夹角	常数所适用的温度/℃
									$a/\text{Å}$	$b/\text{Å}$	$c/\text{Å}$		
Se	硒(灰)	34	78.96	217	685±1	六角*	$D_8^{4}d$	A8	4.3640	—	4.9594	—	20
Si	硅	14	28.09	1410	2680	面心立方	O_h^7	A4	5.4282	—	—	—	20
Sn	锡(β,白)	50	118.69	231.912±0.000	2270	四方*	V_{4h}^{19}	A5	5.8311	—	3.1817	—	20
Sr	锶	38	87.62	768	1380	面心立方	O_h^5	A1	6.087	—	—	—	20
Ta	钽	73	180.95	2996±50	5425±100	体心立方	O_h^9	A2	3.3026	—	—	—	20
Te	碲	52	127.60	449.5±0.3	989.8±3.8	六角	$D_8^{4}d$	A8	4.4570	—	5.9290	—	20
Th	钍	90	232.04	1750	3850±350	面心立方	O_h^5	A1	5.088	—	—	—	20
Ti	钛(α)	22	47.90	1668±10	3260	六角*	D_{6h}^4	A3	2.9503	—	4.6831	—	25
Tl	铊(α)	81	204.37	303	1457	六角	D_{6h}^4	A3	3.4564	—	5.531	—	室温
U	铀(α)	92	238.03	1132.3±0.8	3818	正交*	V_{2h}^{17}	A20	2.858	5.877	4.955	—	20
V	钒	23	50.94	1900±25	3400	体心立方	O_h^9	A2	3.039	—	—	—	20
W	钨(α)	74	183.85	3410	5930	体心立方	O_h^9	A2	3.1648	—	—	—	20
Zn	锌	30	65.37	419.5050	906	六角	D_{6h}^4	A3	2.6649	—	4.9470	—	20
Zr	锆(α)	40	91.22	1852	3580	六角*	D_{6h}^4	A3	3.2312	—	5.1477	—	25

*指最普通的类型，此外还有(或可能有)其他异型存在。

**采用"结构报告"（"Strukturbericht"，Akade Mische Verlag. Leipzig)所规定的结构类型符号。

附录 2　K 系、L 系及 M 系特征 X 射线的能量

(单位: keV)

原子序数及元素	K 系						L 系													M 系						
	K边	KN_{III} $K\beta_2$	KM_{III} $K\beta_1$	KM_{II} $K\beta_3$	KL_{II} $K\alpha_1$	KL_{III} $K\alpha_2$	L边	$L_I N_{II}$ $L\gamma$	$L_I M_{III}$ $L\beta_3$	$L_I M_{II}$ $L\beta_4$	L_{III}边	$L_{II} N_{IV}$ $L\eta$	$L_{II} M_{IV}$ $L\beta_1$	L_{II}边	$L_\alpha N_{IV}$ $L\beta_2$	L_α边	$L_\alpha M_V$ $L\alpha_1$	$L_\alpha M_{IV}$ $L\alpha_2$	$L_\alpha M_I$ $L\ell$	$M_{III} N_V$	M_{II}边 $M\gamma$	M_{III}边	$M_\beta N_{VI}$ $M\beta$	M_V边 $M\gamma$	$M_\gamma N_{VII}$ $M\alpha_1$	$M_{IV} N_{VI}$ $M\alpha_2$
强度	—	2~5	~20	~10	100	50~53	—	~5	50~35	20	—	~5	~50	—	~5	—	~90	10	20~5	—						
4 Be	0.115					0.109										0.006										
5 B	0.188					0.183										0.005										
6 C	0.282					0.277										0.005										
7 N	0.397					0.393										0.004										
8 O	0.533					0.525										0.008										
9 F	0.692					0.677										0.015										
10 Ne	0.874		0.858			0.848										0.026										
11 Na	1.080		1.071		1.041	1.041	0.062									0.039										
12 Mg	1.309		1.302		1.253	1.253	0.087									0.056										
13 Al	1.562		1.557		1.487	1.486	0.118				0.076					0.075										
14 Si	1.840		1.836		1.740	1.739	0.153				0.101					0.100										
15 P	2.143		2.139		2.014	2.013					0.130					0.129										
16 S	2.471		2.464		2.308	2.307	0.193				0.164					0.163										
17 Cl	2.824		2.816		2.622	2.620	0.237				0.204					0.202										
18 Ar	3.203		3.190		2.958	2.956	0.286				0.247					0.245										
19 K	3.607		3.590		3.314	3.311	0.340				0.296					0.293										
20 Ca	4.034		4.013		3.692	3.688	0.403				0.346					0.342										
21 Sc	4.486		4.461		4.090	4.086	0.462				0.400		0.400			0.396	0.395		0.348							
22 Ti	4.965		4.932		4.511	4.505	0.529				0.460		0.458			0.454	0.452		0.395							

续表

原子序数及元素	K边	KN_{II}	KM_{III}	KM_{II}	KL_{III}	KL_{II}	L_I边	$L_I N_{II}$	$L_I M_{III}$	$L_I M_{II}$	L_{II}边	$L_{II}N_{IV}$	$L_{II}M_{IV}$	L_{III}边	$L_{III}N_V$	$L_{III}M_V$	$L_{III}M_{IV}$	$L_{III}M_I$	M_{III}边	$M_{III}N_V$	M_{IV}边	$M_{IV}N_{VI}$	M_V边	$M_V N_{VII}$	$M_V N_{VI}$
（K系）	—	$K\beta_2$	$K\beta_1$	$K\beta_3$	$K\alpha_1$	$K\alpha_2$	—	$L\gamma_3$	$L\beta_3$	$L\beta_4$	—	$L\gamma_1$	$L\beta_1$	—	$L\beta_2$	$L\alpha_1$	$L\alpha_2$	Ll	—	$M\gamma$	—	$M\beta$	—	$M\alpha_1$	$M\alpha_2$
强度	—	2~5	~20	~10	100	50~53	—	~5	50~35	20	—	~5	~50	—	~5	~90	10	20~5	—		—		—		
23V	5.463		5.427		4.952	4.944	0.626		0.585		0.519		0.519	0.511		0.511		0.446							
24Cr	5.987		5.947		5.415	5.405	0.694		0.654		0.582		0.583	0.572		0.573		0.500							
25Mn	6.537		6.490		5.899	5.888	0.768		0.721		0.649		0.649	0.638		0.637		0.556							
26Fe	7.112		7.058		6.404	6.391	0.846		0.792		0.721		0.719	0.708		0.705		0.615							
27Co	7.712		7.649		6.930	6.915	0.929		0.870		0.797		0.791	0.782		0.776		0.678							
28Ni	8.339		8.265		7.478	7.461	1.016		0.941		0.878		0.869	0.861		0.852		0.743							
29Cu	8.993		8.905[1]	8.903	8.048	8.028	1.109		1.023	1.019	0.965		0.950	0.945		0.930		0.811					0.015		
30Zn	9.673	9.658[1]	9.572[1]	9.567	8.639	8.616	1.208		1.107	1.102	1.057		1.035	1.034		1.012		0.884					0.022		
31Ga	10.386	10.366[1]	10.271	10.261	9.252	9.231	1.316		1.197	1.191	1.155		1.125	1.134		1.098		0.957	0.115				0.030		
32Ge	11.115	11.101[1]	10.983	10.978	9.887	9.856	1.426		1.294	1.289	1.259		1.218	1.228		1.188		1.036	0.132				0.041		
33As	11.877	11.864[1]	11.727	11.721	10.544	10.509	1.536		1.386	1.380	1.368		1.316	1.333		1.282		1.120	0.150				0.052		
34Se	12.666	12.652[1]	12.496	12.489	11.222	11.181	1.662		1.492	1.485	1.485		1.419	1.444		1.379		1.204	0.170				0.066		
35Br	13.483	13.470[1]	13.292	13.285	11.924	11.878	1.791		1.600	1.593	1.605		1.523	1.559		1.480		1.294	0.191				0.082		
36Kr	14.330	14.315[1]	14.113	14.105	12.650	12.598	1.923		1.706	1.698	1.732		1.637	1.680		1.586	1.586	1.386	0.217				0.095		
37Rb	15.202	15.185[1]	14.962	14.952	13.396	13.336	2.067	2.051[2]	1.827	1.817	1.866		1.752	1.806		1.694	1.692	1.482	0.240		0.114		0.112		
38Sr	16.106	16.085[1]	15.836	15.826	14.166	14.098	2.217	2.197[2]	1.947	1.937	2.008		1.872	1.940		1.806	1.804	1.582	0.270		0.136		0.134		
39Y	17.037	17.015[1]	16.737	16.725	14.958	14.882	2.372	2.347[2]	2.072	2.060	2.155		1.996	2.079		1.923	1.920	1.685	0.300		0.159		0.156		
40Zr	17.997	17.963[1]	17.662	17.649	15.770	15.692	2.535	2.503[2]	2.200	2.187	2.305	2.292	2.118	2.227	2.215	2.043	2.040	1.792	0.335	0.323	0.187		0.184		
41Nb	18.985	18.947[1]	18.623	18.606	16.615	16.521	2.698	2.660[2]	2.336	2.319	2.464	2.449	2.257	2.370	2.357	2.166	2.163	1.902	0.362	0.349	0.207		0.204		
42Mo	20.002	19.960	19.608	19.590	17.479	17.374	2.867	2.825[2]	2.473	2.455	2.628	2.611	2.396	2.523	2.508	2.295	2.291	2.016	0.394	0.379	0.232		0.228		
43Tc	21.048	21.002	20.619	20.599	18.367	18.251	3.047	3.001[2]	2.618	2.598	2.797	2.778	2.537	2.681	2.664	2.424	2.421	2.131	0.429	0.412	0.260		0.257		
44Ru	22.123	22.072	21.656	21.637	19.279	19.150	3.230	3.179[2]	2.763	2.744	2.973	2.952	2.683	2.844	2.825	2.556	2.554	2.253	0.467	0.448	0.290		0.288		
45Rh	23.229	23.173	22.723	22.698	20.216	20.073	3.421	3.365[2]	2.915	2.890	3.156	3.132	2.835	3.013	2.992	2.698	2.692	2.377	0.506	0.485	0.321		0.315		

续表

原子序数及元素	K边	KN_II Kβ2	KM_III Kβ1	KM_II Kβ3	KL_III Kα1	KL_II Kα2	L_1边	L_1N_II Lγ3	L_1M_III Lβ3	L_1M_II Lβ4	L_II边	L_2N_IV Lγ1	L_2M_IV Lβ1	L_a边	L_3N_V Lβ2	L_aM_V Lα	L_aM_IV Lα2	L_aM_I Ll	M_III N_V My	M_a边	M_III N_V Mβ	M_IV边	M_V边 Mv边	M_IV N_VI Mα1	M_V N_VII Mα2
强度	—	2~5	~20	~10	100	50~53	—	~5	50~35	20	—	~5	~50	—	~5	~90	10	20~5	—	—	—	—	—	—	—
46Pd	24.365	24.303	23.819	23.792	21.178	21.021	3.619	3.557	3.073	3.046	3.344	3.318	2.990	3.187	3.163	2.838	2.833	2.503	0.522	0.546		0.354	0.349		
47Ag	25.531	25.463	24.943	24.912	22.163	21.991	3.822	3.754	3.234	3.203	3.540	3.511	3.151	3.368	3.342	2.985	2.979	2.634	0.562	0.588		0.389	0.383		
48Cd	26.727	26.653	26.095	26.061	23.173	22.985	4.034	3.960	3.402	3.368	3.742	3.710	3.319	3.554	3.525	3.134	3.131	2.767	0.603	0.632		0.423	0.420		
49In	27.953	27.875	27.275	27.237	24.209	24.002	4.250	4.169	3.572	3.534	3.951	3.915	3.487	3.744	3.712	3.288	3.280	2.905	0.646	0.678		0.464	0.456		
50Sn	29.211	29.122	28.491	28.439	25.272	25.044	4.475	4.377	3.750	3.703	4.167	4.127	3.661	3.939	3.903	3.442	3.433	3.045	0.684	0.720		0.506	0.497		
51Sb	30.499	30.402	29.725	29.677	26.359	26.110	4.706	4.609	3.932	3.884	4.389	4.345	3.843	4.140	4.101	3.604	3.594	3.189	0.735	0.774		0.537	0.527		
52Te	31.817	31.712	30.995	30.944	27.472	27.201	4.942	4.837	4.120	4.069	4.616	4.568	4.030	4.345	4.302	3.770	3.759	3.336	0.779	0.822		0.583	0.572		
53I	33.168	33.054	32.295	32.239	28.612	28.317	5.186	5.072	4.313	4.257	4.851	4.799	4.221	4.556	4.509	3.938	3.926	3.485	0.826	0.873		0.631	0.619		
54Xe	34.551	34.428	33.625	33.562	29.779	29.459	5.442	5.319	4.516	4.453	5.092	5.035	4.415	4.772	4.720	4.110	4.095	3.625	0.874	0.926		0.678	0.672		
55Cs	35.966	35.833	34.985	34.918	30.973	30.625	5.700	5.567	4.719	4.652	5.341	5.278	4.619	4.993	4.936	4.289	4.271	3.795	0.924	0.981		0.740	0.726		
56Ba	37.414	37.270	36.378	36.303	32.194	31.817	5.964	5.820	4.928	4.853	5.597	5.529	4.827	5.220	5.158	4.470	4.450	3.954	0.974	1.036	0.854	0.796	0.781	0.833	
57La	38.894	38.739	37.802	37.721	33.442	33.034	6.235	6.080	5.143	5.062	5.860	5.786	5.037	5.452	5.385	4.651	4.629	4.122	1.025	1.092	0.902	0.854	0.833	0.883	
58Ce	40.410	40.243	39.258	39.170	34.720	34.279	6.516	6.349	5.364	5.276	6.131	6.051	5.261	5.690	5.617	4.839	4.820	4.289	1.079	1.152	0.950	0.902	0.883	0.929	
59Pr	41.958	41.778	40.748	40.653	36.026	35.550	6.802	6.622	5.592	5.497	6.408	6.321	5.485	5.932	5.853	5.034	5.009	4.455	1.131	1.210	0.997	0.951	0.931	0.978	
60Nd	43.538	43.345	42.272	42.166	37.361	36.847	7.095	6.902	5.829	5.723	6.691	6.597	5.722	6.177	6.091	5.231	5.208	4.633	1.180	1.266		1.000	0.978		
61Pm	45.152	44.947	43.825	43.713	38.725	38.171	7.398	7.193	6.071	5.959	6.981	6.880	5.962	6.427	6.334	5.433	5.408	4.785	1.234	1.327	1.100	1.052	1.027	1.081	
62Sm	46.801	46.584	45.413	45.289	40.118	39.523	7.707	7.490	6.319	6.195	7.278	7.169	6.205	6.683	6.582	5.635	5.610	4.995	1.287	1.388	1.153	1.106	1.081	1.131	
63Eu	48.486	48.256	47.036	46.902	41.542	40.902	8.024	7.794	6.574	6.440	7.584	7.467	6.455	6.944	6.835	5.843	5.815	5.177	1.341	1.450	1.209	1.161	1.131	1.185	
64Gd	50.207	49.964	48.696	48.554	42.996	42.309	8.343	8.100	6.832	6.690	7.898	7.772	6.713	7.211	7.034	6.058	6.026	5.362	1.394	1.511	1.266	1.217	1.185	1.240	
65Tb	51.965	51.709	50.382	50.228	44.481	43.744	8.679	8.423	7.096	6.942	8.221	8.086	6.976	7.484	7.358	6.273	6.239	5.547	1.457	1.583		1.275	1.241		
66Dy	53.761	53.491	52.119	51.956	45.999	45.208	9.013	8.743	7.371	7.208	8.553	8.409	7.249	7.762	7.627	6.496	6.458	5.743	1.507	1.642	1.325	1.333	1.295	1.293	
67Ho	55.593	55.308	53.878	53.707	47.547	46.699	9.365	9.080	7.650	7.479	8.894	8.740	7.529	8.046	7.901	6.719	6.681	5.944	1.570	1.715	1.383	1.392	1.351	1.348	
68Er	57.464	57.164	55.681	55.491	49.128	48.221	9.725	9.425	7.942	7.752	9.243	9.078	7.813	8.336	8.180	6.951	6.906	6.153	1.627	1.783	1.443	1.453	1.409	1.406	

续表

原子序数及元素	K系						L系												M系							
（谱线符号）	K边	KN_II	KM_III	KM_II	KL_III	KL_II	L_I边	L_IN_III	L_IM_III	L_IM_II	L_II边	L_IIN_IV	L_IIM_IV	L_III边	L_IIIN_V	L_IIIM_V	L_IIIM_IV	L_IIIM_I	M_II边	M_III边	M_IIIN_V	M_IV边	M_IVN_VI	M_V边	M_VN_VII	M_VN_VI
谱线	—	Kβ2	Kβ1	Kβ3	Kα1	Kα2	—	Lγ3	Lβ3	Lβ4	—	Lγ1	Lβ1	—	Lβ2	Lα1	Lα2	Ll	—	—	Mγ	—	Mβ	—	Mα1	Mα2
强度	—	2~5	~20	~10	100	50~53	—	~5	50~35	20	—	~5	~50	—	~5	~90	10	20~5	—	—		—		—		
69Tm	59.374	59.059	57.513	57.303	50.742	49.773	10.097	9.782	8.236	8.026	9.601	9.426	8.103	8.632	8.465	7.181	7.134	6.342		1.861	1.694	1.515	1.503	1.468	1.462	1.462
70Yb	61.322	60.991	59.374	59.157	52.389	51.354	10.479	10.148	8.531	8.314	9.968	9.781	8.402	8.933	8.755	7.415	7.367	6.546		1.948	1.770	1.576	1.568	1.528	1.521	1.521
71Lu	63.311	62.960	61.286	61.049	54.070	52.965	10.869	10.518	8.844	8.607	10.346	10.144	8.709	9.241	9.049	7.655	7.604	6.753		2.025	1.833	1.637	1.623	1.586	1.572	1.572
72Hf	65.345	64.973	63.236	62.979	55.790	54.611	11.262	10.890	9.153	8.896	10.734	10.517	9.016	9.555	9.348	7.891	7.837	6.960		2.109	1.902	1.718	1.700	1.664	1.646	1.646
73Ta	67.405	67.011	65.221	64.946	57.533	56.277	11.672	11.278	9.488	9.213	11.128	10.894	9.345	9.872	9.649	8.147	8.089	7.173		2.184	1.961	1.783	1.760	1.725	1.702	1.702
74W	69.517	69.100	67.244	66.951	59.318	57.982	12.092	11.675	9.819	9.526	11.535	11.284	9.671	10.199	9.959	8.396	8.335	7.388		2.273	2.033	1.864	1.835	1.803	1.776	1.774
75Re	71.670	71.230	69.309	68.994	61.140	59.718	12.522	12.082	10.161	9.846	11.952	11.682	10.006	10.530	10.273	8.651	8.584	7.604		2.361	2.104	1.946	1.910	1.879	1.845	1.843
76Os	73.869	73.404	71.416	71.077	63.001	61.487	12.968	12.503	10.515	10.176	12.382	12.092	10.349	10.868	10.592	8.905	8.835	7.822		2.453	2.177	2.033	1.988	1.963	1.921	1.918
77Ir	76.111	75.620	73.560	73.203	64.896	63.287	13.416	12.925	10.865	10.508	12.824	12.514	10.705	11.215	10.919	9.175	9.096	8.046		2.551	2.255	2.119	2.062	2.040	1.988	1.983
78Pt	78.400	77.883	75.751	75.364	66.832	65.123	13.880	13.363	11.231	10.844	13.277	12.944	11.073	11.568	11.251	9.439	9.364	8.271		2.649	2.332	2.204	2.134	2.129	2.065	2.059
79Au	80.729	80.182	77.985	77.580	68.804	66.990	14.353	13.806	11.609	11.204	13.739	13.383	11.432	11.925	11.585	9.705	9.618	8.494		2.744	2.404	2.307	2.220	2.220	2.142	2.133
80Hg	83.109	82.532	80.261	79.822	70.819	68.894	14.835	14.258	11.987	11.548	14.215	13.834	11.823	12.290	11.927	9.999	9.898	8.722		2.848	2.485	2.392	2.285	2.291	2.184	2.184
81Tl	85.532	84.924	82.575	82.384	72.872	70.832	15.344	14.736	12.387	11.931	14.700	14.293	12.217	12.660	12.272	10.271	10.117	8.953	3.012	2.957	2.569	2.483	2.360	2.389	2.270	2.266
82Pb	88.008	87.367	84.936	84.450	74.969	72.804	15.863	15.222	12.791	12.305	15.204	14.769	12.618	13.039	12.625	10.555	10.453	9.185	3.125	3.072	2.658	2.586	2.442	2.484	2.345	2.340
83Bi	90.540	89.866	87.354	86.831	77.118	74.815	16.391	15.717	13.205	12.682	15.725	15.261	13.031	13.422	12.981	10.836	10.728	9.421	3.234	3.186	2.745	2.694	2.534	2.586	2.422	2.426
84Po	93.113	92.403	89.801	89.250	79.301	76.863	16.940	16.230	13.628	13.077	16.250	15.756	13.452	13.812	13.342	11.131	11.014	9.664	3.334	3.312	2.842	2.798	2.620	2.681	2.501	2.503
85At	95.730	94.983	92.302	91.722	81.523	78.943	17.495	16.748	14.067	13.487	16.787	16.262	13.882	14.207	13.708	11.427	11.302	9.858	3.475	3.428	2.929	2.905	2.707	2.780	2.581	2.582
86Rn	98.402	97.617	94.866	94.246	83.793	81.065	18.047	17.262	14.511	13.891	17.337	16.777	14.323	14.609	14.079	11.727	11.595	10.085	3.593	3.536	3.006	3.014	2.794	2.882	2.663	2.662
87Fr	101.131	100.306	97.477	96.807	86.114	83.231	18.630	17.805	14.976	14.306	17.900	17.307	14.775	15.017	14.456	12.031	11.892	10.340	3.724	3.654	3.093	3.125	2.881	2.986	2.746	2.742
88Ra	103.909	103.039	100.130	99.432	88.476	85.434	19.222	18.352	15.443	14.745	18.475	17.848	15.238	15.433	14.839	12.340	12.196	10.622	3.853	3.779	3.185	3.237	2.967	3.093	2.829	2.823
89Ac	106.738	105.837	102.846	102.101	90.884	87.675	19.823	18.922	15.931	15.186	19.063	18.402	15.711	15.854	15.227	12.652	12.502	10.835	3.981	3.892	3.265	3.352	3.054	3.202	2.913	2.904
90Th	109.641	108.690	105.611	104.831	93.358	89.952	20.449	19.498	16.419	15.639	19.689	18.993	16.215	16.283	15.622	12.970	12.809	11.119	4.118	4.030	3.369	3.474	3.145	3.313	2.996	2.984

续表

原子序数及元素	K边	KN_{II,III} Kβ2	KM_{III} Kβ1	KM_{II} Kβ3	KL_{III} Kα1	KL_{II} Kα2	L边	L_{I}N_{III} Lγ3	L_{I}M_{III} Lβ3	L_{I}M_{II} Lβ4	L_{II}边	L_{II}N_{IV} Lγ1	L_{II}M_{IV} Lβ1	L_{III}边	L_{III}N_{V} Lβ2	L_{III}M_{V} Lα1	L_{III}M_{IV} Lα2	L_{III}M_{I} Lι	M_{II}N_{IV}	M_{III}边	M_{III}N_{V} Mγ	M_{IV}边	M_{IV}N_{VI} Mβ	M_{V}边	M_{V}N_{VI} Mα1	M_{V}N_{VII} Mα2
强度	—	2~5	~20	~10	100	50~53	—	~5	50~35	20	—	~5	~50	—	~5	~90	10	20~5	—	—	—	—	—	—	—	—
91Pa	112.599	111.606	108.435	107.606	95.883	92.287	21.088	20.095	16.924	16.095	20.312	19.581	16.715	16.716	16.022	13.300	13.119	11.366	4.261	4.164	3.470	3.597	3.251	3.416	3.083	3.070
92U	115.606	114.561	111.303	110.424	98.440	94.659	21.757	20.712	17.454	16.575	20.947	20.167	17.219	17.166	16.429	13.614	13.438	11.619	4.401	4.303	3.566	3.728	3.337	3.552	3.171	3.161
93Np	118.678	117.591	114.243	113.312	101.068	97.077	22.427	21.340	17.992	17.061	21.601	20.785	17.751	17.610	16.840	13.944	13.760	11.890	4.543	4.435	3.665	3.850	3.435	3.666	3.262	3.251
94Pu	121.818	120.703	117.261	116.277	103.761	99.552	23.097	21.982	18.540	17.556	22.266	21.417	18.293	18.057	17.256	14.279	14.084	12.124	4.699	4.557	3.756	3.973	3.527	3.778	3.346	3.332
95Am	125.027	123.891	120.360	119.317	106.523	102.083	23.773	22.637	19.106	18.063	22.944	22.065	18.852	18.504	17.676	14.617	14.412	12.384		4.667	3.839	4.092	0.0	3.887	0.0	0.0
96Cm	128.220	127.066	123.423	122.325	109.290	104.441	24.460	23.306	19.663	18.565	23.779		19.552	18.930		14.959	14.703			4.797		4.227	3.971			
97Bk	131.590	130.355	126.663	125.443	112.138	107.205	25.275	24.040	20.348	19.128	24.385		20.019	19.452		15.320	15.086			4.927		4.366	4.132			
98Cf	135.960	134.681	130.851	129.601	116.030	110.710	26.110	24.831	21.001	19.751	25.250		20.763	19.930		15.677	15.443			5.109		4.487	4.253			
99Es	139.490	138.169	134.238	132.916	119.080	113.470	26.900	25.579	21.648	20.326	26.020		21.390	20.410		16.036	15.780			5.252		4.630	4.374			
100Fm	143.090	141.724	137.693	136.347	122.190	116.280	27.700	26.334	22.303	20.957	26.810		22.044	20.900		16.402	16.134			5.397		4.766	4.498			
101Md	146.780	145.370	141.234	139.761	125.390	119.170	28.530	27.120	22.984	21.511	27.610		22.707	21.390		16.768	16.487			5.546		4.903	4.622			
102No	150.540	149.092	144.852	143.295	128.660	122.100	29.380	27.932	23.692	22.135	28.440		23.403	21.880		17.139	16.843			5.688		5.037	4.741			
103Lw	154.380	152.900	148.670	146.920	132.020	125.100	30.240	28.760	24.530	22.780	29.280		24.130	22.360		17.500	17.210			5.710		5.150	4.860			

未分离的谱线:

1-KN_{II,III} (Kβ2); 2-L_{I}N_{II,III}(Lγ_{2,3})。

在表中,限于色散系统的分辨能力(如晶体光谱仪、固态能谱探测器),谱线对可能无法清晰分离,双重线的谱线对有效能量近似等于各谱线的相对强度加权平均值。

附录 3　K 系特征 X 射线的波长、吸收限和激发电压

元素	原子序数	Kα/Å	Kα₂/Å	Kα₁/Å	Kβ₁/Å	K 吸收限/Å	K 激发电压/kV
Na	11		11.909	11.909	11.617		1.07
Mg	12		9.8889	9.8889	9.558	9.5117	1.30
Al	13		8.33916	8.33669	7.981	7.9511	1.55
Si	14		7.12773	7.12528	6.7681	6.7446	1.83
P	15		6.1549	6.1549	5.8038	5.7866	2.14
S	16		5.37471	5.37196	5.03169	5.0182	2.46
Cl	17		4.73056	4.7276	4.4031	4.3969	2.82
Ar	18		4.19456	4.19162	—	3.8707	—
K	19		3.74462	3.74122	3.4538	3.43645	3.59
Ca	20		3.36159	3.35825	3.0896	3.07016	4.00
Sc	21		3.03452	3.03114	2.7795	2.7573	4.49
Ti	22		2.75207	2.74841	2.51381	2.49730	4.95
V	23		2.50729	2.50348	2.28434	2.26902	5.45
Cr	24	2.29092	2.29351	2.28962	2.0848	2.07012	5.98
Mn	25		2.10568	2.10175	1.91015	1.89636	6.54
Fe	26	1.93728	1.93991	1.93597	1.75653	1.74334	7.10
Co	27	1.79021	1.79278	1.78892	1.62075	1.60811	7.71
Ni	28	1.66169	1.65784	1.5001	1.48802		8.29
Cu	29	1.54178	1.54433	1.54051	1.39217	1.38043	8.86
Zn	30		1.43894	1.43511	1.29522	1.28329	9.65
Ga	31		1.34394	1.34003	1.20784	1.19567	10.4
Ge	32		1.25797	1.25401	1.12889	1.11652	11.1
As	33		1.17981	1.17581	1.05726	1.04497	11.9
Se	34		1.10875	1.10471	0.99212	0.97977	12.7
Br	35		1.04376	1.03969	0.93273	0.91994	13.5
Kr	36		0.9841	0.9801	0.87845	0.86546	—
Rb	37		0.92963	0.92551	0.82863	0.81549	15.2
Sr	38		0.87938	0.875214	0.78288	0.76969	16.1
Y	39		0.833	0.82879	0.74068	0.72762	17.0
Zr	40		0.7901	0.78588	0.701695	0.68877	18.0
Nb	41		0.7504	0.74615	0.66572	0.65291	19.0
Mo	42	0.71069	0.713543	0.70926	0.632253	0.61977	20.0
Te	43		0.676	0.673	0.602	—	—
Ru	44		0.64736	0.64304	0.57246	0.56047	22.1
Rh	45		0.61761	0.613245	0.54559	0.53378	23.2
Pb	46		0.589801	0.585415	0.52052	0.50915	24.4
Ag	47		0.563775	0.559363	0.49701	0.48582	25.5
Cd	48		0.53941	0.53498	0.475078	0.46409	26.7
In	49		0.51652	0.51209	0.454514	0.44387	27.9

续表

元素	原子序数	Kα/Å	Kα₂/Å	Kα₁/Å	Kβ₁/Å	K 吸收限/Å	K 激发电压/kV
Sn	50		0.49502	0.49056	0.435216	0.42468	29.1
Sb	51		0.47479	0.470322	0.41706	0.40663	30.4
Te	52		0.455751	0.451263	0.399972	0.38972	31.8
I	53		0.437805	0.433293	0.383884	0.37379	33.2
Xe	54		0.42043	0.41596	0.36846	0.35849	—
Cs	55		0.404812	0.400268	0.354347	0.34473	35.9
Ba	56		0.389646	0.385089	0.340789	0.33137	37.4
La	57		0.375279	0.370709	0.327959	0.31842	38.7
Ce	58		0.361665	0.357075	0.315792	0.30647	40.3
Pr	59		0.348728	0.344122	0.304238	0.29516	41.9
Nd	60		0.356487	0.331822	0.293274	0.28451	43.6
Pm	61		0.3249	0.320709	0.28209	—	—
Sm	62		0.31365	0.30895	0.27305	0.26462	46.8
Eu	63		0.30326	0.2985	0.2636	0.25551	48.6
Gd	64		0.29320	0.288401	0.25445	0.2468	50.3
Tb	65		0.28343	0.27876	0.24601	0.2384	52.0
Dy	66		0.2743	0.26957	0.23758	0.23046	53.8
Ho	67		0.26552	0.26083	—	0.2229	55.8
Er	68		0.25716	0.25248	0.2226	0.21565	57.5
Tu	69		0.24911	0.24436	0.2153	0.2089	59.5
Yb	70		0.24147	0.23676	0.20876	0.20223	61.4
Lu	71		0.23405	0.22928	0.20212	0.19583	63.4
Hf	72		0.22699	0.22218	0.19554	0.18981	65.4
Ta	73		0.22029	0.215484	0.190706	0.18393	67.4
W	74	0.210599	0.213813	0.208992	0.184363	0.17837	69.3
Re	75		0.207598	0.202778	0.17887	0.17311	—
Os	76		0.201626	0.196783	0.173607	0.1678	73.8
Ir	77		0.195889	0.191033	0.168533	0.16286	76.0
Pt	78	0.187127	0.190372	0.185504	0.163664	0.15816	78.1
Au	79		0.185064	0.180185	0.158971	0.15344	80.5
Hg	80		—	—		0.14923	82.9
Tl	81		0.175028	0.170131	0.150133	0.1447	85.2
Pb	82		0.170285	0.165364	0.14598	0.14077	87.6
Bi	83		0.165704	0.160777	0.141941	0.13706	90.1
Th	90		0.13782	0.132806	0.117389	0.11293	109.0
U	92	0.127614	0.130962	0.125940	0.111386	0.1068	115.0

注：一般而言，Kα 的波长 $\lambda_{K\alpha} = \dfrac{\lambda_{K\alpha_1} + 2\lambda_{K\alpha_2}}{3}$。

附录4　X射线质量吸收系数

化学元素对波长为 **0.1～30Å** 范围内的 **X** 射线的质量吸收系数(质量吸收系数μ/ρ)(单位：cm²/g)

Z	元素	波长/Å												
		0.1	0.15	0.20	0.25	0.3	0.4	0.5	0.6	0.7	0.8	0.9	1.0	1.5
1	H	0.29	0.32	0.34	0.35	0.37	0.38	0.40	0.42	0.43	0.44	0.45	0.45	0.49
2	He	0.11	0.12	0.12	0.13	0.14	0.14	0.17	0.86	0.20	0.22	0.23	0.25	0.35
3	Li	0.12	0.13	0.13	0.14	0.15	0.15	0.18	0.22	0.25.	0.30	0.36	0.42	1.02
4	Be	0.13	0.13	0.14	0.14	0.15	0.16	0.19	0.23	0.28	0.34	0.43	0.53	1.54
5	B	0.13	0.14	0.14	0.15	0.16	0.19	0.24	0.31	0.40	0.54.	0.70	0.92	2.87
6	C	0.14	0.14	0.15	0.16	0.17	0.23.	0.31	0.42	0.59	0.83	1.14	1.54	4.79
7	N	0.14	0.15	0.16	0.17	0.20	0.28	0.40	0.59	0.88	1.26	1.76	2.37	7.38
8	O	0.14	0.15	0.16	0.18	0.23	0.34	0.53	0.83	1.27	1.84	2.56	3.45	10.74
9	F	0.14	0.15	0.18	0.21	0.26	0.43	0.70	1.14	1.77	2.57	3.57	4.81	14.96
10	Ne	0.14	0.16	0.19	0.24	0.31	0.54	0.93	1.54	2.38	3.45	4.80	6.47	20.11
11	Na	0.15	0.17	0.21	0.27	0.36	0.66	1.21	2.02	3.11	4.51	6.28	8.45	26.29
12	Mg	0.15	0.18	0.23	0.31	0.43	0.83	1.54	2.57	3.97	5.76	8.02	10.79	33.56
13	Al	0.15	0.19	0.26	0.36	0.50	1.03	1.93	3.22	4.96	7.21	10.03	13.50	41.97
14	Si	0.15	0.20	0.29	0.42	0.59	1.27	2.38	3.97	6.11	8.88	12.35	16.63	51.69
15	P	0.16	0.22	0.31	0.47	0.70	1.54	2.88	4.81	7.41	10.77	14.98	20.14	62.68
16	S	0.17	0.23	0.35	0.54	0.84	1.85	3.46	5.77	8.88	12.90	17.95	24.16	75.10
17	Cl	0.17	0.25	0.39	0.61	0.98	2.19	4.10	5.89	10.52	15.29	21.27	28.63	88.98
18	Ar	0.18	0.27	0.45	0.70	1.15	2.57	4.81	8.02	12.34	17.93	24.95	33.58	104.38
19	K	0.19	0.29	0.50	0.81	1.34	2.99	5.59	9.32	14.36	20.86	29.01	39.05	121.37
20	Ca	0.20	0.32	0.55	0.92	1.54	3.45	6.44	10.74	16.54	24.04	33.43	44.99	139.85
21	Sc	0.21	0.36	0.61	1.06	1.77	3.95	7.37	12.29	18.93	27.50	38.25	51.49	160.03
22	Ti	0.22	0.38	0.69	1.20	2.01	4.49	8.38	13.98	21.53	31.27	43.50	58.55	181.98
23	V	0.23	0.40	0.76	1.36	2.27	5.07	9.47	15.79	24.31	35.31	49.12	66.11	205.47
24	Cr	0.24	0.43	0.83	1.53	2.55	5.70	10.63	17.73	27.30	39.66	55.16	74.25	230.78
25	Mn	0.25	0.46	0.92	1.71	2.85	6.37	11.89	19.82	30.52	44.33	61.66	83.00	257.97
26	Fe	0.26	0.50	1.02	1.90	3.17	7.09	13.23	22.06	33.96	49.34	68.62	92.36	287.08
27	Co	0.28	0.56	1.13	2.11	3.52	7.86	14.66	24.45	37.64	54.68	76.06	102.37	318.19 (K)
28	Ni	0.30	0.61	1.25	2.33	3.88	8.68	16.19	27.00	41.57	60.38	83.99	113.04	43.84
29	Cu	0.32	0.68	1.38	2.56	4.27	9.55	17.82	29.71	45.74	66.45	92.42	120.48	48.58
30	Zn	0.35	0.72	1.51	2.81	4.69	10.47	19.54	32.58	50.17	72.88	101.37	136.44	53.65
31	Ga	0.37	0.76	1.73	3.08	5.13	11.46	21.39	35.66	54.91	79.76	110.94	149.32	59.31
32	Ge	0.40	0.82	1.81	3.35	5.59	12.49	23.31	38.87	59.84	86.93	120.91	162.75	65.10
33	As	0.42	0.88	1.96	3.65	6.08	13.59	25.36	42.28	65.09	94.56	131.52	177.03	71.02
34	Se	0.47	0.96	2.13	3.96	6.60	14.75	27.51	45.87	70.63	102.61	142.71	25.02	77.85
35	Br	0.50	1.04	2.31	4.29	7.15	15.97	29.78	49.66	76.46	111.07	154.49	27.29	84.93
36	Kr	0.53	1.12	2.49	4.63	7.72	17.25	32.18	53.65	82.60	120.00	22.05	29.69	92.27
37	Rb	0.57	1.21	2.69	4.99	8.32	18.59	34.68	57.82	89.03	129.33	23.99	32.29	100.38
38	Sr	0.61	1.30	2.89	5.37	8.96	20.00	37.32	62.22	95.80	18.71	26.03	35.03	108.89
39	Y	0.65	1.40	3.11	5.77	9.62	21.48	40.08	66.82	102.88	20.24	28.16	37.90	117.80
40	Zr	0.69	1.50	3.33	6.19	10.31	23.03	42.96	71.63	15.06	21.88	30.43	40.96	127.33
41	Nb	0.74	1.60	3.57	6.62	11.03	24.65	45.98	76.66	16.19	23.52	32.72	44.04	136.88

（表中折线及标注"K"表示K吸收限）

续表

Z元素		波长/Å												
		0.1	0.15	0.20	0.25	0.3	0.4	0.5	0.6 (K)	0.7	0.8	0.9	1.0	1.5
42	M	0.79	1.71	3.81	7.07	11.79	26.33	49.12	81.90	17.38	25.25	35.12	47.28	146.95
43	TC	0.84	1.83	4.07	7.55	12.58	28.09	52.41	12.12	18.66	27.11	37.70	50.75	157.73
44	Ru	0.89	1.95	4.33	8.04	13.40	29.93	55.83	12.97	19.97	29.02	40.36	54.33	168.86
45	Rh	0.94	2.07	4.61	8.55	14.26	31.84	59.39	13.87	21.36	31.03	43.16	58.10	180.58
46	Pd	1.00	2.20	4.90	9.09	15.14	33.82	63.18	14.81	22.80	33.12	46.07	62.01	192.75
47	Ag	1.05	2.34	5.19	9.64	16.07	35.89	9.4	15.7	24.3	35.3	49.1	66.1	205.0
48	Cd	1.10	2.48	5.51	10.22	17.03	38.04	10.0	16.8	25.3	37.6	52.2	70.3	218.0
49	In	1.15	2.62	5.83	10.82	18.03	40.27	10.7	17.8	27.5	39.9	55.5	74.7	232.0
50	Sn	1.20	2.77	6.16	11.44	19.06	42.58	11.9	19.9	30.7	44.7	62.1	79.5	260.0
51	Sb	1.25	2.93	6.51	12.08	20.14	44.97	12.0	20.1	30.9	45.0	62.5	84.2	261.0
52	Te	1.30	3.09	6.87	12.75	21.25	6.85	12.7	21.3	32.7	47.6	66.2	89.1	277.0

（K）

Z元素		波长/Å												
		2.0	2.5	3.0	4.0	5.0	6.0	7.0	8.0	9.0	10.0	15.0	20.0	25.0	30.0
1	H	0.52	0.62	0.75	1.25	2.12	3.28	4.85	7.1	10.0	13.7	32.0	69.0	127.0	208.0
2	He	0.71	1.04	1.48	3.55	6.90	11.60	18.1	26.6	37.7	51.0	107.0	268.0	540.0	970.0
3	Li	2.18	3.98	6.60	15.2	28.80	48.80	76.0	113.0	157.0	213.0	402.0	970.0	1900.0	3270.0
4	Be	3.45	6.44	10.74	4.04	44.91	74.84	115.2	167.4	232.0	312.0	973.0	2178.0	4068.0	6778.0
5	B	6.43	12.01	20.03	44.80	83.69	139.4	214.7	312.0	434.0	583.0	1814.0	4059.0	7583.0	12633.0
6	C	10.72	20.01	33.35	74.61	139.3	232.2	357.5	519.6	722.0	970.0	3020.0	6760.0	12627.0	21037.0
7	N	16.51	30.83	51.38	114.9	214.6	357.7	550.7	800.4	1113.0	1495.0	4652.0	10413.0	19450.0	32407.0 (K)
8	O	24.02	44.85	74.75	967.1	312.3	520.4	801.2	1164.5	1619.0	2175.0	6768.0	15149.0	1005.0	1675.0
9	F	33.45	62.45	104.0	232.8	434.8	724.7	1115.6	1621.4	2254.0	3029.0	9425.0	932.0	1741.0	2900.0
10	Ne	44.98	83.98	139.9	313.0	584.8	974.5	1500.3	2180.5	3032.0	4073.0	659.0	1475.0	2756.0	4593.0
11	Na	58.79	109.75	182.9	409.1	764.2	1273.5	1960.6	2849.5	3962	5323.0	951.0	2130.0	3979.0	6629.0
12	Mg	75.05	140.11	233.5	522.3	975.6	1625.9	2503.0	3637.8	5059.0	467.0	1453.0	3252.0	6075.0	10122.0
13	Al	93.86	175.22	292.0	653.2	1220.1	2033.3	3130.3	336.1	467.0	628.0	1954.0	4373.0	8168.0	13608.0
14	Si	115.58	215.78	359.6	804.4	1502.5	2503.9	305.3	443.8	617.0	829.0	2579.0	5773.0	10784.0	17966.0
15	P	140.16	261.66	436.1	975.4	1822.0	251.1	386.6	561.9	781.0	1049.0	3266.0	7310.0	13655.0	22750
16	S	167.92	313.48	522.4	1168.6	2182.9	310.7	478.4	695.3	966.0	1298.0	4041.0	9044.0	16894.0	28146.0
17	Cl	198.97	371.45	619.0	1384.7	225.1	375.2	577.6	839.5	1167.0	1568.0	4880.0	10921.0	20400.0	33987.0
18	A	233.39	435.70	726.1	156.2	291.9	486.5	748.9	1092	1510.0	2033.0	6327.0	14160.0	26450.0	44066.0
19	K	271.38	506.63	844.4	190.8	356.4	594.0	914.5	1329.0	1848.0	2483.0	7725.0	17289.0	32295.0	53804.0
20	Ca	312.71	583.78	972.9	232.7	434.7	724.4	1115.0	1620.0	2254.0	3028.0	9422.0	21086.0	39387.0	65624.0 (L_I)
21	Sc	357.84	668.03	121.9	272.6	509.3	847.0	1306.0	1899.0	2641.0	3547.0	11039.0	24705.0	46146.0	65378.0 (L_II L_III)
22	Ti	406.91	85.71	142.7	319.3	596.6	994.2	1530.0	2224.0	3093.0	4155.0	12930.0	28939.0	45874.0	8845.0
23	V	459.45	104.07	173.4	387.9	724.7	1207.0	1859.0	2702.0	3757.0	5048.0	15707.0	28265.0	5960.0	9930.0
24	Cr	516.03 (K)	117.54	195.9	438.1	818.5	1364.0	2099.0	3051.0	4244.0	5701.0	17740.0	32301.0	6897.0	1490.0
25	Mn	70.76	132.11	220.1	492.5	919.9	1533.0	2360.0	3430.0	4770.0	6408.0	19938.0	4155.0	7761.0	12930.0
26	Fe	79.21	147.88	246.4	551.3	1029.0	1716.0	2641.0	3839.0	5339.0	7173.0	18597.0	4656.0	8698.0	1490.0
27	Co	88.41	165.04	275.0	615.2	1149.0	1915.0	2948.0	4285.0	5959.0	8005.0	20828.0	5184.0	9684.0	16134.0
28	Ni	98.04	183.02	305.0	682.3	1274.0	2123.0	3269.0	4752.0	6608.0	8877.0	2623.0	5872.0	10968.0	18273.0
29	Cu	108.64	202.82	338.0	756.1	1412.0	2353.0	3623.0	5266.0	7323.0	9838.0	2918.0	6531.0	12199.0	20325.0
30	Zn	119.96	223.95	373.2	834.8	1 559.0	2598.0	4000.0	5814.0	8086.0	10862.0	3234.0	7237.0	13519.0	22523.0
31	Ga	132.61	247.57	412.6	922.9	1723.0	2872.0	4422.0	6428.0	8939.0	10315.0	3584.0	8021.0	14982.0	24961.0
32	Ge	145.58	271.78	452.9	1013.0	1892.0	3153.0	4855.0	7056.0	8535.0	11079.0	3984.0	8916.0	16654.0	27746.0
33	As	158.81	296.47	494.1	1105.0	2064.0	3440.0	5296.0	7697.0	9389.0	1409.0	4386.0	9816.0	18336.0	30549.0
34	Se	174.08	324.98	541.6	1211.0	2263.0	3771.0	5805.0	7397.0	10287.0	1548.0	4818.0	10783.0	20141.0	33556.0
35	Br	189.90	354.52	590.8	1321.0	2468.0	4113.0	5574.0	994.0	1383.0	1858.0	5781.0	12938.0	24166.0	40262

（L_I）　（L_II L_III）

续表

Z元素		波长/Å													
		2.0	2.5	3.0	4.0	5.0	6.0 L_I	7.0 L_II L_III	8.0	9.0	10.0	15.0	20.0	25.0	30.0
36	Kr	206.33	385.19	641.9	1435.0	2682.0	4469.0	6090	1122.0	1561.0	2088.0	6525.0	14604.0	27279.0	45447.0
37	Rb	224.45	419.02	698.3	1562.0	2917.0	4315.0	877.0	1275.0	1774.0	2383.0	7416.0	16598.0	31004.0	51652.0
38	Sr	243.49	454.57	757.6	1694.0	3165.0	4699.0	971.0	1412.0	1963.0	2638.0	8208.0	18371.0	34315.0	57169.0
39	Y	263.41	491.75	819.5	1833.0	3424.0	704.0	1084.0	1575.0	2191.0	2943.0	9159.0	20498.0	38289.0	62686.0 M_I
40	Zr	284.71	531.50	885.8	1981.0	3313.0	790.0	1217.0	1769.0	2460.0	3305.0	10286.0	23020.0	42998.0	55280.0
41	Nb	306.07	571.37	952.3	2130.0	3579	860.0	1324.0	1925.0	2678.0	3597.0	11193.0	25050.0	46791.0	60946.0
42	M	328.59	613.43	1022.0	2286.0	568	946.0	1456.0	2117.0	2944.0	3955.0	12307.0	27543.0	39976.0	66612.0 M_II M_III
43	TC	352.68	658.40	1097.0	2454.0	624.0	1040.0	1602.0	2328.0	3238.0	4350.0	13535.0	30293.0	44632.0	59444.0
44	Ru	378.03	704.85	1174.0	2385.0	678.0	1131.0	1741.0	2531.0	3520.0	4728.0	14713.0	32929.0	48987.0	44717.0
45	Rh	403.77	753.78	1256.0	2423.0	739.0	1233.0	1898.0	2758.0	3836.0	5154.0	16036.0	29040.0	30192.0	50304.0
46	Pd	431.00	804.61	1341.0	430	804.0	1340.0	2063.0	2999.0	4170.0	5603.0	17433.0	31764.0	33872.0	56432.0
47	Ag	459.0	857.0	1429.0	467.0	873.0	1455.0	2240.0	3255.0	4527.0	6082.0	18924.0	34727.0	37812.0	62996.0 M_II
48	Cd	489.0	913.0	1522.0	502.0	937.0	1562.0	2406.0	3497.0	4863.0	6533.0	20327.0	22293.0	41641.0	18612.0
49	In	519.0	970.0	1485.0	546.0	1020.0	1700.0	2618.0	3805.0	5291.0	7108.0	19536.0	24793.0	46311.0	20439.0 M_V
50	Sn	581.0	1086.0	1480.0	588.0	1098.0	1831	2819.0	4097.0	5736.0	7654.0	20067.0	27429.0	12951.0	21S78.0
51	Sb	585.0	1093.0	282.0	632.0	1181.0	1969.0	3031.0	4405.0	6126.0	8230.0	21593.0	29983.0	14367.0	23935.0
52	Te	619.0	1157.0	302.0	677.0	1265.0	2109.0	3247.0	4719.0	6563.0	8161.0	21580.0	32605.0	15196.0	25317.0
			L_I	L_II L_III							M_I M_II	M_III		M_IV M_V	

Z元素		波长/Å												
		0.1	0.15	0.20	0.25	0.3 K	0.4	0.5	0.6	0.7	0.8	0.9	1.0	1.5
53	I	1.36	3.26	7.24	13.44	22.40	7.24	13.5	22.5	34.6	50.4	70.1	94.3	293.0
54	Xc	1.42	3.43	7.63	14.16	23.59	7.66	14.2	23.8	36.6	53.3	74.1	99.7	310.0
55	Cs	1.48	3.61	8.03	14.90	24.82	8.08	15.0	25.1	38.7	56.2	78.2	105.3	327.0
56	Ba	1.53	3.80	8.44	15.66	26.10	8.52	15.9	26.5	40.8	59.3	82.5	111.0	345.0
57	La	1.60	3.99	8.86	16.45	27.42	8.98	16.7	27.9	42.9	62.4	86.8	116.9	363.0
58	Cc	1.66	4.19	9.30	17.27	28.78	9.45	17.6	29.4	45.2	65.7	91.4	123.1	382.0
59	Pr	1.72	4.39	9.76	18.11	4.45	9.94	18.5	30.9	47.5	69.1	96.1	129.4	402.0
60	Nd	1.80	4.60	10.23	18.98	4.67	10.4	19.4	32.4	49.9	72.6	101.0	135.9	422.0
61	Pm	1.86	4.82	10.71	19.88.	4.90	10.9	20.4	34.0	52.4	76.2	106.0	142.7	443.0
62	Sm	1.93	5.04	11.21	20.80	5.14	11.4	21.4	35.7	55.0	79.9	111.2	149.7	465.0
63	Eu	2.02	5.28	11.73	21.76	5.39	12.0	22.4	37.4	57.7	83.8.	116.5	156.9	487.0 L_I
64	Gd	2.09	5.52	12.26	3.38	5.64	12.6	23.5	39.2	60.3	87.6	122.0	164.2	478.0
65	Tb	2.18	5.76	12.80	3.54	5.91	13.2	24.6	41.0	63.2	91.8	127.7	171.7	501.0 L_II
66	Dy	2.26	6.02	13.37	3.70	6.18	13.8	25.7	42.9	66.0	95.0	133.5	179.6	469.0
67	Ho	2.33	6.28	13.95	3.87	6.46	14.4	26.9	44.8	69.0	100.3	139.5	187.8	489.0 L_III
68	Er	2.42	6.55	14.55	4.05	6.75	15.0	28.1	46.8	72.1	104.8	145.8	196.3	107.0
69	Tm	2.50	6.82	15.16	4.23	7.05	15.7	29.3	48.9	75.4	109.5	152.3	205.1	113.0
70	Yb	2.58	7.11	15.90	4.42	7.36	16.4	30.6	51.1	78.7	114.4	159.1	214.1	118.0
71	Lu	2.66	7.40	2.48	4.61	7.68	17.1	32.0	53.3	82.1	119.3	166.0	223.5	124.0
72	HC	2.75	7.71	2.59	4.80	8.01	17.8	33.3	55.6	85.6	124.4	173.0	232.9	131.0
73	Ta	2.82	8.02	2.70	5.01	8.35	18.6	34.7	57.9	89.3	129.7	180.4	242.8	136.0
74	W	2.90	8.34	2.81	5.22	8.70	19.4	36.2	60.4	93.0	135.1	188.0	253.0	143.0
75	Rc	2.96	8.67	2.93	5.44	9.06	20.2	37.7	62.9	96.9	140.8	195.8	249.4	150.0
76	Os	3.03	9.00	3.0S	5.66	9.44	21.0	39.3	65.5	100.9	146.6	204.0	260.1	157.0
77	Ir	3.10	9.35	3.17	5.89	9.82	21.9	40.9	68.2	105.0	152.5	212.2	231.5	165.0
78	Pt	3.17	9.71	3.30	6.13	10.2	22.8	42.5	70.9	109.2	158.7	210.1	240.0	172.0
79	Au	3.23	10.08	3.43	6.37	10.6	23.7	44.2	73.8	113.6	165.1	218.2	249.0	177.0
80	Hg	3.30	1.60	3.57	6.62	11.0	24.6	46.0	76.7	118.1	171.5	191.6	257.9	189.0
81	Tl	3.36	1.67	3.71	6.89	11.4	25.6	47.8	79.7	122.8	178.4	198.3	63.5	197.0
			K							L_I	L_II	L_III		

波长/Å

Z	元素	0.1	0.15	0.20	0.25	0.3	0.4	0.5	0.6	0.7	0.8	0.9	1.0	1.5
82	Pb	3.41	1.73	3.86	7.16	11.9	26.6	49.7	82.9	127.7	176.5	205.3	66.6	207.0
83	Bi	3.45	1.80	4.01	7.44	12.4	27.7	51.6	86.1	132.6	152.7	212.3	69.6	216.0
84	Po	3.52	1.87	4.17	7.73	12.8	28.7	53.7	89.5	137.8	157.8	54.1	72.7	225.0
85	At	3.56	1.94	4.33	8.03	13.3	29.8	55.7	92.9	143.1	163.1	57.1	76.8	238.0
86	Rn	3.61	2.02	4.49	8.33	13.8	31.0	57.8	96.4	141.6	168.5	59.7	80.4	250.0
87	Fr	3.66	2.09	4.65	8.64	14.4	32.1	60.0	100.0	119.8	174.0	62.1	83.6	260.0
88	Ra	3.70	2.17	4.83	8.96	14.9	33.3	62.2	103.7	123.6	179.6	64.2	86.4	268.0
89	Ac	3.75	2.25	5.00	9.29	15.4	34.5	64.5	107.5	127.6	48.5	67.4	90.8	282.0
90	Th	3.81	2.33	5.19	9.63	16.0	35.8	66.8	111.4	131.6	50.2	69.9	94.1	292.0
91	Pa	3.86	2.42	5.39	9.98	16.6	37.1	69.3	110.5	135.7	52.3	72.7	97.9	304.0
92	U	3.91	2.51	5.58	10.35	17.4	38.5	71.8	90.8	139.9	54.3	75.5	101.5	316.0
93	Np	3.95	2.58	5.66	10.7	18	40	83	93	143.0	57	77	104.0	328.0
94	Pu	4.00	2.66	5.74	11.0	19	41	85	96	39.1	59	79	107	342.0
95	Am	4.05	2.74	5.82	11.4	20	43	87	99	41	61	81	110	354.0
96	Cm	2.50	2.82	5.90	11.8	21	44	89	101	43	63	84	113	367.0
97	Bk	2.56	2.90	5.97	12.3	21	45	91	104	46	65	86	117	382.0
98	Cf	2.62	2.96	6.03	12.8	21	47	89	106	48	67	89	121	395.0
99	Es	2.68	3.03	6.09	13.3	22	50	71	110	50	69	92	125	412.0
100	Fm	2.74	3.10	6.15	13.7	23	51	73	35	52	71	95	128	427.0

波长/Å

Z	元素	2.0	2.5	3.0	4.0	5.0	6.0	7.0	8.0	9.0	10.0	15.0	20.0	25.0	30.0
53	I	655.0	1132.0	324.0	725.0	1355.0	2258.0	3477.0	5053.0	7027.0	9440.0	15831.0	34719.0	16259.0	27088.0
54	Xe	693.0	1110.0	351.0	786.0	1469.0	2448.0	3769.0	5478.0	7619.0	10235.0	17221.0	9323.0	17414.0	29012.0
55	Cs	731.0	222.0	370.0	827.0	1546.0	2576.0	3966.0	5764.0	8016.0	10769.0	18564.0	9873.0	18442.0	30725.0
56	Ba	771.0	236.0	394.0	882.0	1648.0	2746.0	4228.0	6144.0	8545.0	9855.0	20012.0	10461.0	19540.0	32554.0
57	La	755.0	250.0	417.0	934.0	1745.0	2908.0	4478.0	6508.0	9051.0	10506.0	21612.0	11061.0	20661.0	34422.0
58	Ce	765.0	266.0	443.0	992.0	1854.0	3090.0	4758.0	6915.0	8338.0	10195.0	5564.0	12454.0	23262.0	38755.0
59	Pr	766.0	283.0	471.0	1055.0	1971.0	3284.0	5056.0	7349.0	8853.0	10887.0	5960.0	13339.0	24916.0	41511.0
60	Nd	805.0	298.0	497.0	1111.0	2076.0	3460.0	5327.0	7743.0	9382.0	8404.0	6263.0	14016.0	26181.0	43619.0
61	Pm	171.0	320.0	533.0	1193.0	2230.0	3716.0	5721.0	7134.0	9150.0	8913.0	6631.0	14841.0	27721.0	46184.0
62	Sm	177.0	331.0	551.0	1234.0	2305.0	3842.0	5915.0	7546.0	7048.0	9466.0	7000.0	15667.0	29264.0	48754.0
63	Eu	186.0	349.0	581.0	1301.0	2430.0	4050.0	6236.0	7194.0	7478.0	10044.0	7460.0	16695.0	31184.0	51954.0
64	Gd	197.0	367.0	613.0	1371.0	2561.0	4269.0	5769.0	7606.0	7910.0	10627.0	7943.0	17778.0	33207.0	55323.0
65	Tb	208.0	388.0	647.0	1448.0	2704.0	4507.0	6112.0	6022.0	8374	10887.0	8453.0	18918.0	35336.0	58871.0
66	Dy	218.0	407.0	679.0	1519.0	2838.0	4730.0	5723.0	6357.0	8840.0	2890.0	8994.0	20130.0	37600.0	62642.0
67	Ho	229.0	427.0	712.0	1594.0	2977.0	4369.0	6022.0	6707.0	9327.0	3073.0	9561.0	21399.0	39971.0	66597.0
68	Er	239.0	446.0	744.0	1665.0	3110.0	4603.0	4873.0	7082.0	2433.0	3268.0	10169.0	22759.0	42512.0	54286.0
69	Tm	252.0	472.0	787.0	1760.0	3288.0	4300.0	5141.0	7472.0	2585.0	3472.0	10804.0	24179.0	45164.0	57823.0
70	Yb	265.0	495.0	825.0	1847.0	3450.0	4537.0	5417.0	7632.0	2745.0	3687.0	11474.0	25679.0	47966.0	61517.0
71	Lu	278.0	520.0	866.0	1938.0	3240.0	4747.0	5701.0	2095.0	2914.0	3914.0	12180.0	27258.0	39587.0	65211.0
72	HC	293.0	547.0	912.0	2041.0	3415.0	3917.0	6032.0	2224.0	3093.0	4155.0	12929.0	28936.0	42537.0	59733.0
73	Ta	306.0	571.0	952.0	2130.0	3571.0	4092.0	6124.0	2361.0	3284.0	4411.0	13726.0	30721.0	45622.0	63626.0
74	W	321.0	599.0	999.0	2236.0	3258.0	4309.0	1727.0	2511.0	3492.0	4691.0	14597.0	32670.0	48933.0	37825.0
75	Re	336.0	628.0	1046.0	2341.0	3406.0	4530.0	1837.0	2672.0	3713.0	4988.0	15520.0	34735.0	43618.0	41124.0
76	Os	352.0	658.0	1097.0	2455.0	3562.0	4767.0	1951.0	2836.0	3944.0	5299.0	16488.0	29811.0	46504.0	44644.0
77	Ir	369.0	689.0	1149.0	2324.0	3004.0	4786.0	2077.0	3019.0	4199.0	5640.0	17551.0	31973.0	49560.0	48379.0
78	Pt	386.0	721.0	1202.0	2444.0	3144.0	1433.0	2207.0	3208.0	4461.0	5993	18647.0	34038.0	31491.0	52468.0
79	Au	397.0	742.0	1237.0	2172.0	3314.0	1525.0	2348.0	3413.0	4747.0	6377.0	19843.0	29965.0	34034.0	56784.0

续表

Z 元素		波长/Å 2.0	2.5	3.0	4.0	5.0	6.0	7.0	8.0	9.0	10.0	15.0	20.0	25.0	30.0
80	Hg	423.0	791.0	1318.0	2268.0	3458.0	1623.0	2498.0	3631.0	5050.0	6784.0	21110.0	31981.0	36864.0	61416.0
81	Tl	442.0	826.0	1377.0	2370.0	3455.0	1723.0	2652.0	3855.0	5362.0	7110.0	18501.0	33997.0	39791.0	66048.0
82	Pb	463.0	865.0	1442.0	2027.0	1098.0	1829.0	2817.0	4094.0	5693	7648.0	19714.0	22997.0	42956.0	21595.0
83	Bi	484.0	905.0	1508.0	2126.0	1166.0	1943.0	2992.0	4348.0	6047.0	8124.0	20961.0	24795.0	46314.0	23810.0
84	Po	505.0	943.0	1447.0	2222.0	1238.0	2063.0	3176.0	4616.0	6420.0	8625.0	17953.0	26718.0	49906.0	26221.0
85	At	534.0	997.0	1510.0	2322.0	1310.0	2184.0	3362.0	4887.0	6796.0	9130.0	19300.0	28660.0	17312.0	28844.0
86	Rn	559.0	1043.0	1305.0	2424.0	1386.0	2310.0	3557.0	5170.0	7190.0	9659.0	20448.0	30902.0	19023.0	31694.0
87	Fr	581.0	1085.0	1356.0	2328.0	1464.0	2440.0	3757.0	5460.0	7593.0	10201.0	21674.0	33017.0	20880.0	34787.0
88	Ra	600.0	1121.0	1410.0	2497.0	1544.0	2573.0	3961.0	5758.0	8007.0	10757.0	15740.0	33026.0	24647.0	41063.0
89	Ac	631.0	1005.0	1459.0	872.0	1630.0	2716.0	4181.0	6077.0	8452.0	9673.0	16748.0	14827.0	27696.0	46142.0
90	Th	654.0	1121.0	1520.0	923.0	1724.0	2873.0	4424.0	6429.0	8942.0	10250.0	17797.0	16640.0	31082.0	51783.0
91	Pa	680.0	947.0	1331.0	964.0	1801.0	3001.0	4620.0	6715.0	9339.0	10852.0	18837.0	17647.0	32963.0	54918.0
92	U	707.0	981.0	1381.0	1019.0	1903.0	3172.0	4883.0	7098.0	8406.0	9091.0	19924.0	19373.0	36188.0	60289.0
93	Np	729.0	1000.0	1435.0	1070.0	2020.0	3360.0	5170.0	7450.0						
94	Pu	755.0	1021.0	1470.0	1120.0	2140.0	3750.0	5460.0							
95	Am	785	1042.0	1400.0	1170.0	2260.0	3960.0	5750.0							
96	Cm	530.0	1063.0	1450.0	1220.0	2370.0	4180.0	6080.0							
97	Bk	420.0	910.0	510.0	1270.0	2490.0	4420.0	6430.0							
98	Cf	435.0	930.0	525.0	1320.0	2620.0	4620.0								
99	Es	452.0	950.0	540.0	1370.0	2750.0	4880.0								
100	Fm	470.0	980.0	555.0	1420.0	2880.0	5100.0								

附录 5　原子散射因子 f

$\dfrac{\sin\theta}{\lambda}$ /Å^{-1}	0.0	0.1	0.2	0.3	0.4	0.5	0.6	0.7	0.8	0.9	1.0	1.1	1.2
H	1	0.81	0.48	0.25	0.13	0.07	0.04	0.03	0.02	0.01	0.00	0.00	
He	2	1.88	1.46	1.05	0.75	0.52	0.35	0.24	0.18	0.14	0.11	0.09	
Li$^+$	2	1.96	1.80	1.50	1.30	1.00	0.80	0.60	0.50	0.40	0.30	0.30	
Li	3	2.20	1.80	1.50	1.30	1.00	0.80	0.60	0.50	0.40	0.30	0.30	
Be^{2+}	2	2.00	1.90	1.70	1.60	1.40	1.20	1.00	0.90	0.70	0.60	0.50	
Be	4	2.90	1.90	1.70	1.60	1.40	1.20	1.00	0.90	0.70	0.60	0.50	
B^{3+}	2	1.99	1.90	1.80	1.70	1.60	1.40	1.30	1.20	1.00	0.90	0.70	
B	5	3.50	2.40	1.90	1.70	1.50	1.40	1.20	1.20	1.00	0.90	0.70	
C	6	4.60	3.00	2.20	1.90	1.70	1.60	1.40	1.30	1.16	1.00	0.90	
N^{5+}	2	2.00	2.00	1.90	1.90	1.80	1.70	1.60	1.50	1.40	1.30	1.16	
N^{3+}	4	3.70	3.00	2.40	2.00	1.80	1.66	1.56	1.49	1.39	1.28	1.17	
N	7	5.80	4.20	3.00	2.30	1.90	1.65	1.54	1.49	1.39	1.29	1.17	
O	8	7.10	5.30	3.90	2.90	2.20	1.80	1.60	1.50	1.40	1.35	1.26	

$\frac{\sin\theta}{\lambda}$ /Å^{-1}	0.0	0.1	0.2	0.3	0.4	0.5	0.6	0.7	0.8	0.9	1.0	1.1	1.2
O^{2-}	10	8.00	5.50	3.80	2.70	2.10	1.80	1.50	1.50	1.40	1.35	1.26	
F	9	7.80	6.20	4.45	3.35	2.65	2.15	1.90	1.70	1.60	1.50	1.35	
F^-	10	8.70	6.70	4.80	3.50	2.80	2.20	1.90	1.70	1.55	1.50	1.35	
Ne	10	9.30	7.50	5.80	4.40	3.40	2.65	2.20	1.9	1.65	1.55	1.50	
Na^+	10	9.50	8.20	6.70	5.25	4.05	3.20	2.65	2.25	1.95	1.75	1.60	
Na	11	9.65	8.20	6.70	5.25	4.05	3.20	2.65	2.25	1.95	1.75	1.60	
Mg^{2+}	10	9.75	8.60	7.25	5.95	4.80	3.85	3.15	2.25	2.20	2.00	1.80	
Mg	12	10.50	8.60	7.25	5.95	4.80	3.85	3.15	2.55	2.20	2.00	1.80	
Al^{3+}	10	9.70	8.90	7.80	6.65	5.50	4.45	3.65	3.1	2.65	2.30	2.00	
Al	13	11.00	8.95	7.75	6.60	5.50	4.50	3.70	3.10	2.65	2.30	2.00	
Si^{4+}	10	9.75	9.15	8.25	7.15	6.05	5.05	4.20	3.40	2.95	2.60	2.30	
Si	14	11.35	9.40	8.20	7.15	6.10	5.10	4.20	3.40	2.95	2.60	2.30	
P^{5+}	10	9.80	9.25	8.45	7.50	6.55	5.65	4.80	4.05	3.40	3.00	2.60	
P	15	12.40	10.00	8.45	7.45	6.50	5.65	4.80	4.05	3.40	3.00	2.60	
P^{3-}	18	12.70	9.80	8.40	7.45	6.50	5.65	4.85	4.05	3.40	3.00	2.60	
S^{6+}	10	9.85	9.40	8.70	7.85	6.85	6.05	5.25	4.5	3.90	3.35	2.90	
S	16	13.60	10.70	8.95	7.85	6.85	6.00	5.25	4.5	3.90	3.35	2.90	
S^{2-}	18	14.30	10.70	8.90	7.85	6.85	6.00	5.25	4.5	3.90	3.35	2.90	
Cl	17	14.60	11.3	9.25	8.05	7.25	6.50	5.75	5.05	4.40	3.85	3.35	
Cl^-	18	15.20	11.5	9.30	8.05	7.25	6.50	5.75	5.05	4.40	3.85	3.35	
Ar	18	15.90	12.6	10.40	8.70	7.80	7.00	6.20	5.40	4.70	4.10	3.60	
K^+	18	16.50	13.30	10.80	8.85	7.75	7.05	6.44	5.9	5.30	4.80	4.20	
K	19	16.50	13.30	10.80	9.20	7.90	6.70	5.90	5.20	4.60	4.20	3.70	3.30
Ca^{2+}	18	16.80	14.0	11.50	9.30	8.10	7.35	6.70	6.2	5.70	5.10	4.60	
Ca	20	17.50	14.1	11.40	9.70	8.40	7.30	6.30	5.60	4.90	4.50	4.00	3.60
Sc^{3+}	18	16.70	14.0	11.40	9.40	8.30	7.60	6.90	6.40	5.80	5.35	4.85	
Sc	21	18.40	14.90	12.10	10.30	8.90	7.70	6.70	5.90	5.30	4.70	4.30	3.90
Ti^{4+}	18	17.00	14.4	11.90	9.90	8.50	7.85	7.30	6.70	6.15	5.65	5.05	
Ti	22	19.30	15.7	12.80	10.90	9.50	8.20	7.20	6.30	5.60	5.00	4.60	4.20
V	23	20.20	16.6	13.50	11.50	10.10	8.70	7.60	6.70	5.90	5.30	4.90	4.40
Cr	24	21.10	17.4	14.20	12.10	10.60	9.20	8.00	7.10	6.30	5.70	5.10	4.60
Mn	25	22.10	18.20	14.90	12.70	11.10	9.70	8.40	7.50	6.60	6.00	5.40	4.90
Fe	26	23.10	18.9	15.60	13.30	11.60	10.20	8.90	7.90	7.00	6.30	5.70	5.20
Co	27	24.10	19.8	16.4	14.00	12.1	10.7	9.30	8.30	7.30	6.70	6.00	5.50
Ni	28	25.00	20.7	17.2	14.60	12.7	11.2	9.80	8.70	7.70	7.00	6.30	5.80

续表

$\dfrac{\sin\theta}{\lambda}$ /Å⁻¹		0.0	0.1	0.2	0.3	0.4	0.5	0.6	0.7	0.8	0.9	1.0	1.1	1.2
Cu	29	25.90	21.6	17.90	15.20	13.30	11.7	10.20	9.10	8.10	7.30	6.60	6.00
Zn	30	26.80	22.4	18.6	15.8	13.9	12.2	10.7	9.6	8.5	7.6	6.9	6.3
Ga	31	27.8	23.3	19.3	16.5	14.5	12.7	11.2	10.0	8.9	7.9	7.3	6.7
Ge	32	28.8	24.1	20.0	17.1	15.0	13.2	11.6	10.4	9.3	8.3	7.6	7.0
As	33	29.7	25.0	20.8	17.7	15.6	13.8	12.1	10.8	9.7	8.7	7.9	7.3
Se	34	30.6	25.8	21.5	18.3	16.1	14.3	12.6	11.2	10.0	9.0	8.2	7.8
Br	35	31.6	26.6	22.3	18.9	16.7	14.8	13.1	11.7	10.4	9.4	8.6	7.8
Kr	36	32.5	27.4	23.0	19.5	17.3	15.3	13.6	12.1	10.8	9.8	8.9	8.1
Rb⁺	36	33.6	28.7	24.6	21.4	18.9	16.7	14.6	12.8	11.2	9.9	8.9	
Rb	37	33.5	28.2	23.8	20.2	17.9	15.9	14.1	12.5	11.2	10.2	9.2	8.4
Sr	38	34.4	29.0	24.5	20.8	18.4	16.4	14.6	12.9	11.6	10.5	9.5	8.7
Y	39	35.4	29.9	25.3	21.5	19.0	17.0	15.1	13.4	12.0	10.9	9.9	9.0
Zr	40	36.3	30.8	26.0	22.1	19.7	17.5	15.6	13.8	12.4	11.2	10.2	9.3
Nb	41	37.3	31.7	26.8	22.8	20.2	18.1	16.0	14.3	12.8	11.6	10.6	9.7
Mo	42	38.2	32.6	27.6	23.5	20.8	18.6	16.5	14.8	13.2	12.0	10.9	10.0
Tc	43	39.1	33.4	28.3	24.1	21.3	19.1	17.0	15.2	13.6	12.3	11.3	10.3
Ru	44	40.0	34.3	29.1	24.7	21.9	19.6	17.5	15.6	14.1	12.7	11.6	10.6
Rh	45	41.0	35.1	29.9	25.4	22.5	20.2	18.0	16.1	14.5	13.1	12.0	11.0
Pd	46	41.9	36.0	30.7	26.2	23.1	20.8	18.5	16.6	14.9	13.6	12.3	11.3
Ag	47	42.8	36.9	31.5	26.9	23.8	21.3	19.0	17.1	15.3	14.0	12.7	11.7
Cd	48	43.7	37.7	32.2	27.5	24.4	21.8	19.6	17.6	15.7	14.3	13.0	12.0
In	49	44.7	38.6	33.0	28.1	25.0	22.4	20.1	18.0	16.2	14.7	13.4	12.3
Sn	50	45.7	39.5	33.8	28.7	25.6	22.9	20.6	18.5	16.6	15.1	13.7	12.7
Sb	51	46.7	40.4	34.6	29.5	26.3	23.5	21.1	19.0	17.0	15.5	14.1	13.0
Te	52	47.7	41.3	35.4	30.3	26.9	24.0	21.7	19.5	17.5	16.0	14.5	13.3
I	53	48.6	42.1	36.1	31.0	27.5	24.6	22.2	20.0	17.9	16.4	14.8	13.6
Xe	54	49.6	43.0	36.8	31.6	28.0	25.2	22.7	20.4	18.4	16.7	15.2	13.9
Cs	55	50.7	43.8	37.6	32.4	28.7	25.8	23.2	20.8	18.8	17.0	15.6	14.5
Ba	56	51.7	44.7	38.4	33.1	29.3	26.4	23.7	21.3	19.2	17.4	16.0	14.7
La	57	52.6	45.6	39.3	33.8	29.8	26.9	24.3	21.9	19.7	17.9	16.4	15.0
Ce	58	53.6	46.5	40.1	34.5	30.4	27.4	24.8	22.4	20.2	18.4	16.6	15.3
Pr	59	54.5	47.4	40.9	35.2	31.1	28.0	25.4	22.9	20.6	18.8	17.1	15.7
Nd	60	55.4	48.3	41.6	35.9	31.8	28.6	25.9	23.4	21.1	19.2	17.5	16.1
Pm	61	56.4	49.1	42.4	36.6	32.4	29.2	26.4	23.9	21.5	19.6	17.9	16.4
Sm	62	57.3	50.0	43.2	37.3	32.9	29.8	26.9	24.4	22.0	20.0	18.3	16.8

$\frac{\sin\theta}{\lambda}$ /Å⁻¹	0.0	0.1	0.2	0.3	0.4	0.5	0.6	0.7	0.8	0.9	1.0	1.1	1.2
Eu	63	58.3	50.9	44.0	38.1	33.5	30.4	27.5	24.9	22.4	20.4	18.7	17.1
Gd	64	59.3	51.7	44.8	38.8	34.1	31.0	28.1	25.4	22.9	20.8	19.1	17.5
Tb	65	60.2	52.6	45.7	39.6	34.7	31.6	28.6	25.9	23.4	21.2	19.5	17.9
Dy	66	61.1	53.6	46.5	40.4	35.4	32.2	29.2	26.3	23.9	21.6	19.9	18.3
Ho	67	62.1	54.5	47.3	41.1	36.1	32.7	29.7	26.8	24.3	22.0	20.3	18.6
Er	68	63.0	55.3	48.1	41.7	36.7	33.3	30.2	27.3	24.7	22.4	20.7	18.9
Tm	69	64.0	56.2	48.9	42.4	37.4	33.9	30.8	27.9	25.2	22.9	21.0	19.3
Yb	70	64.9	57.0	49.7	43.2	38.0	34.4	31.3	28.4	25.7	23.3	21.4	19.7
Lu	71	65.9	57.8	50.4	43.9	38.7	35.0	31.8	28.9	26.2	23.8	21.8	20.0
Hf	72	66.8	58.6	51.2	44.5	39.3	35.6	32.3	29.3	26.7	24.2	22.3	20.4
Ta	73	67.8	59.5	52.0	45.3	39.9	36.2	32.9	29.8	27.1	24.7	22.6	20.9
Re	75	69.8	61.3	53.6	46.8	41.1	37.4	34.0	30.9	28.1	25.6	23.4	21.6
Os	76	70.8	62.2	54.4.	47.5.	41.7	38.0	34.6	31.4	28.6	26.0	23.9	22.0
Ir	77	71.7	63.1	55.3	48.2	42.4	38.6	35.1	32.0	29.0	26.5	24.3	22.3
Pt	78	72.6	64.0	56.2	48.9.	43.1	39.2	35.6	32.5	29.5	27.0	24.7	22.7
Au	79	73.6	65.0	57.0	49.7	43.8	39.8	36.2	33.1	30.0	27.4	25.1	23.1
Hg	80	74.6	65.9	57.9	50.5	44.4	40.5	36.8	33.6	30.6	27.8	25.6	23.6
Tl	81	75.5	66.7	58.7	51.2	45.0	41.1	37.4	34.1	31.1	28.3	26.0	24.1
Pb	82	76.5	67.5	59.5.	51.9	45.7	41.6	37.9	34.6	31.5	28.8	26.4	24.5
Bi	83	77.5	68.4	60.4	52.7	46.4	42.2	38.5	35.1	32.0	29.2	26.8	24.8
Po	84	78.4	69.4	61.3	53.5	47.1	42.8	39.1	35.6	32.6	29.7	27.2	25.2
At	85	79.4	70.3	62.1	54.2	47.7	43.4	39.6	36.2	33.1	30.1	27.6	25.6
Rn	86	80.3	71.3	63.0	55.1	48.4	44.0.	40.2	36.8	33.5	30.5	28.0	26.0
Fr	87	81.3	72.2	63.8	55.8	49.1	44.5	40.7	37.3	34.0	31.0	28.4	26.4
Ra	88	82.2	73.2	64.6.	56.5	49.8	45.1	41.3	37.8.	34.6	31.5	28.8	26.7
Ac	89	83.2	74.1	65.5	57.3	50.4	45.8	41.8	38.3	35.1	32.0	29.2	27.1
Th	90	84.1	75.1	66.3	58.1	51.1	46.5	42.4	38.8	35.5	32.4	29.6	27.5
Pa	91	85.1	76.0	67.1	58.8	51.7	47.1	43.0	39.3	36.0	32.8	30.1	27.9
U	92	86.0	76.9	67.9	59.6	52.4	47.7	43.5	39.8	36.5	33.3	30.6	28.3
Np	93	87	78	69	60	53	48	44	40	37	34	31	29
Pn	94	88	79	69	61	54	49	44	41	38	34	31	29
Am	95	89	79	70	62	55	50	45	42	38	35	32	30
Cm	96	90	80	71	62	55	50	46	42	39	35	32	30
Bk	97	91	81	72	63	56	51	46	43	39	36	33	30
Cf	98	92	82	73	64	57	52	47	43	40	36	33	31

附录6　洛伦兹偏振因子 $\left(\dfrac{1+\cos^2 2\theta}{\sin^2 \theta \cos \theta}\right)$

$\theta/(°)$	0	0.1	0.2	0.3	0.4	0.5	0.6	0.7	0.8	0.9
2	1639	1486	1354	1239	1138	1048	968.9	898.3	835.1	778.4
3	727.2	680.9	638.8	600.6	565.6	533.6	504.3	477.3	452.4	429.3
4	408.0	388.3	369.9	352.8	336.8	321.9	308.0	294.9	282.7	271.1
5	260.3	250.1	240.5	231.4	222.9	214.7	207.1	199.8	192.9	186.3
6	180.1	174.1	168.5	163.1	158.0	153.1	148.4	144.0	139.7	135.6
7	131.7	128.0	124.4	120.9	117.6	114.4	111.4	108.5	105.6	102.9
8	100.3	97.79	95.37	93.03	90.78	88.60	86.50	84.48	82.52	80.63
9	78.79	77.02	75.31	73.65	72.05	70.50	68.99	67.53	66.11	64.74
10	63.41	62.12	60.86	59.65	58.46	57.32	56.20	55.11	54.06	53.03
11	52.03	51.06	50.12	49.20	48.30	47.43	46.58	45.75	44.94	44.16
12	43.39	42.64	41.91	41.20	40.50	39.82	39.16	38.52	37.88	37.27
13	36.67	36.08	35.50	34.94	34.39	33.85	33.33	32.81	32.31	31.82
14	31.34	30.87	30.41	29.95	29.51	29.08	28.66	28.24	27.83	27.44
15	27.05	26.66	26.29	25.92	25.56	25.21	24.86	24.52	24.19	23.86
16	23.54	23.23	22.92	22.61	22.32	22.02	21.74	21.46	21.18	20.91
17	20.64	20.38	20.12	19.87	19.62	19.38	19.14	18.90	18.67	18.44
18	18.22	18.00	17.78	17.57	17.36	17.15	16.95	16.75	16.56	16.36
19	16.17	15.99	15.80	15.62	15.45	15.27	15.10	14.93	14.76	14.60
20	14.44	14.28	14.12	13.97	13.81	13.66	13.52	13.37	13.23	13.09
21	12.95	12.81	12.67	12.54	12.41	12.28	12.15	12.03	11.90	11.78
22	11.66	11.54	11.43	11.31	11.20	11.09	10.98	10.87	10.76	10.65
23	10.55	10.45	10.34	10.24	10.15	10.05	9.952	9.857	9.763	9.671
24	9.579	9.489	9.400	9.313	9.226	9.141	9.057	8.973	8.891	8.810
25	8.730	8.651	8.573	8.496	8.420	8.345	8.271	8.198	8.126	8.055
26	7.984	7.915	7.846	7.778	7.711	7.645	7.580	7.515	7.452	7.389
27	7.327	7.265	7.205	7.145	7.086	7.027	6.969	6.912	6.856	6.800
28	6.745	6.691	6.637	6.584	6.532	6.480	6.429	6.379	6.329	6.279
29	6.231	6.182	6.135	6.088	6.041	5.995	5.950	5.905	5.861	5.817
30	5.774	5.731	5.688	5.647	5.605	5.564	5.524	5.484	5.445	5.406
31	5.367	5.329	5.292	5.254	5.218	5.181	5.146	5.110	5.075	5.040
32	5.006	4.972	4.939	4.906	4.873	4.841	4.809	4.777	4.746	4.715

$\theta/(°)$	0	0.1	0.2	0.3	0.4	0.5	0.6	0.7	0.8	0.9
33	4.685	4.655	4.625	4.595	4.566	4.538	4.509	4.481	4.453	4.426
34	4.399	4.372	4.346	4.319	4.294	4.268	4.243	4.218	4.193	4.169
35	4.145	4.121	4.097	4.074	4.051	4.029	4.006	3.984	3.962	3.941
36	3.919	3.898	3.877	3.857	3.837	3.817	3.797	3.777	3.758	3.739
37	3.720	3.701	3.683	3.665	3.647	3.629	3.612	3.594	3.577	3.561
38	3.544	3.528	3.511	3.495	3.480	3.464	3.449	3.434	3.419	3.404
39	3.389	3.375	3.361	3.347	3.333	3.320	3.306	3.293	3.280	3.267
40	3.255	3.242	3.230	3.218	3.206	3.194	3.183	3.171	3.160	3.149
41	3.138	3.127	3.117	3.106	3.096	3.086	3.076	3.067	3.057	3.048
42	3.038	3.029	3.020	3.011	3.003	2.994	2.986	2.978	2.970	2.962
43	2.954	2.946	2.939	2.932	2.924	2.917	2.911	2.904	2.897	2.891
44	2.884	2.878	2.872	2.866	2.860	2.855	2.849	2.844	2.839	2.833
45	2.828	2.824	2.819	2.814	2.810	2.805	2.801	2.797	2.793	2.789
46	2.785	2.782	2.778	2.775	2.772	2.769	2.766	2.763	2.760	2.757
47	2.755	2.752	2.750	2.748	2.746	2.744	2.742	2.740	2.739	2.737
48	2.736	2.734	2.733	2.732	2.731	2.730	2.730	2.729	2.729	2.728
49	2.728	2.728	2.728	2.728	2.728	2.728	2.728	2.729	2.730	2.730
50	2.731	2.732	2.733	2.734	2.735	2.737	2.738	2.740	2.741	2.743
51	2.745	2.747	2.749	2.751	2.753	2.755	2.758	2.761	2.763	2.766
52	2.769	2.772	2.775	2.778	2.781	2.785	2.788	2.792	2.795	2.799
53	2.803	2.807	2.811	2.815	2.820	2.824	2.829	2.833	2.838	2.843
54	2.848	2.853	2.858	2.863	2.868	2.874	2.879	2.885	2.890	2.896
55	2.902	2.908	2.914	2.921	2.927	2.933	2.940	2.946	2.953	2.960
56	2.967	2.974	2.981	2.988	2.996	3.003	3.011	3.019	3.026	3.034
57	3.042	3.050	3.059	3.067	3.075	3.084	3.092	3.101	3.110	3.119
58	3.128	3.137	3.147	3.156	3.166	3.175	3.185	3.195	3.205	3.215
59	3.225	3.235	3.246	3.256	3.267	3.278	3.289	3.300	3.311	3.322
60	3.333	3.345	3.356	3.368	3.380	3.392	3.404	3.416	3.429	3.441
61	3.454	3.466	3.479	3.492	3.505	3.518	3.532	3.545	3.559	3.573
62	3.587	3.601	3.615	3.629	3.644	3.658	3.673	3.688	3.703	3.718
63	3.733	3.749	3.764	3.780	3.796	3.812	3.828	3.844	3.861	3.877
64	3.894	3.911	3.928	3.945	3.963	3.981	3.998	4.016	4.034	4.053
65	4.071	4.090	4.108	4.127	4.146	4.166	4.185	4.205	4.225	4.245
66	4.265	4.285	4.306	4.327	4.348	4.369	4.390	4.412	4.434	4.456
67	4.478	4.500	4.523	4.546	4.569	4.592	4.616	4.639	4.663	4.688
68	4.712	4.737	4.762	4.787	4.812	4.838	4.864	4.890	4.916	4.943

续表

$\theta/(°)$	0	0.1	0.2	0.3	0.4	0.5	0.6	0.7	0.8	0.9
69	4.970	4.997	5.024	5.052	5.080	5.108	5.137	5.166	5.195	5.224
70	5.254	5.284	5.315	5.345	5.376	5.408	5.439	5.471	5.504	5.536
71	5.569	5.603	5.636	5.670	5.705	5.740	5.775	5.810	5.846	5.883
72	5.919	5.957	5.994	6.032	6.071	6.109	6.149	6.188	6.229	6.269
73	6.311	6.352	6.394	6.437	6.480	6.524	6.568	6.613	6.658	6.704
74	6.750	6.797	6.844	6.893	6.941	6.991	7.041	7.091	7.142	7.194
75	7.247	7.300	7.354	7.409	7.464	7.521	7.578	7.635	7.694	7.753
76	7.813	7.874	7.936	7.999	8.063	8.127	8.193	8.259	8.327	8.395
77	8.465	8.535	8.607	8.680	8.754	8.829	8.905	8.983	9.061	9.141
78	9.222	9.305	9.389	9.474	9.561	9.649	9.739	9.831	9.924	10.02
79	10.11	10.21	10.31	10.41	10.52	10.62	10.73	10.84	10.95	11.07
80	11.18	11.30	11.42	11.54	11.67	11.80	11.93	12.06	12.20	12.34
81	12.48	12.63	12.77	12.93	13.08	13.24	13.41	13.57	13.74	13.92
82	14.10	14.28	14.47	14.66	14.86	15.07	15.28	15.49	15.71	15.94
83	16.17	16.41	16.66	16.91	17.17	17.44	17.72	18.01	18.31	18.61
84	18.93	19.25	19.59	19.94	20.30	20.68	21.07	21.47	21.89	22.32
85	22.77	23.24	23.74	24.25	24.78	25.34	25.92	26.53	27.16	27.83
86	28.53	29.27	30.05	30.86	31.73	32.64	33.60	34.63	35.72	36.88
87	38.11	39.43	40.84	42.36	44.00	45.76	47.68	49.76	52.02	54.51

附录7　各种点阵的结构因子 $|F_{hkl}|^2$

点阵类型	简单点阵	底心点阵	体心立方点阵	面心立方点阵	密排六方点阵
结构因数 $|F_{hkl}|^2$	f^2	$H+K=$ 偶数时, $4f^2$	$H+K+L=$ 偶数时, $4f^2$	H,K,L 为同性数时, $16f^2$	$H+2K=3n$ (n 为整数), $L=$ 奇数时, 0
					$H+2K=3n$ $L=$偶数时, $4f^2$
		$H+K=$ 奇数时, 0	$H+K+L=$ 奇数时, 0	H,K,L 为异性数时, 0	$H+2K=3n+1$ $L=$奇数时, $3f^2$
					$H+2K=3n+1$ $L=$偶数时, f^2

附录 8　多重性因子 P_{hkl}

晶系	指数									
	$h00$	$0k0$	001	hhh	$hh0$	$hk0$	$0kl$	$h0l$	Hhl	hkl
立方晶系	6			8	12	24*			24	48*
六方和菱方晶系	6		2		6	12*	12*		12*	24*
正方晶系	4		2		4	8*	8		8	16*
斜方晶系	2	2	2		4		4	4		8
单斜晶系	2	2	2			4	4	3		4
三斜晶系	2	2	2			2	2	2		2

　*指通常的多重性因子，在某些晶体中具有此种指数的两族晶面，其晶面间距相同，但结构因子不同，因而每族晶面的多重性因子应为上列数值的一半。

附录 9　立方系晶面(或晶向)间夹角

{HKL}	{H'K'L'}	HKL 与 $H'K'L'$晶面(或晶向)间夹角/(°)		
	100	0	90	
	110	45	90	
	111	54.73		
	210	26.57	64.43	90
	211	35.27	65.90	
	221	48.19	70.53	
100	310	18.44	71.56	90
	311	25.24	72.45	
	320	33.69	56.31	90
	321	39.70	57.69	74.50
	322	43.31	60.98	
	410	14.03	75.97	90
	411	19.47	76.37	
	110	0	60	90
110	111	35.27	90	
	210	18.44	50.77	71.56

续表

{HKL}	{H'K'L'}	HKL 与 H'K'L'晶面(或晶向)间夹角/(°)						
110	211	30	54.73	73.22	90			
	221	19.47	45	76.37	90			
	310	26.57	47.87	63.43	77.08			
	311	31.48	64.76	90				
	320	11.31	53.96	66.91	78.69			
	321	19.11	40.89	55.46	67.79	79.11		
	322	30.97	46.69	80.13	90			
	410	30.97	46.69	59.03	80.13			
	411	33.55	60	70.53	90			
	331	13.27	49.56	71.07	90			
111	111	0	70.53					
	210	39.23	75.04					
	211	19.47	61.87	90				
	221	15.81	54.73	78.90				
	310	43.10	68.58					
	311	29.50	58.52	79.98				
	320	36.81	80.79					
	321	22.21	51.89	72.02	90			
	322	11.42	65.16	81.95				
	410	45.57	65.16					
	411	35.27	57.02	74.21				
	331	21.99	48.53	82.39				
210	210	0	36.87	53.13	66.42	78.46	90	
	211	24.09	43.09	56.79	79.48	90		
	221	26.57	41.81	53.40	63.43	72.65	90	
	310	8.13	31.95	45	64.90	73.57	81.87	
	311	19.29	47.61	66.14	82.25			
	320	7.12	29.75	41.91	60.25	68.15	75.64	82.88
	321	17.02	33.21	53.30	61.44	68.99	83.13	90
	322	29.80	40.60	49.40	64.29	77.47	83.77	
	410	12.53	29.80	40.60	49.40	64.29	77.47	83.77
	411	18.43	42.45	50.57	71.57	77.83	83.95	
	331	22.57	44.10	59.14	72.07	84.11		

续表

{HKL}	{H'K'L'}	HKL 与 H'K'L'晶面(或晶向)间夹角/(°)									
211	211	0	33.56	48.19	60	70.53	80.41				
	221	17.72	35.26	47.12	65.90	74.21	82.18				
	310	25.35	49.80	58.91	75.04	82.59					
	311	10.02	42.39	60.50	75.75	90					
	320	25.07	37.57	55.52	63.07	83.50					
	321	10.90	29.21	40.20	49.11	56.94	70.89	77.40	83.74	90	
	322	8.05	26.98	53.55	60.33	72.72	78.58	84.32)			
	410	26.98	46.13	53.55	60.33	72.72	78.58				
	411	15.80	39.67	47.66	54.73	61.24	73.22	84.48			
	331	20.51	41.47	68.00	79.20						
221	221	0	27.27	38.94	63.61	83.62	90				
	310	32.51	42.45	58.19	65.06	83.59					
	311	25.24	45.29	59.83	72.45	84.23					
	320	22.41	42.30	49.67	68.30	79.34	84.70				
	321	11.49	27.02	36.70	57.69	63.55	74.50	79.74	84.89		
	322	14.04	27.21	49.70	66.16	71.13	75.96	90			
	410	36.06	43.31	55.53	60.98	80.69					
	411	30.20	45	51.06	56.64	66.87	71.68	90			
	331	6.21	32.73	57.64	67.52	85.61					
310	310	0	25.84	36.86	53.13	72.54	84.26	90			
	311	17.55	40.29	55.10	67.58	79.01	90				
	320	12.25	37.87	52.13	58.25	74.76	79.90				
	321	21.62	32.31	40.48	47.46	53.73	59.53	65.00	75.31	85.15	90
	322	32.47	46.35	52.15	57.53	72.13	76.70				
	410	4.40	23.02	32.47	57.53	72.13	76.70	85.60			
	411	14.31	34.93	58.55	72.65	81.43	85.73				
	331	29.48	43.49	54.52	64.20	90					
311	311	0	35.10	50.48	62.97	84.78					
	320	23.09	41.18	54.17	65.28	75.47	85.20				
	321	14.77	36.31	49.86	61.08	71.20	80.73				
	322	18.08	36.45	48.84	59.21	68.55	85.81				
	410	18.08	36.45	59.21	68.55	77.33	85.81				
	411	5.77	31.48	44.72	55.35	64.76	81.83	90			
	331	25.95	40.46	51.50	61.04	69.77	78.02				

续表

{HKL}	{H'K'L'}	HKL 与 H'K'L'晶面(或晶向)间夹角/(°)									
320	320	0	22.62	46.19	62.51	67.38	72.08	90	90		
	321	15.05	27.19	35.38	48.15	53.63	58.74	68.25	77.15	85.75	90
	322	29.02	36.18	47.73	70.35	82.27	90				
	410	19.65	36.18	42.27	47.73	57.44	70.35	78.36	82.27		
	411	23.77	44.02	49.18	70.92	86.25					
	331	17.37	45.58	55.07	63.55	79.00					
321	321	0	21.97	31.00	38.21	44.42	50.00	60	64.62	73.40	85.90
	322	13.52	24.84	32.58	44.52	49.59	63.02	71.08	78.779	82.55	86.28
	410	24.84	32.58	44.52	49.59	54.31	63.02	67.11	71.08	82.55	86.28
	411	19.11	35.02	40.89	46.14	50.95	55.46	67.79	71.64	79.11	86.39
	331	11.18	30.87	42.63	52.18	60.63	68.42	75.80	82.95	90	
322	322	0	19.75	58.03	61.93	76.39	86.63				
	410	34.56	49.68	53.97	69.33	72.90					
	411	23.85	42.00	46.69	59.04	62.78	66.41	80.13			
	331	18.93	33.42	43.67	59.95	73.85	80.39	86.81			
410	410	0	19.75	28.07	61.93	76.39	86.63	90			
	411	13.63	30.96	62.78	73.39	80.13	90				
	331	33.42	43.67	52.26	59.95	67.08	86.81				
411	411	0	27.27	38.94	60	67.12	86.82				
	331	30.10	40.80	57.27	64.37	77.51	83.79				
331	331	0	26.52	37.86	61.73	80.91	86.98				

附录 10　短波长特征 X 射线衍射的常用材料最大可测厚度

短波长特征X射线/波长/nm	最大可测厚度/mm						
	Mg	Al	Si	Ti	Fe	Ni	Cu
WKα₁/0.0209	60	40	30	7	3	3	3
PtKα₁/0.0180	65	45	35	8	4	4	4
UKα₁/0.0126	75	60	40	12	9	8	8

注：①以透射强度衰减到入射强度的 5%计；②单晶材料的最大可测厚度约为本表所列相应元素多晶材料厚度值的2倍。

附录 11　　无损测定常用材料内部应变/应力的推荐衍射晶面

常用材料	衍射晶面		弹性模量 E/GPa		泊松比 ν	
Mg	(101)	—	45	—	0.35	—
Al	(311)	(111)	69	76	0.35	0.34
Ti	(110)	—	120	—	0.35	—
Ni	(220)	(111)	202	261	0.30	0.28
α-Fe	(211)	(110)	210	210	0.35	0.35
γ-Fe	(311)	(111)	183	300	0.31	0.19

注：①优先选择衍射晶面第一列晶面指数作为测试晶面，若衍射强度较低，也可以选择第二列衍射晶面；②推荐采用实验测定的衍射晶面弹性模量 E 和泊松比 ν，若无条件，也可以采用表中的弹性模量 E 和泊松比 ν，或参考其他相关文献。